非一致格子超几何方程与分数阶差和分

程金发 著

科学出版社

北京

内 容 简 介

本书研究非一致格子上复超几何方程及分数阶差和分, 以及它们之间的联系, 用一些新的广义 Euler 积分研究方法, 建立了复超几何差分方程一个基本定理及解函数. 该定理不同于 Suslov 基本定理, 得到的解函数推广了著名的 Askey-Wilson 正交多项式, 为一类特殊函数发展起到了积极的作用. 我们还建立了 Nikiforov-Uvarov-Suslov 复超几何方程的伴随方程, 证明它仍然是超几何差分方程并求其解, 建立了非一致格子超几何差分广义 Rodrigues 公式等.

本书还利用广义幂函数, 以及运用推广的 Cauchy 积分公式等方法, 首创性地给出非一致格子上分数阶差和分的一些基本定义和重要性质; 得到非一致格子上 Abel 方程的解, Euler Beta 公式的模拟, 非一致格子 Taylor 公式、Leibniz 公式, 以及一类非一致格子中心分数阶超几何差分方程的解; 深入探讨非一致格子上超几何方程的解与非一致格子上分数阶差和分之间的紧密联系、分数阶差和分与一些重要特殊函数、超几何函数之间的关系等.

本书可作为从事基础数学、应用数学物理及计算数学有关专业的研究生教材, 也可供数学、物理等相关专业的科研工作者阅读参考.

图书在版编目(CIP)数据

非一致格子超几何方程与分数阶差和分/程金发著. —北京: 科学出版社, 2022.2

ISBN 978-7-03-070983-7

Ⅰ. ①非⋯ Ⅱ. ①程⋯ Ⅲ. ①特殊函数②差分方程 Ⅳ. ①O174.6 ②O241.3

中国版本图书馆 CIP 数据核字 (2021) 第 258047 号

责任编辑: 王丽平 孙翠勤 / 责任校对: 彭珍珍
责任印制: 吴兆东 / 封面设计: 蓝正设计

科 学 出 版 社 出版
北京东黄城根北街 16 号
邮政编码: 100717
http://www.sciencep.com
北京虎彩文化传播有限公司 印刷
科学出版社发行 各地新华书店经销

*

2022 年 2 月第 一 版 开本: 720 × 1000 1/16
2022 年 2 月第一次印刷 印张: 19 1/4
字数: 380 000
定价: 168.00 元
(如有印装质量问题, 我社负责调换)

序

与 Newton 和 Leibniz 创立微积分同时, 分数阶微积分也被提出, 近几十年来其理论及应用发展迅速. 程金发教授长期对离散复差分方程、离散分数阶微积分开展深入研究, 他在离散分数阶微积分理论研究上可以说是独树一帜的. 早在十年之前, 在一致格子的情形下, 程金发教授就合理地给出了一种分数阶和分与差分, 并由此出版过一本有关该领域的专著, 这是国内外第一本相关理论方面的专著, 因此引起了同行的广泛关注和浓厚兴趣, 为学科的推广与发展起到了积极作用.

该书作者如今在非一致格子超几何差分方程与非一致格子离散分数阶差和分理论研究方面, 做出了系统独到的创新工作. 内容涉及非一致格子上超几何差分方程新的基本解基本公式等, 以及在非一致格子上合理给出离散分数阶微积分基本概念、性质、基本定理等.

该书的内容基本分为七章, 内容丰富. 这是作者关于非一致格子上最新研究成果总结, 由于非一致格子的复杂性, 这体现出作者扎实的基本知识和很强的科研创新能力.

(1) 非一致格子上 Gauss 型超几何复差分方程问题. 它分别由美国科学院数学院士 Askey 和俄罗斯数学院士 Nikiforov 等所开拓, 是一类最具一般性的复超几何方程, 许多特殊函数和正交函数都来自于该方程, 美国、俄罗斯两大数学学派都取得了许多非凡的重要成果. 作者经过多年的酝酿积累和精心探索, 给出了关于非一致格子上复超几何方程的一个基本公式, 这是一个不同于前人的基础性结果, 利用它可以得到比著名的 Askey-Wilson 多项式更一般的特殊函数, 是对一类特殊函数的贡献.

(2) 非一致格子上复分数阶差分与和分基本问题, 属于最一般性分数阶差分问题. 目前国内外绝大多数研究者一般从事一致格子上的实分数阶差分方程研究, 但非一致格子上的复差分方程研究难度更大更具挑战性, 更与国际前沿接轨. 在非一致格子上, 复分数阶和分以及差分又如何定义? 这目前在国际上都是一个十分艰深的课题, 因为即使对正整数阶差分, Nikiforov 率先得到了这个基本公式, 都是一个非凡的成果. 作者已经能够合理给出一种非一致格子上分数阶和分以及差分合理的定义; 得到著名的 Euler Beta 公式以及 Cauchy Beta 复积分公式、Taylor 公式和 Leibniz 公式在非一致格子上的模拟, 非一致格子上 Abel 方程、广义中心差分等一类方程的求解等结果.

(3) 书中还将非一致格子上的超几何差分方程与特殊函数、离散分数阶理论有机地联系在一起. 这些概念和公式、理论在国际上是属于独具创新性的, 为在非一致格子情形下研究复分数阶差分方程理论和离散分数阶微积分打开了一扇门.

总之, 该书在非一致格子情况下开展了复超几何差分方程、离散分数阶差和分的创新性研究, 相信将对该领域的新发展起到重要的推动作用. 该书适合数学、物理等研究工作者阅读参考, 同时也是一本相关领域研究生的阅读教材.

谭　忠

2020 年 9 月于厦门大学

前　　言

分数阶微积分的概念几乎与经典微积分同时起步, 这可以回溯到 Euler 和 Leibniz 时期. 经过几代数学家的努力, 特别是近几十年来, 分数阶微积分已经取得了惊人的发展和广阔的应用, 有关分数阶微积分的著作层出不穷, 但是在一致格子 $x(z) = z$ 和 $x(z) = q^z, z \in \mathbb{C}$ 上关于离散分数阶微积分的思想, 还是最近才兴起的.

大约十年之前, 在一致格子上, 我们就给出了一种新的分数阶和分、分数阶差分, 并由此出版过一本有关该领域的专著, 因此得到了同行的关注, 为该学科推广与发展起到了积极作用. 虽然关于一致格子 $x(z) = z$ 和 $x(z) = q^z$ 的离散分数阶微积分出现和建立相对较晚, 但是该领域目前已经涌现出了大量的工作, 且取得了很大的发展. 在最近十年的学术著作中, 程金发 [1]、C. Goodrich 和 A. Peterson [63] 相继出版了两本有关离散分数阶方程理论、离散分数阶微积分的著作, 其中全面系统地介绍了离散分数阶微积分的基本定义和基本定理, 以及最新的参考资料. 有关 q-分数阶微积分方面的著作可参见 M. H. Annaby 和 Z. S. Mansour [21].

但在非一致格子上, 如何建立合理的分数阶差分与和分, 它们与非一致格子的超几何差分方程、特殊函数之间有何重要关系? 这都是具有相当难度和极具挑战性的课题. 非一致格子复差分方程中, 尤以非一致格子上 Gauss 型超几何复差分方程最为著名. 它分别由美国科学院院士 Askey 和俄罗斯科学院院士 Nikiforov 等所开拓, 是一类最具一般性的复超几何方程, 许多特殊函数和正交函数都来自于该方程, 美俄两大数学学派都取得了许多非凡的重要成果. 如今我们经过几年的酝酿积累和静心探索, 给出了一个关于非一致格子上复超几何方程的基本公式, 这是一个不同于前人的基础性结果, 利用它可以得到比著名 Askey-Wilson 多项式更一般的特殊函数.

非一致格子上复分数阶差分与和分基本问题, 属于最一般性分数阶差分问题. 目前国内外绝大多数研究者一般从事一致格子上的实分数阶差分方程研究, 但我们认为非一致格子上的复差分方程研究难度更大更具挑战性, 更与国际前沿接轨. 例如: 在非一致格子上, 复分数阶和分以及差分如何定义? 这目前在国际上都是一个十分艰深的课题, 因为即使对正整数阶差分, Nikiforov 率先得到了这个基本公式, 都是一个非凡的成果.

对于非一致格子上超几何差分方程, 在特定条件下存在关于 $x(s)$ 多项式形式的解, 如果用 Rodrigues 公式表示的话, 它含有整数阶高阶差商. 一个新的问题是: 若该特定条件不满足, 那么非一致格子上超几何差分方程的解就不存在关于 $x(s)$ 的多项式形式, 这样高阶整数阶差商就不再起作用了. 此时非一致格子上超几何方程的解的表达形式是什么呢? 这就需要我们引入一种非一致格子上分数阶差商的新概念和新理论.

因此, 关于非一致格子上 α 阶分数阶差分及 α 阶分数阶和分的定义是一个十分有趣和重要的问题. 显而易见, 它们肯定是比整数高阶差商更为难以处理的困难问题, 自专著 [89, 90] 出版以来, Nikiforov 等并没有给出有关 α 阶分数阶差分及 α 阶分数阶和分的定义, 我们能够合理给出非一致格子上分数阶差分与分数阶和分的定义吗?

另外, 作为非一致格子上最一般性的离散分数阶微积分, 它们也会有独立的意义, 并可以产生许多有意义的结果和新理论. 它们是一致格子上离散分数阶微积分的重要延拓和发展.

本书的主要内容是我们关于非一致格子上最新研究成果总结, 主要是探讨非一致格子条件下有限离散分数阶微积分与非一致格子超几何差分方程解之间的紧密关系. 在本书中, 我们首次提出了非一致格上的分数阶和分与分数阶差分, 我们已经能够合理给出一种非一致格子上分数阶和分以及差分合理的定义; 得到著名的 Euler Beta 公式和 Cauchy Beta 复积分公式在非一致格子上的模拟形式以及 Taylor 公式和 Leibniz 公式等在非一致格子上的模拟形式, 并给出了非一致格子上广义 Abel 方程的解, 以及非一致格子上中心分数差分方程的求解等内容, 并且有机地将非一致格子上超几何差分方程、特殊函数、离散分数阶微积分三者联系起来. 这都属于离散分数阶微积分理论进阶内容, 比较复杂且有趣. 这些新概念、新公式目前在国际上尚属首次, 是一个较难的创新, 它们才第一次出现在本书中, 相信也能引出许多新的更困难更有趣的问题, 进一步激发国内外同行参与钻研.

最后我要说的是, 非常荣幸邀请到了厦门大学科技处处长、厦门大学深圳研究院院长谭忠教授为本书作序, 他欣然乐意并爽快地为本书学术创新意义做了积极全面中肯的评价. 谭忠教授是著名数学教授, 厦门大学闽江学者特聘教授、国家级名师, 他著作等身, 且桃李满天下. 本书得到了谭忠教授主持的一项国家级项目的鼎力支持和我最近主持的福建省自然科学基金项目 (2021J01032) 支持, 对于谭忠教授这份暖心感人的深情厚谊, 我表示衷心感谢. 此外, 还要感谢科学出版社责任编辑王丽平老师、孙翠勤老师和责任校对彭珍珍老师, 感谢她们为本书出版所做的辛勤付出和细致校对.

程金发

2021 年 12 月于厦门大学海韵园

目　录

第 1 章 超几何型方程

本章简单介绍超几何微分方程的概念和性质以及超几何差分方程的定义和性质, 重点介绍非一致格子的概念和由来. 超几何型方程的解是一些特殊函数, 在后面的章节我们将会看到, 其中的一些特殊函数与分数阶微积分 (或离散分数阶微积分) 有十分密切的关系.

1.1 超几何型微分方程介绍

应用数学和数学物理中的许多问题中, 都会导出方程

$$\sigma(z)y'' + \tau(z)y' + \lambda y = 0, \tag{1.1.1}$$

这里 $\sigma(z)$ 和 $\tau(z)$ 是至多二阶和一阶多项式, λ 是常数. 我们称方程 (1.1.1) 为超几何型方程 (超几何方程), 它的解称为超几何型函数 (超几何函数).

对于超几何方程 (1.1.1) 的任意解, 下面一个基本性质是满足的.

性质 1.1.1 超几何函数的任意阶导数, 仍然是超几何型函数.

证明 对方程 (1.1.1) 微分一次, 令 $v_1(z) = y'(z)$, 那么容易知道 $v_1(z)$ 满足方程

$$\sigma(z)v_1'' + \tau_1(z)v_1' + \mu_1 v_1 = 0, \tag{1.1.2}$$

这里

$$\tau_1(z) = \tau(z) + \sigma'(z), \quad \mu_1 = \lambda + \tau'(z).$$

由于 $\tau_1(z)$ 是关于 z 的至多一阶多项式, 且 μ_1 是不依赖于 z 的常数, 因此方程 (1.1.2) 仍然是一个超几何型方程.

同理, 对方程 (1.1.1) 微分 n 次, 我们能够得到关于函数 $v_n(z) = y^{(n)}(z)$ 满足的超几何型方程

$$\sigma(z)v_n'' + \tau_n(z)v_n' + \mu_n v_n = 0, \tag{1.1.3}$$

这里

$$\tau_n(z) = \tau(z) + n\sigma'(z), \tag{1.1.4}$$

$$\mu_n = \lambda + n\tau'(z) + \frac{1}{2}n(n-1)\sigma''(z). \tag{1.1.5}$$

1.1.1   超几何型多项式及 Rodrigues 公式

上面所考虑方程 (1.1.1) 的特性, 可以让我们根据某个 λ 的值, 构造出一族特解. 事实上, 当 $\mu_n = 0$ 时, 方程 (1.1.3) 有特解 $v_n(z) = \text{const.}$ 由于 $v_n(z) = y^{(n)}(z)$, 这就意味着: 当

$$\lambda = \lambda_n = -n\tau' + \frac{1}{2}n(n-1)\sigma'',$$

原超几何方程有 $y(z) = y_n(z)$, 其中 $y_n(z)$ 是 n 阶多项式. 我们称这种解为超几何型多项式.

为找出超几何多项式的明显公式, 我们用函数 $\rho(z)$ 和 $\rho_n(z)$ 分别乘以方程 (1.1.1) 和方程 (1.1.3), 那么就可将它们化为自相伴型方程

$$(\sigma(z)\rho(z)y'(z))' + \lambda\rho(z)y(z) = 0, \tag{1.1.6}$$

$$(\sigma(z)\rho_n(z)v_n'(z))' + \mu_n\rho_n(z)v_n(z) = 0, \tag{1.1.7}$$

这里 $\rho(z)$ 和 $\rho_n(z)$ 满足微分方程

$$(\sigma(z)\rho(z))' = \tau(z)\rho(z), \tag{1.1.8}$$

$$(\sigma(z)\rho_n(z))' = \tau_n(z)\rho_n(z). \tag{1.1.9}$$

对 $\tau_n(z)$ 利用 (1.1.4), 我们能够建立 $\rho_n(z)$ 和 $\rho_0(z) = \rho(z)$ 之间的关系:

$$\frac{(\sigma(z)\rho_n(z))'}{\rho_n(z)} = \tau(z) + n\sigma'(z) = \frac{(\sigma(z)\rho(z))'}{\rho(z)} + n\sigma'(z)$$

因此

$$\frac{\rho_n'(z)}{\rho_n(z)} = \frac{\rho'(z)}{\rho(z)} + \frac{n\sigma'(z)}{\sigma(z)},$$

且有

$$\rho_n(z) = \sigma^n(z)\rho(z), \quad n = 0, 1, \cdots.$$

由于

$$\sigma(z)\rho_n(z) = \rho_{n+1}(z)$$

且

$$v_n'(z) = v_{n+1}(z).$$

我们可将 (1.1.7) 改写成

$$\rho_n(z)v_n(z) = -\frac{1}{\mu_n}(\rho_{n+1}(z)v_{n+1}(z))'.$$

因此, 由递推我们得到

$$\rho(z)y(z) = \rho_0(z)v_0(z) = -\frac{1}{\mu_0}(\rho_1(z)v_1(z))'$$
$$= \left(-\frac{1}{\mu_0}\right)\left(-\frac{1}{\mu_1}\right)(\rho_2(z)v_2(z))''$$
$$= \cdots = \frac{1}{A_n}(\rho_n(z)v_n(z))^{(n)},$$

这里

$$A_n = (-1)^n \prod_{k=0}^{n-1} \mu_k, \quad A_0 = 1. \tag{1.1.10}$$

我们现在继续要得到超几何多项式的明显表达式. 如果函数 $y(z)$ 是一个 n 阶多项式, 即 $y(z) = y_n(z)$, 那么 $v_n(z) = y_n^{(n)}(z) = \text{const}$, 并且我们得到 $y_n(z)$ 的如下表达式

$$y_n(z) = \frac{B_n}{\rho(z)}[\sigma^n(z)\rho(z)]^{(n)}, \quad n = 0, 1, \cdots, \tag{1.1.11}$$

这里 $B_n = A_n^{-1}y_n^{(n)}(z)$ 是一个标准化的常数, 且 A_n 由方程 (1.1.10) 确定, 并且

$$\mu_k = \lambda + k\tau' + \frac{1}{2}k(k-1)\sigma'',$$

$$\lambda = \lambda_n = -n\tau' - \frac{1}{2}n(n-1)\sigma''.$$

因此除了一个常数之外, 方程 (1.1.1) 的多项式解由公式 (1.1.11) 唯一确定. 这些解对应于常数值 $\mu_n = 0$, 即

$$\lambda = \lambda_n = -n\tau' - \frac{1}{2}n(n-1)\sigma'', \quad n = 0, 1, \cdots,$$

我们称关系 (1.1.11) 为 Rodrigues 公式.

1.1.2 多项式的分类

通过线性变换, 方程 (1.1.1) 中的 $\sigma(z)$ 和 $\tau(z)$ 可以化为以下几种情形.

(1) 让 $\sigma(z) = 1 - z^2, \tau(z) = -(\alpha + \beta + 2)z + \beta - \alpha$. 这时方程 (1.1.8) 的解为

$$\rho(z) = (1-z)^\alpha(1+z)^\beta.$$

由 Rodrigues 公式, 可以得到相应的多项式 $y_n(z)$ 是

$$y_n(z) = \frac{B_n}{(1-z)^\alpha(1+z)^\beta}\frac{d^n}{dx^n}[(1-z)^{n+\alpha}(1+z)^{n+\beta}], \quad \text{这里 } B_n = \frac{(-1)^n}{2^n n!}.$$

我们称上式为 Jacobi 多项式, 并记为 $P_n^{(\alpha,\beta)}(z)$,

$$P_n^{(\alpha,\beta)}(z) = \frac{(-1)^n}{2^n n!}(1-z)^{-\alpha}(1+z)^{-\beta}\frac{d^n}{dx^n}[(1-z)^{n+\alpha}(1+z)^{n+\beta}].$$

它满足如下方程

$$(1-z)(1+z)y''(z) + [\beta - \alpha - (\alpha+\beta+2)z]y'(z) + n(n+1)y(z) = 0.$$

Jacobi 多项式有以下几种重要的特殊情况.

a) Legendre 多项式

$$P_n(z) = P_n^{(0,0)}(z).$$

b) 第一类和第二类 Chebyshev 多项式

$$T_n(z) = \frac{n!}{(1/2)_n}P_n^{(-1/2,-1/2)}(z),$$

$$U_n(z) = \frac{(n+1)!}{(3/2)_n}P_n^{(1/2,1/2)}(z).$$

c) Gegenbauer 多项式 (也称为超球多项式)

$$C_n^\lambda(z) = \frac{(2\lambda)_n}{(\lambda+1/2)_n}P_n^{(\lambda-1/2,\lambda-1/2)}(z).$$

(2) 让 $\sigma(z) = z, \tau(z) = -z + \alpha + 1$.

这时方程 (1.1.8) 的解为

$$\rho(z) = z^\alpha e^{-z}.$$

此时 $B_n = \frac{1}{n!}$, 由 Rodrigues 公式所确定的多项式称为 Laguerre 多项式, 记号为

$$L_n^\alpha(z) = \frac{1}{n!}z^{-\alpha}e^z\frac{d^n}{dx^n}[z^{n+\alpha}e^{-z}].$$

其满足方程

$$zy''(z) + (\alpha+1-z)y'(z) + ny(z) = 0.$$

(3) 让 $\sigma(z) = 1, \tau(z) = -2z$. 这时方程 (1.1.8) 的解为

$$\rho(z) = e^{-z^2}.$$

此时 $B_n = (-1)^n$, 由 Rodrigues 公式所确定的多项式称为 Hermite 多项式, 记号为

$$H_n(z) = (-1)^n e^{z^2}\frac{d^n}{dx^n}[e^{-z^2}].$$

其满足方程

$$y''(z) - 2zy'(z) + 2ny(z) = 0.$$

1.2 离散变量的超几何型差分方程

1.1 节中我们考虑了连续可微情况下的超几何微分方程

$$\widetilde{\sigma}(z)y'' + \widetilde{\tau}(z)y' + \lambda y = 0, \tag{1.2.1}$$

这里 $\widetilde{\sigma}(z)$ 和 $\widetilde{\tau}(z)$ 是至多二阶和一阶多项式, λ 是常数.

这个方程显然有一个对应的很自然的离散化差分方程. 事实上, 让我们考虑它最简单的离散化方程

$$\begin{aligned}
&\widetilde{\sigma}(z)\frac{1}{h}\left[\frac{y(z+h)-y(z)}{h} - \frac{y(z)-y(z-h)}{h}\right] \\
&+ \frac{\widetilde{\tau}(z)}{2}\left[\frac{y(z+h)-y(z)}{h} + \frac{y(z)-y(z-h)}{h}\right] + \lambda y(z) \\
&= 0,
\end{aligned} \tag{1.2.2}$$

这个差分方程在一个等距 h 的一致格子 $x(z) = hz, \Delta x(z) = h$ 上是逼近方程 (1.2.1) 的, 其误差为 $O(h^2)$.

对 z 作一个变量线性变换, 将变量 z 代以 hz, 函数 $y(hz)z$ 代以 $y(z)$, $\dfrac{\widetilde{\sigma}(hz)}{h^2}$ 代以 $\widetilde{\sigma}(z)$, $\dfrac{\widetilde{\tau}(hz)}{h}$ 代以 $\widetilde{\tau}(z)$, 那么方程 (1.2.2) 就转化成在一个等距 $h = 1$ 的一致格子 $x(z) = z, \Delta x(z) = 1$ 上的差分方程

$$\widetilde{\sigma}(z)\Delta\nabla y(z) + \frac{\widetilde{\tau}(z)}{2}(\Delta + \nabla)y(z) + \lambda y(z) = 0, \tag{1.2.3}$$

这里 $\nabla y(z) = y(z) - y(z-1), \Delta y(z) = y(z+1) - y(z)$.

由于 $\nabla y(z) = \Delta y(z) - \Delta\nabla y(z)$, 方程 (1.2.3) 等价于

$$\sigma(z)\Delta\nabla y(z) + \tau(z)\Delta y(z) + \lambda y(z) = 0, \tag{1.2.4}$$

这里

$$\sigma(z) = \widetilde{\sigma}(z) - \frac{1}{2}\widetilde{\tau}(z), \quad \tau(z) = \widetilde{\tau}(z).$$

显然 $\sigma(z)$ 是一个至多二阶的多项式. 方程 (1.2.4) 称为超几何差分方程.

1.2.1 超几何差分方程的性质

对于差分方程 (1.2.4), 我们将建立一些类似于微分方程 (1.1.1) 的重要性质. 首先, 要证明下面的

性质 1.2.1 令函数 $v_1(z) = \Delta y(z)$, 那么 $v_1(z)$ 仍然满足同样类型的差分方程.

证明 对方程 (1.2.4) 两边应用差分算子 Δ, 得到

$$\Delta[\sigma(z)\nabla v_1(z)] + \Delta[\tau(z)v_1(z)] + \lambda v_1(z) = 0.$$

这等价于

$$\sigma(z)\Delta\nabla v_1(z) + \tau_1(z)\Delta v_1(z) + \mu_1 v_1(z) = 0, \tag{1.2.5}$$

这里

$$\tau_1(z) = \tau(z+1) + \Delta\sigma(z), \quad \mu_1 = \lambda + \Delta\tau(z).$$

由于 $\tau_1(z)$ 是至多一阶多项式, 且 μ_1 是常数, 因此方程 (1.2.5) 与方程 (1.2.4) 是同型的.

同理, 对于函数 $v_m(z) = \Delta^m y(z)$, 我们可以得到

$$\sigma(z)\Delta\nabla v_m(z) + \tau_m(z)\Delta v_m(z) + \mu_m v_m(z) = 0, \tag{1.2.6}$$

这里

$$\tau_m(z) = \tau_{m-1}(z+1) + \Delta\sigma(z), \quad \tau_0(z) = \tau(z); \tag{1.2.7}$$

$$\mu_m = \mu_{m-1} + \Delta\tau_{m-1}(z), \quad \mu_0 = \lambda. \tag{1.2.8}$$

如果将 (1.2.7) 改写为

$$\tau_m(z) + \sigma(z) = \tau_{m-1}(z+1) + \sigma(z+1), \tag{1.2.9}$$

那么我们容易得到 $\tau_m(z)$ 的明显表达式

$$\tau_m(z) = \tau(z+m) + \sigma(z+m) - \sigma(z). \tag{1.2.10}$$

为了得到 μ_m 的显式公式, 我们仅需注意到 $\Delta\tau_m(z)$ 和 $\Delta^2\sigma(z)$ 是不依赖于 z 的常数. 因此由 (1.2.7) 可得

$$\begin{aligned}\Delta\tau_m(z) &= \Delta\tau_{m-1}(z) + \Delta^2\sigma(z)\\ &= \cdots = \Delta\tau(z) + m\Delta^2\sigma(z)\\ &= \tau' + m\sigma'',\end{aligned}$$

并且

$$\mu_m = \mu_{m-1} + \tau\prime + (m-1)\sigma''.$$

因此

$$\mu_m = \mu_0 + \sum_{k=1}^{m}(\mu_k - \mu_{k-1})$$
$$= \lambda + m\tau\prime + \frac{1}{2}m(m-1)\sigma''.$$

1.2.2 超几何差分方程自伴形式

下面我们要将 (1.2.4) 化成自伴形式. 为此用函数 $\rho(z)$ 乘以方程 (1.2.4) 两边. 如果函数 $\rho(z)$ 满足 Pearson 方程

$$\Delta[\sigma(z)\rho(z)] = \tau(z)\rho(z), \tag{1.2.11}$$

那么可得

$$\sigma(z)\rho(z)\Delta\nabla y(z) + \tau(z)\rho(z)\Delta y(z)$$
$$= \sigma(z)\rho(z)\Delta\nabla y(z) + \nabla y(z+1)\Delta[\sigma(z)\rho(z)]$$
$$= \Delta[\sigma(z)\rho(z)\nabla y(z)].$$

如此则可将方程 (1.2.4) 化为自伴形式

$$\Delta[\sigma(z)\rho(z)\nabla y(z)] + \lambda\rho(z)y(z) = 0.$$

相似地, 可将方程 (1.2.6) 化为自伴形式

$$\Delta[\sigma(z)\rho_m(z)\nabla \upsilon_m(z)] + \mu_m\rho_m(z)\upsilon_m(z) = 0, \tag{1.2.12}$$

这里函数 $\rho_m(z)$ 满足 Pearson 方程

$$\Delta[\sigma(z)\rho(z)] = \tau_m(z)\rho(z). \tag{1.2.13}$$

利用 (1.2.11) 和 (1.2.13), 我们能够得到 $\rho_m(z)$ 与 $\rho(z)$ 之间的联系. 为此, 可将 (1.2.12) 写成

$$\frac{\sigma(z+1)\rho_m(z+1)}{\rho_m(z)} = \tau_m(z) + \sigma(z).$$

因此可知 (1.2.9) 等价于关系式

$$\frac{\sigma(z+1)\rho_m(z+1)}{\rho_m(z)} = \frac{\sigma(z+2)\rho_{m-1}(z+2)}{\rho_{m-1}(z+1)},$$

即

$$\frac{\rho_m(z+1)}{\sigma(z+2)\rho_{m-1}(z+2)} = \frac{\rho_m(z)}{\sigma(z+1)\rho_{m-1}(z+1)} = c_m(z), \tag{1.2.14}$$

这里 $c_m(z)$ 是任意周期为 1 的函数.

我们仅需找出方程 (1.2.14) 的任意一个解, 因此可以取 $c_m(z) = 1$. 由此可得

$$\rho_m(z) = \sigma(z+1)\rho_{m-1}(z+1). \tag{1.2.15}$$

由于 $\rho_0(z) = \rho(z)$, 我们有

$$\rho_m(z) = \rho(z+m)\prod_{k=1}^{m}\sigma(z+k). \tag{1.2.16}$$

1.2.3 超几何型多项式的差分模拟及 Rodrigues 型公式

1.2.2 节中 $\Delta^m y(z)$ 的性质有助于我们构造超几何差分方程 (1.2.4) 的正交多项式解. 在 (1.2.6) 中, 令 $m = n$, 如果 $\mu_n = 0$, 则可得

$$\sigma(z)\Delta\nabla v_n(z) + \tau_n(z)\Delta v_n(z) + \mu_n v_n(z) = 0$$

有一个特解 $v_n(z) = \text{const.}$ 由于 $v_n(z) = \Delta^m y(z)$, 这就意味着, 如果

$$\lambda = \lambda_n = -n\tau' - \frac{1}{2}n(n-1)\sigma'', \tag{1.2.17}$$

那么 (1.2.4) 就存在一个 n 阶多项式解, 这里假定 $\mu_m \neq 0$ 对 $m = 0, 1, \cdots, n-1$.

事实上, 方程 (1.2.6) 可改写为

$$v_n(z) = -\frac{1}{\mu_m}[\sigma(z)\nabla v_{n+1}(z) + \tau_m(z)v_{m+1}(z)].$$

很显然, 如果 $v_{m+1}(z)$ 是一个多项式, 那么 $v_m(z)$ 也是一个多项式, 假定 $\mu_m \neq 0$.

为了得到 (1.2.4) 的显式解 $y_n(z)$, 利用 (1.2.15), 我们可以将 (1.2.12) 改写成一个 $v_m(z)$ 和 $v_{m+1}(z)$ 之间的关系式. 事实上

$$\rho_m(z)v_m(z) = -\frac{1}{\mu_m}\Delta[\sigma(z)\rho_m(z)\nabla v_m(z)]$$
$$= -\frac{1}{\mu_m}\nabla[\sigma(z+1)\rho_m(z+1)\Delta v_m(z)],$$

即

$$\rho_m(z)v_m(z) = -\frac{1}{\mu_m}\nabla[\rho_{m+1}(z)v_{m+1}(z)].$$

对 $m < n$, 我们可以递推得到

$$\rho_m(z)v_m(z) = -\frac{1}{\mu_m}\nabla[\rho_{m+1}(z)v_{m+1}(z)]$$

$$= \left(-\frac{1}{\mu_m}\right)\left(-\frac{1}{\mu_{m+1}}\right)\nabla^2[\rho_{m+2}(z)\upsilon_{m+2}(z)]$$
$$= \cdots$$
$$= \frac{A_m}{A_n}\nabla^{n-m}[\rho_n(z)\upsilon_n(z)],$$

这里

$$A_n = (-1)^m \prod_{k=0}^{m-1}\mu_k, \quad A_0 = 1.$$

如果 $y = y_n(z)$, 我们有 $\upsilon_n(z) = \text{const}$, 因此

$$\upsilon_{mn}(z) = \Delta^m y_n(z) = \frac{A_{mn}B_n}{\rho_m(z)}\nabla^{n-m}[\rho_n(z)], \tag{1.2.18}$$

这里

$$A_{mn} = A_{mn}(\lambda)|_{\lambda=\lambda_n} = \frac{n!}{(n-m)!}\prod_{k=0}^{m-1}\left(\tau' + \frac{n+k-1}{2}\sigma''\right);$$

$$A_{0n} = 1, \quad m \leqslant n;$$

$$B_n = \frac{\Delta^n y_n(z)}{A_{nn}} = \frac{1}{A_{nn}}y_n^{(n)}(z).$$

当 $m = 0$, 从 (1.2.18) 我们得到 $y_n(z)$ 的一个明显表达式

$$y_n(z) = \frac{B_n}{\rho(z)}\nabla^n[\rho_n(z)]. \tag{1.2.19}$$

因此除常数外, (1.2.4) 的多项式解由公式 (1.2.19) 所确定. 这些解对应于 (1.2.17) 中的值 $\lambda = \lambda_n$. 利用 (1.2.16), 我们还可将 (1.2.19) 改写成如下形式

$$y_n(z) = \frac{B_n}{\rho(z)}\Delta^n[\rho_n(z-n)]$$
$$= \frac{B_n}{\rho(z)}\Delta^n\left[\rho(z)\prod_{k=0}^{n-1}\sigma(z-k)\right].$$

方程 (1.2.19) 称为有限差分的 Rodrigues 公式, 它是关于微分方程 (1.1.1) 的 Rodrigues 公式 (1.1.11) 的差分模拟.

1.2.4 Hahn, Chebyshev, Meixner, Kravchuk 以及 Charlier 多项式

从 Rodrigues 公式 (1.2.19) 可以看出, 求出多项式 $y_n(z)$, 关键之一是要从方程

$$\Delta[\sigma(z)\rho(z)] = \tau(z)\rho(z)$$

中求出 $\rho(z)$ 来. 这个方程可改写成

$$\frac{\rho(z+1)}{\rho(z)} = \frac{\sigma(z)+\tau(z)}{\sigma(z+1)}. \tag{1.2.20}$$

要求解方程 (1.2.20), 先建立一个命题, 它的证明是很显然的.

命题 1.2.2　假设 $f(z) = f_1(z)f_2(z)$ 或者 $f(z) = f_1(z)/f_2(z)$, 且 $\rho_1(z)$ 和 $\rho_2(z)$ 分别是

$$\frac{\rho_1(z+1)}{\rho_1(z)} = f_1(z),$$
$$\frac{\rho_2(z+1)}{\rho_2(z)} = f_2(z)$$

的解, 那么方程

$$\frac{\rho(z+1)}{\rho(z)} = f(z)$$

的解是 $\rho(z) = \rho_1(z)\rho_2(z)$, 或者 $\rho(z) = \rho_1(z)/\rho_2(z)$.

由于 (1.2.20) 的右边是有理函数, 因此方程的求解归结为以下几种差分方程的求解:

$$\frac{\rho(z+1)}{\rho(z)} = \gamma + z, \tag{1.2.21}$$

$$\frac{\rho(z+1)}{\rho(z)} = \gamma - z, \tag{1.2.22}$$

$$\frac{\rho(z+1)}{\rho(z)} = \gamma, \tag{1.2.23}$$

这里 γ 是一个常数. 由于

$$\gamma + z = \frac{\Gamma(\gamma+z+1)}{\Gamma(\gamma+z)},$$

因此 (1.2.21) 有一个特解

$$\rho(z) = \Gamma(\gamma+z).$$

同理, 由于

$$\gamma - z = \frac{\Gamma(\gamma-z+1)}{\Gamma(\gamma-z)}$$
$$= \frac{1}{\Gamma[(\gamma+1)-(z+1)]} : \frac{1}{\Gamma(\gamma+1-z)},$$

我们得到 (1.2.22) 的一个特解为

$$\rho(z) = \frac{1}{\Gamma(\gamma + 1 - z)}.$$

容易验证方程 (1.2.23) 有一个特解

$$\rho(z) = \gamma^z.$$

对应于不同的多项式 $\sigma(z)$, 让我们找出方程 (1.2.20) 的解.

a) 让 $\sigma(z) = z(\gamma_1 - z), \sigma(z) + \tau(z) = (z + \gamma_2)(N - 1 - z)$. 这里 γ_1, γ_2 是常数, N 是正整数. 在这种情况, 方程 (1.2.20) 具有形式

$$\frac{\rho(z + 1)}{\rho(z)} = \frac{(z + \gamma_2)(N - 1 - z)}{(z + 1)(\gamma_1 - 1 - z)}.$$

该方程的解是

$$\rho(z) = \frac{\Gamma(\gamma_1 - z)\Gamma(z + \gamma_2)}{\Gamma(z + 1)\Gamma(N - z)}. \tag{1.2.24}$$

如果做线性变换 $z = (N/2)(1 + s)$, 它将区间 $(0, N)$ 变换到 $(-1, 1)$, 此时权函数

$$\rho(z) = \frac{\Gamma[(N/2)(1 - s) + \gamma_1 - N]\Gamma[(N/2)(1 + s) + \gamma_2]}{\Gamma[(N/2)(1 - s)]\Gamma[(N/2)(1 + s) + 1]}.$$

由于

$$\lim_{z \to \infty} \frac{\Gamma(z + a)}{\Gamma(z)z^a} = 1,$$

当 $N \to \infty$ 时, 那么权函数变为

$$\rho(z) \approx \left[\frac{N}{2}(1 - s)\right]^{\gamma_1 - N} \left[\frac{N}{2}(1 + s)\right]^{\gamma_2 - 1}.$$

如果令 $\gamma_1 - N = \alpha, \gamma_2 - 1 = \beta$, 那么就有

$$(1 - s)^{\gamma_1 - N}(1 + s)^{\gamma_2 - 1} = (1 - s)^\alpha (1 + s)^\beta.$$

上式是连续情形下 Jacobi 多项式 $P_n^{(\alpha, \beta)}(z)$ 的权函数.

此时权函数 (1.2.24) 变为

$$\rho(z) = \frac{\Gamma(N + \alpha - z)\Gamma(z + \beta + 1)}{\Gamma(z + 1)\Gamma(N - z)}. \tag{1.2.25}$$

由 Rodrigues 公式 (1.2.19), 可以得到相应于权函数 (1.2.25) 的多项式, 称该多项式为 Hahn 函数, 并记为 $h_n^{(\alpha,\beta)}(z,N)$. 当 $\alpha > -1, \beta > -1$ 时, Hahn 多项式在区间 $(0, N-1)$ 是正交的. 它满足的超几何方程是

$$z(N+\alpha-z)\Delta\nabla y(z) + [(\beta+1)(N-1)-(\alpha+\beta+2)z]\nabla y(z)$$
$$+ n(\alpha+\beta+n+1)y(z)$$
$$= 0.$$

Hahn 多项式的一个重要的特殊情况是 Chebyshev 多项式 $t_n(z) = h_n^{(0,0)}(z,N)$ (此时 $\alpha = \beta = 0$), 它满足的超几何方程是

$$z(N-z)\Delta\nabla y(z) + [(N-1)-2z]\nabla y(z) + n(n+1)y(z) = 0.$$

b) 让 $\sigma(z) = z, \sigma(z) + \tau(z) = \mu(\gamma + z)$. 这里 μ, γ 是常数. 在这种情况, 方程 (1.2.20) 的解是

$$\rho(z) = \frac{\mu^z(\gamma)_z}{\Gamma(z+1)}. \tag{1.2.26}$$

由 Rodrigues 公式 (1.2.19), 可以得到相应于权函数 (1.2.26) 的多项式, 称该多项式为 Meixner 函数, 并记为 $m_n^{(\gamma,\mu)}(z,N)$. 它满足的超几何方程是

$$z\Delta\nabla y(z) + [\gamma\mu - z(1-\mu)]\nabla y(z) + n(1-\mu)y(z) = 0.$$

c) 让 $\sigma(z) = z, \sigma(z) + \tau(z) = \mu(\gamma - z)$. 这里 μ, γ 是常数. 在这种情况下, 方程 (1.2.20) 的解是

$$\rho(z) = C\frac{\mu^z}{\Gamma(z+1)\Gamma(\gamma+1-z)}. \tag{1.2.27}$$

如果令 $\mu = \frac{p}{q}(p > 0, q > 0, p+q = 1), \gamma = N, C = q^N N!$, 那么此时权函数 (1.2.27) 变为

$$\rho(z) = \frac{N!p^z q^{N-z}}{\Gamma(z+1)\Gamma(N+1-z)}. \tag{1.2.28}$$

由 Rodrigues 公式 (1.2.19), 可以得到相应于权函数 (1.2.28) 的多项式, 称该多项式为 Kravchuk 函数, 并记为 $k_n^{(p)}(z,N)$. 它满足的超几何方程是

$$z\Delta\nabla y(z) + \frac{(Np-z)}{q}\nabla y(z) + \frac{n}{q}y(z) = 0.$$

d) 让 $\sigma(z) = z, \sigma(z) + \tau(z) = \mu$. 这里 μ 是常数. 在这种情况下, 方程 (1.2.20) 的解是

$$\rho(z) = \frac{e^{-\mu}\mu^z}{\Gamma(z+1)}. \tag{1.2.29}$$

由 Rodrigues 公式 (1.2.19), 可以得到相应于权函数 (1.2.29) 的多项式, 称该多项式为 Charlier 函数, 并记为 $c_n^{(\mu)}(z, N)$. 它满足的超几何方程是

$$z\Delta\nabla y(z) + (\mu - z)\nabla y(z) + ny(z) = 0.$$

1.3 非一致格子的超几何差分方程

在 1.2 节中, 我们已经考虑了将连续可微情况下的超几何微分方程

$$\widetilde{\sigma}(z)y'' + \widetilde{\tau}(z)y' + \lambda y = 0 \tag{1.3.1}$$

(这里 $\widetilde{\sigma}(z)$ 和 $\widetilde{\tau}(z)$ 是至多二阶和一阶多项式, λ 是常数) 离散化为方程

$$\begin{aligned}
&\widetilde{\sigma}(z)\frac{1}{h}\left[\frac{y(z+h) - y(z)}{h} - \frac{y(z) - y(z-h)}{h}\right] \\
&+ \frac{\widetilde{\tau}(z)}{2}\left[\frac{y(z+h) - y(z)}{h} + \frac{y(z) - y(z-h)}{h}\right] + \lambda y(z) \\
&= 0,
\end{aligned} \tag{1.3.2}$$

这个差分方程在一致格子 $x(z) = hz, \Delta x(z) = h$ 上是逼近方程 (1.3.1) 的.

在本节, 我们将对函数 $x(z)$ 做进一步的推广. 考虑下面更一般的差分方程

$$\begin{aligned}
&\widetilde{\sigma}[x(z)]\frac{1}{x(z+h/2) - x(z-h/2)}\left[\frac{y(z+h) - y(z)}{x(z+h) - x(z)} - \frac{y(z) - y(z-h)}{x(z) - x(z-h)}\right] \\
&+ \frac{\widetilde{\tau}[x(z)]}{2}\left[\frac{y(z+h) - y(z)}{x(z+h) - x(z)} + \frac{y(z) - y(z-h)}{y(z) - y(z-h)}\right] + \lambda y(z) \\
&= 0,
\end{aligned} \tag{1.3.3}$$

这里 $\widetilde{\sigma}[x(z)]$ 和 $\widetilde{\tau}[x(z)]$ 是关于 $x(z)$ 的至多二阶和一阶多项式, λ 是常数. 差分方程 (1.3.3) 也是 (1.3.1) 的一个逼近, 对 $x(z\pm h), x(z\pm h/2)$ 和 $y(z\pm h)$ 用 Taylor 公式展开, 容易看出其误差为 $O(h^2)$.

方便起见, 在方程 (1.3.3) 中, 对 z 作一个变量线性变换, 将变量 z 代以 hz, 函数 $x(hz)$ 代以 $x(z), y(hz)$ 代以 $y(z)$, 以及 $\widetilde{\sigma}(hz)$ 代以 $\widetilde{\sigma}(z), \widetilde{\tau}(hz)$ 代以 $\widetilde{\tau}(z)$, 那么方程 (1.3.3) 就转化如下形式的差分方程

$$\begin{aligned}
&\widetilde{\sigma}[x(z)]\frac{\Delta}{\Delta x(z - 1/2)}\left[\frac{\nabla y(z)}{\nabla x(z)}\right] \\
&+ \frac{\widetilde{\tau}[x(z)]}{2}\left[\frac{\Delta y(z)}{\Delta x(z)} + \frac{\nabla y(z)}{\nabla x(z)}\right] + \lambda y(z) \\
&= 0.
\end{aligned} \tag{1.3.4}$$

1.3.1　非一致格子的由来

接下来一个特别重要的问题是：当函数 $x(z)$ 满足什么条件时, 方程 (1.3.4) 也具有与之前讨论的超几何方程所特有的基本性质, 即差商

$$v_1(z) = \frac{\Delta y(z)}{\Delta x(z)}$$

满足一个与方程 (1.3.4) 相同类型的方程:

$$\widetilde{\sigma}_1[x_1(z)] \frac{\Delta}{\Delta x_1(z-1/2)} \left[\frac{\nabla v_1(z)}{\nabla x_1(z)} \right]$$

$$+ \frac{\widetilde{\tau}_1[x_1(z)]}{2} \left[\frac{\Delta v_1(z)}{\Delta x_1(z)} + \frac{\nabla v_1(z)}{\nabla x_1(z)} \right] + \mu_1 v_1(z)$$

$$= 0, \tag{1.3.5}$$

这里

$$x_1(z) = x\left(z + \frac{1}{2}\right).$$

容易知道下面的关系式

$$\Delta[f(z)g(z)] = \frac{g(z+1) + g(z)}{2}\Delta f(z) + \frac{f(z+1) + f(z)}{2}\Delta g(z)$$

成立. 让我们对方程 (1.3.4) 两边方程进行差商算子 $\Delta/\Delta x(z)$ 运算.

由于

$$\frac{\Delta}{\Delta x(z-1/2)} \left[\frac{\nabla y(z)}{\nabla x(z)} \right] = \frac{\nabla v_1(z)}{\nabla x_1(z)},$$

对 (1.3.4) 第一项差商算子 $\Delta/\Delta x(z)$, 产生

$$\frac{\Delta}{\Delta x(z)} \left\{ \widetilde{\sigma}[x(z)] \frac{\nabla v_1(z)}{\nabla x_1(z)} \right\} = \frac{1}{2} \left[\frac{\Delta v_1(z)}{\Delta x_1(z)} + \frac{\nabla v_1(z)}{\nabla x_1(z)} \right] \frac{\Delta \widetilde{\sigma}[x(z)]}{\Delta x(z)}$$

$$+ \frac{1}{2} \{ \widetilde{\sigma}[x(z+1)] + \widetilde{\sigma}[x(z)] \} \frac{\Delta}{\Delta x_1(z-1/2)} \left[\frac{\nabla v_1(z)}{\nabla x_1(z)} \right]. \tag{1.3.6}$$

如果我们要求函数

$$\frac{\Delta \widetilde{\sigma}[x(z)]}{\Delta x(z)}, \quad \frac{1}{2} \{ \widetilde{\sigma}[x(z+1)] + \widetilde{\sigma}[x(z)] \} \tag{1.3.7}$$

相应地分别为关于 $x_1(z)$ 的至多一阶和二阶多项式, 那么我们所得到的式 (1.3.6) 将与方程 (1.3.5) 的左边类似.

由于

$$\frac{\Delta}{\Delta x(z)} x^2(z) = x(z+1) + x(z),$$

因此, 如果函数

$$x(z+1) + x(z), \quad x^2(z+1) + x^2(z)$$

分别是关于 $x_1(z)$ 的一阶和二阶多项式, 那么之前的要求条件 (1.3.7) 就可以满足.

以下我们证明: 如果 $x(z)$ 满足所需的要求条件, 那么对 (1.3.4) 两边作算子 $\Delta/\Delta x(z)$, 将会得到完全同型的方程 (1.3.5).

事实上, 对方程 (1.3.4) 余下的两项作算子 $\Delta/\Delta x(z)$, 可得

$$\frac{\Delta}{\Delta x(z)} [\lambda y(z)] = \lambda v_1(z),$$

$$\frac{\Delta}{\Delta x(z)} \left\{ \tilde{\tau}[x(z)] \left[\frac{\Delta y(z)}{\Delta x(z)} + \frac{\nabla y(z)}{\nabla x(z)} \right] \right\}$$
$$= \frac{\Delta}{\Delta x(z)} \{ \tilde{\tau}[x(z)][v_1(z) + v_1(z-1)] \}$$
$$= \frac{1}{2} [v_1(z+1) + 2v_1(z) + v_1(z-1)] \frac{\Delta \tilde{\tau}[x(z)]}{\Delta x(z)}$$
$$+ \frac{\tilde{\tau}[x(z+1)] + \tilde{\tau}[x(z)]}{2} \frac{\Delta v_1(z) + \nabla v_1(z)}{\Delta x(z)}.$$

现在我们的目的是: 要将函数

$$\frac{1}{2} [v_1(z+1) + 2v_1(z) + v_1(z-1)], \quad \frac{\Delta v_1(z) + \nabla v_1(z)}{\Delta x(z)}$$

用以下差商

$$\frac{\Delta}{\Delta x_1(z-1/2)} \left[\frac{\nabla v_1(z)}{\nabla x_1(z)} \right], \quad \frac{1}{2} \left[\frac{\Delta v_1(z)}{\Delta x_1(z)} + \frac{\nabla v_1(z)}{\nabla x_1(z)} \right]$$

来表示, 它们皆出现在方程 (1.3.5) 中.

为此, 应用恒等式

$$\frac{1}{2} \left[\frac{\Delta v_1(z)}{\Delta x_1(z)} + \frac{\nabla v_1(z)}{\nabla x_1(z)} \right] \pm \frac{1}{2} \Delta \left[\frac{\nabla v_1(z)}{\nabla x_1(z)} \right] = \left\{ \frac{\Delta v_1(z)}{\Delta x_1(z)}, \frac{\nabla v_1(z)}{\nabla x_1(z)} \right\}.$$

因此, 我们有

$$\Delta v_1(z) = \Delta x_1(z) \left\{ \frac{1}{2} \left[\frac{\Delta v_1(z)}{\Delta x_1(z)} + \frac{\nabla v_1(z)}{\nabla x_1(z)} \right] \right.$$

$$+ \frac{\Delta x(z)}{2} \frac{\Delta}{\Delta x_1(z-1/2)} \left[\frac{\nabla v_1(z)}{\nabla x_1(z)} \right] \bigg\},$$

以及

$$\nabla v_1(z) = \nabla x_1(z) \left\{ \frac{1}{2} \left[\frac{\Delta v_1(z)}{\Delta x_1(z)} + \frac{\nabla v_1(z)}{\nabla x_1(z)} \right] \right.$$

$$\left. - \frac{\Delta x(z)}{2} \frac{\Delta}{\Delta x_1(z-1/2)} \left[\frac{\nabla v_1(z)}{\nabla x_1(z)} \right] \right\},$$

$$v_1(z+1) + 2v_1(z) + v_1(z-1) = \Delta v_1(z) - \nabla v_1(z) + 4v_1(z).$$

由此我们得到方程

$$\widetilde{\sigma}_1(z) \frac{\Delta}{\Delta x_1(z-1/2)} \left[\frac{\nabla v_1(z)}{\nabla x_1(z)} \right]$$

$$+ \frac{\widetilde{\tau}_1(z)}{2} \left[\frac{\Delta v_1(z)}{\Delta x_1(z)} + \frac{\nabla v_1(z)}{\nabla x_1(z)} \right] + \mu_1 v_1(z)$$

$$= 0, \tag{1.3.8}$$

这里

$$\widetilde{\sigma}_1(z) = \frac{\widetilde{\sigma}[x(z+1)] + \widetilde{\sigma}[x(z)]}{2}$$

$$+ \frac{1}{4} \frac{\Delta \widetilde{\tau}[x(z)]}{\Delta x(z)} \frac{\Delta x_1(z) + \nabla x_1(z)}{2\Delta x(z)} [\Delta x(z)]^2$$

$$+ \frac{\widetilde{\tau}[x(z+1)] + \widetilde{\tau}[x(z)]}{2} \frac{\Delta x_1(z) - \nabla x_1(z)}{4},$$

$$\widetilde{\tau}_1(z) = \frac{\Delta \widetilde{\sigma}[x(z)]}{\Delta x(z)} + \frac{\Delta \widetilde{\tau}[x(z)]}{\Delta x(z)} \frac{\Delta x_1(z) - \nabla x_1(z)}{4}$$

$$+ \frac{\widetilde{\tau}[x(z+1)] + \widetilde{\tau}[x(z)]}{2} \frac{\Delta x_1(z) + \nabla x_1(z)}{2\Delta x(z)},$$

$$\mu_1 = \lambda + \frac{\Delta \widetilde{\tau}[x(z)]}{\Delta x(z)}.$$

由于

$$\frac{\Delta \widetilde{\tau}[x(z)]}{\Delta x(z)} = \text{const},$$

并且因为

$$[\Delta x(z)]^2 = 2[x^2(z+1) + x^2(z)] - [x(z+1) + x(z)]^2$$

是关于 $x_1(z)$ 的至多二阶多项式, 且

$$\frac{\tilde{\tau}[x(z+1)] + \tilde{\tau}[x(z)]}{2}$$

是关于 $x_1(z)$ 的至多一阶多项式, 如果

$$\frac{\Delta x_1(z) + \nabla x_1(z)}{2\Delta x(z)} = \text{const},$$

且 $[\Delta x_1(z) - \nabla x_1(z)]/4$ 是关于 $x_1(z)$ 的至多一阶多项式, 那么对于 $v_1(z)$, 方程 (1.3.8) 将有形式 (1.3.5).

按照第一个要求, $x(s)$ 应该满足

$$\frac{x(z+1) + x(z)}{2} = \alpha x\left(z + \frac{1}{2}\right) + \beta,$$

这里 α 和 β 是常数. 因此

$$\frac{\Delta x_1(z) + \nabla x_1(z)}{2\Delta x(z)} = \frac{\Delta[x(z+1/2) + x(z-1/2)]}{2\Delta x(z)}$$
$$= \frac{\Delta[\alpha x(z) + \beta]}{\Delta x(z)} = \alpha,$$

$$\frac{\Delta x_1(z) - \nabla x_1(z)}{4}$$
$$= \frac{1}{2}\left[\frac{x_1(z+1) + x_1(z)}{2} + \frac{x_1(z) + x_1(z-1)}{2}\right] - x_1(z)$$
$$= \frac{1}{2}\left[\alpha x_1\left(z + \frac{1}{2}\right) + \beta + \alpha x_1\left(z - \frac{1}{2}\right) + \beta\right] - x_1(z)$$
$$= \alpha[\alpha x_1(z) + \beta] + \beta - x_1(s).$$

由此, 我们得出一个结论: $\tilde{\sigma}_1(z) = \tilde{\sigma}_1[x_1(z)], \tilde{\tau}_1(z) = \tilde{\tau}_1[x_1(z)]$ 分别是关于 $x_1(z)$ 的至多二阶及一阶多项式. 如果这种关于方程 (1.3.4) 解的差商 $v_1(z) = \frac{\Delta y(z)}{\Delta x(z)}$ 仍然满足同样类型的方程 (1.3.5), 则称 (1.3.4) 为超几何方程.

回顾一下前面详尽的分析过程就可知道, 要想方程 (1.3.4) 成为超几何方程, 格子函数 $x(s)$ 是必须满足一定的条件的. 它必须满足方程

$$\frac{x(z+1) + x(z)}{2} = \alpha x\left(z + \frac{1}{2}\right) + \beta, \tag{1.3.9}$$

并且

$$x^2(z+1) + x^2(z) \tag{1.3.10}$$

是关于 $x_1(z) = x(z+1/2)$ 的二次多项式.

下面让我们来确定格子函数 $x(z)$ 可能的形式.

当 $\alpha \neq 1$ 时, 方程 (1.3.9) 的通解是

$$x(z) = c_1 \kappa_1^{2z} + c_2 \kappa_2^{2z} + c_3,$$

这里 κ_1 和 κ_2 是方程

$$\kappa^2 - 2\alpha\kappa + 1 = 0$$

的两个根, 且 c_1, c_2 任意两个常数, $c_3 = \beta/(1-\alpha)$.

我们证明 $x(z)$ 此时也满足另一个条件 (1.3.10). 考虑到 $\kappa_1 \kappa_2 = 1$, 我们有

$$x^2(z+1) + x^2(z) = (\kappa_1^2 + \kappa_2^2)x^2\left(z + \frac{1}{2}\right)$$
$$+2c_3[\kappa_1 + \kappa_2 - (\kappa_1^2 + \kappa_2^2)]x\left(z + \frac{1}{2}\right) + \text{const.}$$

即 $x^2(z+1) + x^2(z)$ 确实是关于 $x(z+1/2)$ 的一个二阶多项式.

当 $\alpha = 1$ 时, 方程 (1.3.9) 的通解是

$$x(z) = c_1 z^2 + c_2 z + c_3,$$

这里 $c_1 = 4\beta; c_2$ 和 c_3 是任意常数. 容易验证, 此时 $x^2(z+1) + x^2(z)$ 也确实是关于 $x(z+1/2)$ 的一个二阶多项式.

因此, 令 $\kappa_1^2 = q, \kappa_2^2 = 1/q$, 我们就建立了一个十分重要的定理.

定理 1.3.1 假设格子函数 $x(z)$ 具有形式

$$x(z) = c_1 q^z + c_2 q^{-z} + c_3$$

或者

$$x(z) = c_1 z^2 + c_2 z + c_3,$$

这里 q, c_1, c_2, c_3 是常数. 那么方程 (1.3.4) 解的差商 $v_1(z) = \dfrac{\Delta y(z)}{\Delta x(z)}$ 满足一个同类型的方程 (1.3.5), 这里 $\tilde{\sigma}_1(z) = \tilde{\sigma}_1[x_1(z)]$ 和 $\tilde{\tau}_1(z) = \tilde{\tau}_1[x_1(z)]$ 分别是关于 $x_1(z)$ 的至多二阶及一阶多项式, 且 $\mu_1 = \text{const}$.

1.3.2 k 阶差商满足的方程

用数学归纳法, 可以证明: 对于差商

$$v_k(z) = \frac{\Delta v_{k-1}(z)}{\Delta x_{k-1}(z)}, \quad v_0(z) = y(z),$$

这里 $x_k(z) = x(z + k/2), k = 1, 2, \cdots$, 它满足以下方程

$$\widetilde{\sigma}_k[x_k(s)] \frac{\Delta}{\Delta x_k(z - 1/2)} \left[\frac{\nabla v_k(z)}{\nabla x_k(z)} \right]$$
$$+ \frac{\widetilde{\tau}_k[x_k(s)]}{2} \left[\frac{\Delta v_k(z)}{\Delta x_k(z)} + \frac{\nabla v_k(z)}{\nabla x_k(z)} \right] + \mu_k z_k(z)$$
$$= 0, \tag{1.3.11}$$

这里 μ_k 是常数, 并且 $\widetilde{\sigma}_k(x_k)$ 和 $\widetilde{\tau}_k(x_k)$ 分别是关于 x_k 的至多二阶和一阶多项式, 它们的具体表达式分别为

$$\widetilde{\sigma}_k[x_k(z)] = \frac{\widetilde{\sigma}_{k-1}[x_{k-1}(z+1)] + \widetilde{\sigma}_{k-1}[x_{k-1}(z)]}{2}$$
$$+ \frac{1}{4} \Delta_{k-1} \widetilde{\tau}_{k-1}(z) \frac{\Delta x_k(z) + \nabla x_k(z)}{2 \Delta x_{k-1}(z)} [\Delta x_{k-1}(z)]^2$$
$$+ \frac{\widetilde{\tau}_{k-1}[x_{k-1}(z+1)] + \widetilde{\tau}_{k-1}[x_{k-1}(z)]}{2} \frac{\Delta x_k(z) - \nabla x_k(z)}{4}, \tag{1.3.12}$$
$$\widetilde{\sigma}_0[x_0(z)] = \widetilde{\sigma}[x(z)];$$

$$\widetilde{\tau}_k[x_k(z)] = \Delta_{k-1} \widetilde{\sigma}_{k-1}[x_{k-1}(z)] + \Delta_{k-1} \widetilde{\tau}_{k-1}[x_{k-1}(z)] \frac{\Delta x_k(z) - \nabla x_k(z)}{4}$$
$$+ \frac{\widetilde{\tau}_{k-1}[x_{k-1}(z+1)] + \widetilde{\tau}_{k-1}[x_{k-1}(z)]}{2} \frac{\Delta x_k(z) + \nabla x_k(z)}{2 \Delta x_{k-1}(z)}, \tag{1.3.13}$$
$$\widetilde{\tau}_0[x_0(z)] = \widetilde{\tau}[x(z)];$$
$$\mu_k = \mu_{k-1} + \frac{\Delta_{k-1} \widetilde{\tau}_{k-1}[x_{k-1}(z)]}{\Delta x_{k-1}(z)}, \quad \mu_0 = \lambda. \tag{1.3.14}$$

为了分析方程 (1.3.4) 的性质, 利用等式

$$\frac{1}{2} \left[\frac{\Delta y(z)}{\Delta x(z)} + \frac{\nabla y(z)}{\nabla x(z)} \right] = \frac{\Delta y(z)}{\Delta x(z)} - \frac{1}{2} \Delta \left[\frac{\nabla y(z)}{\nabla x(z)} \right],$$

且将方程 (1.3.4) 改写成以下等价形式

$$\sigma(z) \frac{\Delta}{\Delta x(z - 1/2)} \left[\frac{\nabla y(z)}{\nabla x(z)} \right] + \tau(z) \frac{\Delta y(z)}{\Delta x(z)} + \lambda y(z) = 0, \tag{1.3.15}$$

这里

$$\sigma(z) = \widetilde{\sigma}[x(z)] - \frac{1}{2} \widetilde{\tau}[x(z)] \nabla x_1(z), \tag{1.3.16}$$

$$\tau(z) = \widetilde{\tau}[x(z)]. \tag{1.3.17}$$

对于方程 (1.3.5), 同理可以改写成等价形式

$$\sigma_k(z)\frac{\Delta}{\Delta x_k(z-1/2)}\left[\frac{\nabla v_k(z)}{\nabla x_k(z)}\right]+\tau_k(z)\frac{\Delta v_k(z)}{\Delta x_k(z)}+\mu_k v_k(z)=0, \qquad (1.3.18)$$

这里

$$\sigma_k(z)=\widetilde{\sigma}_k[x_k(z)]-\frac{1}{2}\widetilde{\tau}_k[x_k(z)]\nabla x_{k+1}(z), \qquad (1.3.19)$$

$$\tau_k(z)=\widetilde{\tau}_k[x_k(z)]. \qquad (1.3.20)$$

将 (1.3.12) 及 (1.3.13) 直接代入 (1.3.19), 合并化简后, 可得

$$\sigma_k(z)=\widetilde{\sigma}_{k-1}[x_{k-1}(z)]-\frac{1}{2}\widetilde{\tau}_{k-1}[x_{k-1}(z)]\nabla x_k(z)=\sigma_{k-1}(z)=\sigma(z).$$

另外, 从 (1.3.12) 和 (1.3.13), 我们也可得到关系式

$$\sigma(z)+\tau_k(z)\nabla x_{k+1}(z)=\sigma(z+1)+\tau_{k-1}(z+1)\nabla x_k(s+1)$$
$$=\sigma(z+k)+\tau(z+k)\nabla x_1(s+k), \qquad (1.3.21)$$

应用函数 $\sigma(z),\tau(z)$ 和 $x(z)$, 得到 $\tau_k(z)$ 的表达式

$$\tau_k(z)=\frac{\sigma(z+k)-\sigma(z)+\tau(z+k)\nabla x_1(s+k)}{\nabla x_{k+1}(z)}. \qquad (1.3.22)$$

μ_k 的表达式可以从 (1.3.14) 直接得到

$$\mu_k=\lambda+\sum_{m=0}^{k-1}\frac{\Delta\tau_m(z)}{\Delta x_m(z)}. \qquad (1.3.23)$$

1.4 非一致格子超几何差分方程的 Rodrigues 公式

本节在非一致格子超几何差分方程中, 我们要通过方程的自伴形式, 建立对应的 Rodrigues 公式模拟.

1.4.1 Rodrigues 公式模拟

为了得到多项式 $y(z)=\widetilde{y}_n(x(z))$ 的显式表达式, 我们可以将方程 (1.3.4) 和 (1.3.11) 进一步改写成自相伴形式

$$\frac{\Delta}{\Delta x(z-1/2)}\left[\sigma(z)\rho(z)\frac{\nabla y(z)}{\nabla x(z)}\right]+\lambda\rho(z)y(z)=0, \qquad (1.4.1)$$

$$\frac{\Delta}{\Delta x_k(z-1/2)}\left[\sigma(z)\rho_k(z)\frac{\nabla v_k(z)}{\nabla x_k(z)}\right]+\mu_k\rho_k(z)v_k(z)=0, \qquad (1.4.2)$$

这里 $\rho(z)$ 和 $\rho_k(s)$ 满足 Pearson 方程

$$\frac{\Delta}{\Delta x(z-1/2)}\left[\sigma(z)\rho(z)\right] = \tau(z)\rho(z). \tag{1.4.3}$$

$$\frac{\Delta}{\Delta x_k(z-1/2)}\left[\sigma(z)\rho_k(z)\right] = \tau_k(z)\rho_k(z). \tag{1.4.4}$$

应用关系式 (1.4.4) 和 (1.3.21), 我们可以确定 $\rho_k(z)$ 与 $\rho(z)$ 的关系式

$$\begin{aligned}
\frac{\sigma(z+1)\rho_k(z+1)}{\rho_k(z)} &= \sigma(z) + \tau_k(z)\nabla x_{k+1}(z) \\
&= \sigma(z+1) + \tau_{k-1}(z+1)\nabla x_k(s+1) \\
&= \frac{\sigma(z+2)\rho_{k-1}(z+2)}{\rho_{k-1}(z+1)}.
\end{aligned}$$

由此可得

$$\frac{\sigma(z+1)\rho_{k-1}(z+1)}{\rho_k(z)} = \frac{\sigma(z+2)\rho_{k-1}(z+2)}{\rho_k(z+1)} = C(z),$$

这里 $C(z)$ 是一个常数为 1 的任意函数. 假设 $C(z) = 1$, 则有

$$\rho_k(z) = \sigma(z+1)\rho_{k-1}(z+1). \tag{1.4.5}$$

因此, 得到

$$\rho_k(s) = \rho(s+k)\prod_{i=1}^{k}\sigma(s+i). \tag{1.4.6}$$

由方程 (1.4.5), 方程 (1.4.4) 可改写成 $v_k(z)$ 与 $v_{k+1}(z)$ 之间的递推关系. 事实上

$$\rho_k(z)v_k(z) = -\frac{1}{\mu_k}\frac{\nabla}{\nabla x_{k+1}(z)}\left[\rho_{k+1}(z)v_{k+1}(z)\right]. \tag{1.4.7}$$

由此得到

$$\rho_k(z)v_k(z) = \frac{A_k}{A_n}\nabla_n^{(n-k)}\left[\rho_n(z)v_n(z)\right], \tag{1.4.8}$$

这里

$$A_k = (-1)^k\prod_{i=0}^{k-1}\mu_i, A_0 = 1, \tag{1.4.9}$$

$$\nabla_n^{(m)}[f(z)] = \nabla_{n-m+1}\cdots\nabla_{n-1}\nabla_n[f(z)], \quad \nabla_k = \frac{\nabla}{\nabla x_k(z)}. \tag{1.4.10}$$

让我们回顾一下, 由定义式

$$v_k(z) = \frac{\Delta v_{k-1}(z)}{\Delta x_{k-1}(z)},$$

即

$$v_k(z) = \Delta^{(k)}[y(z)],$$

这里

$$\Delta^{(k)}[y(z)] = \Delta_{k-1}\Delta_{k-2}\cdots\Delta_0[f(z)], \quad \Delta_k = \frac{\Delta}{\Delta x_k(z)}. \tag{1.4.11}$$

如果 $v_n(z) = C_n$, 这里 C_n 是一个常数, 那么如上所述, $y(z)$ 就是一个关于 $x(z)$ 的 n 次多项式, 即 $y = y_n(z) = \widetilde{y}_n[x(z)]$. 在此情形下, 对于 (1.4.8) 中的函数

$$v_{kn}(z) = \Delta^{(k)}[y_n(z)],$$

我们得到

$$v_{kn}(z) = \frac{A_{kn}B_n}{\rho_k(z)}\nabla_n^{(n-k)}[\rho_n(z)], \tag{1.4.12}$$

这里

$$A_{kn} = A_k(\lambda)|_{\lambda=\lambda_n} = (-1)^k \prod_{m=0}^{k-1} \mu_{mn};$$

$$\mu_{mn} = \mu_m(\lambda)|_{\lambda=\lambda_n} = \lambda_n - \lambda_m; \tag{1.4.13}$$

$$A_{0n} = 1, \quad B_n = \frac{C_n}{A_{nm}}.$$

特别地, 在 (1.4.12) 中, 当 $k = 0$ 时, 我们得到关于多项式 $y_n[x(z)] = y_n(z)$ 的 Rodrigues 公式

$$y_n(z) = \frac{B_n}{\rho(z)}\nabla_n^{(n)}[\rho_n(z)]$$

$$= \frac{B_n}{\rho(z)}\frac{\nabla}{\nabla x_1(z)}\cdots\frac{\nabla}{\nabla x_{n-1}(z)}\frac{\nabla}{\nabla x_n(z)}[\rho_n(z)]. \tag{1.4.14}$$

1.4.2 $y_n(z)$ 的超几何函数表达式

在 1.3 节中我们知道, 方程 (1.3.4) 在

$$\mu_n = \lambda + \sum_{m=0}^{n-1}\frac{\Delta\tau_m(z)}{\Delta x_m(z)} = \lambda + \sum_{m=0}^{n-1}\widetilde{\tau}'_m(z) = 0$$

时, 有一个关于 $x(z)$ 的 n 次多项式解. 记

$$\lambda_n = -\sum_{m=0}^{n-1}\widetilde{\tau}'_m(z),$$

那么当 $\lambda = \lambda_n$ 时, 方程 (1.3.4) 有一个关于 $x(z)$ 的 n 次多项式解, 它的解用 Rodrigues 公式表示.

从 Rodrigues 公式可以看出, 为了得到关于非一致格子上超几何差分方程的一个关于 $x(z)$ 的 n 次多项式解的显式表达式, 我们必须要求出 $\rho_n(z)$ 的 n 阶差分 $\nabla_n^{(n)}[\rho_n(z)]$. 很显然, 与一致格子上的 n 阶差分 $\nabla^{(n)}[\rho_n(z)]$ 计算相比较, 在非一致格子上, 关于 $\nabla_n^{(n)}[\rho_n(z)]$ 的计算要困难得多, 这不是一件平凡的工作. 俄罗斯数学家 A. F. Nokiforov, S. K. Suslov, V. B. Uvarov 经过大量的努力, 运用高超的技巧, 得到了以下重要公式 (参见专著 ([90]), 也可参见 5.7 节中我们用不同方法得到的证明).

定理 1.4.1 ([90]) 对于非一致格子 $x(s)$, 让 $n \in \mathbb{N}^+$, 那么

$$
\begin{aligned}
\nabla_1^{(n)}[f(s)] &= \sum_{k=0}^{n} \frac{(-1)^{n-k}[\Gamma(n+1)]_q}{[\Gamma(k+1)]_q[\Gamma(n-k+1)]_q} \\
&\quad \times \prod_{l=0}^{n} \frac{\nabla x[s+k-(n-1)/2]}{\nabla x[s+(k-l+1)/2]} f(s-n+k) \\
&= \sum_{k=0}^{n} \frac{(-1)^{n-k}[\Gamma(n+1)]_q}{[\Gamma(k+1)]_q[\Gamma(n-k+1)]_q} \\
&\quad \times \prod_{l=0}^{n} \frac{\nabla x_{n+1}(s-k)}{\nabla x[s+(n-k-l+1)/2]} f(s-k),
\end{aligned}
\tag{1.4.15}
$$

这里 $[\Gamma(s)]_q$ 是修正的 q-Gamma 函数, 它的定义是

$$
[\Gamma(s)]_q = q^{-(s-1)(s-2)/4} \Gamma_q(s),
$$

并且函数 $\Gamma_q(s)$ 被称为 q-Gamma 函数; 它是经典 Euler Gamma 函数 $\Gamma(s)$ 的推广. 其定义是

$$
\Gamma_q(s) = \begin{cases} \dfrac{\prod_{k=0}^{\infty}(1-q^{k+1})}{(1-q)^{s-1}\prod_{k=0}^{\infty}(1-q^{s+k})}, & \text{当}|q| < 1, \\[4mm] q^{-(s-1)(s-2)/2}\Gamma_{1/q}(s), & \text{当}|q| > 1. \end{cases}
\tag{1.4.16}
$$

经过进一步化简后, A. F. Nikiforov, S. K. Suslov, V. B. Uvarov 在文献 [90] 中将 n 阶差分 $\nabla_1^{(n)}[f(s)]$ 的公式重写成下列形式:

定理 1.4.2 ([90]) 对于非一致格子 $x(s)$, 让 $n \in \mathbb{N}^+$, 那么

$$
\nabla_1^{(n)}[f(s)] = \sum_{k=0}^{n} \frac{([-n]_q)_k}{[k]_q!} \frac{[\Gamma(2s-k+c)]_q}{[\Gamma(2s-k+n+1+c)]_q} f(s-k)\nabla x_{n+1}(s-k),
$$

这里

$$[\mu]_q = \begin{cases} \dfrac{q^{\frac{\mu}{2}} - q^{-\frac{\mu}{2}}}{q^{\frac{1}{2}} - q^{-\frac{1}{2}}}, & \text{如果} x(s) = c_1 q^s + c_2 q^{-s} + c_3, \\ \mu, & \text{如果} x(s) = \widetilde{c}_1 s^2 + \widetilde{c}_2 s + \widetilde{c}_3, \end{cases} \qquad (1.4.17)$$

且

$$c = \begin{cases} \dfrac{\log \dfrac{c_2}{c_1}}{\log q}, & \text{当} x(s) = c_1 q^s + c_2 q^{-s} + c_3, \\ \dfrac{\widetilde{c}_2}{\widetilde{c}_1}, & \text{当} x(s) = \widetilde{c}_1 s^2 + \widetilde{c}_2 s + \widetilde{c}_3. \end{cases}$$

Rodrigues 公式是由非一致格子上高阶分数阶差分直接表达的, 下面我们仅举一个例子, 看看它用超几何函数的显式表达是怎样的.

为书写方便, 我们给出记号

$$\alpha(\mu) = \begin{cases} \dfrac{q^{\frac{\mu}{2}} + q^{-\frac{\mu}{2}}}{2}, & \text{当} q \neq 1, \\ 1, & \text{当} q = 1; \end{cases}$$

$$\beta(\mu) = \begin{cases} \beta \dfrac{1 - \alpha\mu}{1 - \alpha}, & \text{当} q \neq 1, \\ \beta\mu^2, & \text{当} q = 1; \end{cases}$$

$$\gamma(\mu) = \begin{cases} \dfrac{q^{\frac{\mu}{2}} - q^{-\frac{\mu}{2}}}{q^{\frac{1}{2}} - q^{-\frac{1}{2}}}, & \text{当} q \neq 1, \\ \mu, & \text{当} q = 1. \end{cases}$$

定义 1.4.3　超几何函数 $_rF_s$ 定义为级数

$$_rF_s = \begin{bmatrix} a_1, \cdots, a_r \\ b_1, \cdots, b_s \end{bmatrix}; z = \sum_{k=0}^{\infty} \frac{(a_1)_k \cdots (a_r)_k}{(b_1)_k \cdots (b_s)_k} \frac{z^k}{k!},$$

这里 $(a)_0 = 1$, 且 $(a)_k = \prod\limits_{i=1}^{k}(a + i - 1)$.

当级数项分子中有一个参数 a_i 等于 $-n$, 这里 n 是非负整数时, 此时超几何函数就是关于 z 的 n 次多项式.

超几何级数的收敛半径 ρ 是

$$\rho = \begin{cases} \infty, & \text{如果} r < s + 1, \\ 1, & \text{如果} r = s + 1, \\ 0, & \text{如果} r > s + 1. \end{cases}$$

定理 1.4.4　考虑方程

$$\sigma(z) \frac{\Delta}{\Delta x_{-1}(z)} \left(\frac{\nabla y(z)}{\nabla x_0(z)} \right) + \tau(z) \frac{\Delta y(z)}{\Delta x_0(z)} + \lambda y(z) = 0. \qquad (1.4.18)$$

这里格子 $x(s) = s^2$, $\sigma(s) = \prod\limits_{k=1}^{4}(s - s_k)$, 且 $s_k, k = 1, 2, 3, 4$, 是任意复数. n 是下面方程的根

$$\lambda + \kappa_\nu \gamma(\nu) = 0, \tag{1.4.19}$$

这里

$$\kappa_\nu = \alpha(\nu - 1)\widetilde{\tau'} + \gamma(\nu - 1)\frac{\widetilde{\sigma''}}{2}, \tag{1.4.20}$$

如果方程 (1.4.19) 的根 n 为正整数, 那么方程 (1.4.18) 恰有一个多项式解, 它可以用 Rodrigues 公式 (1.4.14) 表示. 经过高度技巧和复杂计算, 可以得到方程 (1.4.18) 一个多项式形式的解为 (具体内容参见专著 ($[90]^{134}$), 也可参见 3.3 节中我们用不同方法得到的证明)

$$y_n(z) = \frac{\prod\limits_{k=1}^{4}(1 + z - s_k - n)_n}{(2z + 1 - n)_n}$$

$$\cdot {}_7F_6\left[\begin{array}{ccc} 2z - n, z - \dfrac{n}{2} + 1, -n, & z + s_2, z + s_1, z + s_4, z + s_3 \\ z - \dfrac{n}{2}, 1 + 2z, & 1 + z - s_2 - n, 1 + z - s_1 - n, ; 1 \\ & 1 + z - s_4 - n, 1 + z - s_3 - n \end{array}\right]. \tag{1.4.21}$$

虽然说, 这个公式从形式上看, 似乎是非常臃肿的, 但需要指出的是: 几乎所有的正交多项式, 例如前文所述著名的多项式, 包括 Askey-Wilson 多项式, 都可以通过适当地调整, 或是改变某些参数, 或是通过极限而得到, 因此这个公式是十分有用的, 在正交多项式中占有重要的地位. 这也反映出关于非一致格子上高阶分数阶差分具有十分重要的作用, 值得深入研究和进一步推广.

第 2 章 广义 Rodrigues 公式

在第 1 章中, 我们在某种条件下, 已经得到关于超几何差方程一个多项式形式的特解, 这个特解可用 Rodrigues 公式表示. 本章在相同条件下, 我们要继续研究该超几何方程的通解, 这需要借助于研究该超几何方程的伴随方程. 通过建立非一致格子上超几何差分方程的二阶伴随方程, 本章得到了非一致格子上超几何型差分方程第二类解的 Rodrigues 型表示公式, 它们推广了经典 Rodrigues 公式. 由此得到由经典 Rodrigues 公式和广义 Rodrigues 公式线性组合而成的通解.

2.1 内容介绍和安排

数学物理的特殊函数, 即经典正交多项式和超几何及圆柱函数, 是超几何型差分方程的解.

设 $\sigma(x)$ 和 $\tau(x)$ 分别为至多二次和一次多项式, 且 λ 为常数. 以下二阶微分方程

$$\sigma(x)y''(x) + \tau(x)y'(x) + \lambda y(x) = 0, \tag{2.1.1}$$

称为超几何型微分方程. 如果对于正整数 n,

$$\lambda = \lambda_n := -\frac{n(n-1)\sigma''}{2} - n\tau' \text{ 和 } \lambda_m \neq \lambda_n \text{ 对于 } m = 0, 1, \cdots, n-1,$$

方程 (2.1.1) 有一个次数为 n 阶的多项式解 $y_n(x)$, 它可用 Rodrigues 公式表示 (1.1 节) 为

$$y_n(x) = \frac{1}{\rho(x)} \frac{d^n}{dx^n}(\rho(x)\sigma^n(x)),$$

这里 $\rho(x)$ 满足 Pearson 方程

$$(\sigma(x)\rho(x))' = \tau(x)\rho(x).$$

这些解在量子力学、群表示理论和计算数学上是非常有用的. 基于此, 经典超几何型方程理论被著名数学家如 G. Andrews, R. Askey [19,20], J. A. Wilson, M. Ismail [24-26]; F. Nikiforov, K. Suslov, B. Uvarov, N. M. Atakishiyev [28,88-90,99]; G. George, M. Rahman [62]; T. H. Koornwinder [82] 等大大向前推进, 以及其他许多研究者如 R. Alvarez-Nodarse, K. L. Cardoso, I. Area, E. Godoy, A. Ronveaux,

A. Zarzo, W. Robin, T. Dreyfus, V. Kac, P. Cheung 和 L. K. Jia, J. F. Cheng, Z. S. Feng [23-32] 等也做了许多相关的工作.

如果已知 (2.1.1) 的一个多项式解, 就可以用许多方式建立该方程线性独立的解: 例如常数变易法 ([72]), 用 Cauchy 积分表示公式 [59,89]. 然而, I. Area 等在 [22] 中首先给出了方程 (2.1.1) 第二类型解的推广的 Rodrigues 型表示公式, 其表达式是

$$y_n(x) = \frac{C_1}{\rho(x)} \frac{d^n}{dx^n} \left(\rho(x)\sigma^n(x) \right) + \frac{C_2}{\rho(x)} \frac{d^n}{dx^n} \left(\rho(x)\sigma^n(x) \int \frac{dx}{\rho(x)\sigma^{n+1}(x)} \right),$$

这里 C_1, C_2 是任意常数.

最近, 受文献 [102] 启发, W. Robin 给出了更一般的 Rodrigues 公式 [94]

$$y_n(x) = \frac{1}{\rho(x)} \frac{d^n}{dx^n} \left[\rho(x)\sigma^n(x) \left(\int \frac{P_n(x) + D_n}{\rho(x)\sigma^{n+1}(x)} dx + C_n \right) \right],$$

这里 $P_n(x)$ 是一个任意的 n 阶多项式, 且 C_n, D_n 是一个任意常数.

1983 年以来, 超几何型微分方程经典理论已经被 Nikiforov, Suslov 和 Uvarov [88-90] 等数学家极大地向前推进, 他们是从以下推广开始的. 他们用变步长的非一致格子 $\nabla x(s) = x(s) - x(s-1)$ 上的差分方程替换方程 (2.1.1):

$$\tilde{\sigma}[x(s)] \frac{\Delta}{\Delta x(s-1/2)} \left[\frac{\nabla y(s)}{\nabla x(s)} \right] + \frac{1}{2} \tilde{\tau}[x(s)] \left[\frac{\Delta y(s)}{\Delta x(s)} + \frac{\nabla y(s)}{\nabla x(s)} \right] + \lambda y(s) = 0. \quad (2.1.2)$$

这里 $\tilde{\sigma}(x)$ 和 $\tilde{\tau}(x)$ 分别是关于 $x(s)$ 的至多二阶和一阶多项式, λ 是一个常数,

$$\Delta y(s) = y(s+1) - y(s), \quad \nabla y(s) = y(s) - y(s-1),$$

$x(s)$ 满足

$$\frac{x(s+1) + x(s)}{2} = \alpha x \left(s + \frac{1}{2} \right) + \beta \quad (2.1.3)$$

(这里 α, β 是常数) 且

$$x^2(s+1) + x^2(s) \text{ 是关于 } x \left(s + \frac{1}{2} \right) \text{ 的至多二阶多项式.} \quad (2.1.4)$$

在非一致格子上, 通过逼近微分方程 (2.1.1) 得到的差分方程 (2.1.2) 具有独立的重要意义, 并且引出其他许多重要的问题. 它的解实质上拓广了原超几何微分方程的解, 且其本身有重要独立意义. 它的一些解在量子力学、群论和计算数学中已经被长期使用了. 有关非一致格子上超几何型差分方程 (2.1.2) 的更多信息, 读者可以查阅相关文献如 R. Koekoek, P. E. Lesky, R. F. Swarttouw [81], F.

Nikiforov, K. Suslov, B. Uvarov, N. M. Atakishiyev, M. Rahman ([28, 30, 88–90, 99]), A.P. Magnus [87], M. Foupouagnigni [60, 61], N.S. Witte [106].

定义 2.1.1　两类格子函数 $x(s)$ 称为非一致格子如果它们满足条件 (2.1.3) 和 (2.1.4):

$$x(s) = c_1 q^s + c_2 q^{-s} + c_3, \tag{2.1.5}$$

$$x(s) = \widetilde{c}_1 s^2 + \widetilde{c}_2 s + \widetilde{c}_3, \tag{2.1.6}$$

这里 $c_i, \widetilde{c}_i$ 是任意常数且 $c_1 c_2 \neq 0$, $\widetilde{c}_1 \widetilde{c}_2 \neq 0$.

对于方程 (2.1.2) 中 λ 的某些值, 通过 Rodrigues 公式的差分模拟, 也有一个关于 $x(s)$ 的多项式解. 自然地, 人们可以问, 在非一致格子差分方程中是否有 Rodrigues 公式的推广. 据我们所知, 在一致格子如 $x(s) = s$ 和 $x(s) = q^s$ 的情形, 文献 [23] 已经做出有效的推广. 然而, 在非一致格子 (2.1.5) 或 (2.1.6) 的情况下, 这将是十分复杂和困难的, 因此在这种情况下, 包括文献 [23] 在内, 自 2005 年以来没有出现过任何该方面的相关进展和结果.

本章将在非一致格子 (2.1.5) 和 (2.1.6) 情形下, 给出 Rodrigues 公式的两个推广. 本章内容安排组织如下. 2.2 节中介绍了非一致格子上的差分与和分基本概念、性质. 在 2.3 节和 2.4 节, 先回顾非一致格子上的经典 Rodrigues 公式, 并给出了一些必需的记号和引理. 2.5 节, 我们在非一致格子上, 建立并化简一个二阶超几何差分方程的伴随差分方程, 这个新结果也有独立的重要意义. 利用伴随差分方程, 2.6 节中, 我们在定理 2.6.5 中给出了 Rodrigues 公式的一种拓展. 在 2.7 节中, 用不同于 2.6 节的方法, 建立了另一个更一般的 Rodrigues 公式 (定理 2.7.2).

2.2　非一致格子上的差分及和分

设 $x(s)$ 是一个格子, 这里 $s \in \mathbb{C}$. 对任何整数 k, $x_k(s) = x\left(s + \dfrac{k}{2}\right)$ 也是一个格子. 给定函数 $f(s)$, 定义关于 $x_k(s)$ 的两种差分算子如下:

$$\begin{aligned} \Delta_k f(s) &= \frac{\Delta f(s)}{\Delta x_k(s)}; \\ \nabla_k f(s) &= \frac{\nabla f(s)}{\nabla x_k(s)}. \end{aligned} \tag{2.2.1}$$

进一步, 对任何非负整数 n, 让

$$\Delta_k^{(n)} f(s) = \begin{cases} f(s), & n = 0, \\ \dfrac{\Delta}{\Delta x_{k+n-1}(s)} \cdots \dfrac{\Delta}{\Delta x_{k+1}(s)} \dfrac{\Delta}{\Delta x_k(s)} f(s), & n \geqslant 1. \end{cases}$$

$$\nabla_k^{(n)} f(s) = \begin{cases} f(s), & n = 0, \\ \dfrac{\nabla}{\nabla x_{k-n+1}} \cdots \dfrac{\nabla}{\nabla x_{k-1}(s)} \dfrac{\nabla}{\nabla x_k(s)} f(s), & n \geqslant 1. \end{cases}$$

下面这些性质容易验证.

命题 2.2.1 给定具有复变量 s 的两个函数 $f(s), g(s)$, 则有

$$\Delta_k(f(s)g(s)) = f(s+1)\Delta_k g(s) + g(s)\Delta_k f(s)$$
$$= g(s+1)\Delta_k f(s) + f(s)\Delta_k g(s),$$
$$\Delta_k\left(\frac{f(s)}{g(s)}\right) = \frac{g(s+1)\Delta_k f(s) - f(s+1)\Delta_k g(s)}{g(s)g(s+1)}$$
$$= \frac{g(s)\Delta_k f(s) - f(s)\Delta_k g(s)}{g(s)g(s+1)},$$
$$\nabla_k(f(s)g(s)) = f(s-1)\nabla_k g(s) + g(s)\nabla_k f(s)$$
$$= g(s-1)\nabla_k f(s) + f(s)\nabla_k g(s),$$
$$\nabla_k\left(\frac{f(s)}{g(s)}\right) = \frac{g(s-1)\nabla_k f(s) - f(s-1)\nabla_k g(s)}{g(s)g(s-1)}$$
$$= \frac{g(s)\nabla_k f(s) - f(s)\nabla_k g(s)}{g(s)g(s-1)}.$$

为了处理逆算子 ∇_k, 它是一种和分, 令 $\nabla_k f(t) = g(t)$. 那么

$$f(t) - f(t-1) = g(t)\left[x_k(t) - x_k(t-1)\right],$$

选取 $a, s \in \mathbb{C}$, 这里 $s - a \in \mathbb{N}$, 从 $t = a$ 到 $t = s$ 相加, 有

$$f(s) - f(a-1) = \sum_{t=a}^{t=s} g(t)\nabla x_k(t).$$

因此, 我们定义

$$\int_a^s g(t)d_\nabla x_k(t) = \sum_{t=a}^{t=s} g(t)\nabla x_k(t). \tag{2.2.2}$$

容易验证以下命题.

命题 2.2.2 给定具有复变量 a, s, 这里 $s - a \in \mathbb{N}$ 的两个函数 $f(s), g(s)$, 则有

(1) $\nabla_k\left[\int_a^s g(t)d_\nabla x_k(t)\right] = g(s)$;

(2) $\int_a^s \nabla_k f(t)d_\nabla x_k(t) = f(s) - f(a-1).$

2.3　Rodrigues 公式

运用 2.2 节中的记号, 超几何型 (2.1.2) 的差分方程可以写成

$$\widetilde{\sigma}[x(s)]\Delta_{-1}\nabla_0 y(s) + \frac{\widetilde{\tau}[x(s)]}{2}\left[\Delta_0 y(s) + \nabla_0 y(s)\right] + \lambda y(s) = 0. \qquad (2.3.1)$$

在下文中, 我们假设格子 $x(s)$ 有 (2.1.5) 和 (2.1.6) 两种形式.
让

$$z_k(s) = \Delta_0^{(k)} y(s) = \Delta_{k-1}\Delta_{k-2}\cdots\Delta_0 y(s).$$

那么由 1.3 节, 对非负整数 k, $z_k(s)$ 满足与 (2.3.1) 同型的方程:

$$\widetilde{\sigma}_k[x_k(s)]\Delta_{k-1}\nabla_k z_k(s) + \frac{\widetilde{\tau}_k[x_k(s)]}{2}\left[\Delta_k z_k(s) + \nabla_k z_k(s)\right] + \mu_k z_k(s) = 0, \quad (2.3.2)$$

这里 $\widetilde{\sigma}_k(x_k)$ 和 $\widetilde{\tau}_k(x_k)$ 分别是关于 x_k 的至多二阶和一阶多项式, μ_k 是一常数, 且

$$
\begin{aligned}
\widetilde{\sigma}_k[x_k(s)] =\ & \frac{\widetilde{\sigma}_{k-1}[x_{k-1}(s+1)] + \widetilde{\sigma}_{k-1}[x_{k-1}(s)]}{2} \\
& + \frac{1}{4}\Delta_{k-1}\widetilde{\tau}_{k-1}(s)\frac{\Delta x_k(s) + \nabla x_k(s)}{2\Delta x_{k-1}(s)}[\Delta x_{k-1}(s)]^2 \\
& + \frac{\widetilde{\tau}_{k-1}[x_{k-1}(s+1)] + \widetilde{\tau}_{k-1}[x_{k-1}(s)]}{2}\frac{\Delta x_k(s) - \nabla x_k(s)}{4},
\end{aligned}
$$

$$\widetilde{\sigma}_0[x_0(s)] = \widetilde{\sigma}[x(s)];$$

$$
\begin{aligned}
\widetilde{\tau}_k[x_k(s)] =\ & \Delta_{k-1}\widetilde{\sigma}_{k-1}\left[x_{k-1}(s)\right] + \Delta_{k-1}\widetilde{\tau}_{k-1}\left[x_{k-1}(s)\right]\frac{\Delta x_k(s) - \nabla x_k(s)}{4} \\
& + \frac{\widetilde{\tau}_{k-1}[x_{k-1}(s+1)] + \widetilde{\tau}_{k-1}[x_{k-1}(s)]}{2}\frac{\Delta x_k(s) + \nabla x_k(s)}{2\Delta x_{k-1}(s)},
\end{aligned}
$$

$$\widetilde{\tau}_0[x_0(s)] = \widetilde{\tau}[x(s)];$$

$$\mu_k = \mu_{k-1} + \Delta_{k-1}\widetilde{\tau}_{k-1}\left[x_{k-1}(s)\right], \quad \mu_0 = \lambda.$$

为了研究方程 (2.3.2) 解的更多性质, 下面的方程是有用的,

$$\frac{1}{2}\left[\Delta_k z_k(s) + \nabla_k z_k(s)\right] = \Delta_k z_k(s) - \frac{1}{2}\Delta\left[\nabla_k z_k(s)\right].$$

将方程 (2.3.2) 改写为等价形式

$$\sigma_k(s)\Delta_{k-1}\nabla_k z_k(s) + \tau_k(s)\Delta_k z_k(s) + \mu_k z_k(s) = 0, \qquad (2.3.3)$$

这里

$$\sigma_k(s) = \tilde{\sigma}_k[x_k(s)] - \frac{1}{2}\tilde{\tau}_k[x_k(s)]\nabla x_{k+1}(s), \qquad (2.3.4)$$

$$\tau_k(s) = \tilde{\tau}_k[x_k(s)]. \qquad (2.3.5)$$

我们发现

$$\sigma_k(s) = \sigma(s), \qquad (2.3.6)$$

$$\tau_k(s) = \frac{\sigma(s+k) - \sigma(s) + \tau(s+k)\nabla x_1(s+k)}{\nabla x_{k+1}(s)}, \qquad (2.3.7)$$

$$\mu_k = \lambda + \sum_{j=0}^{k-1}\Delta_j\tau_j(s). \qquad (2.3.8)$$

注 2.3.1   当 k 是一负整数时, 我们也约定等式 (2.3.7) 右边为 τ_k.
将方程 (2.3.3) 改写成自相伴形式:

$$\Delta_{k-1}\left[\sigma_k(s)\rho_k(s)\nabla_k z_k(s)\right] + \mu_k\rho_k(s)z_k(s) = 0.$$

这里 $\rho_k(s)$ 满足 Pearson 型差分方程

$$\Delta_{k-1}\left[\sigma_k(s)\rho_k(s)\right] = \tau_k(s)\rho_k(s).$$

让 $\rho(s) = \rho_0(s)$, 我们发现

$$\rho_k(s) = \rho(s+k)\prod_{i=1}^{k}\sigma(s+i),$$

如果对正整数 n,

$$\lambda = \lambda_n := -\sum_{j=0}^{n-1}\Delta_j\tau_j(s), \text{ 且 } \lambda_m \neq \lambda_n, \text{ 对于 } m = 0, 1, \cdots, n-1, \qquad (2.3.9)$$

那么方程 (2.3.1) 有一个关于 $x(s)$ 的 n 阶多项式解 $y_n[x(s)]$, 它可以表示成 Rodrigues 公式的差分模拟:

$$y_n[x(s)] = \frac{1}{\rho(s)}\nabla_n^{(n)}\left[\rho_n(s)\right]$$

$$= \frac{1}{\rho(s)}\Delta_{-n}^{(n)}\left[\rho_n(s-n)\right].$$

2.4 $\tau_k(s), \mu_k$ 和 λ_n 的显式表示

现在, 我们在非一致格子 (2.1.5) 和 (2.1.6) 下, 分别给出 $\tau_k(s), \mu_k$ 和 λ_n 的显式表达式.

命题 2.4.1 给定任意整数 k, 如果 $x(s) = c_1 q^s + c_2 q^{-s} + c_3$, 那么

$$
\begin{aligned}
\tau_k(s) &= \left[\frac{q^k - q^{-k}}{q^{\frac{1}{2}} - q^{-\frac{1}{2}}} \frac{\tilde{\sigma}''}{2} + \left(q^k + q^{-k} \right) \frac{\tilde{\tau}'}{2} \right] x_k(s) + c(k) \\
&= \left[\nu(2k) \frac{\tilde{\sigma}''}{2} + \alpha(2k)\tilde{\tau}' \right] x_k(s) + c(k) \\
&= \kappa_{2k+1} x_k(s) + c(k),
\end{aligned}
$$

这里

$$
\gamma(\mu) = \begin{cases} \dfrac{q^{\frac{\mu}{2}} - q^{-\frac{\mu}{2}}}{q^{\frac{1}{2}} - q^{-\frac{1}{2}}}, & q \neq 1, \\ \mu, & q = 1, \end{cases}
$$

$$
\alpha(\mu) = \begin{cases} \dfrac{q^{\frac{\mu}{2}} + q^{-\frac{\mu}{2}}}{2}, & q \neq 1, \\ 1, & q = 1, \end{cases}
$$

且

$$
\kappa_\mu = \alpha(\mu - 1)\tilde{\tau}' + \nu(\mu - 1)\frac{\tilde{\sigma}''}{2}.
$$

如果 $x(s) = \tilde{c}_1 s^2 + \tilde{c}_2 s + \tilde{c}_3$, 那么

$$
\begin{aligned}
\tau_k(s) &= [k\tilde{\sigma}'' + \tilde{\tau}'] x_k(s) + \tilde{c}(k) \\
&= \kappa_{2k+1} x_k(s) + \tilde{c}(k),
\end{aligned}
$$

这里 $c(k), \tilde{c}(k)$ 是关于 k 的函数:

$$
c(k) = c_3(1 - q^{\frac{k}{2}})(q^{\frac{k}{2}} - q^{-k}) + c_3 \frac{(2 - q^{\frac{k}{2}} - q^{-\frac{k}{2}})(q^{\frac{k}{2}} - q^{-\frac{k}{2}})}{q^{\frac{1}{2}} - q^{-\frac{1}{2}}}
$$

$$
+ \tilde{\tau}(0)(q^{\frac{k}{2}} + q^{-\frac{k}{2}}) + \tilde{\sigma}(0)\frac{q^{\frac{k}{2}} - q^{-\frac{k}{2}}}{q^{\frac{1}{2}} - q^{-\frac{1}{2}}},
$$

$$
\tilde{c}(k) = \frac{\tilde{\sigma}''}{4}\tilde{c}_1 k^3 + \frac{3\tilde{\tau}'}{4}\tilde{c}_1 k^2 + \tilde{\sigma}(0)k + 2\tilde{\tau}(0).
$$

证明　我们仅仅证明 $x(s) = c_1 q^s + c_2 q^{-s} + c_3$ 的情形. 由 (2.3.4), (2.3.5) 和 (2.3.7), 我们有

$$\tau_k(s) = \frac{\widetilde{\sigma}[x(s+k)] - \widetilde{\sigma}[x(s)] + \dfrac{1}{2}\widetilde{\tau}[x(s+k)]\Delta x\left(s+k-\dfrac{1}{2}\right) + \dfrac{1}{2}\widetilde{\tau}[x(s)]\Delta x\left(s-\dfrac{1}{2}\right)}{\Delta x_{k-1}(s)}.$$

(2.4.1)

一些简单的计算后, 我们得到

$$x(s+k) - x(s) = (q^{\frac{k}{2}} - q^{-\frac{k}{2}})(c_1 q^{s+\frac{k}{2}} - c_2 q^{-s-\frac{k}{2}}),$$
$$x(s+k) + x(s) = (q^{\frac{k}{2}} + q^{-\frac{k}{2}})x_k(s) + c_3(2 - q^{\frac{k}{2}} - q^{-\frac{k}{2}}),$$
$$\Delta x_{k-1}(s) = (q^{\frac{1}{2}} - q^{-\frac{1}{2}})(c_1 q^{s+\frac{k}{2}} - c_2 q^{-s-\frac{k}{2}}).$$

进一步, $\widetilde{\sigma}[x(s)] = \dfrac{\widetilde{\sigma}''}{2}x^2(s) + \widetilde{\sigma}'(0)x(s) + \widetilde{\sigma}(0)$. 那么,

$$\frac{\widetilde{\sigma}[x(s+k)] - \widetilde{\sigma}[x(s)]}{\Delta x_{k-1}(s)}$$
$$= \frac{\widetilde{\sigma}''}{2}\frac{x^2(s+k) - x^2(s)}{\Delta x_{k-1}(s)} + \widetilde{\sigma}'(0)\frac{x(s+k) - x(s)}{\Delta x_{k-1}(s)}$$
$$= \frac{\widetilde{\sigma}''}{2}\frac{q^k - q^{-k}}{q^{\frac{1}{2}} - q^{-\frac{1}{2}}}x_k(s) + \widetilde{\sigma}'(0)\frac{q^{\frac{k}{2}} - q^{-\frac{k}{2}}}{q^{\frac{1}{2}} - q^{-\frac{1}{2}}} + c_3\frac{(2 - q^{\frac{k}{2}} - q^{-\frac{k}{2}})(q^{\frac{k}{2}} - q^{-\frac{k}{2}})}{q^{\frac{1}{2}} - q^{-\frac{1}{2}}}. \quad (2.4.2)$$

进一步,

$$x(s+k)\Delta x\left(s+k-\frac{1}{2}\right) + x(s)\Delta x\left(s-\frac{1}{2}\right)$$
$$= (q^k + q^{-k})(q^{\frac{1}{2}} - q^{-\frac{1}{2}})(c_1 q^{s+\frac{k}{2}} - c_2 q^{-s-\frac{k}{2}})x_k(s)$$
$$+ c_3(q^{\frac{1}{2}} - q^{-\frac{1}{2}})(c_1 q^{s+\frac{k}{2}} - c_2 q^{-s-\frac{k}{2}})(1 - q^{\frac{k}{2}})(q^{\frac{k}{2}} - q^{-k}), \quad (2.4.3)$$

$$\Delta x\left(s+k-\frac{1}{2}\right) + \Delta x\left(s-\frac{1}{2}\right) = (q^{\frac{1}{2}} - q^{-\frac{1}{2}})(q^{\frac{k}{2}} + q^{-\frac{k}{2}})(c_1 q^{s+\frac{k}{2}} - c_2 q^{-s-\frac{k}{2}}),$$

(2.4.4)

且 $\tau[x(s)] = \widetilde{\tau}'x(s) + \widetilde{\tau}(0)$. 因此,

$$\frac{1}{2}\frac{\widetilde{\tau}[x(s+k)]\Delta x\left(s+k-\dfrac{1}{2}\right) + \widetilde{\tau}[x(s)]\Delta x\left(s-\dfrac{1}{2}\right)}{\Delta x_{k-1}(s)}$$

$$= \frac{\widetilde{\tau}'}{2}\frac{x(s+k)\Delta x\left(s+k-\dfrac{1}{2}\right) + x(s)\Delta x\left(s-\dfrac{1}{2}\right)}{\Delta x_{k-1}(s)}$$

$$+ \frac{\tilde{\tau}(0)}{2} \frac{\Delta x \left(s + k - \frac{1}{2}\right) + \Delta x \left(s - \frac{1}{2}\right)}{\Delta x_{k-1}(s)}$$

$$= \frac{\tilde{\tau}'}{2}(q^k + q^{-k})x_k(s) + c_3(1 - q^{\frac{k}{2}})(q^{\frac{k}{2}} - q^{-k}) + \tilde{\tau}(0)(q^{\frac{k}{2}} + q^{-\frac{k}{2}}). \qquad (2.4.5)$$

将 (2.4.2) 和 (2.4.5) 代入 (2.3.5), 就可得结论.

引理 2.4.2 (Suslov[99]) 对 $\alpha(\mu), \nu(\mu)$, 我们有

$$\sum_{j=0}^{k-1} \alpha(2j) = \alpha(k-1)\nu(k), \quad \sum_{j=0}^{k-1} \nu(2j) = \nu(k-1)\nu(k).$$

从 (2.3.8) 和 (2.3.9) 以及引理 2.4.2, 我们有

命题 2.4.3 如果 $x(s) = c_1 q^s + c_2 q^{-s} + c_3$ 或 $x(s) = \tilde{c}_1 s^2 + \tilde{c}_2 s + \tilde{c}_3$, 那么

$$\mu_k = \lambda + \kappa_k \nu(k), \qquad (2.4.6)$$

这里

$$\kappa_k = \alpha(k-1)\tilde{\tau}' + \frac{1}{2}\nu(k-1)\tilde{\sigma}''.$$

证明 如果 $x(s) = c_1 q^s + c_2 q^{-s} + c_3$, 那么

$$\mu_k = \lambda + \sum_{j=0}^{k-1} \left[\frac{q^j - q^{-j}}{q^{\frac{1}{2}} + q^{-\frac{1}{2}}} \frac{\tilde{\sigma}''}{2} - (q^j + q^{-j}) \frac{\tilde{\tau}'}{2} \right]$$

$$= \lambda + \sum_{j=0}^{k-1} \nu(2j) \frac{\tilde{\sigma}''}{2} + \sum_{j=0}^{k-1} \alpha(2j)\tilde{\tau}'$$

$$= \lambda + \nu(k-1)\nu(k)\frac{\tilde{\sigma}''}{2} + \alpha(k-1)\nu(k)\tilde{\tau}'$$

$$= \lambda + \kappa_k \nu(k),$$

这里

$$\kappa_k = \alpha(k-1)\tilde{\tau}' + \frac{1}{2}\nu(k-1)\tilde{\sigma}''. \qquad (2.4.7)$$

如果 $x(s) = \tilde{c}_1 s^2 + \tilde{c}_2 s + \tilde{c}_3$, 那么

$$\mu_k = \lambda + \sum_{j=0}^{k-1} [j\tilde{\sigma}'' + \tilde{\tau}']$$

$$= \lambda + \frac{(k-1)k}{2}\tilde{\sigma}'' + k\tilde{\tau}'$$

$$= \lambda + \kappa_k \nu(k).$$

当 $k = n$ 时, 由于 $0 = \mu_n = \lambda_n + \kappa_n \nu(n)$, 我们有

$$\lambda_n = -n\kappa_n. \tag{2.4.8}$$

2.5　非一致格子上超几何差分方程的伴随方程

非一致格子上超几何差分方程的伴随方程是一个比较困难的问题, 为了更好地理解非一致格子上超几何差分方程伴随方程的概念, 让我们首先回顾一下超几何微分方程伴随方程的基本概念.

2.5.1　超几何微分方程的伴随方程

先引入两个函数 $y(z)$ 和 $w(z)$ 内积的定义.

定义 2.5.1　对于 $y(z)$ 和 $w(z)$, 它们的内积 $\langle w(z), y(z) \rangle$ 被定义为

$$\langle w(z), y(z) \rangle = \int_a^b w(z)y(z)dz.$$

考虑微分算子

$$L[y(z)] := \sigma(z)y''(z) + \tau(z)y'(z) + \lambda y(z), \tag{2.5.1}$$

它的伴随算子定义为

定义 2.5.2　对于 $w(z)$ 和算子 $L[y(z)]$, 假定边值条件 $w(a) = w(b) = 0$, $y(a) = y(b) = 0$ 是满足的. 如果内积

$$\langle w(z), L[y(z)] \rangle = \langle y(z), L^*[w(z)] \rangle$$

成立, 那么算子 $L^*[w(z)]$ 称为 $L[y(z)]$ 的伴随算子, 并且 $L^*[w(z)] = 0$ 称为方程 $L[y(z)] = 0$ 的伴随方程.

有两种方法得到超几何算子 (2.5.1) 的伴随方程. 第一种方法是采用经典的内积定义方法. 我们现在要找出算子 $L^*[w(z)]$. 由于

$$\langle w(z), L[y(z)] \rangle$$
$$= \int_a^b w(z)L[y(z)]dz$$
$$= \int_a^b w(z)[\sigma(z)y''(z) + \tau(z)y'(z) + \lambda y(z)]dz.$$

利用分部积分公式以及边值条件, 我们可以容易得到

$$\int_a^b w(z)[\sigma(z)y''(z) + \tau(z)y'(z) + \lambda y(z)]dz$$

$$= \int_a^b y(z) \left\{ \frac{d^2}{dx^2}[\sigma(z)w(z)] - \frac{d}{dx}[\tau(z)w(z)] + \lambda w(z) \right\} dz$$

$$= \langle y(z), L^*[w(z)] \rangle.$$

因此我们得到 $L[y(z)]$ 的伴随算子是

$$L^*[w(z)] = \frac{d^2}{dx^2}[\sigma(z)w(z)] - \frac{d}{dx}[\tau(z)w(z)] + \lambda w(z). \qquad (2.5.2)$$

方程 (2.5.2) 等价于

$$L^*[w(z)] = \sigma(z)w''(z) + [2\sigma'(z) - \tau(z)]w'(z) + [\lambda + \sigma''(z) - \tau'(z)]w(z).$$

因此方程

$$L[y(z)] = \sigma(z)y''(z) + \tau(z)y'(z) + \lambda y(z) = 0 \qquad (2.5.3)$$

的伴随方程是

$$L^*[w(z)] = \sigma(z)w''(z) + [2\sigma'(z) - \tau(z)]w'(z) + [\lambda + \sigma''(z) - \tau'(z)]w(z) = 0. \quad (2.5.4)$$

第二种方法是代数方法. 这涉及积分因子的概念.

定义 2.5.3　函数 $\rho(z)$ 称为方程 (2.5.3) 的积分因子, 如果用 $\rho(z)$ 乘以方程 (2.5.3), 以下方程

$$\rho(z)L(y) := \sigma(z)\rho(z)y''(z) + \tau(z)\rho(z)y'(z) + \lambda\rho(z)y(z) = 0 \qquad (2.5.5)$$

可以写成自伴随形式

$$(\sigma(z)\rho(z)y'(z))' + \lambda\rho(z)y(z) = 0,$$

这里 $\rho(z)$ 满足 Pearson 方程

$$(\sigma(z)\rho(z))' = \tau(z)\rho(z).$$

下面用第二种代数法求解方程 (2.5.3) 的伴随方程. 事实上, 用 $\rho(z)$ 乘以方程 (2.5.3) 我们有

$$\rho(z)L(y) := \sigma(z)\rho(z)y''(z) + \tau(z)\rho(z)y'(z) + \lambda\rho(z)y(z) = 0, \qquad (2.5.6)$$

此即

$$(\sigma(z)\rho(z)y'(z))' + \lambda\rho(z)y(z) = 0.$$

令 $w(z) = \rho(z)y(z)$, 由于

$$
\begin{aligned}
\sigma(z)\rho(z)y'(z) &= (\sigma(z)\rho(z)y(z))' - (\sigma(z)\rho(z))'y(z) \\
&= (\sigma(z)\rho(z)y(z))' - \tau(z)\rho(z)y(z) \\
&= (\sigma(z)w(z))' - \tau(z)w(z),
\end{aligned}
$$

那么 (2.5.6) 就改写成

$$
L^*[w(z)] := (\sigma(z)w(z))'' - (\tau(z)w(z))' + \lambda w(z) = 0. \tag{2.5.7}
$$

不难看出, 方程 (2.5.4) 与方程 (2.5.7) 是完全一致的.

从以上运算可以看出, 伴随方程的第二种代数方法相比较第一种内积求法, 不光涉及的假设条件较少, 并且计算方便. 更为重要的是, 从第二种求法, 我们很容易看出: 关于伴随算子 L^* 与原算子 L, 它们之间存在一种重要的关系.

定理 2.5.4 伴随算子 L^* 与原算子 L 满足等式

$$
L^*[\rho(z)y(z)] = \rho(z)L[y(z)], \tag{2.5.8}
$$

这里 $\rho(z)$ 是方程 (2.5.3) 的积分因子.

2.5.2 非一致格子上超几何差分方程的伴随方程

接下来让我们详细研究非一致格子上超几何差分方程的伴随方程. 在本节我们采用代数法来给出伴随方程的定义.

让

$$
L[y] = \sigma(s)\Delta_{-1}\nabla_0 y(s) + \tau(s)\Delta_0 y(s) + \lambda y(s) = 0. \tag{2.5.9}
$$

那么方程 (2.5.9) 有自相伴形式

$$
\Delta_{-1}[\sigma(s)\rho(s)\nabla_0 y(s)] + \lambda\rho(s)y(s) = 0, \tag{2.5.10}
$$

这里 $\rho(s)$ 满足 Pearson 方程:

$$
\Delta_{-1}[\sigma(s)\rho(s)] = \tau(s)\rho(s). \tag{2.5.11}
$$

为了得到非一致格子上 Rodrigues 公式的推广, 如何定义和建立非一致格子上超几何差分方程的伴随方程至关重要.

让 $w(s) = \rho(s)y(s)$. 那么

$$
\nabla_0 y(s) = \nabla_0 \frac{w(s)}{\rho(s)} = \frac{\rho(s-1)\nabla_0 w(s) - w(s-1)\nabla_0 \rho(s)}{\rho(s)\rho(s-1)}. \tag{2.5.12}
$$

将 (2.5.12) 代入 (2.5.10), 我们得

$$\Delta_{-1}\left[\sigma(s)\left(\nabla_0 w(s) - w(s-1)\frac{\nabla_0\rho(s)}{\rho(s-1)}\right)\right] + \lambda w(s) = 0. \tag{2.5.13}$$

由 Pearson 型方程 (2.5.11),

$$\frac{\Delta[\sigma(s)\rho(s)]}{\Delta x_{-1}(s)} = \frac{\sigma(s+1)\Delta\rho(s) + \Delta\sigma(s)\rho(s)}{\Delta x_{-1}(s)} = \tau(s)\rho(s).$$

那么

$$\frac{\nabla\rho(s)}{\rho(s-1)} = \frac{\tau(s-1)\nabla_{-1}(s) - \nabla\sigma(s)}{\sigma(s)}. \tag{2.5.14}$$

将 (2.5.14) 代入 (2.5.13), 可得

$$L^*[w] := \sigma^*(s)\Delta_{-1}\nabla_0 w(s) + \tau^*(s)\Delta_0 w(s) + \lambda^* w(s) = 0, \tag{2.5.15}$$

这里

$$\sigma^*(s) = \sigma(s-1) + \tau(s-1)\nabla x_{-1}(s), \tag{2.5.16}$$

$$\tau^*(s) = \frac{\sigma(s+1) - \sigma(s-1)}{\Delta x_{-1}(s)} - \tau(s-1)\frac{\nabla x_{-1}(s)}{\Delta x_{-1}(s)}, \tag{2.5.17}$$

$$\lambda^* = \lambda - \Delta_{-1}\left(\tau(s-1)\frac{\nabla x_{-1}(s)}{\nabla x(s)} - \frac{\nabla\sigma(s)}{\nabla x(s)}\right). \tag{2.5.18}$$

定义 2.5.5　方程 (2.5.15) 称为对应于 (2.5.9) 的相伴方程.

由伴随算子的定义及以上计算过程, 容易得到:

命题 2.5.6　对 $y(s)$, 我们有

$$L^*[\rho y] = \rho L[y]. \tag{2.5.19}$$

引理 2.5.7 (Suslov[99])　让 $x = x(s)$ 是一个满足 (2.1.5) 和 (2.1.6) 的非一致格子, 那么由下面等式所定义的函数 $\tilde{\sigma}_\nu(s)$ 和 $\tau_\nu(s)$:

$$\tilde{\sigma}_\nu(s) = \sigma(s) + \frac{1}{2}\tau_\nu(s)\nabla x_{\nu+1}(s), \tag{2.5.20}$$

$$\tau_\nu(s)\nabla x_{\nu+1}(s) = \sigma(s+\nu) - \sigma(s) + \tau(s+\nu)\nabla x_1(s+\nu), \tag{2.5.21}$$

分别是关于变量 $x_\nu = x\left(s + \frac{\nu}{2}\right), \nu \in \mathbb{R}$ 的至多二阶或一阶多项式.

利用命题 2.4.1 和引理 2.5.7, 不难得到:

推论 2.5.8 对 (2.5.17) 和 (2.5.18)，我们有

$$\tau^*(s) = -\tau_{-2}(s+1) = \left[\gamma(4)\frac{\tilde{\sigma}''}{2} - \alpha(4)\tilde{\tau}'\right]x_0(s) + c(-2), \qquad (2.5.22)$$

且

$$\lambda^* = \lambda - \Delta_{-1}\tau_{-1}(s) = \lambda - \gamma(2)\frac{\tilde{\sigma}''}{2} - \alpha(2)\tilde{\tau}' = \lambda - \kappa_{-1}. \qquad (2.5.23)$$

证明 由于

$$\sigma(s-1) - \sigma(s+1) + \tau(s-1)\nabla x_{-1}(s) = \sigma(s-1) - \sigma(s+1) + \tau(s-1)\nabla x_1(s-1).$$

置 $s+1 = z$，那么由 (2.5.21)，我们有

$$\sigma(s-1) - \sigma(s+1) + \tau(s-1)\nabla x_1(s-1)$$
$$= \sigma(z-2) - \sigma(z) + \tau(z-2)\nabla x_1(z-2)$$
$$= \tau_{-2}(z)\nabla x_1(z) = \tau_{-2}(s+1)\nabla x_{-1}(s+1) = \tau_{-2}(s+1)\Delta x_{-1}(s),$$

现在从 (2.5.17) 和命题 2.4.1，可得

$$\tau^*(s) = -\tau_{-2}(s+1)$$
$$= -\left[\gamma(-4)\frac{\tilde{\sigma}''}{2} + \alpha(-4)\tilde{\tau}'\right]x_{-2}(s+1) + c(-2)$$
$$= \left[\gamma(4)\frac{\tilde{\sigma}''}{2} - \alpha(4)\tilde{\tau}'\right]x_0(s) + c(-2).$$

同理，从 (2.5.18) 和 (2.5.21)，我们得到

$$\lambda^* = \lambda - \Delta_{-1}\tau_{-1}(s)$$
$$= \lambda - \Delta_{-1}\left\{\left[\gamma(-2)\frac{\tilde{\sigma}''}{2} + \alpha(-2)\tilde{\tau}\right]x_{-1}(s)\right\}$$
$$= \lambda + \gamma(2)\frac{\tilde{\sigma}''}{2} - \alpha(2)\tilde{\tau}' = \lambda - \kappa_{-1}.$$

关于伴随方程 (2.5.15)，我们发现它具有下面有趣的对偶性质.

命题 2.5.9 对于伴随方程 (2.5.15)，我们有

$$\sigma(s) = \sigma^*(s-1) + \tau^*(s-1)\nabla x_{-1}(s), \qquad (2.5.24)$$

$$\tau(s) = \frac{\sigma^*(s+1) - \sigma^*(s-1)}{\Delta x_{-1}(s)} - \tau^*(s-1)\frac{\nabla x_{-1}(s)}{\Delta x_{-1}(s)}, \qquad (2.5.25)$$

$$\lambda = \lambda^* - \Delta_{-1}\left(\tau^*(s-1)\frac{\nabla x_{-1}(s)}{\nabla x(s)} - \frac{\nabla\sigma^*(s)}{\nabla x(s)}\right). \tag{2.5.26}$$

证明 从 (2.5.17) 我们有

$$\tau^*(s)\Delta x_{-1}(s) = \sigma(s+1) - \sigma(s-1) - \tau(s-1)\nabla x_{-1}(s), \tag{2.5.27}$$

从 (2.5.16) 和 (2.5.27), 我们有

$$\sigma(s+1) = \sigma^*(s) + \tau^*(s)\Delta x_{-1}(s),$$

因此

$$\sigma(s) = \sigma^*(s-1) + \tau^*(s-1)\nabla x_{-1}(s).$$

由 (2.5.16), 我们得

$$\tau(s-1) = \frac{\sigma^*(s) - \sigma(s-1)}{\nabla x_{-1}(s)} = \frac{\sigma^*(s) - \sigma^*(s-2) - \tau^*(s-2)\nabla x_{-1}(s-1)}{\nabla x_{-1}(s)},$$

因此

$$\tau(s) = \frac{\sigma^*(s+1) - \sigma^*(s-1) - \tau^*(s-1)\nabla x_{-1}(s)}{\Delta x_{-1}(s)}.$$

进一步

$$\begin{aligned}
\tau(s-1)\nabla x_{-1}(s) - \nabla\sigma(s) &= \sigma^*(s) - \sigma(s-1) - \nabla\sigma(s) = \sigma^*(s) - \sigma(s),\\
&= \sigma^*(s) - [\sigma^*(s-1) + \tau^*(s-1)\nabla x_{-1}(s)]\\
&= \nabla\sigma^*(s) - \tau^*(s-1)\nabla x_{-1}(s), \tag{2.5.28}
\end{aligned}$$

因此, 从 (2.5.18) 和 (2.5.28), 可得

$$\begin{aligned}
\lambda &= \lambda^* + \Delta_{-1}\left[\frac{\tau(s-1)\nabla x_{-1}(s) - \nabla\sigma(s)}{\nabla x(s)}\right]\\
&= \lambda^* - \Delta_{-1}\left[\frac{\tau^*(s-1)\nabla x_{-1}(s) - \nabla\sigma^*(s)}{\nabla x(s)}\right].
\end{aligned}$$

用与推论 2.5.8 相同的方法, 我们得到

推论 2.5.10 对 (2.5.25) 和 (2.5.26), 我们有

$$\tau(s) = -\tau^*_{-2}(s+1), \tag{2.5.29}$$

且

$$\lambda = \lambda^* - \kappa^*_{-1}. \tag{2.5.30}$$

命题 2.5.11 伴随方程 (2.5.15) 可以改写为

$$\sigma(s+1)\Delta_{-1}\nabla_0 w(s) - \tau_{-2}(s+1)\nabla_0 w(s) + (\lambda - \kappa_{-1})w(s) = 0. \qquad (2.5.31)$$

证明 由于

$$\Delta_0 w(s) - \nabla_0 w(s) = \Delta\left(\frac{\nabla w(s)}{\nabla x(s)}\right),$$

我们有

$$\tau^*(s)\Delta_0 w(s) = \tau^*(s)\nabla_0 w(s) + \tau^*(s)\Delta\left(\frac{\nabla w(s)}{\nabla x(s)}\right)$$

$$= \tau^*(s)\nabla_0 w(s) + \tau^*(s)\Delta x_{-1}(s)\frac{\Delta}{\Delta x_{-1}(s)}\left(\frac{\nabla w(s)}{\nabla x(s)}\right), \qquad (2.5.32)$$

将 (2.5.32) 代入 (2.5.15), 我们有

$$[\sigma^*(s) + \tau^*(s)\Delta x_{-1}(s)]\frac{\Delta}{\Delta x_{-1}(s)}\left(\frac{\nabla w(s)}{\nabla x(s)}\right) + \tau^*(s)\nabla_0 w(s) + \lambda^* w(s) = 0.$$

$$(2.5.33)$$

由 (2.5.24), 可得

$$\sigma^*(s) + \tau^*(s)\Delta x_{-1}(s) = \sigma(s+1). \qquad (2.5.34)$$

将 (2.5.34) 代入 (2.5.33), 且由 (2.5.22), 我们得

$$\sigma(s+1)\Delta_{-1}\nabla_0 w(s) - \tau_{-2}(s+1)\nabla_0 w(s) + (\lambda - \kappa_{-1})w(s) = 0.$$

接下来我们要证明伴随方程 (2.5.15) 或 (2.5.31) 也是非一致格子上的超几何型差分方程. 这仅需证明

$$\tilde{\sigma}^*(s) = \sigma^*(s) + \frac{1}{2}\tau^*(s)\Delta x_{-1}(s) = \sigma(s+1) + \frac{1}{2}\tau_{-2}(s+1)\Delta x_{-1}(s)$$

是关于变量 $x_0(s)$ 的至多二阶多项式.

事实上, 由引理 2.5.7 和 (2.5.20), 可得

$$\tilde{\sigma}^*(s) = \sigma(s+1) + \frac{1}{2}\tau_{-2}(s+1)\nabla x_{-1}(s+1) = \tilde{\sigma}_{-2}(s+1)$$

是关于变量 $x_{-2}(s+1) = x_0(s)$ 的至多二阶多项式.

因此, 我们得到

定理 2.5.12 伴随方程 (2.5.31) 或

$$\tilde{\sigma}_{-2}(s+1)\Delta_{-1}\nabla_0 w(s) - \frac{1}{2}\tau_{-2}(s+1)[\Delta_0 w(s) + \nabla_0 w(s)] + (\lambda - \kappa_{-1})w(s) = 0$$

$$(2.5.35)$$

也是非一致格子上的超几何型差分方程.

2.6   Rodrigues 公式的一个推广

让

$$Y_n(s) = \rho_n(s-n) = \rho(s) \prod_{j=0}^{n-1} \sigma(s-j).$$

我们现在构造一个形如 (2.3.3) 的差分方程, 它有解 $Y_n(s)$. 改写为

$$Y_n(s) = \rho(s)\sigma(s) \prod_{j=1}^{n-1} \sigma(s-j).$$

那么利用命题 2.2.1 和 Pearson 型方程 (2.5.11), 我们有

$$\nabla_{-n}Y_n(s) = \frac{\nabla Y_n(s)}{\nabla x_{-n}(s)}$$

$$= \frac{1}{\nabla x_{-n}(s)} \left[\rho(s)\sigma(s) \prod_{j=1}^{n-1} \sigma(s-i) - \rho(s-1)\sigma(s-1) \prod_{i=1}^{n-1} \sigma(s-1-i) \right]$$

$$= \frac{1}{\nabla x_{-n}(s)} \left\{ [\tau(s-1)\rho(s-1)\nabla x_{-1}(s) + \sigma(s-1)\rho(s-1)] \prod_{i=1}^{n-1} \sigma(s-i) \right.$$

$$\left. - \rho(s-1)\sigma(s-1) \prod_{i=1}^{n-1} \sigma(s-1-i) \right\}.$$

那么我们得到一个解 $Y_n(s)$ 的差分方程:

$$\sigma(s-n)\nabla_{-n}Y_n(s) = \left(\frac{\sigma(s-1)-\sigma(s-n)}{\nabla x_{-n}(s)} + \tau(s-1)\frac{\nabla x_{-1}(s)}{\nabla x_{-n}(s)} \right) Y_n(s-1).$$

$$(2.6.1)$$

命题 2.6.1   如果 $u_1(s)$ 是以下差分方程的一个非平凡解

$$p_1(s)\nabla_k u(s) = p_0(s)u(s-1), \tag{2.6.2}$$

这里 $p_1(s) \neq 0$, 那么它满足差分方程

$$(p_1(s) + p_0(s)\nabla x_k(s)) \Delta_{k-1}\nabla_k u(s)$$

$$+ \left(\Delta_{k-1}p_1(s) - p_0(s)\frac{\nabla x_k(s)}{\Delta x_{k-1}(s)} \right) \Delta_k u(s) - \Delta_{k-1}p_0(s)u(s) = 0. \tag{2.6.3}$$

进一步, (2.6.3) 的其他解是

$$u_2(s) = Cu_1(s) \int_N^s \frac{1}{p_1(t)u_1(t)} d_\nabla x_k(t),$$

这里 C 是常数.

证明 将算子 Δ_{k-1} 作用到 (2.6.2) 两边, 我们有

$$p_1(s)\Delta_{k-1}\nabla_k u(s) + \Delta_{k-1}p_1(s)\Delta_k u(s) = u(s)\Delta_{k-1}p_0(s) + p_0(s)\Delta_{k-1}u(s-1).$$
(2.6.4)

由于

$$\Delta_{k-1}\nabla_k u(s) = \frac{1}{\Delta x_{k-1}(s)}\left(\Delta_k u(s) - \frac{\nabla u(s)}{\nabla x_k(s)}\right),$$

则有

$$\Delta_{k-1}u(s-1) = \frac{\nabla x_k(s)}{\Delta x_{k-1}(s)}\left(\Delta_k u(s) - \Delta_{k-1}\nabla_k u(s)\Delta x_{k-1}(s)\right).$$
(2.6.5)

将 (2.6.5) 代入 (2.6.4), 我们得到关于 $u(s)$ 的方程 (2.6.3). 记 (2.6.3) 的另一解为 $u_2(s)$, 那么

$$\nabla_k\left(\frac{u_2(s)}{u_1(s)}\right) = \frac{u_1(s-1)\nabla_k u_2(s) - u_2(s-1)\nabla_k u_1(s)}{u_1(s)u_1(s-1)}.$$
(2.6.6)

由以上推导, $u_2(s)$ 满足

$$\Delta_{k-1}[p_1(s)\nabla_k u(s) - p_0(s)u(s-1)] = 0.$$

因此对任意常数 C,

$$p_1(s)\nabla_k u_2(s) - p_0(s)u_2(s-1) = C.$$

那么, 将 (2.6.2) 代入 (2.6.6), 可得

$$\nabla_k\left(\frac{u_2(s)}{u_1(s)}\right) = \frac{C}{p_1(s)u_1(s)}.$$

由命题 2.2.2, 有

$$u_2(s) = Cu_1(s)\int_N^s \frac{1}{p_1(t)u_1(t)}d_\nabla x_k(t).$$

由命题 2.6.1, 可得

$$\widehat{\sigma}(s)\Delta_{-(n+1)}\nabla_{-n}Y_n(s) + \widehat{\tau}(s)\Delta_{-n}Y_n(s) + \widehat{\lambda}Y_n(s) = 0,$$
(2.6.7)

这里

$$\widehat{\sigma}(s) = \sigma(s-1) + \tau(s-1)\nabla x_{-1}(s) = \sigma^*(s),$$
(2.6.8)

$$\widehat{\tau}(s) = \frac{\sigma(s-n+1) - \sigma(s-1)}{\Delta x_{-(n+1)}(s)} - \tau(s-1)\frac{\nabla x_{-1}(s)}{\Delta x_{-(n+1)}(s)} = -\tau_{n-2}(s-n+1),$$

(2.6.9)

$$\widehat{\lambda} = -\Delta_{-(n+1)}\left(\frac{\sigma(s-1) - \sigma(s-n)}{\nabla x_{-n}(s)} + \tau(s-1)\frac{\nabla x_{-1}(s)}{\nabla x_{-n}(s)}\right) = -\Delta_{-(n+1)}\tau_{n-1}(s-n).$$

(2.6.10)

由与 2.5 节类似的方法, 方程 (2.6.7) 可被改写成

$$\sigma(s-n+1)\Delta_{-(n+1)}\nabla_{-n}Y_n(s) - \tau_{-(n+2)}(s+1)\nabla_{-n}Y_n(s) + \widehat{\lambda}Y_n(s) = 0.$$

(2.6.11)

记 (2.6.7) 另外的解为 $\widehat{Y}_n(s)$. 那么

$$\widehat{Y}_n(s) = \rho(s)\prod_{j=0}^{n-1}\sigma(s-j)\int_N^s \frac{1}{\rho(t)\prod\limits_{j=0}^{n}\sigma(t-j)}d_\nabla x_{-n}(t).$$

(2.6.12)

现在, 对方程 (2.6.7), 让 $Y_n^{(n)}(s) = \Delta_{-n}^{(n)}Y_n(s)$. 那么 $Y_n^{(n)}(s)$ 满足

$$\widehat{\sigma}(s)\Delta_{-1}\nabla_0 Y_n^{(n)}(s) + \widehat{\tau}_n(s)\Delta_0 Y_n^{(n)}(s) + \widehat{\mu}_n Y_n^{(n)}(s) = 0.$$

(2.6.13)

由数学归纳法以及递推关系式 (2.6.8) 和 (2.6.9), 对任何非负整数 k, 我们有

$$\begin{aligned}
\widehat{\tau}_k(s) &= \frac{\widehat{\sigma}(s+k) - \widehat{\sigma}(s) + \widehat{\tau}(s+k)\nabla x_{-n+1}(s+k)}{\nabla x_{-n+k+1}(s)}\\
&= \frac{\sigma(s-n+k+1) - \sigma(s-1) - \tau(s-1)\nabla x_{-1}(s)}{\nabla x_{-n+k+1}(s)}\\
&= -\tau_{n-k-2}(s-n+k+1).
\end{aligned}$$

(2.6.14)

在 (2.6.14) 中最后一个等式成立是由于

$$\begin{aligned}
&\sigma(s-1) + \tau(s-1)\nabla x_{-1}(s)\\
={}&\sigma(s-1) + \tau(s-1)\nabla x_1(s-1)\\
={}&\sigma(s-n+k+1) + \tau_{n-k-2}(s-n+k+1)\nabla x_{n-k-1}(s-n+k+1)\\
={}&\sigma(s-n+k+1) + \tau_{n-k-2}(s-n+k+1)\nabla x_{-n+k+1}(s),
\end{aligned}$$

且

$$\widehat{\mu}_n = \widehat{\lambda} + \sum_{k=0}^{n-1}\Delta_{k-n}\widehat{\tau}_k(s).$$

(2.6.15)

当 k 是一个负整数时, 我们也将 (2.6.14) 的右边记为 $\widehat{\tau}_k(s)$. 当 $k = n$ 时, 我们得到

$$\widehat{\tau}_n(s) = \frac{\sigma(s+1) - \sigma(s-1)}{\Delta x \left(s - \frac{1}{2}\right)} - \tau(s-1)\frac{\nabla x_{-1}(s)}{\Delta x_{-1}(s)} = -\tau_{-2}(s+1) = \tau^*(s).$$

由与 2.5 节相同的方法, 方程 (2.6.13) 可改写为

$$\sigma(s+1)\Delta_{-1}\nabla_0 Y_n(s) - \tau_{-2}(s+1)\nabla_0 Y_n(s) + \widehat{\mu}_n Y_n(s) = 0. \qquad (2.6.16)$$

为了计算 $\widehat{\mu}_n$, 我们需要一个引理, 它的证明类似于命题 2.4.1.

引理 2.6.2 给定一个整数 k, 如果 $x(s) = c_1 q^s + c_2 q^{-s} + c_3$, 那么

$$\widehat{\tau}_k(s) = \left[\frac{q^{k-n+2} - q^{n-k-2}}{q^{\frac{1}{2}} - q^{-\frac{1}{2}}}\frac{\widetilde{\sigma}''}{2} - \left(q^{k-n+2} + q^{n-k-2}\right)\frac{\widetilde{\tau}'}{2}\right] x_{k-n}(s) + \widehat{c}_1(k)$$

$$= \left\{\nu[-2(n-k-2)]\frac{\widetilde{\sigma}''}{2} - \alpha[-2(n-k-2)]\tau'\right\} x_{n-k}(s) + \widehat{c}_1(k)$$

$$= -\kappa_{2(n-k-2)+1} x_{k-n} + \widehat{c}_1(k),$$

如果 $x(s) = \widetilde{c}_1 s^2 + \widetilde{c}_2 s + \widetilde{c}_3$, 那么

$$\widehat{\tau}_k(s) = \left[(k-n+2)\widetilde{\sigma}'' - \widetilde{\tau}'\right] x_{k-n}(s) + \widehat{c}_2(k)$$

$$= -\kappa_{2(n-k-2)+1} x_{k-n} + \widehat{c}_2(k);$$

这里 $\widehat{c}_1(k), \widehat{c}_2(k)$ 是关于 k 的函数:

$$\widehat{c}_1(k) = \frac{q^{\frac{k-n+2}{2}} - q^{\frac{n-k-2}{2}}}{q^{\frac{1}{2}} - q^{-\frac{1}{2}}}[\widetilde{\sigma}'(0) + c_3(2 - q^{\frac{k-n+2}{2}} - q^{\frac{n-k-2}{2}})]$$

$$+ \widetilde{\tau}(0)(q^{\frac{k-n+2}{2}} + q^{\frac{n-k-2}{2}}) + c_3\widetilde{\tau}'^{\frac{k-n+2}{2}}(q^{\frac{k-n+2}{2}} - q^{n-k-2}),$$

$$\widehat{c}_2(k) = \widetilde{\sigma}'(0)(k-n+2) + \frac{\widetilde{\sigma}''}{4}\widetilde{c}_1(k-n+2)^3 + \frac{3\widetilde{\tau}'}{4}\widetilde{c}_1(k-n+2)^2 + 2\widetilde{\tau}(0).$$

推论 2.6.3 如果 $x(s) = c_1 q^s + c_2 q^{-s} + c_3$, 或 $x(s) = \widetilde{c}_1 s^2 + \widetilde{c}_2 s + \widetilde{c}_3$, 那么

$$\widehat{\mu}_n = -\kappa_{-1} - \kappa_n \nu(n) = -\kappa_{n-1}\nu(n+1).$$

证明 由 (2.6.10), 我们看到 $\widehat{\lambda} = \Delta_{-(n+1)}\tau_{-(n+1)}(s) = \Delta_{-(n+1)}\widehat{\tau}_{-1}(s)$. 那么, 我们将 (2.6.15) 写成

$$\widehat{\mu}_n = \widehat{\lambda} + \sum_{k=0}^{n-1}\Delta_{k-n}\widehat{\tau}_k(s) = \sum_{k=-1}^{n-1}\Delta_{k-n}\widehat{\tau}_k(s). \qquad (2.6.17)$$

那么由引理 2.6.2, 如果 $x(s) = c_1 q^s + c_2 q^{-s} + c_3$, 则

$$\widehat{\mu}_n = \sum_{k=-1}^{n-1} \left[\frac{q^{k-n+2} - q^{n-k-2}}{q^{\frac{1}{2}} - q^{\frac{1}{2}}} \frac{\sigma''}{2} - \left(q^{k-n+2} + q^{n-k-2} \right) \frac{\tau'}{2} \right]$$

$$= \sum_{k=-1}^{n-1} \left[\frac{q^{-k} - q^k}{q^{\frac{1}{2}} - q^{\frac{1}{2}}} \frac{\sigma''}{2} - \left(q^{-k} + q^k \right) \frac{\tau'}{2} \right]$$

$$= -\kappa_{-1} + \sum_{k=0}^{n-1} \left[\frac{q^{-k} - q^k}{q^{\frac{1}{2}} - q^{\frac{1}{2}}} \frac{\sigma''}{2} - \left(q^{-k} + q^k \right) \frac{\tau'}{2} \right]$$

$$= -\kappa_{-1} - \kappa_n \nu(n) = -\kappa_{n-1} \nu(n+1).$$

如果 $x(s) = \widetilde{c}_1 s^2 + \widetilde{c}_2 s + \widetilde{c}_3$, 则

$$\widehat{\mu}_n = \sum_{k=-1}^{n-1} \left[(k - n + 2)\sigma'' - \tau' \right]$$

$$= \sum_{k=-1}^{n-1} \left[-k\sigma'' - \tau' \right]$$

$$= -\kappa_{-1} + \sum_{k=0}^{n-1} \left[-k\sigma'' - \tau' \right]$$

$$= -\kappa_{-1} - n\kappa_n = -(n+1)\kappa_{n-1}.$$

定理 2.6.4　如果 $\lambda = \lambda_n = -\kappa_n \nu(n)$, 那么方程 (2.6.13) 是

$$L^*[Y_n^{(n)}(s)] = 0.$$

证明　我们仅证明当 $\lambda = \lambda_n$ 时, 有 $\widehat{\mu}_n = \lambda^*$. 由 (2.5.18) 和命题 2.4.1, 有

$$\lambda^* = \lambda_n - \Delta_{-1} \left(\tau(s-1) \frac{\nabla x_{-1}(s)}{\nabla x(s)} - \frac{\nabla \sigma(s)}{\nabla x(s)} \right)$$

$$= \lambda_n - \Delta_{-1} \tau_{-1}(s)$$

$$= -\kappa_n \nu(n) - \kappa_{-1} = -\kappa_{n-1} \nu(n+1). \qquad (2.6.18)$$

因此, 由推论 2.6.3, 我们得到 $\widehat{\mu}_n = \lambda^*$.

由等式 (2.5.19), 有 $L \left[\dfrac{1}{\rho} Y_n^{(n)} \right] = L^*[Y_n^{(n)}] = 0$. 那么我们得到 Rodrigues 型
公式的一个推广:

定理 2.6.5　如果

$$\lambda = \lambda_n \text{ 和 } \lambda_m \neq \lambda_n \text{ 对于 } m = 0, 1, \cdots, n-1,$$

那么方程 (2.3.1) 的通解是

$$y_n(s) = \frac{C_1}{\rho(x)} \Delta_{-n}^{(n)} \left[\rho(s) \prod_{j=0}^{n-1} \sigma(s-j) \right]$$

$$+ \frac{C_2}{\rho(x)} \Delta_{-n}^{(n)} \left[\rho(s) \prod_{j=0}^{n-1} \sigma(s-j) \int_N^s \frac{1}{\rho(t) \prod\limits_{j=0}^{n} \sigma(t-j)} d_\nabla x_{-n}(t) \right].$$

2.7 更一般的 Rodrigues 公式

命题 2.7.1[90]62 设格子函数 $x(s)$ 具有形式

$$x(s) = c_1 q^s + c_2 q^{-s} + c_3 \ \text{或} \ x(s) = c_1 s^2 + c_2 s + c_3,$$

这里 q, c_1, c_2, c_3 为常数. 如果 $P_n[x_k(s)]$ 是关于 $x_k(s)(k$ 是一任意整数) 的 n 阶多项式, 那么 $\Delta_k P_n[x_k(s)]$ 是一个关于 $x_{k+1}(s)$ 的 $n-1$ 阶多项式.

我们把方程 (2.5.15) 与同类型的差分方程联系起来:

$$\sigma^*(s)\Delta_{-(n+1)}\nabla_{-n}v(s) + \gamma(s,n)\Delta_{-n}v(s) + \eta(n)v(s) = P_{n-1}[x_{-n}(s)], \quad (2.7.1)$$

这里 $\sigma^*(s)$ 由式 (2.5.16) 给出, $\gamma(s,n)$ 和 $\eta(n)$ 待定, 且 $P_{n-1}[x_{-n}(s)]$ 是一个关于 $x_{-n}(s)$ 的 $n-1$ 阶任意多项式.

关于多项式 $P_{n-1}[x_{-n}(s)]$, 容易知道

$$\Delta_{-n}^{(k)}P_{n-1}[x_{-n}(s)] = \widetilde{P}_{n-k-1}[x_{-n+k}(s)], \quad k = 0,1,\cdots,n-1$$

是关于 $x_{-n+k}(s)$ 的 $n-k-1$ 次多项式, 且当 $n=k$ 时, 我们有

$$\Delta_{-n}^{(n)}P_{n-1}[x_{-n}(s)] = 0.$$

现在, 对于方程 (2.7.1), 让 $w^{(k)}(s) = \Delta_{-n}^{(k)}v(s), k = 0,1,\cdots,n-1$. 由数学归纳法 (见 2.2 节预备知识, 或具体参见 [89,90]), 那么 $w^{(k)}(s)$ 满足

$$\Delta_{-n}^{(k)}\left[\sigma^*(s)\Delta_{-(n+1)}\nabla_{-n}v(s) + \gamma(s,n)\Delta_{-n}v(s) + \eta(n)v(s)\right]$$
$$= \sigma^*(s)\Delta_{-n+k-1}\nabla_{-n+k}w^{(k)}(s) + \gamma_k(s,n)\Delta_{-n+k}w^{(k)}(s) + \eta_k(n)w^{(k)}(s)$$
$$= \widetilde{P}_{n-k-1}[x_{-n+k}(s)],$$

这里

$$\gamma_k(s,n) = \frac{\sigma^*(s+k) - \sigma^*(s) + \gamma(s+k,n)\nabla x_{-n+1}(s+k)}{\nabla x_{-n+k+1}(s)}, \quad \gamma_0(s,n) = \gamma(s,n),$$

$$\eta_k(n) = \eta(n) + \sum_{j=0}^{k-1} \Delta_{j-n}\gamma_j(s,n), \quad \eta_0(n) = \eta(n).$$

当 $n = k$ 时, 我们可以假定

$$\Delta_{-n}^{(n)}\left[\sigma^*(s)\Delta_{-(n+1)}\nabla_{-n}v(s) + \gamma(s,n)\Delta_{-n}v(s) + \eta(n)v(s)\right]$$
$$= \sigma^*(s)\Delta_{-1}\nabla_0 w(s) + \tau^*(s)\Delta_0 w(s) + \lambda^* w(s) = 0,$$

这里 $\tau^*(s), \lambda^*$ 分别由 (2.5.17) 或 (2.5.18) 给出, 并且

$$w(s) = \Delta_{-n}^{(n)}v(s).$$

进一步, 我们假定

$$\sigma^*(s)\Delta_{-(n+1)}\nabla_{-n}v(s) + \gamma(s,n)\Delta_{-n}v(s) + \eta(n)v(s)$$
$$= \Delta_{-(n+1)}\left[\sigma^*(s)\nabla_{-n}v(s) + \ell(s,n)v(s)\right], \tag{2.7.2}$$

这里 $\ell(s,n)$ 待定.

当 $k = n$ 时, 我们有

$$\tau^*(s) = \gamma_n(s,n) = \frac{\sigma^*(s+n) - \sigma^*(s) + \gamma(s+n,n)\nabla x_{-n+1}(s+n)}{\nabla x_1(s)}, \tag{2.7.3}$$

$$\lambda^* = \eta(n) + \sum_{j=0}^{n-1} \Delta_{j-n}\gamma_j(s,n). \tag{2.7.4}$$

另一方面, 从 (2.5.17) 以及 (2.5.18), 有

$$\tau^*(s) = \frac{\sigma(s+1) - \sigma(s-1) - \tau(s-1)\nabla x_{-1}(s)}{\nabla x_1(s)}, \tag{2.7.5}$$

$$\lambda^* = \lambda - \Delta_{-1}\left(\tau(s-1)\frac{\nabla x_{-1}(s)}{\nabla x(s)} - \frac{\nabla \sigma(s)}{\nabla x(s)}\right). \tag{2.7.6}$$

从 (2.7.3) 和 (2.7.5), 我们有

$$\gamma(s+n,n) = \frac{\sigma(s+1) - \sigma(s-1) - \tau(s-1)\nabla x_{-1}(s) + \sigma^*(s) - \sigma^*(s+n)}{\nabla x_{-n+1}(s+n)},$$

那么利用 (2.5.16), 我们得到

$$\gamma(s+n,n) = \frac{\sigma(s+1) - \sigma(s+n-1) - \tau(s+n-1)\nabla x_{-1}(s+n)}{\nabla x_{-n+1}(s+n)},$$

因此, 我们可得

$$\gamma(s,n) = \frac{\sigma(s-n+1) - \sigma(s-1) - \tau(s-1)\nabla x_{-1}(s)}{\nabla x_{-n+1}(s)}. \tag{2.7.7}$$

进一步, 利用命题 2.2.1, 比较方程 (2.7.2) 的两边, 我们得到

$$\ell(s+1,n)\frac{\Delta x_{-n}(s)}{\Delta x_{-(n+1)}(s)} + \Delta_{-(n+1)}\sigma^*(s) = \gamma(s,n), \tag{2.7.8}$$

$$\Delta_{-(n+1)}\ell(s,n) = \eta(n). \tag{2.7.9}$$

从 (2.7.7) 及 (2.7.8), 我们有

$$\ell(s+1,n)\frac{\Delta x_{-n}(s)}{\Delta x_{-(n+1)}(s)} + \frac{\Delta\sigma^*(s)}{\Delta x_{-(n+1)}(s)} = \frac{\sigma(s-n+1) - \sigma(s-1) - \tau(s-1)\nabla x_{-1}(s)}{\Delta x_{-(n+1)}(s)},$$

那么利用 (2.5.16), 我们能够得到

$$\ell(s,n) = \frac{\sigma(s-n) - \sigma(s-1) - \tau(s-1)\nabla x_{-1}(s)}{\nabla x_{-n}(s)}. \tag{2.7.10}$$

那么, 从 (2.7.9) 和 (2.7.10), 可得

$$\eta(n) = \widehat{\lambda},$$

这里 $\widehat{\lambda}$ 由 (2.6.10) 式给出.

现在, 我们计算 λ. 从 (2.6.18), 我们知道

$$\lambda_n = \lambda^* + \Delta_{-1}\tau_{-1}(s),$$

且从 (2.5.23), 可得

$$\lambda = \lambda^* + \Delta_{-1}\tau_{-1}(s),$$

由此得出 $\lambda = \lambda_n$.

由命题 2.7.1, 从 (2.7.1) 和 (2.7.2), 可得

$$\sigma^*(s)\nabla_{-n}v(s) + \ell(s,n)v(s) = P_n[x_{-(n+1)}(s)], \tag{2.7.11}$$

这里 $P_n[x_{-(n+1)}(s)]$ 是关于 $x_{-(n+1)}(s)$ 的 n 次多项式.

现在, 我们求解方程 (2.7.11). 首先, 我们考虑下列齐次方程的解:

$$\sigma^*(s)\nabla_{-n}v(s) + \ell(s,n)v(s) = 0. \tag{2.7.12}$$

由 (2.5.16) 和 (2.7.10), 方程 (2.7.12) 可改写成

$$\sigma(s-n)v(s) = \left(\sigma(s-1) + \tau(s-1)\nabla x_{-1}(s)\right)v(s-1). \tag{2.7.13}$$

进一步, 由 Pearson 方程 (2.5.11), 可得

$$\rho(s)\sigma(s) = \left[\sigma(s-1) + \tau(s-1)\nabla x_{-1}(s)\right]\rho(s-1).$$

那么方程 (2.7.13) 变成

$$\frac{v(s)}{v(s-1)} = \frac{\rho(s)\sigma(s)}{\rho(s-1)\sigma(s-n)}.$$

容易证明以上方程的解是

$$v(s) = C\rho(s)\prod_{i=0}^{n-1}\sigma(s-i),$$

这里 C 是一个常数.

现在, 让

$$v(s) = C(s)\rho(s)\prod_{i=0}^{n-1}\sigma(s-i). \tag{2.7.14}$$

那么, 将 (2.7.14) 代入 (2.7.11), 则有

$$\nabla_{-n}C(s) = \frac{P_n[x_{-(n+1)}(s)]}{\rho(s)\prod\limits_{i=0}^{n}\sigma(s-i)}.$$

然后, 应用命题 2.2.2,

$$C(s) = \int_{N}^{s}\frac{P_n[x_{-(n+1)}(t)]}{\rho(t)\prod\limits_{i=0}^{n}\sigma(t-i)}d_{\nabla}x_{-n}(t) + \widetilde{C},$$

这里 $\widetilde{C}$ 是一个常数. 由于

$$\rho(s)y(s) = w(s) = \Delta_{-n}^{(n)}v(s),$$

我们得:

定理 2.7.2 如果

$$\lambda = \lambda_n \text{ 和 } \lambda_m \neq \lambda_n \text{ 对 } m = 0, 1, \cdots, n-1,$$

那么方程 (2.3.1) 的通解是

$$y_n(s) = \frac{C}{\rho(x)} \Delta_{-n}^{(n)} \left[\rho(s) \prod_{j=0}^{n-1} \sigma(s-j) \right]$$

$$+ \frac{1}{\rho(x)} \Delta_{-n}^{(n)} \left[\rho(s) \prod_{j=0}^{n-1} \sigma(s-j) \int_N^s \frac{P_n[x_{-(n+1)}(t)]}{\rho(t) \prod\limits_{j=0}^{n} \sigma(t-j)} d_\nabla x_{-n}(t) \right],$$

这里 C 是任意常数且 $P_n(\cdot)$ 是一个 n 阶多项式.

第 3 章 非一致格子上的超几何差分方程的解

在第 1 章和第 2 章中, 我们在方程 $\lambda + \dfrac{n(n-1)\sigma''}{2} + n\tau' = 0$ 存在自然数根 $n \in \mathbb{N}$ 的条件下, 分别求出了非一致格子上超几何方程的一个多项式形式的特解及通解, 它们是用 Rodrigues 公式及广义 Rodrigues 公式表示的. 本章中, 我们假设 $\lambda + \dfrac{n(n-1)\sigma''}{2} + n\tau' = 0$ 的根 n 并不是自然数, 在这种很一般条件下, 研究超几何差分方程的解. 我们将用 Euler 积分变换方法, 求解出 Nikiforov-Uvarov-Suslov 复差分方程的一种新的基本定理, 它的表达式不同于 Suslov 定理. 还要用内积方法, 求出关于更一般 Nikiforov-Uvarov-Suslov 方程的伴随方程, 并证明它仍然是非一致格子上的超几何型差分方程. 作为伴随方程求解公式的一个应用, 我们将用它得到原来方程的解, 这就给出了 Suslov 定理的一个新证明.

3.1 超几何微分方程的解

为了更好更方便地研究和理解非一致格子上超几何型差分方程的解法, 我们还得从经典的复超几何型微分方程的解法说起. 复超几何型微分方程:

$$\sigma(z)y''(z) + \tau(z)y'(z) + \lambda y(z) = 0, \tag{3.1.1}$$

为大家所熟知, 早已引起极大的关注, 这里 $\sigma(z)$ 和 $\tau(z)$ 相应地是至多二阶或一阶多项式, 且 λ 是一个常数. 它的解是一类数学物理中的特殊函数, 例如经典正交多项式、超几何函数和圆柱函数等等.

3.1.1 特定条件下解的 Rodrigues 公式

特别地, 在第 1 章和第 2 章中, 我们已经知道, 当

$$\lambda = \lambda_n = -\frac{n(n-1)\sigma''}{2} - n\tau',$$

即

$$\lambda + \frac{n(n-1)\sigma''}{2} + n\tau' = 0 \tag{3.1.2}$$

存在正整数解时, 方程 (3.1.1) 有一个次数为 n 的多项式解 $y_n(z)$, 它用 Rodrigues 公式表示为

$$y_n(z) = \frac{1}{\rho(z)}\frac{d^n}{dz^n}(\rho(z)\sigma^n(z)), \tag{3.1.3}$$

这里 $\rho(z)$ 满足 Pearson 方程

$$(\sigma(z)\rho(z))' = \tau(z)\rho(z). \tag{3.1.4}$$

3.1.2 超几何微分方程的伴随方程

现在的问题是：如果方程 (3.1.2) 没有整数解, 超几何方程 (3.1.1) 的特解如何求呢? 要想很好地解决这个问题, 我们必须先要解决超几何方程 (3.1.1) 的伴随方程问题.

在第 2 章里, 我们已经求出

$$L[y(z)] := \sigma(z)y''(z) + \tau(z)y'(z) + \lambda y(z) = 0 \tag{3.1.5}$$

的伴随方程是

$$L^*[w(z)] = \sigma(z)w''(z) + [2\sigma'(z) - \tau(z)]w'(z) + [\lambda + \sigma''(z) - \tau'(z)]w(z) = 0. \tag{3.1.6}$$

此即

$$L^*[w(z)] = \sigma(z)w''(z) - \tau_{-2}(z)w'(z) + \mu w(z) = 0, \tag{3.1.7}$$

这里 $\mu = \lambda + \sigma''(z) - \tau'(z); \tau_\nu(z) = \tau(z) + \nu\sigma'(z), \nu \in \mathbb{R}$.

关于伴随算子 L^* 与原算子 L , 它们之间存在一种重要的关系.

定理 3.1.1 伴随算子 L^* 与原算子 L 满足等式

$$L^*[\rho(z)y(z)] = \rho(z)L[y(z)], \tag{3.1.8}$$

这里 $\rho(z)$ 是方程 (3.1.5) 的积分因子.

3.1.3 超几何微分方程的伴随方程特解求法

本节里, 我们给出经典超几何伴随微分方程 (3.1.7) 的特解形式.

定理 3.1.2 让 $\rho_\nu(z)$ 满足 Pearson 型方程

$$[\sigma(z)\rho_\nu(z)]' = \tau_\nu(z)\rho_\nu(z),$$

且让 ν 是以下方程的根

$$\mu + \kappa_{\nu-1}\gamma(\nu+1) = 0.$$

那么

$$\sigma(z)y''(z) - \tau_{-2}(z)y'(z) + \mu y(z) = 0$$

具有如下形式的特解

$$y = y_\nu = \oint_C \frac{\rho_\nu(s)ds}{(s-z)^{\nu+1}}, \quad \rho_\nu(s) = \sigma^\nu(s)\rho(s).$$

证明　我们有

$$y'(z) = (\nu + 1) \oint_C \frac{\rho_\nu(s)ds}{(s-z)^{\nu+2}},$$

且

$$y''(z) = (\nu + 2)(\nu + 1) \oint_C \frac{\rho_\nu(s)ds}{(s-z)^{\nu+3}}.$$

为了建立 $y''(s), y'(s)$ 和 $y(z)$ 之间的关系, 我们想找出存在非零函数 $A_i(z), i = 1, 2, 3$, 使得

$$A_1(z)y''(z) + A_2(z)y'(z) + A_3(z)y(z) = 0.$$

$$\oint_C \frac{(\nu+2)(\nu+1)A_1(z) + (\nu+1)A_2(z)(s-z) + A_3(z)(s-z)^2}{(s-z)^{\nu+3}} \rho_\nu(s)ds$$

$$= \oint_C \frac{P(s)\rho_\nu(s)ds}{(s-z)^{\nu+3}},$$

这里

$$P(s) = (\nu+2)(\nu+1)A_1(z) + (\nu+1)A_2(z)(s-z) + A_3(z)(s-z)^2.$$

另一方面, 令

$$\oint_C \frac{P(s)\rho_\nu(s)ds}{(s-z)^{\nu+3}} = \oint_C \left(\frac{\sigma(s)\rho_\nu(s)}{(s-z)^{\nu+2}} \right)' ds$$

$$= \oint_C \left(\frac{\tau_\nu(s)\rho_\nu(s)}{(s-z)^{\nu+2}} - \frac{(\nu+2)\sigma(s)\rho_\nu(s)}{(s-z)^{\nu+3}} \right) ds$$

$$= \oint_C \frac{[\tau_\nu(s)(s-z) - (\nu+2)\sigma(s)]\rho_\nu(s)}{(s-z)^{\nu+3}} ds = - \oint_C \frac{Q(s)\rho_\nu(s)ds}{(s-z)^{\nu+3}},$$

这里

$$Q(s) = (\nu+2)\sigma(s) - \tau_\nu(s)(s-z).$$

由 Taylor 公式, 我们有

$$\sigma(s) = \sigma(z) + \sigma'(z)(s-z) + \frac{1}{2}\sigma''^2$$

且

$$\tau_\nu(s) = \tau_\nu(z) + \tau_\nu'(s-z).$$

因此, 我们得到

$$(\nu+2)\sigma(s) - \tau_\nu(s)(s-z) = (\nu+2)\sigma(z) - \tau_{-2}(z)(s-z) - \kappa_{\nu-1}(s-z)^2.$$

通过比较 $P(s)$ 和 $Q(s)$ 可得

$$A_1(z) = \frac{\sigma(z)}{\nu+1}, \quad A_2(z) = -\frac{\tau_{-2}(z)}{\nu+1}, \quad A_3(z) = -\kappa_{\nu-1}.$$

3.1.4 一般条件下原超几何微分方程求解公式

利用定理 3.1.1 和定理 3.1.2, 我们可以得到原超几何微分方程的解.

定理 3.1.3 让 $\rho_\nu(z)$ 满足 Pearson 方程

$$(\sigma(z)\rho_\nu(z))' = \tau_\nu(z)\rho_\nu(z),$$

且让 ν 是下列方程的根

$$\lambda + \nu\tau' + \nu(\nu - 1)\frac{\sigma''}{2} = 0.$$

那么方程 (3.1.1) 有形如以下公式的特解

$$y = y_\nu(z) = \frac{1}{\rho(z)} \oint_C \frac{\sigma^\nu(s)\rho(s)ds}{(s-z)^{\nu+1}}, \tag{3.1.9}$$

这里 C 是复 s-平面上的一条围线, 如果

1) 下列积分的导数

$$\phi_{\nu\mu}(z) = \oint_C \frac{\sigma^\nu(s)\rho(s)ds}{(s-z)^{\nu+1}}, \quad \rho_\nu(s) = \sigma^\nu(s)\rho(s)$$

可用下面公式计算, 对于 $\mu = \nu - 1$ 以及 $\mu = \nu$:

$$\phi'_{\nu\mu}(z) = (\mu+1)\phi_{\nu,\mu+1}(z);$$

2) 选择围线 C 使得等式

$$\left.\frac{\sigma(s)\rho_\nu(s)}{(s-z)^{\nu+1}}\right|_{s_1}^{s_2} = 0$$

成立, 这里 s_1 和 s_2 是围线的两个端点.

特别地, 在公式 (3.1.9) 中, 如果 $\nu = n \in \mathbb{N}^+$, 那么由 Cauchy 积分定理, 我们就有

$$y = y_n = \frac{1}{\rho(z)} D^n[\sigma^\nu(z)\rho(z)].$$

这就是著名的 Rodrigues 公式. 解 $y_n(z)$ 是一个正交多项式, 关于它的一些具体形式, 我们在第 2 章已经做了简单介绍.

很显然, 定理 3.1.3 中公式 (3.1.9) 可以看成是 Rodrigues 公式的重要推广.

3.2 非一致格子超几何差分方程的解

超几何微分方程的解函数在量子力学、群表示理论和计算数学中是非常有用的. 有鉴于此, 超几何型微分方程的研究就有了许多新的发展, 例如由于计算上的需要, 就可以将超几何型微分方程离散化, 从而产生出相应的超几何型差分方程, 包括一致格子以及非一致格子上的超几何型差分方程.

3.2.1　基本概念和运算法则

为方便阅读, 尽量保持各章节内容相互独立性, 我们要给出一些关于非一致格子上超几何差分方程的预备知识.

设 $x(s)$ 是一个关于复变量 $s \in \mathbb{C}$ 的格子, 显然, 对于任意实数 ν, $x_\nu(s) = x\left(s + \dfrac{\nu}{2}\right)$ 也是一个格子. 给定复变函数 $f(s)$, 我们定义该函数关于复函数 $x_\nu(s)$ 的两个差商算子如下:

$$\Delta_\nu f(s) = \frac{\Delta f(s)}{\Delta x_\nu(s)}, \quad \nabla_\nu f(s) = \frac{\nabla f(s)}{\nabla x_\nu(s)}. \tag{3.2.1}$$

进一步, 我们定义复函数 $f(z)$ 关于复函数 $x_\nu(s)$ 的高阶差商. 对于非负整数 n, 我们定义

$$\Delta_\nu^{(n)} f(s) = \begin{cases} f(s), & \text{如果 } n = 0, \\ \dfrac{\Delta}{\Delta x_{\nu+n-1}(s)} \cdots \dfrac{\Delta}{\Delta x_{\nu+1}(s)} \dfrac{\Delta}{\Delta x_\nu(s)} f(s), & \text{如果 } n \geqslant 1. \end{cases}$$

$$\nabla_\nu^{(n)} f(s) = \begin{cases} f(s), & \text{如果 } n = 0, \\ \dfrac{\nabla}{\nabla x_{\nu-n+1}} \cdots \dfrac{\nabla}{\nabla x_{\nu-1}(s)} \dfrac{\nabla}{\nabla x_\nu(s)} f(s), & \text{如果 } n \geqslant 1. \end{cases}$$

不难直接验证下面的基本运算法则成立.

命题 3.2.1　给定两个复函数 $f(s), g(s)$, 那么成立运算法则

$$\begin{aligned} \Delta_\nu(f(s)g(s)) &= f(s+1)\Delta_\nu g(s) + g(s)\Delta_\nu f(s) \\ &= g(s+1)\Delta_\nu f(s) + f(s)\Delta_\nu g(s), \end{aligned}$$

$$\begin{aligned} \Delta_\nu\left(\frac{f(s)}{g(s)}\right) &= \frac{g(s+1)\Delta_\nu f(s) - f(s+1)\Delta_\nu g(s)}{g(s)g(s+1)} \\ &= \frac{g(s)\Delta_\nu f(s) - f(s)\Delta_\nu g(s)}{g(s)g(s+1)}, \end{aligned}$$

$$\begin{aligned} \nabla_\nu(f(s)g(s)) &= f(s-1)\nabla_\nu g(s) + g(s)\nabla_\nu f(s) \\ &= g(s-1)\nabla_\nu f(s) + f(s)\nabla_\nu g(s), \end{aligned}$$

$$\begin{aligned} \nabla_\nu\left(\frac{f(s)}{g(s)}\right) &= \frac{g(s-1)\nabla_\nu f(s) - f(s-1)\nabla_\nu g(s)}{g(s)g(s-1)} \\ &= \frac{g(s)\nabla_\nu f(s) - f(s)\nabla_\nu g(s)}{g(s)g(s-1)}. \end{aligned}$$

A. F. Nikiforov, V. B. Uvarov 和 S. K. Suslov [89,90] 将方程 (3.1.1) 推广到超几何型差分方程情形, 并且在具有变化步长 $\nabla x(s) = x(s) - x(s-1)$ 的格子 $x(s)$ 上研究了 Nikiforov-Uvarov-Suslov 型差分方程:

$$\widetilde{\sigma}[x(s)]\frac{\Delta}{\Delta x(s-1/2)}\left[\frac{\nabla y(s)}{\nabla x(s)}\right] + \frac{1}{2}\widetilde{\tau}[x(s)]\left[\frac{\Delta y(s)}{\Delta x(s)} + \frac{\nabla y(s)}{\nabla x(s)}\right] + \lambda y(s) = 0, \quad (3.2.2)$$

这里 $\widetilde{\sigma}(x)$ 和 $\widetilde{\tau}(x)$ 分别是关于 $x(s)$ 的至多二次或一次多项式, λ 是一个常数, $\Delta y(s) = y(s+1) - y(s)$, $\nabla y(s) = y(s) - y(s-1)$, 且 $x(s)$ 是一个格子函数, 它满足

$$\frac{x(s+1)+x(s)}{2} = \alpha x\left(s+\frac{1}{2}\right) + \beta, \quad \alpha, \beta \text{ 是常数}, \quad (3.2.3)$$

$$x^2(s+1) + x^2(s) \text{ 是一个关于 } x\left(s+\frac{1}{2}\right) \text{ 的至多二次多项式.} \quad (3.2.4)$$

应该指出方程 (3.2.2) 可以看成是由方程 (3.1.1) 在非一致格子 $x(s)$ 上的逼近.

由于满足方程 (3.2.3) 和 (3.2.4) 的解是

$$x(s) = c_1 q^s + c_2 q^{-s} + c_3, \quad q \neq 1, \quad (3.2.5)$$

$$x(s) = \widetilde{c}_1 s^2 + \widetilde{c}_2 s + \widetilde{c}_3, \quad q = 1. \quad (3.2.6)$$

我们给出非一致格子函数的定义如下:

定义 3.2.2 两种格子函数 $x(s)$ 被称为非一致格子, 如果

$$x(s) = c_1 q^s + c_2 q^{-s} + c_3, \quad q \neq 1, \quad (3.2.7)$$

$$x(s) = \widetilde{c}_1 s^2 + \widetilde{c}_2 s + \widetilde{c}_3, \quad q = 1, \quad (3.2.8)$$

这里 $c_i, \widetilde{c}_i$ 是任意常数, 且 $c_1 c_2 \neq 0$, $\widetilde{c}_1 \widetilde{c}_2 \neq 0$.

如果 $c_1 = 0$ (或者 $c_2 = 0$) 在 (3.2.7) 中, 且 $\widetilde{c}_1 = 0$ 在 (3.2.8) 中, 这些格子函数 $x(s)$ 被称为一致格子.

在二次格子 (3.2.7) 和 (3.2.8) 情况, 下面的等式也很容易验证:

$$\frac{x(z+\mu)+x(z)}{2} = \alpha(\mu)x\left(z+\frac{\mu}{2}\right) + \beta(\mu), \quad (3.2.9)$$

$$x(z+\mu) - x(z) = \gamma(\mu)\nabla x\left(z+\frac{\mu+1}{2}\right), \quad (3.2.10)$$

这里

$$\alpha(\mu) = \begin{cases} \dfrac{q^{\frac{\mu}{2}}+q^{-\frac{\mu}{2}}}{2}, & \text{当} q \neq 1, \\ 1, & \text{当} q = 1; \end{cases}$$

$$\beta(\mu) = \begin{cases} \beta \dfrac{1-\alpha\mu}{1-\alpha}, & \text{当} q \neq 1, \\ \beta\mu^2, & \text{当} q = 1; \end{cases} \tag{3.2.11}$$

$$\gamma(\mu) = \begin{cases} \dfrac{q^{\frac{\mu}{2}} - q^{-\frac{\mu}{2}}}{q^{\frac{1}{2}} - q^{-\frac{1}{2}}}, & \text{当} q \neq 1, \\ \mu, & \text{当} q = 1. \end{cases}$$

3.2.2　特定条件下解的 Rodrigues 公式

可以看到, 超几何方程 (3.2.2) 可以写成

$$\tilde{\sigma}[x(s)]\Delta_{-1}\nabla_0 y(s) + \frac{\tilde{\tau}[x(s)]}{2}[\Delta_0 y(s) + \nabla_0 y(s)] + \lambda y(s) = 0. \tag{3.2.12}$$

让

$$z_k(s) = \Delta_0^{(k)} y(s) = \Delta_{k-1}\Delta_{k-2}\cdots\Delta_0 y(s), \quad k = 1, 2, \cdots,$$

那么, 对任意非负整数 k, $z_k(s)$ 满足一个与方程 (3.2.12) 同样类型的方程:

$$\tilde{\sigma}_k[x_k(s)]\Delta_{k-1}\nabla_k z_k(s) + \frac{\tilde{\tau}_k[x_k(s)]}{2}[\Delta_k z_k(s) + \nabla_k z_k(s)] + \mu_k z_k(s) = 0, \tag{3.2.13}$$

这里 μ_k 是一个常数, 并且 $\tilde{\sigma}_k(x_k)$ 和 $\tilde{\tau}_k(x_k)$ 分别是关于 x_k 的至多二阶和一阶多项式, 它们按下式给出

$$\begin{aligned} \tilde{\sigma}_k[x_k(s)] = {} & \frac{\tilde{\sigma}_{k-1}[x_{k-1}(s+1)] + \tilde{\sigma}_{k-1}[x_{k-1}(s)]}{2} \\ & + \frac{1}{4}\Delta_{k-1}\tilde{\tau}_{k-1}(s)\frac{\Delta x_k(s) + \nabla x_k(s)}{2\Delta x_{k-1}(s)}[\Delta x_{k-1}(s)]^2 \\ & + \frac{\tilde{\tau}_{k-1}[x_{k-1}(s+1)] + \tilde{\tau}_{k-1}[x_{k-1}(s)]}{2}\frac{\Delta x_k(s) - \nabla x_k(s)}{4}, \end{aligned}$$

$$\tilde{\sigma}_0[x_0(s)] = \tilde{\sigma}[x(s)];$$

$$\begin{aligned} \tilde{\tau}_k[x_k(s)] = {} & \Delta_{k-1}\tilde{\sigma}_{k-1}[x_{k-1}(s)] + \Delta_{k-1}\tilde{\tau}_{k-1}[x_{k-1}(s)]\frac{\Delta x_k(s) - \nabla x_k(s)}{4} \\ & + \frac{\tilde{\tau}_{k-1}[x_{k-1}(s+1)] + \tilde{\tau}_{k-1}[x_{k-1}(s)]}{2}\frac{\Delta x_k(s) + \nabla x_k(s)}{2\Delta x_{k-1}(s)}, \end{aligned}$$

$$\tilde{\tau}_0[x_0(s)] = \tilde{\tau}[x(s)];$$

$$\mu_k = \mu_{k-1} + \Delta_{k-1}\tilde{\tau}_{k-1}[x_{k-1}(s)], \quad \mu_0 = \lambda.$$

为了方便分析方程 (3.2.13) 解的更多性质, 我们利用等式

$$\frac{1}{2}[\Delta_k z_k(s) + \nabla_k z_k(s)] = \Delta_k z_k(s) - \frac{1}{2}\Delta[\nabla_k z_k(s)]$$

将方程 (3.2.13) 写成如下等价的表达式

$$\sigma_k(s)\Delta_{k-1}\nabla_k z_k(s) + \tau_k(s)\Delta_k z_k(s) + \mu_k z_k(s) = 0, \tag{3.2.14}$$

这里

$$\sigma_k(s) = \widetilde{\sigma}_k[x_k(s)] - \frac{1}{2}\widetilde{\tau}_k[x_k(s)]\nabla x_{k+1}(s), \tag{3.2.15}$$

$$\sigma_k(s) = \sigma_{k-1}(s) = \sigma(s); \tag{3.2.16}$$

$$\tau_k(s)\nabla x_{k+1}(s) = \sigma(s+k) - \sigma(s) + \tau(s+k)\nabla x_1(s+k), \tag{3.2.17}$$

$$\tau_k(s) = \widetilde{\tau}_k[x_k(s)]; \tag{3.2.18}$$

$$\mu_k = \lambda + \sum_{j=0}^{k-1}\Delta_j \tau_j(s). \tag{3.2.19}$$

方程 (3.2.13) 能够被进一步改写成如下自相伴形式

$$\Delta_{k-1}\left[\sigma(s)\rho_k(s)\nabla_k z_k(s)\right] + \mu_k \rho_k(s) z_k(s) = 0,$$

这里 $\rho_k(s)$ 满足 Pearson 型方程

$$\Delta_{k-1}\left[\sigma(s)\rho_k(s)\right] = \tau_k(s)\rho_k(s).$$

令 $\rho(s) = \rho_0(s)$，那么有

$$\rho_k(s) = \rho(s+k)\prod_{i=1}^{k}\sigma(s+i).$$

因此, 如果有一个正整数 n, 使得它满足特定条件: 使得 $\mu_n = 0$ 并且

$$\lambda = \lambda_n := -\sum_{j=0}^{n-1}\Delta_j \tau_j(s) \text{ 和 } \lambda_m \neq \lambda_n \text{ 对于 } m = 0, 1, \cdots, n-1, \tag{3.2.20}$$

那么方程 (3.2.13) 存在一个关于函数 $x(n)$ 的 n 阶多项式的解 $y_n[x(s)]$, 它的表达式是微分经典 Rodrigues 公式在非一致格子上的差分模拟, 表达式为

$$y_n[x(s)] = \frac{1}{\rho(s)}\nabla_n^{(n)}[\rho_n(s)] = \frac{1}{\rho(s)}\Delta_{-n}^{(n)}[\rho_n(s-n)]. \tag{3.2.21}$$

3.2.3 两个函数的推广及广义幂函数

更进一步, 当 k 是任意实数时, S. K. Suslov 和 N. M. Atakishiyev 给出了在 [29, 99] 中比 (3.2.15) 和 (3.2.17) 更广义的函数定义:

定义 3.2.3　让 $\nu \in \mathbb{R}, x = x(z)$ 是满足两个条件 (3.2.7)-(3.2.8) 的非一致格子. 两个函数 $\tilde{\sigma}_\nu(z)$ 和 $\tau_\nu(z)$ 由以下两个等式定义

$$\tilde{\sigma}_\nu(z) = \sigma(z) + \frac{1}{2}\tau_\nu(z)\nabla x_{\nu+1}(z), \tag{3.2.22}$$

$$\tau_\nu(z)\nabla x_{\nu+1}(z) = \sigma(z+\nu) - \sigma(z) + \tau(z+\nu)\nabla x_1(z+\nu). \tag{3.2.23}$$

引理 3.2.4 ([29,99])　$\tilde{\sigma}_\nu(z) = \tilde{\sigma}_\nu(x_\nu)$ 和 $\tau_\nu(z) = \tau_\nu(x_\nu)$ 分别是关于变量 $x_\nu(s) = x\left(s + \frac{\nu}{2}\right)$ 至多二次或一次多项式.

引理 3.2.5 ([29,99])　在引理 3.2.4 的条件下, 函数

$$Q(s) = \nu(\mu)\sigma(s) - \tau_\nu(s)[x_{\nu-\mu}(s) - x_{\nu-\mu}(z)]$$

具有如下形式

$$Q(s) = A + B[x_\nu(s) - x_\nu(z)] + C[x_\nu(s) - x_\nu(z)][x_\nu(s) - x_\nu(z-\mu)],$$

这里

$$A = \nu(\mu)\sigma(z), \quad B = -\tau_{\nu-\mu}(z), \quad C = -\kappa_{2\nu-\mu+1}.$$

在非一致格子 $x(s) = c_1 q^s + c_2 q^{-s} + c_3$ 和 $x(s) = \tilde{c}_1 s^2 + \tilde{c}_2 s + \tilde{c}_3$ 下, 关于 $\tau_\nu(s), \mu_k$ 以及 λ_n 的显式表达式不难验证.

引理 3.2.6 ([99])　给定任意实数 ν, 让 $\alpha(\nu)$ 和 $\nu(\nu)$ 由式 (3.2.11) 所定义, κ_ν 由式 (3.2.36) 所定义, 且如果 $x(s) = c_1 q^s + c_2 q^{-s} + c_3$, 那么

$$\tau_\nu(s) = \kappa_{2\nu+1} x_\nu(s) + c(\nu),$$

这里 $c(\nu)$ 是一个关于 ν 的函数:

$$c(\nu) = c_3(1 - q^{\frac{\nu}{2}})(q^{\frac{\nu}{2}} - q^{-\nu}) + c_3(2 - q^{\frac{\nu}{2}} - q^{-\frac{\nu}{2}})\nu(\nu)$$
$$+ 2\tilde{\tau}(0)\alpha(\nu) + \tilde{\sigma}(0)\nu(\nu).$$

另一方面, 如果 $x(s) = \tilde{c}_1 s^2 + \tilde{c}_2 s + \tilde{c}_3$, 那么

$$\tau_\nu(s) = \kappa_{2\nu+1} x_\nu(s) + \tilde{c}(\nu),$$

这里 $\tilde{c}(\nu)$ 是一个关于 ν 的函数:

$$\tilde{c}(\nu) = \frac{\tilde{\sigma}''}{4}\tilde{c}_1\nu^3 + \frac{3\tilde{\tau}'}{4}\tilde{c}_1\nu^2 + \tilde{\sigma}(0)\nu + 2\tilde{\tau}(0).$$

在一般条件下, 方程 (3.2.2) 的求解要困难复杂得多. 这涉及广义幂函数这个重要概念.

对于 $n \in \mathbb{N}$, 定义广义幂函数

$$[x_\nu(s) - x_\nu(z)]^{(n)} = \prod_{k=0}^{n-1} [x_\nu(s) - x_\nu(z-k)], \quad n \in \mathbb{N}^+,$$

当 n 不是正整数时, 将 $[x_\nu(s) - x_\nu(z)]^{(\alpha)}$ 定义为

定义 3.2.7 ([99]) 对于形如 (3.2.8) 的二次格子, 记 $c = \dfrac{\widetilde{c}_2}{\widetilde{c}_1}$, 定义

$$[x_\nu(s) - x_\nu(z)]^{(\alpha)} = \widetilde{c}_1{}^\alpha \frac{\Gamma(s - z + \alpha)\Gamma(s + z + \nu + c + 1)}{\Gamma(s - z)\Gamma(s + z + \nu - \alpha + c + 1)}; \tag{3.2.24}$$

对形如 (3.2.7) 的 q-二次格子, 记 $c = \dfrac{\log \dfrac{c_2}{c_1}}{\log q}$,

$$[x_\nu(s) - x_\nu(z)]^{(\alpha)} = [c_1(1-q)^2]^\alpha q^{-\alpha(s+\frac{\nu}{2})} \frac{\Gamma_q(s - z + \alpha)\Gamma_q(s + z + \nu + c + 1)}{\Gamma_q(s - z)\Gamma_q(s + z + \nu - \alpha + c + 1)}. \tag{3.2.25}$$

命题 3.2.8 ([28,29,99]) 对于 $x(s) = c_1 q^s + c_2 q^{-s} + c_3$ 或 $x(s) = \widetilde{c}_1 s^2 + \widetilde{c}_2 s + \widetilde{c}_3$, 广义指数函数 $[x_\nu(s) - x_\nu(z)]^{(\alpha)}$ 满足下面的性质:

$$[x_\nu(s) - x_\nu(z)][x_\nu(s) - x_\nu(z-1)]^{(\mu)} = [x_\nu(s) - x_\nu(z)]^{(\mu)}[x_\nu(s) - x_\nu(z-\mu)]$$
$$= [x_\nu(s) - x_\nu(z)]^{(\mu+1)}; \tag{3.2.26}$$

$$[x_{\nu-1}(s+1) - x_{\nu-1}(z)]^{(\mu)}[x_{\nu-\mu}(s) - x_{\nu-\mu}(z)]$$
$$= [x_{\nu-\mu}(s+\mu) - x_{\nu-\mu}(z)][x_{\nu-1}(s) - x_{\nu-1}(z)]^{(\mu)} = [x_\nu(s) - x_\nu(z)]^{(\mu+1)}; \tag{3.2.27}$$

$$\frac{\Delta_z}{\Delta x_{\nu-\mu+1}(z)}[x_\nu(s) - x_\nu(z)]^{(\mu)} = -\frac{\nabla_s}{\nabla x_{\nu+1}(z)}[x_{\nu+1}(s) - x_{\nu+1}(z)]^{(\mu)}$$
$$= -\gamma(\mu)[x_\nu(s) - x_\nu(z)]^{(\mu-1)}; \tag{3.2.28}$$

$$\frac{\nabla_z}{\nabla x_{\nu-\mu+1}(z)}\left\{\frac{1}{[x_\nu(s) - x_\nu(z)]^{(\mu)}}\right\} = -\frac{\Delta_s}{\Delta x_{\nu-1}(z)}\left\{\frac{1}{[x_{\nu-1}(s) - x_{\nu-1}(z)]^{(\mu)}}\right\}$$
$$= \frac{\gamma(\mu)}{[x_\nu(s) - x_\nu(z)]^{(\mu+1)}}. \tag{3.2.29}$$

3.2.4　一般情况下非一致格子超几何差分方程的解

超几何型差分方程 (3.2.2) 可以改写成

$$\sigma(z)\frac{\Delta}{\Delta x_{-1}(z)}\left(\frac{\nabla y(z)}{\Delta x_0(z)}\right) + \tau(z)\frac{\Delta y(z)}{\Delta x_0(z)} + \lambda y(z) = 0, \tag{3.2.30}$$

这里

$$\sigma(z) = \widetilde{\sigma}[x(z)] - \frac{1}{2}\widetilde{\tau}[x(z)]\nabla x_1(z), \quad \tau(z) = \widetilde{\tau}[x(z)]. \tag{3.2.31}$$

为了求解方程 (3.2.30), N. M. Atakishiyev 和 S. K. Suslov 通过引入广义幂函数, 应用待定系数方法构造了方程 (3.2.30) 的特解, 参见他们的经典工作 [28]. 进一步, S. K. Suslov 和 N. M. Atakishiyev [29,99] 从广义 Pearson 方程出发, 通过建立一系列引理等高度技巧, 对非一致格子上的超几何差分方程建立了一个基本性结果, 该工作推广了作为非一致格子上多项式的 Rodrigues 公式.

定理 3.2.9 (参见 [99] 中定理 2.2)　对于非一致格子函数类 $x = x(z)$ 中, 方程 (3.2.30) 具有如下形式的特解

$$y(z) = \frac{1}{\rho(z)}\sum_{s=a}^{b-1}\frac{\rho_\nu(s)\nabla x_{\nu+1}(s)}{[x_\nu(s) - x_\nu(z)]^{(\nu+1)}}, \tag{3.2.32}$$

还具有如下形式的特解

$$y(z) = \frac{1}{\rho(z)}\oint_C\frac{\rho_\nu(s)\nabla x_{\nu+1}(s)ds}{[x_\nu(s) - x_\nu(z)]^{(\nu+1)}}, \tag{3.2.33}$$

这里 C 是 s-复平面上的围线, 如果

1) 这里 $\rho(z), \rho_\nu(z)$ 满足

$$\frac{\Delta(\sigma(z)\rho(z))}{\nabla x_1(z)} = \tau(z)\rho(z), \quad \frac{\Delta(\sigma(z)\rho_\nu(z))}{\nabla x_{\nu+1}(z)} = \tau_\nu(z)\rho_\nu(z); \tag{3.2.34}$$

2) ν 是下面方程的根

$$\lambda + \kappa_\nu\gamma(\nu) = 0, \tag{3.2.35}$$

这里

$$\kappa_\nu = \alpha(\nu - 1)\widetilde{\tau}' + \gamma(\nu - 1)\frac{\widetilde{\sigma''}}{2}; \tag{3.2.36}$$

3) 下列函数

$$\phi_{\nu\mu}(z) = \sum_{s=a}^{b-1}\frac{\rho_\nu(s)\nabla x_{\nu-1}(s)}{[x_\nu(s) - x_\nu(z)]^{(\mu+1)}}, \tag{3.2.37}$$

或

$$\phi_{\nu\mu}(z) = \oint_C \frac{\rho_\nu(s)\nabla x_{\nu-1}(s)ds}{[x_\nu(s) - x_\nu(z)]^{(\mu+1)}} \tag{3.2.38}$$

差商的计算, 可以利用公式

$$\frac{\nabla\phi_{\nu\mu}(z)}{\nabla x_{\nu-\mu}(z)} = \gamma(\mu+1)\phi_{\nu,\mu+1}(z) \tag{3.2.39}$$

来完成;

4) 下列公式成立

$$\psi_{\nu\mu}(a,z) = \psi_{\nu\mu}(b,z), \quad \oint_C \Delta_s\psi_{\nu\mu}(s,z)ds = 0, \tag{3.2.40}$$

这里

$$\psi_{\nu\mu}(s,z) = \frac{\sigma(s)\rho_\nu(s)}{[x_{\nu-1}(s) - x_{\nu-1}(z+1)]^{(\mu+1)}}. \tag{3.2.41}$$

注 3.2.10 当 $\nu = n$ 时, 由于

$$\frac{\nabla_z}{\nabla x_n(z)}\left[\frac{1}{x_n(s) - x_n(z)}\right] = \gamma(1)\frac{1}{[x_n(s) - x_n(z)]^{(2)}},$$

$$\frac{\nabla_z}{\nabla x_{n-1}(z)}\left\{\frac{\nabla_z}{\nabla x_n(z)}\left[\frac{1}{x_n(s) - x_n(z)}\right]\right\} = \gamma(2)\gamma(1)\frac{1}{[x_n(s) - x_n(z)]^{(3)}},$$

以此类推, 可得

$$\nabla_z^{(n)}(z)\left[\frac{1}{x_{-n}(s) - x_{-n}(z)}\right] = \frac{\nabla_z}{\nabla x_1(z)}\cdots\frac{\nabla_z}{\nabla x_{n-1}(z)}\frac{\nabla_z}{\nabla x_n(z)}\left[\frac{1}{x_n(s) - x_n(z)}\right]$$

$$= \gamma(n)!\frac{1}{[x_n(s) - x_n(z)]^{(n+1)}}. \tag{3.2.42}$$

由于 (3.2.42), 我们选取方程 (3.2.33) 的解为

$$y(z) = \frac{\log q}{q^{\frac{1}{2}} - q^{-\frac{1}{2}}}\gamma(n)!\frac{1}{2\pi i\rho(z)}\oint_c \frac{\rho_n(s)\nabla x_{n+1}(s)ds}{[x_n(s) - x_n(z)]^{(n+1)}}$$

$$= \frac{\log q}{q^{\frac{1}{2}} - q^{-\frac{1}{2}}}\gamma(n)!\frac{1}{2\pi i\rho(z)}\oint_c \rho_n(s)\nabla x_{n+1}(s)\nabla_z^{(n)}(z)\left[\frac{1}{x_n(s) - x_n(z)}\right]ds$$

$$= \frac{\log q}{q^{\frac{1}{2}} - q^{-\frac{1}{2}}}\frac{1}{2\pi i\rho(z)}\nabla_z^{(n)}(z)\oint_c \frac{\rho_n(s)\nabla x_{n+1}(s)ds}{x_n(s) - x_n(z)}$$

$$= \frac{1}{2\pi i\rho(z)}\nabla_z^{(n)}(z)\oint_c \frac{\rho_n(s)x_n'(s)ds}{x_n(s) - x_n(z)}$$

$$= \frac{1}{\rho(z)}\nabla_z^{(n)}(z)[\rho_n(z)]. \tag{3.2.43}$$

上面倒数第二个等式最后一步成立是因为

$$x'_n(s) = \frac{\log q}{q^{\frac{1}{2}} - q^{-\frac{1}{2}}} \nabla x_{n+1}(s),$$

最后一个等式成立用到广义 Cauchy 积分公式

$$\rho_n(z) = \frac{1}{2\pi i} \oint_c \frac{\rho_n(s) x'_n(s) ds}{x_n(s) - x_n(z)},$$

这里假设 $x_n(z)$ 是单值函数.

因此, 定理 3.2.9 推广了 Rodrigues 公式 (3.2.21).

然后, 他们更深入地研究了下面 Nikiforov-Uvarov-Suslov 方程 (3.2.2) 的延拓形式:

$$\sigma(z) \frac{\Delta}{\Delta x_{\nu-\mu-1}(z)} \left(\frac{\nabla y(z)}{\nabla x_{\nu-\mu}(z)} \right) + \tau_{\nu-\mu}(z) \frac{\Delta y(z)}{\Delta x_{\nu-\mu}(z)} + \lambda y(z) = 0, \qquad (3.2.44)$$

这里 $\nu, \mu \in \mathbb{R}, x = x(z)$ 是满足两个条件 (3.2.7)-(3.2.8) 的非一致格子, 他们从 Pearson 方程入手, 研究得到方程的解, 并且得到了许多其他重要的结果, 这些成果是专著 [89, 90] 的很好的补充材料.

3.3　NUS 差分方程新的基本解

在本节, 我们要证明关于方程 (3.2.2) 的一个基本定理, 这是一个本质上的新结果, 它的表达式也不同于 Suslov 定理 (见 3.2 节中定理 3.2.9).

让我们首先考虑方程 (3.2.44), 我们将从一个新的研究方式, 即用所谓的广义 Euler 积分变换方法求解这个方程. 这个基本定理本质上也是新的, 不同于他们所得的结果.

定理 3.3.1　对于非一致格子函数类 $x = x(z)$, 非一致格子上超几何差分方程

$$\sigma(z) \frac{\Delta}{\Delta x_{\nu-\mu-1}(z)} \left(\frac{\nabla y(z)}{\nabla x_{\nu-\mu}(z)} \right) + \tau_{\nu-\mu}(z) \frac{\Delta y(z)}{\Delta x_{\nu-\mu}(z)} + \lambda y(z) = 0 \qquad (3.3.1)$$

有如下形式的特解

$$y(z) = \sum_{s=a}^{b-1} [x_\nu(s) - x_\nu(z)]^{(\mu+1)} \rho_\nu(s) \nabla x_{\nu+1}(s), \qquad (3.3.2)$$

也有如下形式的特解

$$y(z) = \oint_C [x_\nu(s) - x_\nu(z)]^{(\mu+1)} \rho_\nu(s) \nabla x_{\nu+1}(s) ds, \qquad (3.3.3)$$

这里 C 是 s-复平面上的围线, 且 $x_\nu(s) = x\left(s + \dfrac{1}{2}\right)$, 如果

i) 函数 $\rho_\gamma(z)$ 满足

$$\frac{\nabla}{\nabla x_{\nu+1}(z)}[\sigma(z)\rho_\nu(z)] + \tau_\nu(z)\rho_\nu(z) = 0; \tag{3.3.4}$$

ii) μ, ν 满足方程

$$\lambda + \kappa_{2\nu-(\mu-1)}\gamma(\mu+1) = 0; \tag{3.3.5}$$

iii) 下列函数

$$\phi_{\nu\mu}(z) = \sum_{s=a}^{b-1} [x_\nu(s) - x_\nu(z)]^{(\mu+1)}\rho_\nu(s)\nabla x_{\nu-1}(s), \tag{3.3.6}$$

或者

$$\phi_{\nu\mu}(z) = \oint_C [x_\nu(s) - x_\nu(z)]^{(\mu+1)}\rho_\nu(s)\nabla x_{\nu-1}(s)ds \tag{3.3.7}$$

差商的计算, 可以应用下面公式

$$\frac{\Delta\phi_{\nu\mu}(z)}{\Delta x_{\nu-\mu}(z)} = -\gamma(\mu+1)\phi_{\nu,\mu-1}(z) \tag{3.3.8}$$

来实现;

iv) 下面的等式成立

$$\psi_{\nu\mu}(a,z) = \psi_{\nu\mu}(b,z), \quad \oint_C \nabla_s\psi_{\nu\mu}(s,z)ds = 0, \tag{3.3.9}$$

这里

$$\psi_{\nu\mu}(s,z) = \sigma(s)\rho_\nu(s)[x_{\nu+1}(s) - x_{\nu+1}(z-1)]^{(\mu)}. \tag{3.3.10}$$

证明　由 Euler 积分变换的思想, 假定方程 (3.3.1) 有以下形式的解:

$$y(z) = \oint_C [x_\nu(s) - x_\nu(z)]^{(\mu+1)}\rho_\nu(s)\nabla x_{\nu+1}(s)ds, \tag{3.3.11}$$

这里常数 ν, μ 和函数 $\rho_\nu(s)$ 待定. 那么

$$\frac{\Delta y(z)}{\Delta x_{\nu-\mu}(z)} = -\gamma(\mu+1)\oint_C [x_\nu(s) - x_\nu(z)]^{(\mu)}\rho_\nu(s)\nabla x_{\nu+1}(s)ds, \tag{3.3.12}$$

且

$$\frac{\Delta}{\Delta x_{\nu-\mu-1}(z)}\left(\frac{\nabla y(z)}{\Delta x_{\nu-\mu}(z)}\right)$$

$$= \gamma(\mu+1)\gamma(\mu) \oint_C [x_\nu(s) - x_\nu(z-1)]^{(\mu-1)} \rho_\nu(s) \nabla x_{\nu+1}(s) ds. \qquad (3.3.13)$$

将 (3.3.11)~(3.3.13) 代入 (3.3.1), 并由命题 3.2.8, 我们有

$$\gamma(\mu+1) \oint_C [x_\nu(s) - x_\nu(z-1)]^{(\mu-1)} \{\gamma(\mu)\sigma(z) - \tau_{\nu-\mu}(z)$$
$$\cdot [x_\nu(s) - x_\nu(z)]\} \rho_\nu(s) \nabla x_{\nu+1}(s) ds$$
$$+ \lambda \oint_C [x_\nu(s) - x_\nu(z)]^{(\mu+1)} \rho_\nu(s) \nabla x_{\nu+1}(s) ds$$
$$= 0. \qquad (3.3.14)$$

利用引理 2.2.5 则有

$$\gamma(\mu)\sigma(z) - \tau_{\nu-\mu}(z)[x_\nu(s) - x_\nu(z)]$$
$$= \gamma(\mu)\sigma(s) - \tau_\nu(s)[x_{\nu-\mu}(s) - x_{\nu-\mu}(z)]$$
$$+ \kappa_{2\nu-(\mu-1)}[x_\nu(s) - x_\nu(z)][x_\nu(s) - x_\nu(z-\mu)]. \qquad (3.3.15)$$

将 (3.3.15) 代入 (3.3.14), 并应用命题 3.2.8, 可得

$$\gamma(\mu+1)\Big\{ \oint_C \gamma(\mu)\sigma(s)\rho_\nu(s)[x_\nu(s) - x_\nu(z-1)]^{(\mu-1)} \nabla x_{\nu+1}(s) ds$$
$$- \oint_C \tau_\nu(s)\rho_\nu(s)[x_{\nu+1}(s-1) - x_{\nu+1}(z-1)]^{(\mu)} \nabla x_{\nu+1}(s) ds \Big\}$$
$$+ [\lambda + \kappa_{2\nu-(\mu-1)}\gamma(\mu+1)] \oint_C \rho_\nu(s)[x_\nu(s) - x_\nu(z)]^{(\mu+1)} \nabla x_{\nu+1}(s) ds$$
$$= 0, \qquad (3.3.16)$$

这是由于

$$[x_{\nu-\mu}(s) - x_{\nu-\mu}(z)][x_\nu(s) - x_\nu(z-1)]^{(\mu-1)} = [x_{\nu+1}(s-1) - x_{\nu+1}(z-1)]^{(\mu)}$$

和

$$[x_\nu(s) - x_\nu(z)][x_\nu(s) - x_\nu(z-\mu)][x_\nu(s) - x_\nu(z-1)]^{(\mu-1)} = [x_\nu(s) - x_\nu(z)]^{(\mu+1)}.$$

那么, 由 (3.3.16), 可得

$$\gamma(\mu+1)\Big\{ \oint_C \sigma(z)\rho_\nu(s) \nabla_s \{[x_{\nu+1}(s) - x_{\nu+1}(z-1)]^{(\mu)}\} ds$$
$$- \oint_C \tau_\nu(s)\rho_\nu(s)[x_{\nu+1}(s-1) - x_{\nu+1}(z-1)]^{(\mu)} \nabla x_{\nu+1}(s) ds \Big\}$$

$$+ [\lambda + \kappa_{2\nu-(\mu-1)}\gamma(\mu+1)] \oint_C [x_\nu(s) - x_\nu(z)]^{(\mu+1)}\rho_\nu(s)\nabla x_{\nu+1}(s)ds$$

$$= 0. \tag{3.3.17}$$

由于

$$\nabla_s[u(s)v(s)] = u(s)\nabla_s[v(s)] + v(s-1)\nabla_s[u(s)], \tag{3.3.18}$$

这里 $u(s) = \sigma(z)\rho_\nu(s), v(s) = [x_{\nu+1}(s) - x_{\nu+1}(z-1)]^{(\mu)}$, 我们能得到

$$\oint_C \sigma(z)\rho_\nu(s)\nabla_s\{[x_{\nu+1}(s) - x_{\nu+1}(z-1)]^{(\mu)}\}ds$$

$$= \oint_C \nabla_s\{\sigma(z)\rho_\nu(s)[x_{\nu+1}(s) - x_{\nu+1}(z-1)]^{(\mu)}\}ds$$

$$- \oint_C \nabla_s[\sigma(z)\rho_\nu(s)][x_{\nu+1}(s-1) - x_{\nu+1}(z-1)]^{(\mu)}ds.$$

假定条件 (3.3.9) 成立, 那么

$$\oint_C \sigma(z)\rho_\nu(s)\nabla_s\{[x_{\nu+1}(s) - x_{\nu+1}(z-1)]^{(\mu)}\}ds$$

$$= - \oint_C \nabla_s[\sigma(z)\rho_\nu(s)][x_{\nu+1}(s-1) - x_{\nu+1}(z-1)]^{(\mu)}ds.$$

因此,

$$\gamma(\mu+1) \oint_C \{-\nabla_s[\sigma(z)\rho_\nu(s)] - \tau_\nu(s)\rho_\nu(s)\nabla x_{\nu+1}(s)\}$$

$$\cdot [x_{\nu+1}(s-1) - x_{\nu+1}(z-1)]^{(\mu)}ds$$

$$+ [\lambda + \kappa_{2\nu-(\mu-1)}\gamma(\mu+1)] \oint_C [x_\nu(s) - x_\nu(z)]^{(\mu+1)}\rho_\nu(s)\nabla x_{\nu+1}(s)ds$$

$$= 0. \tag{3.3.19}$$

如果 $\rho_\nu(s)$ 满足

$$\frac{\nabla_s(\sigma(s)\rho_\nu(s))}{\nabla x_{\nu+1}(s)} + \tau_\nu(s)\rho_\nu(s) = 0, \tag{3.3.20}$$

且 μ, ν 是下面方程的根

$$\lambda + \kappa_{2\nu-(\mu-1)}\gamma(\mu+1) = 0. \tag{3.3.21}$$

那么方程 (3.3.1) 有形如 (3.3.11) 的特解, 因此我们完成了定理的证明.

在定理 3.3.1 中, 让 $\mu = \nu$, 则有下面的定理.

定理 3.3.2　在定理 3.3.1 的假设条件上, 让 $\mu = \nu$, 方程

$$\sigma(z)\frac{\Delta}{\Delta x_{-1}(z)}\left(\frac{\nabla y(z)}{\Delta x_0(z)}\right) + \tau(z)\frac{\Delta y(z)}{\Delta x_0(z)} + \lambda y(z) = 0 \qquad (3.3.22)$$

有如下形式的特解

$$y(z) = \sum_{s=a}^{b-1}[x_\nu(s) - x_\nu(z)]^{(\nu+1)}\rho_\nu(s)\nabla x_{\nu+1}(s), \qquad (3.3.23)$$

还有如下形式的特解

$$y(z) = \oint_C [x_\nu(s) - x_\nu(z)]^{(\nu+1)}\rho_\nu(s)\nabla x_{\nu+1}(s)ds, \qquad (3.3.24)$$

这里 $\rho_\nu(z)$ 满足

$$\frac{\nabla(\sigma(z)\rho_\nu(z))}{\nabla x_{\nu+1}(z)} + \tau_\nu(z)\rho_\nu(z) = 0, \qquad (3.3.25)$$

且 ν 是下面方程的根

$$\lambda + \kappa_{\nu+1}\gamma(\nu+1) = 0. \qquad (3.3.26)$$

容易知道, 相比较从著名的 Pearson 方程 (3.2.34) 中求解 $\rho_\nu(z)$, 似乎从方程 (3.3.25) 中求解 $\rho_\nu(z)$ 要困难一些. 基于此, 我们可以结合方程 (3.3.25) 和方程 (3.2.34), 从而得到两个方程解之间的一个很有用的关系式.

引理 3.3.3　让 $\widetilde{\rho}_\nu(z)$, $\rho_\nu(z)$ 满足 Pearson 方程

$$\frac{\Delta(\sigma(z)\widetilde{\rho}_\nu(z))}{\nabla x_{\nu+1}(z)} = \tau_\nu(z)\widetilde{\rho}_\nu(z), \qquad (3.3.27)$$

且

$$\frac{\nabla(\sigma(z)\rho_\nu(z))}{\nabla x_{\nu+1}(z)} + \tau_\nu(z)\rho_\nu(z) = 0, \qquad (3.3.28)$$

那么

$$\rho_\nu(z) = \frac{\text{const.}}{\sigma(z)\sigma(z+1)\widetilde{\rho}_\nu(z+1)} \qquad (3.3.29)$$

成立.

证明　由于

$$\Delta[\sigma(z)\widetilde{\rho}_\nu(z)\sigma(z-1)\rho_\nu(z-1)]$$
$$= \sigma(z)\widetilde{\rho}_\nu(z)\Delta[\sigma(z-1)\rho_\nu(z-1)] + \sigma(z)\rho_\nu(z)\Delta[\sigma(z)\widetilde{\rho}_\nu(z)]$$
$$= \sigma(z)\widetilde{\rho}_\nu(z)\nabla[\sigma(z)\rho_\nu(z)] + \sigma(z)\rho_\nu(z)\Delta[\sigma(z)\widetilde{\rho}_\nu(z)],$$

那么应用方程 (3.3.27) 和方程 (3.3.28), 我们有

$$\Delta[\sigma(z)\widetilde{\rho}_\nu(z)\sigma(z-1)\rho_\nu(z-1)]$$
$$= -\sigma(z)\widetilde{\rho}_\nu(z)\tau_\nu(z)\rho_\nu(z)\nabla x_{\nu+1}(z) + \sigma(z)\rho_\nu(z)\tau_\nu(z)\widetilde{\rho}_\nu(z)\nabla x_{\nu+1}(z)$$
$$= 0,$$

这就导致

$$\sigma(z)\widetilde{\rho}_\nu(z)\sigma(z-1)\rho_\nu(z-1) = \text{const.}$$

因此, 公式 (3.3.29) 证毕.

引理 3.3.4 (1) 对于二次格子 $x(z) = c_1 z^2 + c_2 z + c_3$, 成立

$$\sigma(z) + \tau(z)\nabla x_1(z) = \sigma(-z - \mu),$$

这里 $\mu = \dfrac{c_2}{c_1}$.

(2) 对于二次格子 $x(z) = \tilde{c}_1 q^z + \tilde{c}_2 q^{-z} + \tilde{c}_3$, 成立

$$\sigma(z) + \tau(z)\nabla x_1(z) = \sigma(-z - \mu),$$

这里 $q^\mu = \dfrac{\tilde{c}_2}{\tilde{c}_1}$.

证明 (1) 对于二次格子 $x(z) = c_1 z^2 + c_2 z + c_3$, 容易验证

$$x(z) = x(-z - \mu),$$

这里 $\mu = \dfrac{c_2}{c_1}$. 事实上, 直接计算有

$$\begin{aligned}
x(-z - \mu) &= c_1(-z - \mu)^2 + c_2(-z - \mu) + c_3 \\
&= c_1 z^2 + (2c_1\mu - c_2)z + \mu(c_1\mu - c_2) + c_3 \\
&= c_1 z^2 + c_2 z + c_3 = x(z).
\end{aligned}$$

由于

$$\Delta x\left(z - \frac{1}{2}\right) = -\Delta x\left(t - \frac{1}{2}\right)\Big|_{t=-z-\mu},$$

即

$$\nabla x_1(z) = -\nabla x_1(t)|_{t=-z-\mu},$$

我们可得

$$\sigma(-z - \mu) = \widetilde{\sigma}[x(-z - \mu)] - \frac{1}{2}\widetilde{\tau}[x(-z - \mu)]\nabla x_1(t)|_{t=-z-\mu}$$

$$= \widetilde{\sigma}[x(z)] + \frac{1}{2}\widetilde{\tau}[x(z)]\nabla x_1(z)$$

$$= \sigma(z) + \frac{1}{2}\widetilde{\tau}[x(z)]\nabla x_1(z) - \frac{1}{2}\widetilde{\tau}[x(z)]\nabla x_1(z)$$

$$= \sigma(z) + \tau(z)\nabla x_1(z).$$

(2) $x(z) = \tilde{c}_1 q^z + \tilde{c}_2 q^{-z} + \tilde{c}_3$, 容易验证

$$x(z) = x(-z - \mu),$$

这里 $q^\mu = \dfrac{\tilde{c}_2}{\tilde{c}_1}$. 事实上, 我们有

$$x(-z - \mu) = \tilde{c}_1 q^{-z-\mu} + \tilde{c}_2 q^{z+\mu} + \tilde{c}_3$$

$$= \tilde{c}_1 q^{-z} q^{-\mu} + \tilde{c}_2 q^z q^\mu + \tilde{c}_3$$

$$= \tilde{c}_2 q^{-z} + \tilde{c}_1 q^z + \tilde{c}_3 = x(z).$$

由于

$$\Delta x\left(z - \frac{1}{2}\right) = -\Delta x\left(t - \frac{1}{2}\right)\Big|_{t=-z-\mu},$$

即

$$\nabla x_1(z) = -\nabla x_1(t)|_{t=-z-\mu},$$

我们可得

$$\sigma(-z-\mu) = \widetilde{\sigma}[x(-z-\mu)] - \frac{1}{2}\widetilde{\tau}[x(-z-\mu)]\nabla x_1(t)|_{t=-z-\mu}$$

$$= \widetilde{\sigma}[x(z)] + \frac{1}{2}\widetilde{\tau}[x(z)]\nabla x_1(z)$$

$$= \sigma(z) + \frac{1}{2}\widetilde{\tau}[x(z)]\nabla x_1(z) - \frac{1}{2}\widetilde{\tau}[x(z)]\nabla x_1(z)$$

$$= \sigma(z) + \tau(z)\nabla x_1(z).$$

下面, 在典型二次格子 $x(z) = z^2$ 和 $x(z) = \dfrac{q^z + q^{-z}}{2}$ 的情形下, 让我们分别给出一个例子来说明定理 3.3.2 的应用.

引理 3.3.5　对于 $x(z) = z^2$ 或 $x(z) = \dfrac{q^z + q^{-z}}{2}$, 让 $\rho_\nu(z)$ 满足方程 (3.3.28), 那么

$$\frac{\rho_\nu(z+1)}{\rho_\nu(z)} = \frac{\sigma(z)}{\sigma(-z-1-\nu)}. \tag{3.3.30}$$

证明　对于 $x(z) = z^2$ 或 $x(z) = \dfrac{q^z + q^{-z}}{2}$, 那么利用引理 3.3.4 将有性质

$$\sigma(z) + \tau(z)\nabla x_1(z) = \sigma(-z). \tag{3.3.31}$$

让 $\widetilde{\rho}_\nu(z)$ 满足方程 (3.3.27), 且从方程 (3.2.23) 和方程 (3.3.31), 我们得到

$$
\begin{aligned}
\frac{\widetilde{\rho}_\nu(z+1)}{\widetilde{\rho}_\nu(z)} &= \frac{\sigma(z) + \tau_\nu(z)\nabla x_{\nu+1}(z)}{\sigma(z+1)} \\
&= \frac{\sigma(z+\nu) + \tau(z+\nu)\nabla x_1(z+\nu)}{\sigma(z+1)} \\
&= \frac{\sigma(-z-\nu)}{\sigma(z+1)}.
\end{aligned}
\tag{3.3.32}
$$

利用引理 3.3.3 和 (3.3.32), 可以导出

$$
\begin{aligned}
\frac{\rho_\nu(z+1)}{\rho_\nu(z)} &= \frac{\sigma(z)\sigma(z+1)\widetilde{\rho}_\nu(z+1)}{\sigma(z+1)\sigma(z+2)\widetilde{\rho}_\nu(z+2)} \\
&= \frac{\sigma(z)}{\sigma(z+2)}\frac{\widetilde{\rho}_\nu(z+1)}{\widetilde{\rho}_\nu(z+2)} \\
&= \frac{\sigma(z)}{\sigma(z+2)}\frac{\sigma(z+2)}{\sigma(-z-1-\nu)} \\
&= \frac{\sigma(z)}{\sigma(-z-1-\nu)}.
\end{aligned}
$$

例 3.3.6 考虑方程

$$
\sigma(z)\frac{\Delta}{\Delta x_{-1}(z)}\left(\frac{\nabla y(z)}{\nabla x_0(z)}\right) + \tau(z)\frac{\Delta y(z)}{\Delta x_0(z)} + \lambda y(z) = 0,
\tag{3.3.33}
$$

设 ν 是方程 $\lambda + \gamma(\nu)\kappa_\nu = 0$ 的根, 这里格子 $x(s) = s^2$, $\sigma(s) = \prod\limits_{k=1}^{4}(s-s_k)$, 且 $s_k, k = 1,2,3,4$, 是任意复数, 这就给出 $\sigma(-s-1-\nu) = \prod\limits_{k=1}^{4}(s_k - s - \nu - 1)$. 我们将找出方程的解.

解 从方程 (3.3.30), 可得

$$
\frac{\rho_\nu(s+1)}{\rho_\nu(s)} = \frac{\sigma(s)}{\sigma(-s-1-\nu)} = \prod_{k=1}^{4}\frac{(s-s_k)}{(-s_k - s - \nu - 1)}.
\tag{3.3.34}
$$

由于

$$
\frac{(s-s_k)}{(-s_k - s - \nu - 1)} = \frac{\Gamma(s+1-s_k)\Gamma(-s_k - s - \nu - 1)}{\Gamma(s-s_k)\Gamma(-s_k - s - \nu)},
$$

我们选取方程 (3.3.34) 如下形式的解

$$
\rho_\nu(s) = C_0 \prod_{k=1}^{4}\Gamma(s-s_k)\Gamma(-s_k - s - \nu)\sin 2\pi\left(s + \frac{\nu+1}{2}\right),
$$

$$C_0^{-1} = \frac{\sin \pi(s - z + \nu + 1)}{\sin \pi(s - z)}.$$

利用定义 3.2.7 中广义幂函数定义, 我们有

$$[x_\nu(s) - x_\nu(z)]^{(\nu+1)} = \frac{\Gamma(s - z + \nu + 1)\Gamma(s + z + \nu + 1)}{\Gamma(s - z)\Gamma(s + z)},$$

$$x(z) = z^2.$$

由 Euler 余元公式

$$\Gamma(u)\Gamma(1 - u) = \frac{\pi}{\sin \pi u},$$

可得

$$\begin{aligned}
\frac{\Gamma(s - z + \nu + 1)}{\Gamma(s - z)} &= \frac{\pi/[\sin \pi(s - z + \nu + 1)\Gamma(z - s - \nu)]}{\pi/[\sin \pi(s - z)\Gamma(1 + z - s)]} \\
&= \frac{\sin \pi(s - z)\Gamma(1 + z - s)}{\sin \pi(s - z + \nu + 1)\Gamma(z - s - \nu)} \\
&= C_0^{-1}\frac{\Gamma(1 + z - s)}{\Gamma(z - s - \nu)},
\end{aligned}$$

我们得到

$$[x_\nu(s) - x_\nu(z)]^{(\nu+1)} = C_0^{-1}\frac{\Gamma(1 + z - s)\Gamma(s + z + \nu + 1)}{\Gamma(z - s - \nu)\Gamma(s + z)},$$

$$x(z) = z^2.$$

基于定理 3.3.2 中的方程 (3.3.24), 可得

$$\begin{aligned}
y_\nu(z) &= \oint_C [x_\nu(s) - x_\nu(z)]^{(\nu+1)}\rho_\nu(s)\nabla x_{\nu+1}(s)ds \\
&= \oint_C \frac{\Gamma(1 + z - s)\Gamma(s + z + \nu + 1)}{\Gamma(z - s - \nu)\Gamma(s + z)}\prod_{k=1}^{4}\Gamma(s - s_k)\Gamma(-s_k - s - \nu)(2s + \nu)ds.
\end{aligned}$$

令 $2s + \nu = 2t$, 得到

$$\begin{aligned}
2t &= \frac{\Gamma(1 + 2t)}{\Gamma(2t)} \\
&= \frac{\pi}{\Gamma(2t)\Gamma(-2t)\sin \pi(-2t)} \\
&= \frac{\pi}{\Gamma(2t)\Gamma(-2t)\sin 2\pi\left(t + \dfrac{1}{2}\right)}.
\end{aligned}$$

因此, 我们得到解为

$$y_\nu(z) = \pi \int_{-i\infty}^{i\infty} \frac{\Gamma\left(1+z+\frac{\nu}{2}-t\right)\Gamma\left(1+z+\frac{\nu}{2}+t\right)}{\Gamma(2t)\Gamma(-2t)\Gamma\left(z-\frac{\nu}{2}-t\right)\Gamma\left(z-\frac{\nu}{2}+t\right)}$$

$$\cdot \prod_{k=1}^{4} \Gamma\left(-s_k-\frac{\nu}{2}+t\right)\Gamma\left(-s_k-\frac{\nu}{2}-t\right) dt$$

$$= \pi \int_{-\infty}^{\infty} \frac{\Gamma\left(1+z+\frac{\nu}{2}-ix\right)\Gamma\left(1+z+\frac{\nu}{2}+ix\right)}{\Gamma(2ix)\Gamma(-2ix)\Gamma\left(z-\frac{\nu}{2}-ix\right)\Gamma\left(z-\frac{\nu}{2}+ix\right)}$$

$$\cdot \prod_{k=1}^{4} \Gamma\left(-s_k-\frac{\nu}{2}+ix\right)\Gamma\left(-s_k-\frac{\nu}{2}-ix\right) dx.$$

应用 [93] 中给出的一个积分表达公式

$$\frac{1}{2\pi}\int_{-\infty}^{\infty} \frac{\Gamma(\lambda+ix)\Gamma(\lambda-ix)\Gamma(\mu+ix)\Gamma(\mu-ix)}{\Gamma(2ix)\Gamma(-2ix)}$$

$$\cdot \frac{\Gamma(\gamma+ix)\Gamma(\gamma-ix)\Gamma(\rho+ix)\Gamma(\rho-ix)\Gamma(\sigma+ix)\Gamma(\sigma-ix)}{\Gamma(\tau+ix)\Gamma(\tau-ix)} dx$$

$$= \frac{2\Gamma(\lambda+\mu)\Gamma(\lambda+\gamma)\Gamma(\lambda+\rho)\Gamma(\lambda+\sigma)}{\Gamma(\lambda+\tau)\Gamma(\mu+\tau)\Gamma(\gamma+\tau)\Gamma(\lambda+\mu+\nu+\rho)}$$

$$\cdot \frac{\Gamma(\mu+\gamma)\Gamma(\mu+\rho)\Gamma(\mu+\sigma)\Gamma(\gamma+\rho)\Gamma(\gamma+\sigma)\Gamma(\lambda+\mu+\gamma+\tau)}{\Gamma(\lambda+\mu+\nu+\sigma)}$$

$$\cdot {}_7F_6\left[\begin{array}{c} \lambda+\mu+\gamma+\tau-1, \dfrac{\lambda+\mu+\gamma+\tau+1}{2}, \\[2mm] \dfrac{\lambda+\mu+\gamma+\tau-1}{2}, \lambda+\tau, \end{array}\right.$$

$$\left.\begin{array}{c} \lambda+\mu, \lambda+\gamma, \mu+\gamma, \tau-\sigma, \tau-\rho \\[1mm] \gamma+\tau, \mu+\tau, \lambda+\mu+\gamma+\sigma, \lambda+\mu+\gamma+\rho \end{array}; 1\right], \qquad (3.3.35)$$

这里 ${}_7F_6$ 是超几何级数, 且在方程 (3.3.35) 中, 令 $\lambda = 1+z+\frac{\nu}{2}, \mu = -s_1-\frac{\nu}{2}, \gamma = -s_2-\frac{\nu}{2}, \rho = -s_3-\frac{\nu}{2}$, 且 $\sigma = -s_4-\frac{\nu}{2}, \tau = z-\frac{\nu}{2}$, 将 $y_\nu(z)$ 化简, 我们可得解 $y_\nu(z)$ 为

$$y_\nu(z) = \frac{4\pi^2\Gamma(1+z-s_1)\Gamma(1+z-s_2)\Gamma(1+z-s_3)\Gamma(1+z-s_4)\Gamma(-s_1-s_2-\nu)}{\Gamma(1+2z)\Gamma(z-s_1-\nu)\Gamma(z-s_2-\nu)\Gamma(1+z-s_1-s_2-s_3-\nu)}$$

$$\cdot \frac{\Gamma(-s_1-s_3-\nu)\Gamma(-s_1-s_4-\nu)\Gamma(-s_2-s_3-\nu)\Gamma(-s_2-s_4-\nu)}{\Gamma(1+z-s_1-s_2-s_4-\nu)}$$

$$\cdot \Gamma(1 + 2z - s_1 - s_2 - \nu)$$

$$\cdot {}_7F_6 \left[\begin{array}{c} 2z - s_1 - s_2 - \nu, \dfrac{2z - s_1 - s_2 - \nu + 2}{2}, \\ \dfrac{2z - s_1 - s_2 - \nu}{2}, 1 + 2z, \end{array} \right.$$

$$\left. \begin{array}{c} 1 + z - s_1, 1 + z - s_2, -s_1 - s_2 - \nu, z + s_4, z + s_3 \\ z - s_2 - \nu, z - s_1 - \nu, 1 + z - s_1 - s_2 - s_4 - \nu, \\ 1 + z - s_1 - s_2 - s_3 - \nu \end{array} ; 1 \right],$$

如果忽略一个常数因子, 则解可以进一步写成

$$y_\nu(z) = \frac{\Gamma(1 + 2z - s_1 - s_2 - \nu)\Gamma(1 + z - s_1)\Gamma(1 + z - s_2)}{\Gamma(1 + 2z)\Gamma(z - s_1 - \nu)\Gamma(z - s_2 - \nu)}$$

$$\cdot \frac{\Gamma(1 + z - s_3)\Gamma(1 + z - s_4)}{\Gamma(1 + z - s_1 - s_2 - s_3 - \nu)\Gamma(1 + z - s_1 - s_2 - s_4 - \nu)}$$

$$\cdot {}_7F_6 \left[\begin{array}{c} 2z - s_1 - s_2 - \nu, \dfrac{2z - s_1 - s_2 - \nu + 2}{2}, -s_1 - s_2 - \nu, \\ \dfrac{2z - s_1 - s_2 - \nu}{2}, 1 + 2z, \end{array} \right.$$

$$\left. \begin{array}{c} 1 + z - s_1, 1 + z - s_2, z + s_4, z + s_3 \\ z - s_2 - \nu, z - s_1 - \nu, \\ 1 + z - s_1 - s_2 - s_4 - \nu, 1 + z - s_1 - s_2 - s_3 - \nu \end{array} ; 1 \right]$$

$$= \frac{\prod\limits_{k=1}^{2}(z - s_k - \nu)_{\nu+1} \prod\limits_{k=3}^{4}(1 + z - s_1 - s_2 - s_k - \nu)_{s_1+s_2+\nu}}{(1 + 2z - s_1 - s_2 - \nu)_{s_1+s_2+\nu}}$$

$$\cdot {}_7F_6 \left[\begin{array}{c} 2z - s_1 - s_2 - \nu, \dfrac{2z - s_1 - s_2 - \nu + 2}{2}, -s_1 - s_2 - \nu, \\ \dfrac{2z - s_1 - s_2 - \nu}{2}, 1 + 2z, \end{array} \right.$$

$$\left. \begin{array}{c} 1 + z - s_1, 1 + z - s_2, z + s_4, z + s_3 \\ z - s_2 - \nu, z - s_1 - \nu, \\ 1 + z - s_1 - s_2 - s_4 - \nu, 1 + z - s_1 - s_2 - s_3 - \nu \end{array} ; 1 \right]. \quad (3.3.36)$$

如果我们在方程 (3.3.36) 中, 记 $s_1 + s_2 + \nu = n$, 此时 $n \in \mathbb{R}$, 那么我们得到方程 (3.3.33) 的一个解为

$$y_\nu(z) = \frac{\Gamma(1 + 2z - n)\Gamma(1 + z - s_1)\Gamma(1 + z - s_2)\Gamma(1 + z - s_3)\Gamma(1 + z - s_4)}{\Gamma(1 + 2z)\Gamma(z - s_1 - \nu)\Gamma(z - s_2 - \nu)\Gamma(1 + z - s_3 - n)\Gamma(1 + z - s_4 - n)}$$

$$\cdot {}_7F_6 \left[\begin{array}{c} 2z - n, z - \dfrac{n}{2} + 1, -n, \\ z - \dfrac{n}{2}, 1 + 2z, \end{array} \right.$$

$$\begin{bmatrix} 1+z-s_1, 1+z-s_2, z+s_4, z+s_3 \\ z-n+s_1, z-n+s_2, 1+z-n-s_4, 1+z-n-s_3 \end{bmatrix} ; 1 \end{bmatrix}$$

$$= \frac{\displaystyle\prod_{k=1}^{2}(z-s_k-\nu)_{\nu+1}\prod_{k=3}^{4}(1+z-s_k-n)_n}{(2z+1-n)_n}$$

$$\cdot {}_7F_6\begin{bmatrix} 2z-n, z-\dfrac{n}{2}+1, -n, \\ z-\dfrac{n}{2}, 1+2z, \end{bmatrix}$$

$$\begin{bmatrix} 1+z-s_1, 1+z-s_2, z+s_4, z+s_3 \\ z-n+s_1, z-n+s_2, 1+z-n-s_4, 1+z-n-s_3 \end{bmatrix} ; 1 \end{bmatrix}. \qquad (3.3.37)$$

利用 Whipple 公式 ([35]):

$${}_7F_6\begin{bmatrix} -n, v, \dfrac{v}{2}+1, a_1, a_2, a_3, a_4 \\ \dfrac{v}{2}, 1+v+n, 1+v-a_1, 1+v-a_2, 1+v-a_3, 1+v-a_4 \end{bmatrix} ; 1 \end{bmatrix}$$

$$= \frac{(1+v)_n(1+v-a_1-a_2)_n}{(1+v-a_1)_n(1+v-a_2)_n} \cdot {}_4F_3\begin{bmatrix} -n, 1+v-a_3-a_4, a_2, a_1 \\ a_1+a_2-v-n, 1+v-a_3, 1+v-a_4 \end{bmatrix} ; 1 \end{bmatrix},$$

则我们可将方程 (3.3.33) 的解转化为

$$y_\nu(z) = \frac{\displaystyle\prod_{k=1}^{2}(z-s_k-\nu)_{\nu+1}\prod_{k=3}^{4}(1+z-s_k-n)_n}{(2z+1-n)_n} \cdot \frac{(2z+1-n)_n(-\nu-1)_n}{(z-n+s_1)_n(z-n+s_2)_n}$$

$$\cdot {}_4F_3\begin{bmatrix} -n, 1-n-s_3-s_4, 1+z-s_2, 1+z-s_1 \\ 2-n+\nu, 1+z-n-s_3, 1+z-n-s_4 \end{bmatrix} ; 1 \end{bmatrix}.$$

利用 Bailay 公式 ([35]):

$${}_4F_3\begin{bmatrix} -n, b_1, b_2, b_3 \\ c_1, c_2, c_3 \end{bmatrix} ; 1 \end{bmatrix}$$

$$= \frac{(c_2-b_3)_n(c_3-b_3)_n}{(c_2)_n(c_3)_n} \cdot {}_4F_3\begin{bmatrix} -n, c_1-b_1, c_2-b_2, b_3 \\ c_1, 1-c_2+b_3-n, 1-c_3+b_3-n \end{bmatrix} ; 1 \end{bmatrix},$$

$$\left(\sum_{i=1}^{3} c_i = \sum_{i=1}^{3} b_i - n + 1 \right)$$

可以得到

$${}_4F_3\begin{bmatrix} -n, 1-n-s_3-s_4, 1+z-s_2, 1+z-s_1 \\ 2-n+\nu, 1+z-n-s_3, 1+z-n-s_4 \end{bmatrix} ; 1 \end{bmatrix}$$

$$= \frac{(s_1 - s_3 - n)_n (s_1 - s_4 - n)_n}{(1 + z - n - s_3)_n (1 + z - n - s_4)_n}$$

$$\cdot {}_4F_3 \left[\begin{matrix} -n, 1 + v + s_3 + s_4, 1 - n + v + s_2 - z, 1 + z - s_1 \\ 2 - n + \nu, 1 + s_3 - s_1, 1 + s_4 - s_1 \end{matrix} ; 1 \right],$$

由此可得方程 (3.3.33) 的解为

$$y_\nu(z) = \frac{(z + s_1 - n)_{\nu+1}(z + s_2 - n)_{\nu+1}(s_1 - s_3 - n)_n(s_1 - s_4 - n)_n(-\nu - 1)_n}{(z - n + s_1)_n(z - n + s_2)_n}$$

$$\cdot {}_4F_3 \left[\begin{matrix} -n, 1 + \nu + s_3 + s_4, 1 - n + \nu + s_2 - z, 1 + z - s_1 \\ 2 - n + \nu, 1 + s_3 - s_1, 1 + s_4 - s_1 \end{matrix} ; 1 \right]. \tag{3.3.38}$$

注 3.3.7 (1) 在公式 (3.3.38) 中, 若将变元 s_1, s_2 用变元 $-s_1 + 1, -s_2 + 1$ 代替, 那么就有

$$y_\nu(z) = \frac{(z + 1 - s_1 - n)_{\nu+1}(z + 1 - s_2 - n)_{\nu+1}(s_1 + s_3)_n(s_1 + s_4)_n(-\nu - 1)_n}{(z + 1 - n - s_1)_n(z + 1 - n - s_2)_n}$$

$$\cdot {}_4F_3 \left[\begin{matrix} -n, s_1 + s_2 + s_3 + s_4 + n - 1, s_1 - z, s_1 + z \\ s_1 + s_2, s_1 + s_3, s_1 + s_4 \end{matrix} ; 1 \right]. \tag{3.3.39}$$

(2) 在公式 (3.3.38) 中, 若 $\nu + 1 = n$, 而且 $n \in \mathbb{N}^+$, 则得到方程 (3.3.33) 的一个多项式的解为

$$y_n(z) = (s_1 + s_3)_n(s_1 + s_4)_n(s_1 + s_2)_n$$

$$\cdot {}_4F_3 \left[\begin{matrix} -n, s_1 + s_2 + s_3 + s_4 + n - 1, s_1 - z, s_1 + z \\ s_1 + s_2, s_1 + s_3, s_1 + s_4 \end{matrix} ; 1 \right]. \tag{3.3.40}$$

该公式与 [90] 中著名的公式是一致的 (参见 [90] 中 135 页方程 (3.11.9)). 这就表明定理 3.3.2 给出了更一般的解, 该解包含的熟知正交多项式作为它的特殊情况.

例 3.3.8 考虑方程

$$\sigma(z) \frac{\Delta}{\Delta x_{-1}(z)} \left(\frac{\nabla y(z)}{\nabla x_0(z)} \right) + \tau(z) \frac{\Delta y(z)}{\Delta x_0(z)} + \lambda y(z) = 0, \tag{3.3.41}$$

设 ν 是方程 $\lambda + \gamma(\nu)\kappa_\nu = 0$ 的根, 这里格子 $x(s) = \dfrac{q^s + q^{-s}}{2}$. 若令 $\sigma(s) = q^{-2s} \prod\limits_{k=1}^{4} (1 - q^{s-z_k})$, 且 $s_k, k = 1, 2, 3, 4$, 是任意复数. 我们将找出该方程的解.

解 由引理 3.3.5, 我们可得

$$\frac{\rho_\nu(s+1)}{\rho_\nu(s)} = \frac{\sigma(s)}{\sigma(-s-1-\nu)} = q^{-4s-2\nu-2} \prod_{k=1}^{4} \frac{1 - q^{s-z_k}}{1 - q^{-s-1-\nu-z_k}}. \tag{3.3.42}$$

让我们先来求解方程

$$\frac{h(s+1)}{h(s)} = q^{-4s-2}. \tag{3.3.43}$$

由于

$$\frac{q^s - q^{-s}}{q^{s+1} - q^{-s-1}} = \frac{q^{-s}(q^{2s} - 1)}{q^{s+1}(1 - q^{-2s-2})} = -q^{-2s-1}\frac{[2s]_q}{[-2s-2]_q},$$

得到

$$-q^{-2s-1} = \frac{q^s - q^{-s}}{q^{s+1} - q^{-s-1}}\frac{[2s-2]_q}{[2s]_q}.$$

又

$$-q^{-2s-1} = \frac{q^{-2s-1} - 1}{-q^{2s+1} + 1} = \frac{[-2s-1]_q}{[2s+1]_q}.$$

可以得到

$$\begin{aligned}
\frac{h(s+1)}{h(s)} &= \frac{q^s - q^{-s}}{q^{s+1} - q^{-s-1}}\frac{[2s-2]_q[-2s-1]_q}{[2s]_q[2s+1]_q} \\
&= \frac{q^s - q^{-s}}{q^{s+1} - q^{-s-1}}\frac{\dfrac{\Gamma_q(-2s)}{\Gamma_q(-2s-2)}}{\dfrac{\Gamma_q(2s+2)}{\Gamma_q(2s)}} \\
&= \frac{q^s - q^{-s}}{q^{s+1} - q^{-s-1}}\frac{\Gamma_q(-2s)\Gamma_q(2s)}{\Gamma_q(-2s-2)\Gamma_q(2s+2)},
\end{aligned}$$

从而可得

$$h(s) = \frac{1}{\Gamma_q(2s)\Gamma_q(-2s)(q^s - q^{-s})}.$$

由此不难得到方程

$$\frac{f_\nu(s+1)}{f_\nu(s)} = q^{-4s-2\nu-2} \tag{3.3.44}$$

的解为

$$f_\nu(s) = \frac{1}{\Gamma_q(2s+\nu)\Gamma_q(-2s-\nu)(q^{s+\frac{\nu}{2}} - q^{-s-\frac{\nu}{2}})},$$

容易验证方程

$$\frac{g(s+1, z_k)}{g(s, z_k)} = \frac{1 - q^{s-z_k}}{1 - q^{-s-1-\nu-z_k}}$$

的解为

$$g(s, z_k) = \text{const.}\cdot\Gamma_q(s - z_k)\Gamma_q(-s - \nu - z_k).$$

故得到

$$\rho_\nu(s) = f_\nu(s)\prod_{k=1}^{4} g(s, z_k).$$

从而

$$\rho_\nu\left(t-\frac{\nu}{2}\right)=f_\nu\left(t-\frac{\nu}{2}\right)\prod_{k=1}^{4}g(t-\frac{\nu}{2},z_k)$$

$$=\frac{\prod\limits_{k=1}^{4}\Gamma_q\left(t-\dfrac{\nu}{2}-z_k\right)\Gamma_q\left(-t-\dfrac{\nu}{2}-z_k\right)}{\Gamma_q(2t)\Gamma_q(-2t)(q^t-q^{-t})}.$$

忽略一个常数因子, 就得到

$$y_\nu(z)=q^{-(\nu+1)z}\int_{\frac{i\pi}{\ln q}}^{0}\frac{\prod\limits_{k=1}^{4}\Gamma_q\left(t-\dfrac{\nu}{2}-z_k\right)\Gamma_q\left(-t-\dfrac{\nu}{2}-z_k\right)}{\Gamma_q(2t)\Gamma_q(-2t)}$$

$$\cdot\frac{\Gamma_q\left(1+z+\dfrac{\nu}{2}+t\right)\Gamma_q\left(1+z+\dfrac{\nu}{2}-t\right)}{\Gamma_q\left(z-\dfrac{\nu}{2}+t\right)\Gamma_q\left(z-\dfrac{\nu}{2}-t\right)}dt$$

$$=iq^{-(\nu+1)z}\int_{\frac{\pi}{\ln q}}^{0}\frac{\prod\limits_{k=1}^{4}\Gamma_q\left(-z_k-\dfrac{\nu}{2}+ix\right)\Gamma_q\left(-z_k-\dfrac{\nu}{2}-ix\right)}{\Gamma_q(2ix)\Gamma_q(-2ix)}$$

$$\cdot\frac{\Gamma_q\left(1+z+\dfrac{\nu}{2}+ix\right)\Gamma_q\left(1+z+\dfrac{\nu}{2}-ix\right)}{\Gamma_q\left(z-\dfrac{\nu}{2}+ix\right)\Gamma_q\left(z-\dfrac{\nu}{2}-ix\right)}dx.$$

应用 [93] 中给出的一个积分表达公式

$$\frac{1}{2\pi}\int_{-\frac{\pi}{\ln q}}^{\frac{\pi}{\ln q}}\frac{\Gamma_q(\lambda+ix)\Gamma_q(\lambda-ix)\Gamma_q(\mu+ix)\Gamma_q(\mu-ix)}{\Gamma_q(2ix)\Gamma_q(-2ix)}$$

$$\cdot\frac{\Gamma_q(\gamma+ix)\Gamma_q(\gamma-ix)\Gamma_q(\rho+ix)\Gamma_q(\rho-ix)\Gamma_q(\sigma+ix)\Gamma_q(\sigma-ix)}{\Gamma_q(\tau+ix)\Gamma_q(\tau-ix)}dx$$

$$=\frac{q-1}{\ln q}\frac{2\Gamma_q(\lambda+\mu)\Gamma_q(\lambda+\gamma)\Gamma_q(\lambda+\rho)\Gamma_q(\lambda+\sigma)}{\Gamma_q(\lambda+\tau)\Gamma_q(\mu+\tau)\Gamma_q(\gamma+\tau)\Gamma_q(\lambda+\mu+\nu+\rho)}$$

$$\cdot\frac{\Gamma_q(\mu+\gamma)\Gamma_q(\mu+\rho)\Gamma_q(\mu+\sigma)\Gamma_q(\gamma+\rho)\Gamma_q(\gamma+\sigma)\Gamma_q(\lambda+\mu+\gamma+\tau)}{\Gamma_q(\lambda+\mu+\nu+\sigma)}$$

$$\cdot_8F_7\left[\begin{array}{c}\lambda+\mu+\gamma+\tau-1,\dfrac{\lambda+\mu+\gamma+\tau+1}{2},\dfrac{\lambda+\mu+\gamma+\tau+1}{2}+\dfrac{i\pi}{\ln q},\\[2mm]\dfrac{\lambda+\mu+\gamma+\tau-1}{2},\dfrac{\lambda+\mu+\gamma+\tau-1}{2}+\dfrac{i\pi}{\ln q},\lambda+\tau,\end{array}\right.$$

$$\left.\begin{array}{c}\lambda+\mu,\lambda+\gamma,\mu+\gamma,\tau-\sigma,\tau-\rho\\\gamma+\tau,\mu+\tau,\lambda+\mu+\gamma+\sigma,\lambda+\mu+\gamma+\rho\end{array}\middle|q;1\right],\tag{3.3.45}$$

这里 $_8F_7$ 是 q-超几何级数.

一般地, q-几何函数 $_rF_s$ 定义为级数

$$_rF_s\begin{bmatrix} a_1,\cdots,a_r \\ b_1,\cdots,b_s \end{bmatrix} q;z\Big] = \sum_{k=0}^{\infty} \frac{(a_1|q)_k\cdots(a_r|q)_k}{(b_1|q)_k\cdots(b_r|q)_k}\frac{z^k}{(1|q)_k},$$

这里 $(a|q)_0 = 1$, 且 $(a|q)_k = [a]_q[a+1]_q\cdots[a+k-1]_q, [a]_q = \dfrac{q^{\frac{a}{2}}-q^{-\frac{a}{2}}}{q^{\frac{1}{2}}-q^{-\frac{1}{2}}}$.

当 $q \to 1$ 时, 表达式 $(a|q)_k$ 趋于 $(a)_k$. 因此很显然, 当 $q \to 1$ 时, q-几何函数 $_rF_s$ 就转化成了通常的超几何函数.

在方程 (3.3.45) 中, 令 $\lambda = 1+z+\dfrac{\nu}{2}, \mu = -s_1-\dfrac{\nu}{2}, \gamma = -s_2-\dfrac{\nu}{2}, \rho = -s_3-\dfrac{\nu}{2}$, 且 $\sigma = -s_4-\dfrac{\nu}{2}, \tau = z-\dfrac{\nu}{2}$, 将 $y_\nu(z)$ 化简, 我们可得解 $y_\nu(z)$ 的表达式为

$$y_\nu(z) = \frac{4\pi^2\Gamma_q(1+z-s_1)\Gamma_q(1+z-s_2)\Gamma_q(1+z-s_3)\Gamma_q(1+z-s_4)\Gamma_q(-s_1-s_2-\nu)}{\Gamma_q(1+2z)\Gamma_q(z-s_1-\nu)\Gamma_q(z-s_2-\nu)\Gamma_q(1+z-s_1-s_2-s_3-\nu)}$$

$$\cdot \frac{\Gamma_q(-s_1-s_3-\nu)\Gamma_q(-s_1-s_4-\nu)\Gamma_q(-s_2-s_3-\nu)\Gamma_q(-s_2-s_4-\nu)}{\Gamma_q(1+z-s_1-s_2-s_4-\nu)\Gamma_q(1+z-s_1-s_2-s_4-\nu)}$$

$$\cdot \Gamma(1+2z-s_1-s_2-\nu)$$

$$\cdot _8F_7\begin{bmatrix} 2z-s_1-s_2-\nu, \dfrac{2z-s_1-s_2-\nu+2}{2}, \dfrac{2z-s_1-s_2-\nu+2}{2}+\dfrac{i\pi}{\ln q}, \\[2mm] \dfrac{2z-s_1-s_2-\nu}{2}, \dfrac{2z-s_1-s_2-\nu}{2}+\dfrac{i\pi}{\ln q}, 1+2z, \end{bmatrix}$$

$$\begin{bmatrix} 1+z-s_1, 1+z-s_2, -s_1-s_2-\nu, z+s_4, z+s_3 \\ z-s_2-\nu, z-s_1-\nu, 1+z-s_1-s_2-s_4-\nu, 1+z-s_1-s_2-s_3-\nu \end{bmatrix} q;1 \Big],$$

如果忽略一个常数因子, 则解可以进一步写成

$$y_\nu(z) = \frac{\Gamma_q(1+2z-s_1-s_2-\nu)\Gamma_q(1+z-s_1)\Gamma(1+z-s_2)}{\Gamma_q(1+2z)\Gamma_q(z-s_1-\nu)\Gamma_q(z-s_2-\nu)}$$

$$\cdot \frac{\Gamma_q(1+z-s_3)\Gamma_q(1+z-s_4)}{\Gamma_q(1+z-s_1-s_2-s_3-\nu)\Gamma_q(1+z-s_1-s_2-s_4-\nu)}$$

$$\cdot _8F_7\begin{bmatrix} 2z-s_1-s_2-\nu, \dfrac{2z-s_1-s_2-\nu+2}{2}, \dfrac{2z-s_1-s_2-\nu+2}{2}+\dfrac{i\pi}{\ln q}, \\[2mm] \dfrac{2z-s_1-s_2-\nu}{2}, \dfrac{2z-s_1-s_2-\nu}{2}+\dfrac{i\pi}{\ln q}, 1+2z, \end{bmatrix}$$

$$
\left.\begin{array}{c}
-s_1-s_2-\nu, 1+z-s_1, 1+z-s_2, z+s_4, z+s_3 \\
z-s_2-\nu, z-s_1-\nu, 1+z-s_1-s_2-s_4-\nu, 1+z-s_1-s_2-s_3-\nu
\end{array}\right| q; 1 \Bigg]
$$

$$
= \frac{\prod\limits_{k=1}^{2}(z-s_k-\nu|q)_{\nu+1} \prod\limits_{k=3}^{4}(1+z-s_1-s_2-s_k-\nu|q)_{s_1+s_2+\nu}}{(1+2z-s_1-s_2-\nu|q)_{s_1+s_2+\nu}}
$$

$$
\cdot {}_7F_6\left[\begin{array}{c}
2z-s_1-s_2-\nu, \dfrac{2z-s_1-s_2-\nu+2}{2}, -s_1-s_2-\nu, \\
\dfrac{2z-s_1-s_2-\nu}{2}, 1+2z,
\end{array}\right.
$$

$$
\left.\begin{array}{c}
1+z-s_1, 1+z-s_2, z+s_4, z+s_3 \\
z-s_2-\nu, z-s_1-\nu, 1+z-s_1-s_2-s_4-\nu, 1+z-s_1-s_2-s_3-\nu
\end{array}\right| q; 1 \Bigg].
$$

$$\tag{3.3.46}$$

如果我们在方程 (3.3.46) 中, 记 $s_1+s_2+\nu=n$, 此时 $n\in\mathbb{R}$, 那么我们得到方程 (3.3.41) 一个解为

$$
y_\nu(z) = \frac{\Gamma_q(1+2z-n)\Gamma_q(1+z-s_1)\Gamma_q(1+z-s_2)\Gamma_q(1+z-s_3)\Gamma_q(1+z-s_4)}{\Gamma_q(1+2z)\Gamma_q(z-s_1-\nu)\Gamma_q(z-s_2-\nu)\Gamma_q(1+z-s_3-n)\Gamma_q(1+z-s_4-n)}
$$

$$
\cdot {}_8F_7\left[\begin{array}{c}
2z-n, z-\dfrac{n}{2}+1, z-\dfrac{n}{2}+1+\dfrac{i\pi}{\ln q}, -n, \\
z-\dfrac{n}{2}, z-\dfrac{n}{2}+\dfrac{i\pi}{\ln q}, 1+2z,
\end{array}\right.
$$

$$
\left.\begin{array}{c}
1+z-s_1, 1+z-s_2, z+s_4, z+s_3 \\
z-n+s_1, z-n+s_2, 1+z-n-s_4, 1+z-n-s_3
\end{array}\right| q, 1 \Bigg]
$$

$$
= \frac{\prod\limits_{k=1}^{2}(z-s_k-\nu|q)_{\nu+1} \prod\limits_{k=3}^{4}(1+z-s_k-n|q)_n}{(2z+1-n|q)_n}
$$

$$
\cdot {}_8F_7\left[\begin{array}{c}
2z-n, z-\dfrac{n}{2}+1, z-\dfrac{n}{2}+1+\dfrac{i\pi}{\ln q}, -n, \\
z-\dfrac{n}{2}, z-\dfrac{n}{2}+\dfrac{i\pi}{\ln q}, 1+2z,
\end{array}\right.
$$

$$
\left.\begin{array}{c}
1+z-s_1, 1+z-s_2, z+s_4, z+s_3 \\
z-n+s_1, z-n+s_2, 1+z-n-s_4, 1+z-n-s_3
\end{array}\right| q; 1 \Bigg].
$$

利用 Watson 变换公式 ([62])：

$$
{}_8F_7\left[\begin{array}{c} -n, v, \dfrac{v}{2}+1, \dfrac{v}{2}+1+\dfrac{i\pi}{\ln q}, a_1, a_2, a_3, a_4 \\[2mm] \dfrac{v}{2}, \dfrac{v}{2}+\dfrac{i\pi}{\ln q}, 1+v+n, 1+v-a_1, 1+v-a_2, 1+v-a_3, 1+v-a_4 \end{array}\middle| q;1\right]
$$

$$
= \frac{(1+v|q)_n(1+v-a_1-a_2|q)_n}{(1+v-a_1|q)_n(1+v-a_2|q)_n}\cdot {}_4F_3\left[\begin{array}{c} -n, 1+v-a_3-a_4, a_2, a_1 \\ a_1+a_2-v-n, 1+v-a_3, 1+v-a_4 \end{array}\middle| q;1\right],
$$

则我们可将方程 (3.3.41) 的解转化为

$$
y_v(z) = \frac{\displaystyle\prod_{k=1}^{2}(z-s_k-\nu|q)_{\nu+1}\prod_{k=3}^{4}(1+z-s_k-n|q)_n}{(2z+1-n|q)_n}
$$

$$
\cdot \frac{(2z+1-n|q)_n(-\nu-1|q)_n}{(z-n+s_1|q)_n(z-n+s_2|q)_n}
$$

$$
\cdot {}_4F_3\left[\begin{array}{c} -n, 1-n-s_3-s_4, 1+z-s_2, 1+z-s_1 \\ 2-n+\nu, 1+z-n-s_3, 1+z-n-s_4 \end{array}\middle| q;1\right].
$$

利用 Sears 公式 ([62])

$$
{}_4F_3\left[\begin{array}{c} -n, b_1, b_2, b_3 \\ c_1, c_2, c_3 \end{array}\middle| q;1\right]
$$

$$
= \frac{(c_2-b_3|q)_n(c_3-b_3|q)_n}{(c_2)_n(c_3)_n}\cdot {}_4F_3\left[\begin{array}{c} -n, c_1-b_1, c_2-b_2, b_3 \\ c_1, 1-c_2+b_3-n, 1-c_3+b_3-n \end{array}\middle| q;1\right],
$$

$$
\left(\sum_{i=1}^{3}c_i = \sum_{i=1}^{3}b_i-n+1\right)
$$

可以得到

$$
{}_4F_3\left[\begin{array}{c} -n, 1-n-s_3-s_4, 1+z-s_2, 1+z-s_1 \\ 2-n+\nu, 1+z-n-s_3, 1+z-n-s_4 \end{array}\middle| q;1\right]
$$

$$
= \frac{(s_1-s_3-n|q)_n(s_1-s_4-n|q)_n}{(1+z-n-s_3|q)_n(1+z-n-s_4|q)_n}
$$

$$
\cdot {}_4F_3\left[\begin{array}{c} -n, 1+v+s_3+s_4, 1-n+v+s_2-z, 1+z-s_1 \\ 2-n+\nu, 1+s_3-s_1, 1+s_4-s_1 \end{array}\middle| q;1\right],
$$

由此可得方程 (3.3.41) 的解为

$$
y_v(z) = \frac{(z+s_1-n|q)_{\nu+1}(z+s_2-n|q)_{\nu+1}(s_1-s_3-n|q)_n(s_1-s_4-n|q)_n(-\nu-1|q)_n}{(z-n+s_1)_n(z-n+s_2)_n}
$$

$$
\cdot {}_4F_3\left[\begin{array}{c} -n, 1+\nu+s_3+s_4, 1-n+\nu+s_2-z, 1+z-s_1 \\ 2-n+\nu, 1+s_3-s_1, 1+s_4-s_1 \end{array}\middle| q;1\right]. \tag{3.3.47}
$$

注 3.3.9　(1) 在公式 (3.3.47) 中, 若将变元 s_1, s_2 用变元 $-s_1 + 1, -s_2 + 1$ 代替, 那么就有

$$y_\nu(z) = \frac{(z+1-s_1-n|q)_{\nu+1}(z+1-s_2-n|q)_{\nu+1}(s_1+s_3|q)_n(s_1+s_4|q)_n(-\nu-1|q)_n}{(z+1-n-s_1)_n(z+1-n-s_2)_n}$$

$$\cdot {}_4F_3\left[\begin{array}{c} -n, s_1+s_2+s_3+s_4+n-1, s_1-z, s_1+z \\ s_1+s_2, s_1+s_3, s_1+s_4 \end{array}\bigg| q; 1\right]. \tag{3.3.48}$$

(2) 在公式 (3.3.47) 中, 若 $\nu + 1 = n$, 而且 $n \in \mathbb{N}^+$, 则得到方程 (3.3.37) 的一个多项式的解为

$$y_n(z) = (s_1+s_3|q)_n(s_1+s_4|q)_n(s_1+s_2|q)_n$$

$$\cdot {}_4F_3\left[\begin{array}{c} -n, s_1+s_2+s_3+s_4+n-1, s_1-z, s_1+z \\ s_1+s_2, s_1+s_3, s_1+s_4 \end{array}\bigg| q; 1\right]. \tag{3.3.49}$$

该公式与 [90] 中著名的公式是一致的 (参见 [90] 中 140 页方程 (3.11.25)). 这就表明定理 3.3.2 给出了更一般的解, 该解包含的熟知的正交多项式作为它的特殊情况.

3.4　NUS 方程的伴随方程

我们知道, 就地位而言, 超几何方程原方程与它的伴随方程有时起着同等重要的作用. 通过伴随方程的求解, 我们可以得到推广的 Rodrigues 公式, 也可以得到原方程的解. 因此, 伴随方程的研究具有独立的学术意义, 并且能激起更多有趣的新问题.

求解一个超几何方程的伴随方程, 我们通常采取两种方法: 一种是代数变量变换法; 另一种是内积分析方法. 在第 2 章, 我们已经就超几何差分方程利用代数变量变换法求出它的伴随方程, 并利用伴随方程得到原方程的通解公式等. 本节我们将用内积方法, 求解更一般超几何差分方程的伴随方程.

我们现在要用内积方法寻求关于方程 (3.2.2) 的二阶伴随差分方程. 为此, 我们令

$$L[y(z)] \equiv \sigma(z)\frac{\Delta}{\Delta x_{\nu-\mu-1}(z)}\left(\frac{\nabla y(z)}{\nabla x_{\nu-\mu}(z)}\right) + \tau_{\nu-\mu}(z)\frac{\Delta y(z)}{\Delta x_{\nu-\mu}(z)} + \lambda y(z) = 0, \tag{3.4.1}$$

这是比方程 (3.2.2) 更一般的 Nikiforov-Uvarov-Suslov 差分方程, 如果令 $\mu = \nu$, 那么它将退化为方程 (3.2.2). 方程 (3.4.1) 可被改写为

$$\tilde{\sigma}_{\nu-\mu}(z)\frac{\Delta}{\Delta x_{\nu-\mu-1}(z)}\left(\frac{\nabla y(z)}{\nabla x_{\nu-\mu}(z)}\right) + \frac{\tau_{\nu-\mu}(z)}{2}\left[\frac{\Delta y(z)}{\Delta x_{\nu-\mu}(z)} + \frac{\nabla y(z)}{\nabla x_{\nu-\mu}(z)}\right] + \lambda y(z) = 0, \tag{3.4.2}$$

这里
$$\tilde{\sigma}_{\nu-\mu}(z) = \sigma(z) + \frac{1}{2}\tau_{\nu-\mu}(z)\nabla x_{\nu-\mu+1}(z).$$

由引理 3.2.1, 我们看到 $\tilde{\sigma}_{\nu-\mu}(z)$ 和 $\tau_{\nu-\mu}(z)$ 分别是关于变量 $x_{\nu-\mu}(s)$ 的至多二次或一次多项式, 因此方程 (3.4.2) 也是非一致格子上的超几何型差分方程.

定义 3.4.1 对于 $y(z)$ 和 $w(z)$, 关于 $\Delta x_{\nu-\mu-1}(z)$ 的内积 $\langle w(z), y(z)\rangle$ 被定义为
$$\langle w(z), y(z)\rangle = \sum_{z=a}^{b-1} w(z)y(z)\Delta x_{\nu-\mu-1}(z),$$

这里 a, b 是具有相同虚部的复数, 且 $b - a \in \mathbb{N}$.

定义 3.4.2 对于 $w(z)$ 和算子 $L[y(z)]$, 假定边值条件 $w(a)=w(b)=0, y(a)=y(b)=0$ 是满足的. 如果内积
$$\langle w(z), L[y(z)]\rangle = \langle y(z), L^*[w(z)]\rangle$$

成立, 那么算子 $L^*[w(z)]$ 称为 $L[y(z)]$ 的伴随算子, 并且 $L^*[w(z)] = 0$ 称为方程 $L[y(z)] = 0$ 的伴随方程.

我们现在要找出算子 $L^*[w(z)]$. 由于
$$\langle w(z), L[y(z)]\rangle$$
$$= \sum_{z=a}^{b-1} w(z)L[y(z)]\Delta x_{\nu-\mu-1}(z)$$
$$= \sum_{z=a}^{b-1} w(z)\left\{\sigma(z)\frac{\Delta}{\Delta x_{\nu-\mu-1}(z)}\left(\frac{\nabla y(z)}{\nabla x_{\nu-\mu}(z)}\right)\right.$$
$$\left. + \tau_{\nu-\mu}(z)\frac{\Delta y(z)}{\Delta x_{\nu-\mu}(z)} + \lambda y(z)\right\}\Delta x_{\nu-\mu-1}(z),$$

利用分部求和公式以及边值条件, 我们可以得到
$$\sum_{z=a}^{b-1} w(z)\sigma(z)\frac{\Delta}{\Delta x_{\nu-\mu-1}(z)}\left(\frac{\nabla y(z)}{\nabla x_{\nu-\mu}(z)}\right)\Delta x_{\nu-\mu-1}(z)$$
$$= \sum_{z=a}^{b-1} w(z)\sigma(z)\Delta\left(\frac{\nabla y(z)}{\nabla x_{\nu-\mu}(z)}\right) = -\sum_{z=a}^{b-1}\frac{\nabla y(z)}{\nabla x_{\nu-\mu}(z)}\nabla(w(z)\sigma(z))$$
$$= -\sum_{z=a}^{b-1}\nabla y(z)\frac{\nabla(w(z)\sigma(z))}{\nabla x_{\nu-\mu}(z)} = \sum_{z=a}^{b-1} y(z)\Delta\left[\frac{\nabla(w(z)\sigma(z))}{\nabla x_{\nu-\mu}(z)}\right]$$
$$= \sum_{z=a}^{b-1} y(z)\frac{\Delta}{\Delta x_{\nu-\mu-1}(z)}\left[\frac{\nabla(w(z)\sigma(z))}{\nabla x_{\nu-\mu}(z)}\right]\Delta x_{\nu-\mu-1}(z),$$

且

$$\sum_{z=a}^{b-1} w(z)\tau_{\nu-\mu}(z)\frac{\Delta y(z)}{\Delta x_{\nu-\mu}(z)}\Delta x_{\nu-\mu-1}(z)$$

$$=\sum_{z=a}^{b-1} w(z)\tau_{\nu-\mu}(z)\frac{\Delta x_{\nu-\mu-1}(z)}{\Delta x_{\nu-\mu}(z)}\Delta y(z)=-\sum_{z=a}^{b-1} y(z)\nabla\left[w(z)\tau_{\nu-\mu}(z)\frac{\Delta x_{\nu-\mu-1}(z)}{\Delta x_{\nu-\mu}(z)}\right]$$

$$=-\sum_{z=a}^{b-1} y(z)\frac{\nabla}{\Delta x_{\nu-\mu-1}(z)}\left[w(z)\tau_{\nu-\mu}(z)\frac{\Delta x_{\nu-\mu-1}(z)}{\Delta x_{\nu-\mu}(z)}\right]\Delta x_{\nu-\mu-1}(z).$$

因此, 我们让

$$\langle w(z), L[y(z)]\rangle$$

$$=\sum_{z=a}^{b-1} y(z)\left\{\frac{\Delta}{\Delta x_{\nu-\mu-1}(z)}\left[\frac{\nabla(w(z)\sigma(z))}{\nabla x_{\nu-\mu}(z)}\right]\right.$$

$$\left.-\frac{\nabla}{\Delta x_{\nu-\mu-1}(z)}\left[w(z)\tau_{\nu-\mu}(z)\frac{\Delta x_{\nu-\mu-1}(z)}{\Delta x_{\nu-\mu}(z)}\right]-\lambda w(z)\right\}\Delta x_{\nu-\mu-1}(z)$$

$$=\sum_{z=a}^{b-1} y(z)L^*[w(z)]\Delta x_{\nu-\mu-1}(z)$$

$$=\langle y(z), L^*[w(z)]\rangle,$$

这就给出

$$L^*[w(z)] = \frac{\Delta}{\Delta x_{\nu-\mu-1}(z)}\left[\frac{\nabla(w(z)\sigma(z))}{\nabla x_{\nu-\mu}(z)}\right]$$

$$-\frac{\nabla}{\Delta x_{\nu-\mu-1}(z)}\left[w(z)\tau_{\nu-\mu}(z)\frac{\Delta x_{\nu-\mu-1}(z)}{\Delta x_{\nu-\mu}(z)}\right]-\lambda w(z). \tag{3.4.3}$$

因此, 我们将方程 (3.4.3) 定义为方程 (3.4.1) 的伴随算子.

可以看出

$$\frac{\Delta}{\Delta x_{\nu-\mu-1}(z)}\left[\frac{\nabla(w(z)\sigma(z))}{\nabla x_{\nu-\mu}(z)}\right]$$

$$=\frac{\Delta}{\Delta x_{\nu-\mu-1}(z)}\left[\sigma(z-1)\frac{\nabla w(z)}{\nabla x_{\nu-\mu}(z)}+w(z)\frac{\nabla\sigma(z)}{\nabla x_{\nu-\mu}(z)}\right.$$

$$=\sigma(z-1)\frac{\Delta}{\Delta x_{\nu-\mu-1}(z)}\left[\frac{\nabla w(z)}{\nabla x_{\nu-\mu}(z)}\right]+\frac{\Delta w(z)}{\Delta x_{\nu-\mu}(z)}\frac{\Delta\sigma(z-1)}{\Delta x_{\nu-\mu-1}(z)}$$

$$+\frac{\Delta\sigma(z)}{\Delta x_{\nu-\mu}(z)}\frac{\Delta w(z)}{\Delta x_{\nu-\mu-1}(z)}+w(z)\frac{\Delta}{\Delta x_{\nu-\mu-1}(z)}\left[\frac{\nabla\sigma(z)}{\nabla x_{\nu-\mu}(z)}\right], \tag{3.4.4}$$

$$\frac{\nabla}{\Delta x_{\nu-\mu-1}(z)}\left[w(z)\tau_{\nu-\mu}(z)\frac{\Delta x_{\nu-\mu-1}(z)}{\Delta x_{\nu-\mu}(z)}\right]$$

$$= \tau_{\nu-\mu}(z-1)\frac{\Delta x_{\nu-\mu-1}(z)}{\Delta x_{\nu-\mu}(z)}\frac{\nabla w(z)}{\Delta x_{\nu-\mu-1}(z)}$$

$$+ w(z)\frac{\nabla}{\Delta x_{\nu-\mu-1}(z)}\left[\tau_{\nu-\mu}(z)\frac{\Delta x_{\nu-\mu-1}(z)}{\Delta x_{\nu-\mu}(z)}\right], \tag{3.4.5}$$

$$\frac{\nabla w(z)}{\nabla x_{\nu-\mu}(z)} = \frac{\Delta w(z)}{\Delta x_{\nu-\mu}(z)} - \Delta\left[\frac{\nabla w(z)}{\nabla x_{\nu-\mu}(z)}\right]$$

$$= \frac{\Delta w(z)}{\Delta x_{\nu-\mu}(z)} - \frac{\Delta}{\Delta x_{\nu-\mu-1}(z)}\left[\frac{\nabla w(z)}{\nabla x_{\nu-\mu}(z)}\right]\Delta x_{\nu-\mu-1}(z). \tag{3.4.6}$$

将方程 (3.4.4)~(3.4.6) 代入方程 (3.4.3), 我们得到 $L^*[w(z)]$ 的另外一种表达式为

$$L^*[w(z)] \equiv \sigma^*(z)\frac{\Delta}{\Delta x_{\nu-\mu-1}(z)}\left(\frac{\nabla w(z)}{\nabla x_{\nu-\mu}(z)}\right) + \tau_{\nu-\mu}^*(z)\frac{\Delta w(z)}{\Delta x_{\nu-\mu}(z)} + \lambda_{\nu-\mu}^* w(z), \tag{3.4.7}$$

这里

$$\sigma^*(z) = \sigma(z-1) + \tau_{\nu-\mu}(z-1)\nabla x_{\nu-\mu-1}(z), \tag{3.4.8}$$

$$\tau_{\nu-\mu}^*(z) = \frac{\sigma(z+1) - \sigma(z-1) - \tau_{\nu-\mu}(z-1)\nabla x_{\nu-\mu-1}(z)}{\Delta x_{\nu-\mu-1}(z)}, \tag{3.4.9}$$

$$\lambda_{\nu-\mu}^* = \lambda - \frac{\Delta}{\Delta x_{\nu-\mu-1}(z)}\left(\frac{\tau_{\nu-\mu}(z-1)\nabla x_{\nu-\mu-1}(z) - \nabla\sigma(z)}{\nabla x_{\nu-\mu}(z)}\right). \tag{3.4.10}$$

现在, 我们建立两个算子 $\rho_{\nu-\mu}(z)L[y(z)]$ 和 $L^*[\rho_{\nu-\mu}(z)y(z)]$ 之间的关系.

可以看出方程 (3.4.1) 有自伴形式

$$\frac{\Delta}{\Delta x_{\nu-\mu-1}(z)}\left(\sigma(z)\rho_{\nu-\mu}(z)\frac{\nabla y(z)}{\nabla x_{\nu-\mu}(z)}\right) + \lambda\rho_{\nu-\mu}(z)y(z) = 0, \tag{3.4.11}$$

这里 $\rho_{\nu-\mu}(z)$ 满足 Pearson 型方程

$$\frac{\Delta(\sigma(z)\rho_{\nu-\mu}(z))}{\Delta x_{\nu-\mu-1}(z)} = \tau_{\nu-\mu}(z)\rho_{\nu-\mu}(z). \tag{3.4.12}$$

引入 $w(z) = \rho_{\nu-\mu}(z)y(z)$, 我们有

$$\frac{\nabla w(z)}{\nabla x_{\nu-\mu}(z)} = \rho_{\nu-\mu}(z)\frac{\nabla y(z)}{\nabla x_{\nu-\mu}(z)} + \frac{\nabla\rho_{\nu-\mu}(z)}{\nabla x_{\nu-\mu}(z)}y(z-1),$$

或者

$$\rho_{\nu-\mu}(z)\frac{\nabla y(z)}{\nabla x_{\nu-\mu}(z)} = \frac{\nabla w(z)}{\nabla x_{\nu-\mu}(z)} - \frac{\nabla\rho_{\nu-\mu}(z)}{\nabla x_{\nu-\mu}(z)}y(z-1). \tag{3.4.13}$$

从方程 (3.4.12), 可得

$$\Delta(\sigma(z)\rho_{\nu-\mu}(z)) = \tau_{\nu-\mu}(z)\rho_{\nu-\mu}(z)\Delta x_{\nu-\mu-1}(z),$$

此即

$$\rho_{\nu-\mu}(z)\Delta\sigma(z) + \Delta\rho_{\nu-\mu}(z)\sigma(z+1) = \tau_{\nu-\mu}(z)\rho_{\nu-\mu}(z)\Delta x_{\nu-\mu-1}(z),$$

这隐含着

$$\Delta\rho_{\nu-\mu}(z) = \frac{\tau_{\nu-\mu}(z)\Delta x_{\nu-\mu-1}(z) - \Delta\sigma(z)}{\sigma(z+1)}\rho_{\nu-\mu}(z),$$

因此

$$\frac{\nabla\rho_{\nu-\mu}(z)}{\nabla x_{\nu-\mu}(z)}y(z-1) = \frac{\Delta\rho_{\nu-\mu}(z-1)y(z-1)}{\nabla x_{\nu-\mu}(z)}$$

$$= \frac{\tau_{\nu-\mu}(z-1)\nabla x_{\nu-\mu-1}(z) - \nabla\sigma(z)}{\sigma(z)\nabla x_{\nu-\mu}(z)}w(z-1). \qquad (3.4.14)$$

将方程 (3.4.13)-(3.4.14) 代入方程 (3.4.11), 我们得到

$$\frac{\Delta}{\Delta x_{\nu-\mu-1}(z)}\left[\sigma(z)\frac{\nabla w(z)}{\nabla x_{\nu-\mu}(z)}\right]$$

$$- \frac{\Delta}{\Delta x_{\nu-\mu-1}(z)}\left[\frac{\tau_{\nu-\mu}(z-1)\nabla x_{\nu-\mu-1}(z) - \nabla\sigma(z)}{\nabla x_{\nu-\mu}(z)}w(z-1)\right] + \lambda w(z)$$

$$= 0.$$

这就给出

$$\sigma(z)\frac{\Delta}{\Delta x_{\nu-\mu-1}(z)}\left(\frac{\nabla w(z)}{\nabla x_{\nu-\mu}(z)}\right) + \frac{\Delta\sigma(z)}{\Delta x_{\nu-\mu-1}(z)}\frac{\Delta w(z)}{\Delta x_{\nu-\mu}(z)}$$

$$- \frac{\tau_{\nu-\mu}(z-1)\nabla x_{\nu-\mu-1}(z) - \nabla\sigma(z)}{\nabla x_{\nu-\mu}(z)}\frac{\nabla w(z)}{\Delta x_{\nu-\mu-1}(z)}$$

$$- \frac{\Delta}{\Delta x_{\nu-\mu-1}(z)}\left[\frac{\tau_{\nu-\mu}(z-1)\nabla x_{\nu-\mu-1}(z) - \nabla\sigma(z)}{\nabla x_{\nu-\mu}(z)}\right]w(z) + \lambda w(z)$$

$$= 0,$$

这就隐含着

$$\sigma(z)\frac{\Delta}{\Delta x_{\nu-\mu-1}(z)}\left(\frac{\nabla w(z)}{\nabla x_{\nu-\mu}(z)}\right) + \frac{\Delta\sigma(z)}{\Delta x_{\nu-\mu-1}(z)}\frac{\Delta w(z)}{\Delta x_{\nu-\mu}(z)}$$

$$- \frac{\tau_{\nu-\mu}(z-1)\nabla x_{\nu-\mu-1}(z) - \nabla\sigma(z)}{\Delta x_{\nu-\mu-1}(z)}\frac{\nabla w(z)}{\nabla x_{\nu-\mu}(z)}$$

$$- \frac{\Delta}{\Delta x_{\nu-\mu-1}(z)} \left[\frac{\tau_{\nu-\mu}(z-1)\nabla x_{\nu-\mu-1}(z) - \nabla\sigma(z)}{\nabla x_{\nu-\mu}(z)} \right] w(z) + \lambda w(z)$$

$$= 0. \tag{3.4.15}$$

借助于下面的差分不等式

$$\frac{\Delta w(z)}{\Delta x_{\nu-\mu}(z)} - \frac{\nabla w(z)}{\nabla x_{\nu-\mu}(z)} = \Delta\left(\frac{\nabla w(z)}{\nabla x_{\nu-\mu}(z)}\right), \tag{3.4.16}$$

$$\frac{\nabla w(z)}{\nabla x_{\nu-\mu}(z)} = \frac{\Delta w(z)}{\Delta x_{\nu-\mu}(z)} - \Delta\left(\frac{\nabla w(z)}{\nabla x_{\nu-\mu}(z)}\right), \tag{3.4.17}$$

方程 (3.4.15) 可以进一步改写为

$$L^*[w(z)] \equiv \sigma^*(z)\frac{\Delta}{\Delta x_{\nu-\mu-1}(z)}\left(\frac{\nabla w(z)}{\nabla x_{\nu-\mu}(z)}\right) + \tau^*_{\nu-\mu}(z)\frac{\Delta w(z)}{\Delta x_{\nu-\mu}(z)} + \lambda^*_{\nu-\mu}w(z) = 0, \tag{3.4.18}$$

这里

$$\sigma^*(z) = \sigma(z-1) + \tau_{\nu-\mu}(z-1)\nabla x_{\nu-\mu-1}(z), \tag{3.4.19}$$

$$\tau^*_{\nu-\mu}(z) = \frac{\sigma(z+1) - \sigma(z-1) - \tau_{\nu-\mu}(z-1)\nabla x_{\nu-\mu-1}(z)}{\Delta x_{\nu-\mu-1}(z)}, \tag{3.4.20}$$

$$\lambda^*_{\nu-\mu} = \lambda - \frac{\Delta}{\Delta x_{\nu-\mu-1}(z)}\left(\frac{\tau_{\nu-\mu}(z-1)\nabla x_{\nu-\mu-1}(z) - \nabla\sigma(z)}{\nabla x_{\nu-\mu}(z)}\right). \tag{3.4.21}$$

因此, 我们定义方程 (3.4.18) 为方程 (3.4.1) **的伴随差分方程**. 令 $\mu = \nu$, 方程 (3.4.18) 给出方程 (3.2.2) **的伴随差分方程**.

更进一步, 容易看出伴随差分算子与原差分算子之间存在一个重要的关系:

命题 3.4.3 对任意二次可差分函数 $y(z)$, 成立

$$L^*[\rho_{\nu-\mu}(z)y(z)] = \rho_{\nu-\mu}(z)L[y(z)]. \tag{3.4.22}$$

利用定义 3.2.3 和引理 3.2.6, 不难得到

推论 3.4.4 方程 (3.4.20) 和方程 (3.4.21) 可被简化为

$$\tau^*_{\nu-\mu}(z) = -\tau_{\nu-\mu-2}(z+1) = -\kappa_{2\nu-2\mu-3}x_{\nu-\mu}(z) + c(\nu-\mu), \tag{3.4.23}$$

$$\lambda^*_{\nu-\mu} = \lambda - \Delta_{\nu-\mu-1}\tau_{\nu-\mu-1}(z) = \lambda - \kappa_{2\nu-2\mu-1}. \tag{3.4.24}$$

证明 由于

$$\sigma(z+1) - \sigma(z-1) - \tau_{\nu-\mu}(z-1)\nabla x_{\nu-\mu-1}(z)$$

$$= \sigma(z+1) - \sigma(z-1) - \tau_{\nu-\mu}(z-1)\nabla x_{\nu-\mu+1}(z-1)$$

$$
\begin{aligned}
&= \sigma(z+1) - \sigma(z-1+\nu-\mu) - \tau(z-1+\nu-\mu)\nabla x_1(z-1+\nu-\mu) \\
&= -\tau_{\nu-\mu-2}(z+1)\nabla x_{\nu-\mu-1}(z+1) \\
&= -\tau_{\nu-\mu-2}(z+1)\Delta x_{\nu-\mu-1}(z),
\end{aligned}
$$

那么从方程 (3.4.20) 和引理 3.2.6, 我们有

$$
\begin{aligned}
\tau_{\nu-\mu}^*(z) &= -\tau_{\nu-\mu-2}(z+1) \\
&= -\kappa_{2\nu-2\mu-3}x_{\nu-\mu-2}(z+1) + c(\nu-\mu) \\
&= -\kappa_{2\nu-2\mu-3}x_{\nu-\mu}(z) + c(\nu-\mu).
\end{aligned}
$$

同理, 可以得到

$$
\begin{aligned}
&\tau_{\nu-\mu}(z-1)\nabla x_{\nu-\mu-1}(z) - \nabla\sigma(z) \\
&= \tau_{\nu-\mu}(z-1)\nabla x_{\nu-\mu-1}(z) + \sigma(z-1) - \sigma(z),
\end{aligned}
$$

以及

$$
\begin{aligned}
&\tau(z-1+\nu-\mu)\nabla x_1(z-1+\nu-\mu) + \sigma(z-1+\nu-\mu) - \sigma(z) \\
&= \tau_{\nu-\mu-1}(z)\nabla x_{\nu-\mu}(z).
\end{aligned}
$$

因此, 我们有

$$
\begin{aligned}
\lambda_{\nu-\mu}^* &= \lambda - \Delta_{\nu-\mu-1}\tau_{\nu-\mu-1}(z) \\
&= \lambda - \Delta_{\nu-\mu-1}\{\kappa_{2\nu-\mu-1}x_{\nu-\mu-1}(z)\} \\
&= \lambda - \kappa_{2\nu-2\mu-1}, \tag{3.4.25}
\end{aligned}
$$

定理证毕.

关于伴随方程 (3.4.18), 我们发现它有下面有趣的对偶性质:

命题 3.4.5　对于伴随差分方程 (3.4.18), 成立

$$
\sigma(z) = \sigma^*(z-1) + \tau_{\nu-\mu}^*(z-1)\nabla x_{\nu-\mu-1}(z), \tag{3.4.26}
$$

$$
\tau_{\nu-\mu}(z) = \frac{\sigma^*(z+1) - \sigma_{\nu-\mu}^*(z-1) - \tau_{\nu-\mu}^*(z-1)\nabla x_{\nu-\mu-1}(z)}{\Delta x_{\nu-\mu-1}(z)}, \tag{3.4.27}
$$

$$
\lambda = \lambda_{\nu-\mu}^* - \Delta_{\nu-\mu-1}\left(\frac{\tau_{\nu-\mu}^*(z-1)\Delta x_{\nu-\mu-1}(z) - \nabla\sigma^*(z)}{\nabla_{\nu-\mu}x(z)}\right). \tag{3.4.28}
$$

证明　从方程 (3.4.20), 我们有

$$
\tau_{\nu-\mu}^*(z)\Delta x_{\nu-\mu-1}(z) = \sigma(z+1) - \sigma(z-1) - \tau_{\nu-\mu}(z-1)\nabla x_{\nu-\mu-1}(z). \tag{3.4.29}
$$

基于方程 (3.4.19) 和方程 (3.4.29), 可得

$$\sigma(z+1) = \sigma^*(z) + \tau^*_{\nu-\mu}(z)\Delta x_{\nu-\mu-1}(z),$$

这隐含

$$\sigma(z) = \sigma^*(z-1) + \tau^*_{\nu-\mu}(z-1)\nabla x_{\nu-\mu-1}(z).$$

因此, 从方程 (3.4.19) 我们得到

$$\begin{aligned}
\tau_{\nu-\mu}(z-1) &= \frac{\sigma^*(z) - \sigma(z-1)}{\nabla x_{\nu-\mu-1}(z)} \\
&= \frac{\sigma^*(z) - \sigma^*(z-2) - \tau^*_{\nu-\mu}(z-2)\nabla x_{\nu-\mu-1}(z-1)}{\nabla x_{\nu-\mu-1}(z)},
\end{aligned}$$

这就是方程 (3.4.27). 进一步, 可得

$$\begin{aligned}
\tau_{\nu-\mu}(z-1)\nabla x_{\nu-\mu-1}(z) - \nabla\sigma(z) &= \sigma^*(z) - \sigma(z-1) - \nabla\sigma(z) \\
&= \sigma^*(z) - \sigma(z) \\
&= \sigma^*(z) - [\sigma^*(z-1) + \tau^*_{\nu-\mu}(z-1)\nabla x_{\nu-\mu-1}(z)] \\
&= \nabla\sigma^*(z) - \tau^*_{\nu-\mu}(z-1)\nabla x_{\nu-\mu-1}(z). \quad (3.4.30)
\end{aligned}$$

应用方程 (3.4.21) 以及方程 (3.4.30), 则得出方程 (3.4.28), 因此命题证毕.

与推论 3.4.4 平行, 我们可得下面的推论.

推论 3.4.6 方程 (3.4.27) 和方程 (3.4.28) 可以简化为

$$\tau_{\nu-\mu}(z) = -\tau^*_{\nu-\mu-2}(z+1), \quad (3.4.31)$$

$$\lambda = \lambda^*_{\nu-\mu} - \kappa^*_{2\nu-2\mu-1}. \quad (3.4.32)$$

命题 3.4.7 伴随差分方程 (3.4.18) 可被改写为

$$\sigma(z+1)\Delta_{\nu-\mu-1}\nabla_{\nu-\mu}w(z) - \tau_{\nu-\mu-2}(z+1)\nabla_{\nu-\mu}w(z) + (\lambda - \kappa_{2\nu-2\mu-1})w(z) = 0. \quad (3.4.33)$$

证明 由于

$$\Delta_{\nu-\mu}w(z) - \nabla_{\nu-\mu}w(z) = \Delta\left(\frac{\nabla w(z)}{\nabla_{\nu-\mu}x(z)}\right),$$

我们有

$$\tau^*_{\nu-\mu}(z)\Delta_{\nu-\mu}w(z) = \tau^*_{\nu-\mu}(z)\nabla_{\nu-\mu}w(z) + \tau^*_{\nu-\mu}(z)\Delta\left(\frac{\nabla w(z)}{\nabla_{\nu-\mu}x(s)}\right)$$

$$= \tau_{\nu-\mu}^*(z)\nabla_{\nu-\mu}w(z)$$
$$+ \tau_{\nu-\mu}^*(z)\Delta x_{\nu-\mu-1}(z)\frac{\Delta}{\Delta x_{\nu-\mu-1}(z)}\left(\frac{\nabla w(z)}{\nabla_{\nu-\mu}x(z)}\right). \quad (3.4.34)$$

将方程 (3.4.34) 代入方程 (3.4.18), 可得

$$[\sigma^*(z) + \tau_{\nu-\mu}^*(z)\Delta x_{\nu-\mu-1}(z)]\frac{\Delta}{\Delta x_{\nu-\mu-1}(z)}\left(\frac{\nabla w(z)}{\nabla_{\nu-\mu}x(z)}\right)$$
$$+ \tau_{\nu-\mu}^*(z)\nabla_{\nu-\mu}w(z) + \lambda_{\nu-\mu}^*w(z)$$
$$=0. \qquad (3.4.35)$$

从方程 (3.4.23), 则有

$$\sigma^*(z) + \tau_{\nu-\mu}^*(z)\Delta x_{\nu-\mu-1}(z) = \sigma(z+1). \qquad (3.4.36)$$

将它代入方程 (3.4.35) 并且应用方程 (3.4.23), 我们得到方程 (3.4.33), 因此完成证明.

    最后, 我们要证明伴随差分方程 (3.4.18) 或方程 (3.4.33) 也是非一致格子上的超几何型差分方程. 为此目的, 我们仅需证明

$$\tilde{\sigma}^*(z) = \sigma^*(z) + \frac{1}{2}\tau_{\nu-\mu}^*(z)\Delta x_{\nu-\mu-1}(z) = \sigma(z+1) + \frac{1}{2}\tau_{\nu-\mu-2}(z+1)\Delta x_{\nu-\mu-1}(z)$$

是关于变量 $x_{\nu-\mu}(z)$ 的至多二次或一次多项式. 事实上, 从方程 (3.2.22) 和引理 3.2.4, 可得

$$\tilde{\sigma}^*(z) = \sigma(z+1) + \frac{1}{2}\tau_{\nu-\mu-2}(z+1)\nabla x_{\nu-\mu-1}(z+1) = \tilde{\sigma}_{\nu-\mu-2}(z+1)$$

是关于变量 $x_{\nu-\mu-2}(z+1) = x_{\nu-\mu}(z)$ 的至多二次或一次多项式. 有鉴于此, 我们就得到了下面的定理.

    定理 3.4.8   方程 (3.4.33) 的伴随方程或者说

$$\tilde{\sigma}_{\nu-\mu-2}(z+1)\Delta_{\nu-\mu-1}\nabla_{\nu-\mu}w(z)$$
$$- \frac{1}{2}\tau_{\nu-\mu-2}(z+1)[\Delta_{\nu-\mu}w(z) + \nabla_{\nu-\mu}w(z)] + (\lambda - \kappa_{2\nu-2\mu-1})w(z)$$
$$=0 \qquad (3.4.37)$$

也是非一致格子上的超几何型差分方程.

    令 $\mu = \nu$, 则得出方程 (3.2.2) 伴随差分方程也是非一致格子上的超几何型差分方程.

推论 3.4.9 方程 (3.2.2) 的伴随方程或者说

$$\tilde{\sigma}_{-2}(z+1)\Delta_{-1}\nabla_0 w(z)$$
$$-\frac{1}{2}\tau_{-2}(z+1)[\Delta_0 w(z) + \nabla_0 w(z)] + (\lambda - \kappa_{-1})w(z)$$
$$= 0 \qquad\qquad (3.4.38)$$

也是非一致格子上的超几何型差分方程.

3.5　伴随差分方程的特解

本节要研究伴随方程 (3.4.18) 或 (3.4.33) 的特解形式 (参见定理 3.5.1). 令 $\mu = \nu$, 可以得到伴随方程 (3.4.38) 的特解形式 (参加定理 3.5.2).

定理 3.5.1 对于非一致格子 $x = x(z)$, 伴随差分方程 (3.4.18) 或方程 (3.4.33)

$$\sigma(z+1)\frac{\Delta}{\Delta x_{\nu-\mu-1}(z)}\left(\frac{\nabla y(z)}{\nabla x_{\nu-\mu}(z)}\right) - \tau_{\nu-\mu-2}(z+1)\frac{\nabla y(z)}{\nabla x_{\nu-\mu}(z)} + \lambda_{\nu-\mu}^* y(z) = 0,$$
$$(3.5.1)$$

有形如下式的特解

$$y(z) = \sum_{s=a}^{b-1} \frac{\rho_\nu(s)\nabla x_{\nu+1}(s)}{[x_\nu(s) - x_\nu(z)]^{(\mu+1)}}, \qquad\qquad (3.5.2)$$

也有形如下式的特解

$$y(z) = \oint_C \frac{\rho_\nu(s)\nabla x_{\nu+1}(s)ds}{[x_\nu(s) - x_\nu(z)]^{(\mu+1)}}, \qquad\qquad (3.5.3)$$

这里 C 是复 s-平面的一条围线, 且 $x_\nu(s) = x\left(s + \dfrac{1}{2}\right)$, 如果

i) 函数 $\rho_\gamma(z)$ 满足

$$\frac{\Delta}{\nabla x_{\nu+1}(z)}[\sigma(z)\rho_\nu(z)] = \tau_\nu(z)\rho_\nu(z); \qquad\qquad (3.5.4)$$

ii) μ, ν 满足

$$\lambda_{\nu-\mu}^* + \kappa_{2\nu-(\mu+1)}\gamma(\mu+1) = 0; \qquad\qquad (3.5.5)$$

iii) 下列函数

$$\phi_{\nu\mu}(z) = \sum_{s=a}^{b-1} \frac{\rho_\nu(s)\nabla x_{\nu+1}(s)}{[x_\nu(s) - x_\nu(z)]^{(\mu+1)}}, \qquad\qquad (3.5.6)$$

或

$$\phi_{\nu\mu}(z) = \oint_C \frac{\rho_\nu(s)\nabla x_{\nu+1}(s)ds}{[x_\nu(s) - x_\nu(z)]^{(\mu+1)}} \qquad\qquad (3.5.7)$$

差商的计算, 可以由以下公式

$$\frac{\nabla \phi_{\nu\mu}(z)}{\nabla x_{\nu-\mu}(z)} = \gamma(\mu+1)\phi_{\nu,\mu+1}(z) \tag{3.5.8}$$

来实行;

iv) 下面公式成立

$$\psi_{\nu\mu}(a,z) = \psi_{\nu\mu}(b,z), \qquad \oint_C \Delta_s \psi_{\nu\mu}(s,z)ds = 0, \tag{3.5.9}$$

这里

$$\psi_{\nu\mu}(s,z) = \frac{\sigma(s)\rho_\nu(s)}{[x_{\nu-1}(s) - x_{\nu-1}(z+1)]^{(\mu+1)}}. \tag{3.5.10}$$

证明 有 Euler 积分变换的思想, 假设方程 (3.5.1) 有如下形式的解:

$$y(z) = \oint_C \frac{\rho_\nu(s)\nabla x_{\nu+1}(s)ds}{[x_\nu(s) - x_\nu(z)]^{(\mu+1)}}, \tag{3.5.11}$$

这里常数 ν, μ 和函数 $\rho_\nu(s)$ 是待定的. 那么就有

$$\frac{\nabla y(z)}{\nabla x_{\nu-\mu}(z)} = \gamma(\mu+1) \oint_C \frac{\rho_\nu(s)\nabla x_{\nu+1}}{[x_\nu(s) - x_\nu(z)]^{(\mu+2)}}(s)ds, \tag{3.5.12}$$

以及

$$\frac{\Delta}{\Delta x_{\nu-\mu-1}(z)}\left(\frac{\nabla y(z)}{\nabla x_{\nu-\mu}(z)}\right) = \gamma(\mu+2)\gamma(\mu+1) \oint_C \frac{\rho_\nu(s)\nabla x_{\nu+1}(s)}{[x_\nu(s) - x_\nu(z+1)]^{(\mu+3)}}ds. \tag{3.5.13}$$

将 (3.5.11) ~ (3.5.13) 代入 (3.5.1), 可得

$$\gamma(\mu+1) \oint_C \frac{\rho_\nu(s)\nabla x_{\nu+1}(s)}{[x_\nu(s) - x_\nu(z+1)]^{(\mu+3)}}\{\gamma(\mu+2)\sigma(z+1)$$

$$-\tau_{\nu-\mu-2}(z+1)[x_\nu(s) - x_\nu(z+1)]\}ds + \lambda^*_{\nu-\mu} \oint_C \frac{\rho_\nu(s)\nabla x_{\nu+1}(s)}{[x_\nu(s) - x_\nu(z)]^{(\mu+1)}}ds$$

$$= 0. \tag{3.5.14}$$

应用引理 3.2.5 得到

$$\gamma(\mu+2)\sigma(z+1) - \tau_{\nu-\mu-2}(z+1)[x_\nu(s) - x_\nu(z+1)]$$

$$= \gamma(\mu+2)\sigma(s) - \tau_\nu(s)[x_{\nu-\mu-2}(s) - x_{\nu-\mu-2}(z+1)]$$

$$+\kappa_{2\nu-\mu-1}[x_\nu(s) - x_\nu(z+1)][x_\nu(s) - x_\nu(z-\mu-1)]. \tag{3.5.15}$$

将 (3.5.15) 代入 (3.5.14), 则有

$$\gamma(\mu+1)\oint_C \frac{\rho_\nu(s)\nabla x_{\nu+1}(s)}{[x_\nu(s)-x_\nu(z+1)]^{(\mu+3)}}\{\gamma(\mu+2)\sigma(s)$$
$$-\tau_\nu(s)[x_{\nu-\mu-2}(s)-x_{\nu-\mu-2}(z+1)]$$
$$+\kappa_{2\nu-\mu-1}[x_\nu(s)-x_\nu(z+1)][x_\nu(s)-x_\nu(z-\mu-1)]\}ds$$
$$+\lambda^*_{\nu-\mu}\oint_C \frac{\rho_\nu(s)\nabla x_{\nu+1}(s)}{[x_\nu(s)-x_\nu(z)]^{(\mu+1)}}ds$$
$$=0. \tag{3.5.16}$$

利用命题 3.2.8 , 可得

$$[x_\nu(s)-x_\nu(z+1)]^{(\mu+3)}$$
$$=[x_{\nu-\mu-2}(s)-x_{\nu-\mu-2}(z+1)][x_{\nu-1}(s+1)-x_{\nu-1}(z+1)]^{(\mu+2)},$$
$$[x_\nu(s)-x_\nu(z+1)]^{(\mu+3)}$$
$$=[x_\nu(s)-x_\nu(z+1)][x_\nu(s)-x_\nu(z)]^{(\mu+2)}$$
$$=[x_\nu(s)-x_\nu(z+1)][x_\nu(s)-x_\nu(z-\mu-1)][x_\nu(s)-x_\nu(z)]^{(\mu+1)},$$

因此, 我们有

$$\gamma(\mu+2)\gamma(\mu+1)\oint_C \frac{\sigma(s)\rho_\nu(s)\nabla x_{\nu+1}(s)}{[x_\nu(s)-x_\nu(z+1)]^{(\mu+3)}}ds$$
$$-\gamma(\mu+1)\oint_C \frac{\tau_\nu(z)\rho_\nu(s)\nabla x_{\nu+1}(s)}{[x_{\nu-1}(s+1)-x_{\nu-1}(z+1)]^{(\mu+2)}}ds$$
$$+[\lambda^*_{\nu-\mu}+\kappa_{2\nu-\mu-1}\gamma(\mu+1)]\oint_C \frac{\rho_\nu(s)\nabla x_{\nu+1}(s)}{[x_\nu(s)-x_\nu(z)]^{(\mu+1)}}ds$$
$$=0. \tag{3.5.17}$$

由于

$$\Delta_s[u(s)v(s)]=u(s)\Delta_s[v(s)]+v(s+1)\Delta_s[u(s)], \tag{3.5.18}$$

这里

$$u(s)=\sigma(z)\rho_\nu(s), v(s)=\frac{1}{[x_{\nu-1}(s)-x_{\nu-1}(z+1)]^{(\mu+2)}},$$

那么我们可得

$$-\gamma(\mu+1)\oint_C \sigma(z)\rho_\nu(s)\Delta_s\left\{\frac{1}{[x_{\nu-1}(s)-x_{\nu-1}(z+1)]^{(\mu+2)}}\right\}ds$$

$$-\gamma(\mu+1)\oint_C \frac{\tau_\nu(s)\rho_\nu(s)\nabla x_{\nu+1}(s)}{[x_{\nu-1}(s+1)-x_{\nu-1}(z+1)]^{(\mu+2)}}ds$$

$$+[\lambda^*_{\nu-\mu}+\kappa_{2\nu-\mu-1}\gamma(\mu+1)]\oint_C \frac{\rho_\nu(s)\nabla x_{\nu+1}(s)}{[x_\nu(s)-x_\nu(z)]^{(\mu+1)}}ds$$

$$=0. \tag{3.5.19}$$

此即

$$-\gamma(\mu+1)\oint_C \Delta_s\left\{\frac{\sigma(s)\rho_\nu(s)}{[x_{\nu-1}(s)-x_{\nu-1}(z+1)]^{(\mu+2)}}\right\}ds$$

$$+\gamma(\mu+1)\oint_C \frac{\Delta_s[\sigma(s)\rho_\nu(s)]}{[x_{\nu-1}(s+1)-x_{\nu-1}(z+1)]^{(\mu+2)}}ds$$

$$-\gamma(\mu+1)\oint_C \frac{\tau_\nu(s)\rho_\nu(s)\nabla x_{\nu+1}(s)}{[x_{\nu-1}(s+1)-x_{\nu-1}(z+1)]^{(\mu+2)}}ds$$

$$+[\lambda^*_{\nu-\mu}+\kappa_{2\nu-\mu-1}\gamma(\mu+1)]\oint_C \frac{\rho_\nu(s)\nabla x_{\nu+1}(s)}{[x_\nu(s)-x_\nu(z)]^{(\mu+1)}}ds$$

$$=0, \tag{3.5.20}$$

因此, 在条件

$$\oint_C \Delta_s\left\{\frac{\sigma(s)\rho_\nu(s)}{[x_{\nu-1}(s)-x_{\nu-1}(z+1)]^{(\mu+2)}}\right\}ds=0$$

之下可得

$$\gamma(\mu+1)\oint_C \frac{\Delta_s[\sigma(s)\rho_\nu(s)]-\tau_\nu(s)\rho_\nu(s)\nabla x_{\nu+1}(s)}{[x_{\nu-1}(s+1)-x_{\nu-1}(z+1)]^{(\mu+2)}}ds$$

$$+[\lambda^*_{\nu-\mu}+\kappa_{2\nu-\mu-1}\gamma(\mu+1)]\oint_C \frac{\rho_\nu(s)\nabla x_{\nu+1}(s)}{[x_\nu(s)-x_\nu(z)]^{(\mu+1)}}ds$$

$$=0, \tag{3.5.21}$$

如果 $\rho_\nu(z)$ 满足

$$\frac{\Delta_s(\sigma(s)\rho_\nu(s))}{\nabla x_{\nu+1}(s)}=\tau_\nu(s)\rho_\nu(s), \tag{3.5.22}$$

并且 μ,ν 是下列方程的根

$$\lambda^*_{\nu-\mu}+\kappa_{2\nu-\mu-1}\gamma(\mu+1)=0, \tag{3.5.23}$$

那么方程 (3.5.1) 有形式如 (3.5.11) 的特解, 定理证毕.

最后, 如果令 $\mu=\nu$, 那么从方程 (3.4.24), $\lambda^*=\lambda-\kappa_{-1}$, 我们可以得到伴随方程 (3.4.38) 的特解形式.

定理 3.5.2 在一类非一致格子 $x = x(z)$ 中, 伴随方程

$$\sigma(z+1)\frac{\Delta}{\Delta x_{-1}(z)}\left(\frac{\nabla y(z)}{\nabla x(z)}\right) - \tau_{-2}(z+1)\frac{\nabla y(z)}{\nabla x(z)} + \lambda^* y(z) = 0 \qquad (3.5.24)$$

具有如下形式的特解

$$y(z) = \sum_{s=a}^{b-1}\frac{\rho_\nu(s)\nabla x_{\nu+1}(s)}{[x_\nu(s) - x_\nu(z)]^{(\nu+1)}},$$

或者具有形如下式的特解

$$y(z) = \oint_C \frac{\rho_\nu(s)\nabla x_{\nu+1}(s)ds}{[x_\nu(s) - x_\nu(z)]^{(\nu+1)}},$$

这里 C 是复 s-平面上的一条围线, 且 $x_\nu(s) = x\left(s + \frac{1}{2}\right)$, 如果

i) 函数 $\rho_\gamma(z)$ 满足

$$\frac{\Delta}{\nabla x_{\nu+1}(z)}[\sigma(z)\rho_\nu(z)] = \tau_\nu(z)\rho_\nu(z); \qquad (3.5.25)$$

ii) ν 满足

$$\lambda^* + \kappa_{\nu-1}\gamma(\nu+1) = 0; \qquad (3.5.26)$$

iii) 下列函数

$$\phi_{\nu\nu}(z) = \sum_{s=a}^{b-1}\frac{\rho_\nu(s)\nabla x_{\nu+1}(s)}{[x_\nu(s) - x_\nu(z)]^{(\nu+1)}}, \qquad (3.5.27)$$

或者

$$\phi_{\nu\nu}(z) = \oint_C \frac{\rho_\nu(s)\nabla x_{\nu+1}(s)ds}{[x_\nu(s) - x_\nu(z)]^{(\nu+1)}} \qquad (3.5.28)$$

的差商, 可以由以下公式

$$\frac{\nabla\phi_{\nu\nu}(z)}{\nabla x(z)} = \gamma(\nu+1)\phi_{\nu,\nu+1}(z) \qquad (3.5.29)$$

来计算;

iv) 下面的方程成立

$$\psi_{\nu\nu}(a, z) = \psi_{\nu\nu}(b, z), \quad \oint_C \Delta_s\psi_{\nu\nu}(s, z)ds = 0 \qquad (3.5.30)$$

这里

$$\psi_{\nu\nu}(s, z) = \frac{\sigma(s)\rho_\nu(s)}{[x_{\nu-1}(s) - x_{\nu-1}(z+1)]^{(\nu+1)}}. \qquad (3.5.31)$$

3.6　一 些 应 用

我们必须指出, 非一致格子上超几何差分方程的伴随方程是具有独立研究意义的, 一旦知道伴随方程的特解, 我们就完全可以借助于命题 3.4.3 和定理 3.5.2 等, 从而建立原超几何方程的解. 例如, 我们可以立即得到下面的重要推论.

推论 3.6.1　在定理 3.5.1 的假设条件下, 方程

$$\sigma(z)\frac{\Delta}{\Delta x_{\nu-\mu-1}(z)}\left(\frac{\nabla y(z)}{\Delta x_{\nu-\mu}(z)}\right) + \tau_{\nu-\mu}(z)\frac{\Delta y(z)}{\Delta x_{\nu-\mu}(z)} + \lambda y(z) = 0 \qquad (3.6.1)$$

有如下形式的特解

$$y(z) = \frac{1}{\rho_{\nu-\mu}(z)}\sum_{s=a}^{b-1}\frac{\rho_\nu(s)\nabla x_{\nu+1}(s)}{[x_\nu(s)-x_\nu(z)]^{(\mu+1)}}, \qquad (3.6.2)$$

也有如下形式的特解

$$y(z) = \frac{1}{\rho_{\nu-\mu}(z)}\oint_C\frac{\rho_\nu(s)\nabla x_{\nu+1}(s)ds}{[x_\nu(s)-x_\nu(z)]^{(\mu+1)}}, \qquad (3.6.3)$$

这里 $\rho(z), \rho_\nu(z)$ 满足

$$\frac{\Delta(\sigma(z)\rho(z))}{\nabla x_1(z)} = \tau(z)\rho(z), \quad \frac{\Delta(\sigma(z)\rho_\nu(z))}{\nabla x_{\nu+1}(z)} = \tau_\nu(z)\rho_\nu(z),$$

并且 ν, μ 是下面方程的根

$$\lambda + \kappa_{2\nu-\mu}\gamma(\mu) = 0.$$

注 3.6.2　上一行式子成立是因为, 按照等式 (3.4.25), 方程 (3.5.5) 等价于

$$0 = \lambda^*_{\nu-\mu} + \kappa_{2\nu-(\mu+1)}\gamma(\mu+1)$$
$$= \lambda - \kappa_{2\nu-2\mu-1} + \kappa_{2\nu-(\mu+1)}\gamma(\mu+1) = \lambda + \kappa_{2\nu-\mu}\gamma(\mu).$$

注意到在推论 3.6.1 中, 如果令 $\mu = \nu$, 那么方程 (3.6.1) 就退化为方程 (3.2.2). 因此, 我们得到下面著名的 Suslov 定理. 但我们的证明思想显然与 Suslov 不同, 此处我们是通过深入研究伴随方程及其解公式这个有效途径而建立的.

推论 3.6.3 (参见定理 3.2.9)　令 $\mu = \nu$, 在定理 3.5.1 的假设条件下, 方程

$$\sigma(z)\frac{\Delta}{\Delta x_{-1}(z)}\left(\frac{\nabla y(z)}{\Delta x_0(z)}\right) + \tau(z)\frac{\Delta y(z)}{\Delta x_0(z)} + \lambda y(z) = 0 \qquad (3.6.4)$$

有如下形式的特解

$$y(z) = \frac{1}{\rho(z)} \sum_{s=a}^{b-1} \frac{\rho_\nu(s)\nabla x_{\nu+1}(s)}{[x_\nu(s) - x_\nu(z)]^{(\nu+1)}}, \tag{3.6.5}$$

或者具有如下形式的特解

$$y(z) = \frac{1}{\rho(z)} \oint_C \frac{\rho_\nu(s)\nabla x_{\nu+1}(s)ds}{[x_\nu(s) - x_\nu(z)]^{(\nu+1)}}, \tag{3.6.6}$$

这里 $\rho(z), \rho_\nu(z)$ 满足

$$\frac{\Delta(\sigma(z)\rho(z))}{\nabla x_1(z)} = \tau(z)\rho(z), \quad \frac{\Delta(\sigma(z)\rho_\nu(z))}{\nabla x_{\nu+1}(z)} = \tau_\nu(z)\rho_\nu(z),$$

并且 ν 是以下方程的根

$$\lambda + \kappa_\nu \gamma(\nu) = 0.$$

推论 3.6.4 在一类非一致格子 $x = x(z)$ 中, 非一致格子上超几何差分方程

$$\sigma(z) \frac{\Delta}{\Delta x_{\nu-\mu-1}(z)} \left(\frac{\nabla y(z)}{\nabla x_{\nu-\mu}(z)} \right) - \tau_{\nu-\mu}(z) \frac{\nabla y(z)}{\nabla x_{\nu-\mu}(z)} + \tilde\lambda y(z) = 0 \quad (\tilde\lambda \in \mathbb{R}) \tag{3.6.7}$$

有如下形式的特解

$$y(z) = \sum_{s=a}^{b-1} \frac{\rho_\nu(s)\nabla x_{\nu+1}(s)}{[x_\nu(s) - x_\nu(z-1)]^{(\mu-1)}}, \tag{3.6.8}$$

且有如下形式的特解

$$y(z) = \oint_C \frac{\rho_\nu(s)\nabla x_{\nu+1}(s)ds}{[x_\nu(s) - x_\nu(z-1)]^{(\mu-1)}}, \tag{3.6.9}$$

这里 a,b 是具有相同虚部的复数, C 是复 s-平面中的一条围线, 并且 $x_\nu(s) = x\left(s+\frac{1}{2}\right)$, 如果

i) 函数 $\rho_\gamma(z)$ 满足

$$\frac{\Delta}{\nabla x_{\nu+1}(z)}[\sigma(z)\rho_\nu(z)] = \tau_\nu(z)\rho_\nu(z); \tag{3.6.10}$$

ii) μ, ν 满足

$$\tilde\lambda + \kappa_{2\nu-(\mu-1)}\gamma(\mu-1) = 0; \tag{3.6.11}$$

iii) 下列函数

$$\phi_{\nu\mu}(z) = \sum_{s=a}^{b-1} \frac{\rho_\nu(s)\nabla x_{\nu+1}(s)}{[x_\nu(s) - x_\nu(z-1)]^{(\mu-1)}}, \tag{3.6.12}$$

或者

$$\phi_{\nu\mu}(z) = \oint_C \frac{\rho_\nu(s)\nabla x_{\nu+1}(s)ds}{[x_\nu(s) - x_\nu(z-1)]^{(\mu-1)}} \tag{3.6.13}$$

的差商可以由下式

$$\frac{\nabla\phi_{\nu\mu}(z)}{\nabla x_{\nu-\mu}(z)} = \gamma(\mu-1)\phi_{\nu,\mu+1}(z) \tag{3.6.14}$$

来计算;

iv) 下面的等式成立

$$\psi_{\nu\mu}(a,z) = \psi_{\nu\mu}(b,z), \quad \oint_C \Delta_s \psi_{\nu\mu}(s,z)dz = 0, \tag{3.6.15}$$

这里

$$\psi_{\nu\mu}(s,z) = \frac{\sigma(s)\rho_\nu(s)}{[x_{\nu-1}(s) - x_{\nu-1}(z)]^{(\mu)}}. \tag{3.6.16}$$

证明　方程 (3.6.7) 可被改写成

$$\sigma(z)\frac{\Delta}{\Delta x_{\nu-\mu+1}(z-1)}\left(\frac{\nabla y(z)}{\nabla x_{\nu-\mu+2}(z-1)}\right)$$
$$- \tau_{\nu-\mu}(z)\frac{\nabla y(z)}{\nabla x_{\nu-\mu+2}(z-1)} + \tilde{\lambda}y(z) = 0 \quad (\tilde{\lambda} \in \mathbb{R}).$$

令 $y(z) = \tilde{y}(z-1)$, $\mu = \tilde{\mu} + 2$, 这导出

$$\sigma(z)\frac{\Delta}{\Delta x_{\nu-\tilde{\mu}-1}(z-1)}\left(\frac{\nabla\tilde{y}(z-1)}{\nabla x_{\nu-\tilde{\mu}}(z-1)}\right) - \tau_{\nu-\tilde{\mu}-2}(z)\frac{\nabla\tilde{y}(z-1)}{\nabla x_{\nu-\tilde{\mu}}(z-1)} + \tilde{\lambda}\tilde{y}(z-1) = 0. \tag{3.6.17}$$

方程 (3.6.17) 等价于

$$\sigma(z+1)\frac{\Delta}{\Delta x_{\nu-\tilde{\mu}-1}(z)}\left(\frac{\nabla\tilde{y}(z)}{\nabla x_{\nu-\tilde{\mu}}(z)}\right) - \tau_{\nu-\tilde{\mu}-2}(z+1)\frac{\nabla\tilde{y}(z)}{\nabla x_{\nu-\tilde{\mu}}(z)} + \tilde{\lambda}\tilde{y}(z) = 0. \tag{3.6.18}$$

由定理 3.5.1, 我们知道, 方程 (3.6.18) 如下形式的特解:

$$\tilde{y}(z) = \sum_{s=a}^{b-1} \frac{\rho_\nu(s)\nabla x_{\nu+1}(s)}{[x_\nu(s) - x_\nu(z)]^{(\tilde{\mu}+1)}} = \sum_{s=a}^{b-1} \frac{\rho_\nu(s)\nabla x_{\nu+1}(s)}{[x_\nu(s) - x_\nu(z)]^{(\mu-1)}},$$

且

$$\tilde{y}(z) = \oint_C \frac{\rho_\nu(s)\nabla x_{\nu+1}(s)ds}{[x_\nu(s) - x_\nu(z)]^{(\tilde{\mu}+1)}} = \oint_C \frac{\rho_\nu(s)\nabla x_{\nu+1}(s)ds}{[x_\nu(s) - x_\nu(z)]^{(\mu-1)}}.$$

因此, 我们得到方程 (3.6.7) 如下形式的特解:

$$y(z) = \tilde{y}(z-1) = \sum_{s=a}^{b-1} \frac{\rho_\nu(s)\nabla x_{\nu+1}(s)}{[x_\nu(s) - x_\nu(z-1)]^{(\mu-1)}},$$

且

$$y(z) = \tilde{y}(z-1) = \oint_C \frac{\rho_\nu(s)\nabla x_{\nu+1}(s)ds}{[x_\nu(s) - x_\nu(z-1)]^{(\mu-1)}}.$$

推论 3.6.4 证毕.

推论 3.6.5 令 $\mu = \nu$, 在推论 3.6.4 的假设下, 方程

$$\sigma(z)\frac{\Delta}{\Delta x_{-1}(z)}\left(\frac{\nabla y(z)}{\nabla x_0(z)}\right) - \tau(z)\frac{\nabla y(z)}{\nabla x_0(z)} + \tilde{\lambda}y(z) = 0 \quad (\tilde{\lambda} \in \mathbb{R}) \tag{3.6.19}$$

有以下形式的特解

$$y(z) = \sum_{s=a}^{b-1} \frac{\rho_\nu(s)\nabla x_{\nu+1}(s)}{[x_\nu(s) - x_\nu(z-1)]^{(\nu-1)}}, \tag{3.6.20}$$

且有以下形式的特解

$$y(z) = \oint_C \frac{\rho_\nu(s)\nabla x_{\nu+1}(s)ds}{[x_\nu(s) - x_\nu(z-1)]^{(\nu-1)}}, \tag{3.6.21}$$

这里 a,b 是具有相同虚部的复数, C 是复 s-平面上的一条围线, 且 $x_\nu(s) = x\left(s + \frac{1}{2}\right)$, 如果

i) 函数 $\rho_\gamma(z)$ 满足

$$\frac{\Delta}{\nabla x_{\nu+1}(z)}[\sigma(z)\rho_\nu(z)] = \tau_\nu(z)\rho_\nu(z); \tag{3.6.22}$$

ii) ν 满足

$$\tilde{\lambda} + \kappa_{\nu+1}\gamma(\nu-1) = 0. \tag{3.6.23}$$

最后我们简单提及一下, 按照定义 3.2.7, 如果我们应用下列恒等式

$$[x_\nu(s) - x_\nu(z)]^{(-\mu)} \cdot [x_\nu(s) - x_\nu(z+\mu)]^{(\mu)} = 1, \tag{3.6.24}$$

并且我们定义另外一种新的广义指数函数 $[x_\nu(s) - x_\nu(z)]_{(\mu)}$ 为

$$[x_\nu(s) - x_\nu(z)]_{(\mu)} = [x_\nu(s) - x_\nu(z + \mu - 1)]^{(\mu)}, \qquad (3.6.25)$$

那么容易得到

$$[x_\nu(s) - x_\nu(z)]_{(\mu)} = \frac{1}{[x_\nu(s) - x_\nu(z - 1)]^{(-\mu)}}. \qquad (3.6.26)$$

现在, 利用推论 3.6.4, 我们可以直接得到:

推论 3.6.6 在一类非一致格子函数 $x = x(z)$ 中, 非一致格子上超几何差分方程

$$\sigma(z) \frac{\Delta}{\Delta x_{\nu+\mu-1}(z)} \left(\frac{\nabla y(z)}{\nabla x_{\nu+\mu}(z)} \right) - \tau_{\nu+\mu}(z) \frac{\nabla y(z)}{\nabla x_{\nu+\mu}(z)} + \tilde{\lambda} y(z) = 0 \quad (\tilde{\lambda} \in \mathbb{R})$$
$$(3.6.27)$$

有如下形式的特解

$$y(z) = \sum_{s=a}^{b-1} [x_\nu(s) - x_\nu(z)]_{(\mu+1)} \rho_\nu(s) \nabla x_{\nu+1}(s), \qquad (3.6.28)$$

且有如下形式的特解

$$y(z) = \oint_C [x_\nu(s) - x_\nu(z)]_{(\mu+1)} \rho_\nu(s) \nabla x_{\nu+1}(s) ds, \qquad (3.6.29)$$

这里 a, b 是具有相同虚部的复数, C 是复 s-平面上的一条围线, 且 $x_\nu(s) = x\left(s + \dfrac{1}{2}\right)$, 如果

i) 函数 $\rho_\gamma(z)$ 满足

$$\frac{\Delta}{\nabla x_{\nu+1}(z)} [\sigma(z) \rho_\nu(z)] = \tau_\nu(z) \rho_\nu(z); \qquad (3.6.30)$$

ii) μ, ν 满足

$$\tilde{\lambda} - \kappa_{2\nu+\mu+1} \gamma(\mu + 1) = 0; \qquad (3.6.31)$$

iii) 下列函数

$$\phi_{\nu\mu}(z) = \sum_{s=a}^{b-1} [x_\nu(s) - x_\nu(z)]_{(\mu+1)} \rho_\nu(s) \nabla x_{\nu+1}(s), \qquad (3.6.32)$$

或者

$$\phi_{\nu\mu}(z) = \oint_C [x_\nu(s) - x_\nu(z)]_{(\mu+1)} \rho_\nu(s) \nabla x_{\nu+1}(s) ds \qquad (3.6.33)$$

的差商可以由以下公式

$$\frac{\nabla \phi_{\nu\mu}(z)}{\nabla x_{\nu+\mu}(z)} = -\gamma(\mu+1)\phi_{\nu,\mu-1}(z) \qquad (3.6.34)$$

来计算;

iv) 下面等式成立

$$\psi_{\nu\mu}(a,z) = \psi_{\nu\mu}(b,z), \quad \oint_C \Delta_s \psi_{\nu\mu}(s,z)dz = 0, \qquad (3.6.35)$$

这里

$$\psi_{\nu\mu}(s,z) = [x_{\nu-1}(s) - x_{\nu-1}(z+1)]_{(\mu)}\sigma(s)\rho_\nu(s). \qquad (3.6.36)$$

注 3.6.7 我们应该指出, 推论 3.6.6 也可以像定理 3.3.1 的证明那样, 采取相同的 Euler 积分变换方法来证明, 同时我们就要利用 (3.6.25) 中新广义函数 $[x_\nu(s) - x_\nu(z)]_{(\mu)}$ 的一些基本性质, 它满足以下的等式:

$$[x_\nu(s) - x_\nu(z)][x_\nu(s) - x_\nu(z+1)]_{(\mu)} = [x_\nu(s) - x_\nu(z)]_{(\mu)}[x_\nu(s) - x_\nu(z+\mu)]$$
$$= [x_\nu(s) - x_\nu(z)]_{(\mu+1)}; \qquad (3.6.37)$$

$$[x_{\nu+1}(s-1) - x_{\nu+1}(z)]_{(\mu)}[x_{\nu+\mu}(s) - x_{\nu+\mu}(z)]$$
$$= [x_{\nu+\mu}(s-\mu) - x_{\nu+\mu}(z)][x_{\nu+1}(s) - x_{\nu+1}(z)]_{(\mu)}$$
$$= [x_\nu(s) - x_\nu(z)]_{(\mu+1)}; \qquad (3.6.38)$$

$$\frac{\nabla_z}{\nabla x_{\nu+\mu-1}(z)}[x_\nu(s) - x_\nu(z)]_{(\mu)} = -\frac{\Delta_s}{\Delta x_{\nu-1}(z)}[x_{\nu-1}(s) - x_{\nu-1}(z)]_{(\mu)}$$
$$= -\gamma(\mu)[x_\nu(s) - x_\nu(z)]_{(\mu-1)}; \qquad (3.6.39)$$

$$\frac{\Delta_z}{\Delta x_{\nu+\mu-1}(z)}\left\{\frac{1}{[x_\nu(s) - x_\nu(z)]_{(\mu)}}\right\} = -\frac{\nabla_s}{\nabla x_{\nu+1}(z)}\left\{\frac{1}{[x_{\nu+1}(s) - x_{\nu+1}(z)]_{(\mu)}}\right\}$$
$$= \frac{\gamma(\mu)}{[x_\nu(s) - x_\nu(z)]_{(\mu+1)}}. \qquad (3.6.40)$$

以上基本公式可以从命题 3.2.8 以及 (3.6.25) 直接得到证实, 此处证明从略. 它们的详细证明将放在第 4 章, 在那里我们将得到新广义函数 $[x_\nu(s) - x_\nu(z)]_{(\mu)}$ 的重要运用.

3.7　结　　论

本章我们分别用两种不同的方法, 得到非一致格子上超几何差分方程 (也称之为 Nikiforov-Uvarov-Suslov 型超几何差分方程) 的两个不同的基本解公式. 第一种是, 我们通过一种广义 Euler 积分变换方法, 得到了关于 Nikiforov-Uvarov-Suslov 型超几何差分方程一个新的基本解定理, 该定理给出的解包含了著名的 Askey-Wilson 正交多项式作为它的特殊情况. 另外一种是, 我们通过一种内积方法, 建立了 Nikiforov-Uvarov-Suslov 型超几何差分方程的伴随方程, 证明了它仍然是超几何差分方程, 并且用广义 Euler 积分变换法, 得到它的一个基本解定理. 之后作为一个直接推论, 我们利用伴随方程的解公式, 得到了原 Nikiforov-Uvarov-Suslov 型超几何差分方程另一个基本解定理, 这就是著名的 Suslov 定理.

第 4 章　第二型非一致格子上的超几何差分方程的解

在第 1~3 章中, 我们主要研究了第一型非一致格子上超几何差分方程的解. 本章中, 我们要分析研究第二型非一致格子上超几何差分方程的解. 将通过新引入一种向下广义幂函数, 采用广义 Euler 积分变换方法, 求解出 Nikiforov-Uvarov-Suslov 第二型复差分方程一种基本定理. 还要求出关于 Nikiforov-Uvarov-Suslov 第二型方程的伴随方程, 并证明它仍然是非一致格子上的超几何型差分方程并求出其基本解公式. 作为伴随方程求解公式的一个应用, 我们将用它得到原来方程的解, 这就给出了 Nikiforov-Uvarov-Suslov 第二型方程另一种基本解定理.

4.1　第二型非一致格子上的超几何差分方程

对于超几何微分方程:

$$\tilde{\sigma}(z)y''(z) + \tilde{\tau}(z)y'(z) + \lambda y(z) = 0$$

(这里 $\tilde{\sigma}(z)$ 和 $\tilde{\tau}(z)$ 是关于 z 的至多二阶和一阶多项式) 的逼近或离散化, 其最一般的差分方程形式为

$$
\begin{aligned}
&\tilde{\sigma}[x(z)]\frac{\nabla}{\nabla x(z+1/2)}\left[\frac{\Delta y(z)}{\Delta x(z)}\right] \\
&+ \frac{\tilde{\tau}[x(z)]}{2}\left[\frac{\Delta y(z)}{\Delta x(z)} + \frac{\nabla y(z)}{\nabla x(z)}\right] + \lambda y(z) \\
&= 0,
\end{aligned}
\tag{4.1.1}
$$

这里 $\tilde{\sigma}[x(z)]$ 和 $\tilde{\tau}[x(z)]$ 是关于 $x(z)$ 的至多二阶和一阶多项式.

利用等式

$$\frac{1}{2}\left[\frac{\Delta y(z)}{\Delta x(z)} + \frac{\nabla y(z)}{\nabla x(z)}\right] \pm \frac{1}{2}\Delta\left[\frac{\nabla y(z)}{\nabla x(z)}\right] = \left\{\frac{\Delta y(z)}{\Delta x(z)}; \frac{\nabla y(z)}{\nabla x(z)}\right\}.$$

我们可以将方程 (4.1.1) 化为

$$\sigma(z)\frac{\nabla}{\nabla x(z+1/2)}\left[\frac{\Delta y(z)}{\Delta x(z)}\right] + \tau(z)\frac{\Delta y(z)}{\Delta x(z)} + \lambda y(z) = 0, \tag{4.1.2}$$

这里

$$\sigma(z) = \widetilde{\sigma}[x(z)] - \frac{1}{2}\widetilde{\tau}[x(z)]\nabla x_1(z),\tag{4.1.3}$$

$$\tau(z) = \widetilde{\tau}[x(z)].\tag{4.1.4}$$

或者

$$\Sigma(z)\frac{\nabla}{\nabla x(z+1/2)}\left[\frac{\Delta y(z)}{\Delta x(z)}\right] + \tau(z)\frac{\nabla y(z)}{\nabla x(z)} + \lambda y(z) = 0,\tag{4.1.5}$$

这里

$$\Sigma(z) = \widetilde{\sigma}[x(z)] + \frac{1}{2}\widetilde{\tau}[x(z)]\nabla x_1(z),\tag{4.1.6}$$

$$\tau(z) = \widetilde{\tau}[x(z)].\tag{4.1.7}$$

我们称 (4.1.2) 为第一型差分方程, (4.1.5) 为第二型差分方程.

对于第一型超几何差分方程, 我们已经在第 1~3 章做了较为详细的分析介绍. 考虑到在超几何差分方程理论中, 第二型超几何方程也是具有同样重要地位的一类方程, 它的解函数能够带来不同的特殊函数, 因此本章要专门研究第二型超几何差分方程.

接下来一个特别重要的问题是: 当函数 $x(z)$ 满足什么条件时, 方程 (4.1.5) 也具有与之前讨论的超几何方程所特有的基本性质, 即差商

$$\upsilon_1(z) = \frac{\nabla y(z)}{\nabla x(z)}$$

满足一个与方程 (4.1.1) 相同类型的方程:

$$\begin{aligned}&\widetilde{\sigma_{-1}}[x_{-1}(z)]\frac{\nabla}{\nabla x_{-1}(z+1/2)}\left[\frac{\Delta\upsilon_1(z)}{\Delta x_{-1}(z)}\right]\\&+ \frac{\widetilde{\tau_{-1}}[x_{-1}(z)]}{2}\left[\frac{\Delta\upsilon_1(z)}{\Delta x_{-1}(z)} + \frac{\nabla\upsilon_1(z)}{\nabla x_{-1}(z)}\right] + \mu_1\upsilon_1(z)\\&= 0,\end{aligned}\tag{4.1.8}$$

这里 $x_{-1}(z) = x(z-\frac{1}{2})$, 且 $\widetilde{\sigma_{-1}}[x_{-1}(z)]$ 和 $\widetilde{\tau_{-1}}[x_{-1}(z)]$ 是关于 $x_{-1}(z)$ 的至多二阶和一阶多项式.

4.1.1　第二型非一致格子超几何方程的定义

容易知道下面的关系式

$$\nabla[f(z)g(z)] = \frac{g(z-1)+g(z)}{2}\nabla f(z) + \frac{f(z-1)+f(z)}{2}\nabla g(z)$$

成立. 让我们对方程 (4.1.1) 两边方程进行差商算子 $\nabla/\nabla x(z)$ 运算.

由于
$$\frac{\nabla}{\nabla x(z+1/2)}\left[\frac{\Delta y(z)}{\Delta x(z)}\right] = \frac{\Delta v_1(z)}{\Delta x_{-1}(z)},$$

对 (4.1.1) 第一项差商算子 $\nabla/\nabla x(z)$, 产生

$$\frac{\nabla}{\nabla x(z)}\left\{\widetilde{\sigma}[x(z)]\frac{\Delta v_1(z)}{\Delta x_{-1}(z)}\right. = \frac{1}{2}\left[\frac{\Delta v_1(z)}{\Delta x_{-1}(z)} + \frac{\nabla v_1(z)}{\nabla x_{-1}(z)}\right]\frac{\nabla\widetilde{\sigma}[x(z)]}{\nabla x(z)} + \frac{1}{2}\{\widetilde{\sigma}[x(z-1)]$$
$$\left. + \widetilde{\sigma}[x(z)]\}\frac{\nabla}{\nabla x_{-1}(z+1/2)}\left[\frac{\Delta v_1(z)}{\Delta x_{-1}(z)}\right]. \right. \tag{4.1.9}$$

如果我们要求函数
$$\frac{\nabla\widetilde{\sigma}[x(z)]}{\nabla x(z)}, \quad \frac{1}{2}\{\widetilde{\sigma}[x(z-1)] + \widetilde{\sigma}[x(z)]\} \tag{4.1.10}$$

相应地分别为关于 $x_{-1}(z)$ 的至多一阶和二阶多项式, 那么我们所得到的式 (4.1.9) 将与方程 (4.1.8) 的左边类似.

由于
$$\frac{\nabla}{\nabla x(z)}x^2(z) = x(z-1) + x(z),$$

因此, 如果函数
$$x(z-1) + x(z) \quad 和 \quad x^2(z-1) + x^2(z)$$

分别是关于 $x_{-1}(z)$ 的一阶和二阶多项式, 那么条件 (4.1.9) 就可以满足.

以下我们证明: 如果 $x(z)$ 满足所需条件, 那么对 (4.1.1) 两边作算子 $\nabla/\nabla x(z)$, 将会得到完全同型的方程 (4.1.8).

事实上, 对方程 (4.1.1) 余下的两项作算子 $\Delta/\Delta x(z)$, 可得

$$\frac{\nabla}{\nabla x(z)}[\lambda y(z)] = \lambda v_1(z),$$

$$\frac{\nabla}{\nabla x(z)}\left\{\widetilde{\tau}[x(z)]\left[\frac{\Delta y(z)}{\Delta x(z)} + \frac{\nabla y(z)}{\nabla x(z)}\right]\right\}$$
$$= \frac{\nabla}{\nabla x(z)}\{\widetilde{\tau}[x(z)][v_1(z) + v_1(z+1)]\}$$
$$= \frac{1}{2}[v_1(z+1) + 2v_1(z) + v_1(z-1)]\frac{\nabla\widetilde{\tau}[x(z)]}{\nabla x(z)}$$
$$+ \frac{\widetilde{\tau}[x(z-1)] + \widetilde{\tau}[x(z)]}{2}\frac{\Delta v_1(z) + \nabla v_1(z)}{\Delta x(z)}.$$

现在我们的目的是: 将函数

$$\frac{1}{2}[v_1(z-1) + 2v_1(z) + v_1(z+1)], \quad \frac{\Delta v_1(z) + \nabla v_1(z)}{\Delta x(z)}$$

用以下差商

$$\frac{\nabla}{\nabla x_{-1}(z+1/2)}\left[\frac{\nabla v_1(z)}{\nabla x_{-1}(z)}\right], \quad \frac{1}{2}\left[\frac{\Delta v_1(z)}{\Delta x_{-1}(z)} + \frac{\nabla v_1(z)}{\nabla x_{-1}(z)}\right]$$

来表示, 它们皆出现在方程 (4.1.8) 中.

为此, 应用恒等式

$$\frac{1}{2}\left[\frac{\Delta v_1(z)}{\Delta x_{-1}(z)} + \frac{\nabla v_1(z)}{\nabla x_{-1}(z)}\right] \pm \frac{1}{2}\Delta\left[\frac{\nabla v_1(z)}{\nabla x_{-1}(z)}\right] = \left\{\frac{\Delta v_1(z)}{\Delta x_{-1}(z)}; \frac{\nabla v_1(z)}{\nabla x_{-1}(z)}\right\},$$

有

$$\Delta v_1(z) = \Delta x_{-1}(z)\left\{\frac{1}{2}\left[\frac{\Delta v_1(z)}{\Delta x_{-1}(z)} + \frac{\nabla v_1(z)}{\nabla x_{-1}(z)}\right]\right.$$
$$\left. + \frac{\Delta x(z)}{2}\frac{\nabla}{\nabla x_{-1}(z+1/2)}\left[\frac{\nabla v_1(z)}{\nabla x_{-1}(z)}\right]\right\},$$

以及

$$\nabla v_1(z) = \nabla x_{-1}(z)\left\{\frac{1}{2}\left[\frac{\Delta v_1(z)}{\Delta x_{-1}(z)} + \frac{\nabla v_1(z)}{\nabla x_{-1}(z)}\right]\right.$$
$$\left. - \frac{\Delta x(z)}{2}\frac{\nabla}{\nabla x_{-1}(z+1/2)}\left[\frac{\nabla v_1(z)}{\nabla x_{-1}(z)}\right]\right\},$$

$$v_1(z+1) + 2v_1(z) + v_1(z-1) = \Delta v_1(z) - \nabla v_1(z) + 4v_1(z).$$

因此我们得到方程

$$\widetilde{\sigma_{-1}}(z)\frac{\nabla}{\nabla x_{-1}(z+1/2)}\left[\frac{\Delta v_1(z)}{\Delta x_{-1}(z)}\right]$$
$$+ \frac{\widetilde{\tau_{-1}}(z)}{2}\left[\frac{\Delta v_1(z)}{\Delta x_{-1}(z)} + \frac{\nabla v_1(z)}{\nabla x_{-1}(z)}\right] + \mu_1 v_1(z)$$
$$= 0, \tag{4.1.11}$$

这里

$$\widetilde{\sigma}_{-1}(z) = \frac{\widetilde{\sigma}[x(z-1)] + \widetilde{\sigma}[x(z)]}{2}$$
$$+ \frac{1}{4}\frac{\nabla\widetilde{\tau}[x(z)]}{\nabla x(z)}\frac{\Delta x_{-1}(z) + \nabla x_{-1}(z)}{2\nabla x(z)}[\nabla x(z)]^2$$

$$+ \frac{\widetilde{\tau}[x(z-1)] + \widetilde{\tau}[x(z)]}{2} \frac{\Delta x_{-1}(z) - \nabla x_{-1}(z)}{4},$$

$$\widetilde{\tau}_{-1}(z) = \frac{\nabla \widetilde{\sigma}[x(z)]}{\nabla x(z)} + \frac{\nabla \widetilde{\tau}[x(z)]}{\nabla x(z)} \frac{\Delta x_{-1}(z) - \nabla x_{-1}(z)}{4}$$
$$+ \frac{\widetilde{\tau}[x(z-1)] + \widetilde{\tau}[x(z)]}{2} \frac{\Delta x_{-1}(z) + \nabla x_{-1}(z)}{2\nabla x(z)},$$

$$\mu_1 = \lambda + \frac{\nabla \widetilde{\tau}[x(z)]}{\nabla x(z)}.$$

由于

$$\frac{\nabla \widetilde{\tau}[x(z)]}{\nabla x(z)} = \text{const.}$$

并且因为

$$[\nabla x(z)]^2 = 2[x^2(z-1) + x^2(z)] - [x(z-1) + x(z)]^2$$

是关于 $x_{-1}(z)$ 的至多二阶多项式, 且

$$\frac{\widetilde{\tau}[x(z-1)] + \widetilde{\tau}[x(z)]}{2}$$

是关于 $x_{-1}(z)$ 的至多一阶多项式. 如果

$$\frac{\Delta x_{-1}(z) + \nabla x_{-1}(z)}{2\Delta x(z)} = \text{const.}$$

且 $[\Delta x_{-1}(z) - \nabla x_{-1}(z)]/4$ 是关于 $x_{-1}(z)$ 的至多一阶多项式, 那么对于 $v_1(z)$, 方程 (4.1.11) 将有形式 (4.1.8).

按照第一个要求, $x(s)$ 应该满足

$$\frac{x(z-1) + x(z)}{2} = \alpha x\left(z - \frac{1}{2}\right) + \beta,$$

这里 α 和 β 是常数. 因此

$$\frac{\Delta x_{-1}(z) + \nabla x_{-1}(z)}{2\Delta x(z)} = \frac{\Delta[x(z - 1/2) + x(z + 1/2)]}{2\Delta x(z)}$$
$$= \frac{\Delta[\alpha x(z) + \beta]}{\Delta x(z)} = \alpha,$$

$$\frac{\Delta x_{-1}(z) - \nabla x_{-1}(z)}{4}$$

$$= \frac{1}{2} \left[\frac{x_{-1}(z+1) + x_{-1}(z)}{2} + \frac{x_{-1}(z) + x_{-1}(z-1)}{2} \right] - x_{-1}(z)$$

$$= \frac{1}{2} \left[\alpha x_{-1} \left(z + \frac{1}{2} \right) + \beta + \alpha x_{-1} \left(z - \frac{1}{2} \right) + \beta \right] - x_{-1}(z)$$

$$= \alpha [\alpha x_{-1}(z) + \beta] + \beta - x_{-1}(z).$$

由此, 我们得出一个结论: $\tilde{\sigma}_{-1}(z) = \tilde{\sigma}_{-1}[x_{-1}(z)], \tilde{\tau}_{-1}(z) = \tilde{\tau}_{-1}[x_{-1}(z)]$ 分别是关于 $x_{-1}(z)$ 的至多二阶和一阶多项式. 像这种关于方程 (4.1.1) 解的差商 $\upsilon_1(z) = \dfrac{\nabla y(z)}{\nabla x(z)}$ 仍然满足同样类型的方程 (4.1.8) 的话, 我们称 (4.1.1) 为超几何方程.

回顾一下前面详尽的分析过程就可知道, 要想方程 (4.1.1) 成为超几何方程, 格子函数 $x(z)$ 是必须满足一定的条件的. 它必须满足方程

$$\frac{x(z-1) + x(z)}{2} = \alpha x \left(z - \frac{1}{2} \right) + \beta, \qquad (4.1.12)$$

并且

$$x^2(z-1) + x^2(z) \qquad (4.1.13)$$

是关于 $x_{-1}(z) = x(z-1/2)$ 的二次多项式.

下面让我们来确定格子函数 $x(z)$ 可能的形式.

当 $\alpha \neq 1$ 时, 方程 (4.1.12) 的通解是

$$x(z) = c_1 \kappa_1^{2z} + c_2 \kappa_2^{2z} + c_3,$$

这里 κ_1 和 κ_2 是方程

$$\kappa^2 - 2\alpha\kappa + 1 = 0$$

的两个根, 且 c_1, c_2 任意两个常数, $c_3 = \beta/(1 - \alpha)$. 我们证明 $x(z)$ 此时也满足另一个条件 (4.1.13). 考虑到 $\kappa_1 \kappa_2 = 1$, 我们有

$$x^2(z-1) + x^2(z) = (\kappa_1^2 + \kappa_2^2) x^2 \left(z - \frac{1}{2} \right)$$

$$+ 2c_3 [\kappa_1 + \kappa_2 - (\kappa_1^2 + \kappa_2^2)] x \left(z + \frac{1}{2} \right) + \text{const.}$$

即 $x^2(z-1) + x^2(z)$ 确实是关于 $x(z-1/2)$ 的一个二阶多项式.

当 $\alpha = 1$ 时, 方程 (4.1.12) 的通解是

$$x(z) = c_1 z^2 + c_2 z + c_3,$$

这里 $c_1 = 4\beta$; c_2 和 c_3 是任意常数. 容易验证, 此时 $x^2(z-1) + x^2(z)$ 也确实是关于 $x(z - 1/2)$ 的一个二阶多项式.

因此, 令 $\kappa_1^2 = q, \kappa_2^2 = 1/q$, 我们就建立了一个十分重要的定理.

定理 4.1.1 假设格子函数 $x(z)$ 具有形式

$$x(z) = c_1 q^z + c_2 q^{-z} + c_3 \tag{4.1.14}$$

或者

$$x(z) = c_1 z^2 + c_2 z + c_3, \tag{4.1.15}$$

这里 q, c_1, c_2, c_3 是常数. 那么方程 (4.1.1) 解的差商 $\upsilon_1(z) = \dfrac{\nabla y(z)}{\nabla x(z)}$ 满足一个同类型的方程 (4.1.8), 这里 $\widetilde{\sigma}_1(z) = \widetilde{\sigma}_1[x_{-1}(z)]$ 和 $\widetilde{\tau}_1(z) = \widetilde{\tau}_1[x_{-1}(z)]$ 分别是关于 $x_{-1}(z)$ 的至多二阶和一阶多项式, 且 $\mu_1 = \text{const}$.

用数学归纳法, 可以证明: 对于差商

$$\upsilon_k(z) = \frac{\nabla \upsilon_{k-1}(z)}{\nabla x_{-k+1}(z)}, \quad \upsilon_0(z) = y(z),$$

这里 $x_{-k}(z) = x(z - k/2), k = 1, 2, \cdots$, 它满足以下方程

$$\widetilde{\sigma}_{-k}[x_{-k}(s)] \frac{\nabla}{\nabla x_{-k}(z + 1/2)} \left[\frac{\Delta \upsilon_k(z)}{\Delta x_{-k}(z)} \right]$$
$$+ \frac{\widetilde{\tau}_{-k}[x_{-k}(s)]}{2} \left[\frac{\Delta \upsilon_k(z)}{\Delta x_{-k}(z)} + \frac{\nabla \upsilon_k(z)}{\nabla x_{-k}(z)} \right] + \mu_k z_k(z)$$
$$= 0, \tag{4.1.16}$$

这里 μ_k 是常数, 并且 $\widetilde{\sigma}_{-k}(x_{-k})$ 和 $\widetilde{\tau}_{-k}(x_{-k})$ 分别是关于 x_{-k} 的至多二阶和一阶多项式, 它们具体表达式分别为

$$\widetilde{\sigma}_{-k}[x_{-k}(z)] = \frac{\widetilde{\sigma}_{-k+1}[x_{-k+1}(z-1)] + \widetilde{\sigma}_{-k+1}[x_{-k+1}(z)]}{2}$$
$$+ \frac{1}{4} \nabla_{-k+1} \widetilde{\tau}_{k-1}(z) \frac{\Delta x_{-k}(z) + \nabla x_{-k}(z)}{2 \nabla x_{-k+1}(z)} [\nabla x_{-k+1}(z)]^2$$
$$+ \frac{\widetilde{\tau}_{k-1}[x_{-k+1}(z-1)] + \widetilde{\tau}_{k-1}[x_{-k+1}(z)]}{2} \frac{\Delta x_{-k}(z) - \nabla x_{-k}(z)}{4}, \tag{4.1.17}$$

$$\widetilde{\sigma}_0[x_0(z)] = \widetilde{\sigma}[x(z)];$$
$$\widetilde{\tau}_{-k}[x_{-k}(z)] = \nabla_{-k+1} \widetilde{\sigma}_{-k+1}[x_{-k+1}(z)] + \nabla_{-k+1} \widetilde{\tau}_{k-1}[x_{-k+1}(z)] \frac{\Delta x_{-k}(z) - \nabla x_{-k}(z)}{4}$$

$$+ \frac{\widetilde{\tau}_{k-1}[x_{-k+1}(z-1)] + \widetilde{\tau}_{k-1}[x_{-k+1}(z)]}{2} \frac{\Delta x_{-k}(z) + \nabla x_{-k}(z)}{2\nabla x_{-k+1}(z)},$$

$$\tag{4.1.18}$$

$$\widetilde{\tau}_0[x_0(z)] = \widetilde{\tau}[x(z)];$$

$$\mu_k = \mu_{k-1} + \frac{\nabla_{-k+1}\widetilde{\tau}_{k-1}[x_{-k+1}(z)]}{\nabla x_{-k+1}(z)}, \quad \mu_0 = \lambda. \tag{4.1.19}$$

为了分析方程 (4.1.8) 的性质, 利用等式

$$\frac{1}{2}\left[\frac{\Delta y(z)}{\Delta x(z)} + \frac{\nabla y(z)}{\nabla x(z)}\right] = \frac{\Delta y(z)}{\Delta x(z)} - \frac{1}{2}\Delta\left[\frac{\nabla y(z)}{\nabla x(z)}\right],$$

且将方程 (4.1.1) 改写成以下等价形式

$$\Sigma(z)\frac{\nabla}{\nabla x(z+1/2)}\left[\frac{\Delta y(z)}{\Delta x(z)}\right] + \tau(z)\frac{\nabla y(z)}{\nabla x(z)} + \lambda y(z) = 0, \tag{4.1.20}$$

这里

$$\Sigma(z) = \widetilde{\sigma}[x(z)] + \frac{1}{2}\widetilde{\tau}[x(z)]\nabla x_1(z), \quad \tau(z) = \widetilde{\tau}[x(z)]; \tag{4.1.21}$$

对于方程 (4.1.16), 同理可以改写成等价形式

$$\Sigma_{-k}(z)\frac{\nabla}{\nabla x_{-k}(z+1/2)}\left[\frac{\Delta v_k(z)}{\Delta x_{-k}(z)}\right] + \tau_{-k}(z)\frac{\nabla v_k(z)}{\nabla x_{-k}(z)} + \mu_k v_k(z) = 0, \tag{4.1.22}$$

这里

$$\Sigma_{-k}(z) = \widetilde{\sigma}_{-k}[x_{-k}(z)] + \frac{1}{2}\widetilde{\tau}_{-k}[x_{-k}(z)]\nabla x_{-k+1}(z), \tag{4.1.23}$$

$$\tau_{-k}(z)x = \widetilde{\tau}_{-k}[x_{-k}(z)]; \tag{4.1.24}$$

从 (4.1.23) 和 (4.1.24), 可得

$$\Sigma_{-k}(z) = \Sigma_{-k+1}(z) = \Sigma(z);$$

另外, 从 (4.1.23) 和 (4.1.24), 我们也可得到关系式

$$\Sigma(z) - \tau_{-k}(z)\nabla x_{-k+1}(z) = \Sigma(z-1) - \tau_{-k+1}(z-1)\nabla x_{-k}(z-1)$$

$$= \Sigma(z-k) - \Sigma(z-k)\nabla x_1(z-k), \tag{4.1.25}$$

应用函数 $\Sigma(z), \tau(z)$ 和 $x(z)$, 得到 $\tau_{-k}(z)$ 的表达式

$$\tau_{-k}(z) = \frac{\Sigma(z) - \Sigma(z-k) + \tau(z-k)\nabla x_1(z-k)}{\nabla x_{-k+1}(z)}. \tag{4.1.26}$$

即

$$\tau_{-k}(z)\nabla x_{-k+1}(z) = \Sigma(z) - \Sigma(z-k) + \tau(z-k)\nabla x_1(z-k). \tag{4.1.27}$$

4.1.2 第二型超几何方程的 Rodrigues 公式

μ_k 的表达式可以从 (4.1.19) 直接得到

$$\mu_k = \lambda + \sum_{m=0}^{k-1} \frac{\nabla \tau_{-m}(z)}{\nabla x_{-m}(z)}. \tag{4.1.28}$$

为了得到多项式 $y(z) = \widetilde{y}_n(x(z))$ 的显式表达式, 我们可以将方程 (4.1.20) 和 (4.1.22) 进一步改写成自相伴形式

$$\frac{\nabla}{\nabla x(z+1/2)} \left[\Sigma(z) \rho(z) \frac{\Delta y(z)}{\Delta x(z)} \right] + \lambda \rho(z) y(z) = 0, \tag{4.1.29}$$

$$\frac{\nabla}{\nabla x_{-k}(z+1/2)} \left[\Sigma(z) \rho_{-k}(z) \frac{\Delta v_k(z)}{\Delta x_{-k}(z)} \right] + \mu_k \rho_{-k}(z) v_k(z) = 0. \tag{4.1.30}$$

这里 $\rho(z)$ 和 $\rho_{-k}(s)$ 满足 Pearson 型方程

$$\frac{\nabla}{\nabla x(z+1/2)} \left[\Sigma(z) \rho(z) \right] = \tau(z) \rho(z), \tag{4.1.31}$$

$$\frac{\nabla}{\nabla x_{-k}(z+1/2)} \left[\Sigma(z) \rho_{-k}(z) \right] = \tau_{-k}(z) \rho_{-k}(z). \tag{4.1.32}$$

应用关系式 (4.1.32) 和 (4.1.25), 我们可以确定 $\rho_{-k}(z)$ 与 $\rho(z)$ 的关系式

$$\begin{aligned}
\frac{\Sigma(z-1)\rho_{-k}(z-1)}{\rho_{-k}(z)} &= \Sigma(z) - \tau_{-k}(z) \nabla x_{-k+1}(z) \\
&= \Sigma(z-1) - \tau_{-k+1}(z-1) \nabla x_{-k}(z-1) \\
&= \frac{\Sigma(z-2)\rho_{-k+1}(z-2)}{\rho_{-k+1}(z-1)}.
\end{aligned}$$

由此可得

$$\frac{\Sigma(z-1)\rho_{-k+1}(z-1)}{\rho_{-k}(z)} = \frac{\Sigma(z-2)\rho_{-k+1}(z-2)}{\rho_{-k}(z-1)} = C(z),$$

这里 $C(z)$ 是一个常数为 1 的任意函数. 假设 $C(z) = 1$, 则有

$$\rho_{-k}(z) = \Sigma(z-1)\rho_{-k+1}(z-1). \tag{4.1.33}$$

因此, 得到

$$\rho_{-k}(s) = \rho(s-k) \prod_{i=1}^{k} \Sigma(s-i). \tag{4.1.34}$$

由方程 (4.1.33), 方程 (4.1.32) 可改写成 $v_k(z)$ 与 $v_{k+1}(z)$ 之间的递推关系. 事实上

$$\rho_{-k}(z)v_k(z) = -\frac{1}{\mu_k}\frac{\Delta}{\Delta x_{-k+1}(z)}[\rho_{-k-1}(z)v_{k+1}(z)]. \tag{4.1.35}$$

由此得到

$$\rho_{-k}(z)v_k(z) = \frac{A_k}{A_n}\Delta_{-n}^{(n-k)}[\rho_{-n}(z)v_n(z)], \tag{4.1.36}$$

这里

$$A_k = (-1)^k\prod_{i=0}^{k-1}\mu_i, \quad A_0 = 1,$$

$$\nabla_n^{(m)}[f(z)] = \nabla_{n-m+1}\cdots\nabla_{n-1}\nabla_n[f(z)], \nabla_k = \frac{\nabla}{\nabla x_k(z)}. \tag{4.1.37}$$

让我们回顾一下, 由定义

$$v_k(z) = \frac{\nabla v_{k-1}(z)}{\nabla x_{-k+1}(z)},$$

即

$$v_k(z) = \nabla_0^{(k)}[y(z)],$$

这里

$$\nabla_0^{(k)}[y(z)] = \nabla_{-k+1}\cdots\nabla_{-1}\nabla_0[f(z)], \quad \nabla_{-k} = \frac{\nabla}{\nabla x_{-k}(z)}. \tag{4.1.38}$$

特别地, 如果在方程 (4.1.30) 中, 存在一个正整数 n, 使得

$$\mu_n = 0, \tag{4.1.39}$$

那么方程 (4.1.30) 很显然存在一个常数解. 如果记这个常数解为 $v_n(z) = C_n$, 这里 C_n 是一个常数, 那么如上所述, $y(z)$ 就是一个关于 $x(z)$ 的一个 n 次多项式, 即 $y = y_n(z) = \widetilde{y}_n[x(z)]$. 在此情形下, 对于 (4.1.36) 中的函数

$$v_{kn}(z) = \nabla_0^{(k)}[y_n(z)],$$

我们得到

$$v_{kn}(z) = \frac{A_{kn}B_n}{\rho_{-k}(z)}\Delta_{-n}^{(n-k)}[\rho_{-n}(z)], \tag{4.1.40}$$

这里

$$A_{kn} = A_k(\lambda)|_{\lambda=\lambda_n} = (-1)^k\prod_{m=0}^{k-1}\mu_{mn};$$

$$\mu_{mn} = \mu_m(\lambda)|_{\lambda=\lambda_n} = \lambda_n - \lambda_m; \tag{4.1.41}$$

$$A_{0n} = 1, \quad B_n = \frac{C_n}{A_{nm}}.$$

特别地, 在 (4.1.38) 中, 当 $k = 0$ 时, 我们得到关于多项式 $y_n[x(z)] = y_n(z)$ 的 Rodrigues 公式

$$y_n(z) = \frac{B_n}{\rho(z)} \Delta_{-n}^{(n)}[\rho_{-n}(z)]$$

$$= \frac{B_n}{\rho(z)} \frac{\Delta}{\Delta x_{-1}(z)} \cdots \frac{\Delta}{\Delta x_{-n+1}(z)} \frac{\Delta}{\Delta x_{-n}(z)} [\rho_{-n}(z)]. \tag{4.1.42}$$

当 k 不是一个正整数时, 等式 (4.1.23) 和 (4.1.27) 可以延拓如下:

定义 4.1.2 让 $\nu \in \mathbb{R}, x = x(z)$ 是一类二次格子 (4.1.14) 和 (4.1.15), 那么定义函数 $\tilde{\sigma}_\nu(z)$ 和 $\tau_\nu(z)$ 如下

$$\tilde{\sigma}_\nu(z) = \Sigma(z) - \frac{1}{2}\tau_\nu(z)\nabla x_{\nu+1}(z), \tag{4.1.43}$$

$$\tau_\nu(z)\nabla x_{\nu+1}(z) = \Sigma(z) - \Sigma(z+\nu) + \tau(z+\nu)\nabla x_1(z+\nu). \tag{4.1.44}$$

对于 (4.1.43) 和 (4.1.44), 仍然存在一个重要的推广:

引理 4.1.3 函数 $\tilde{\sigma}_\nu(z) = \tilde{\sigma}_\nu(x_\nu(z))$ 和 $\tau_\nu(z) = \tau_\nu(x_\nu(z))$ 分别是关于变量 $x_\nu(z) = x\left(z + \frac{\nu}{2}\right)$ 的至多二次或一次多项式.

注 4.1.4 这是在第二型非一致格子超几何方程下相应的一个 Suslov 引理, 它的证明类似于 [99] 中相应的 Suslov 引理, 证明从略.

4.2 一些命题和引理

现在, 我们分别在二次格子 (4.1.14) 和 (4.1.15) 情况下, 导出 $\tau_\nu(s), \mu_k$ 和 λ_n 的明显表达式.

命题 4.2.1 给定任意实数 ν, 如果 $x(s) = c_1 q^s + c_2 q^{-s} + c_3$, 那么

$$\tau_\nu(s) = \left[-\frac{q^\nu - q^{-\nu}}{q^{\frac{1}{2}} - q^{-\frac{1}{2}}} \frac{\tilde{\sigma}''}{2} + (q^\nu + q^{-\nu}) \frac{\tilde{\tau}'}{2} \right] x_\nu(s) + c(\nu)$$

$$= \left[\nu(-2\nu)\frac{\tilde{\sigma}''}{2} + \alpha(2\nu)\tilde{\tau}' \right] x_\nu(s) + c(\nu)$$

$$= \kappa_{-2\nu+1} x_\nu(s) + c(\nu),$$

这里

$$\nu(\mu) = \begin{cases} \dfrac{q^{\frac{\mu}{2}} - q^{-\frac{\mu}{2}}}{q^{\frac{1}{2}} - q^{-\frac{1}{2}}}, \\ \mu, \end{cases} \qquad \alpha(\mu) = \begin{cases} \dfrac{q^{\frac{\mu}{2}} + q^{-\frac{\mu}{2}}}{2}, \\ 1, \end{cases}$$

且

$$\kappa_\mu = \alpha(\mu - 1)\tilde{\tau}' + \nu(\mu - 1)\frac{\tilde{\sigma}''}{2}.$$

如果 $x(s) = \tilde{c}_1 s^2 + \tilde{c}_2 s + \tilde{c}_3$, 那么

$$\tau_\nu(s) = [\nu\tilde{\sigma}'' + \tilde{\tau}']\, x_\nu(s) + \tilde{c}(\nu)$$
$$= \kappa_{2\nu+1} x_\nu(s) + \tilde{c}(\nu),$$

这里 $c(\nu), \tilde{c}(\nu)$ 是关于 ν 的函数:

$$c(\nu) = c_3(1 - q^{\frac{\nu}{2}})(q^{\frac{\nu}{2}} - q^{-\nu}) - c_3 \frac{(2 - q^{\frac{\nu}{2}} - q^{-\frac{\nu}{2}})(q^{\frac{\nu}{2}} - q^{-\frac{\nu}{2}})}{q^{\frac{1}{2}} - q^{-\frac{1}{2}}}$$
$$+ \tilde{\tau}(0)(q^{\frac{\nu}{2}} + q^{-\frac{\nu}{2}}) - \tilde{\sigma}(0)\frac{q^{\frac{\nu}{2}} - q^{-\frac{\nu}{2}}}{q^{\frac{1}{2}} - q^{-\frac{1}{2}}},$$
$$\tilde{c}(\nu) = -\frac{\tilde{\sigma}''}{4}\tilde{c}_1\nu^3 + \frac{3\tilde{\tau}'}{4}\tilde{c}_1\nu^2 - \tilde{\sigma}(0)\nu + 2\tilde{\tau}(0).$$

证明　我们仅在 $x(s) = c_1 q^s + c_2 q^{-s} + c_3$ 情形下给出证明. 利用 (4.1.43) 和 (4.1.44), 可得

$$\tau_\nu(s) = \frac{\tilde{\sigma}[x(s)] - \tilde{\sigma}[x(s + \nu)] + \frac{1}{2}\tilde{\tau}[x(s)]\nabla x_1(s) + \frac{1}{2}\tilde{\tau}[x(s + \nu)]\nabla x_1(s + \nu)}{\nabla x_{\nu+1}(s)}. \tag{4.2.1}$$

经过一些计算后, 我们得到

$$x(s + \nu) - x(s) = (q^{\frac{\nu}{2}} - q^{-\frac{\nu}{2}})(c_1 q^{s+\frac{\nu}{2}} - c_2 q^{-s-\frac{\nu}{2}}),$$
$$x(s + \nu) + x(s) = (q^{\frac{\nu}{2}} + q^{-\frac{\nu}{2}})x_\nu(s) + c_3(2 - q^{\frac{\nu}{2}} - q^{-\frac{\nu}{2}}),$$
$$\nabla x_{\nu+1}(s) = (q^{\frac{1}{2}} - q^{-\frac{1}{2}})(c_1 q^{s+\frac{\nu}{2}} - c_2 q^{-s-\frac{\nu}{2}}).$$

进而有 $\tilde{\sigma}[x(s)] = \frac{\tilde{\sigma}''}{2}x^2(s) + \tilde{\sigma}'(0)x(s) + \tilde{\sigma}(0)$. 那么,

$$\frac{\tilde{\sigma}[x(s + \nu)] - \tilde{\sigma}[x(s)]}{\nabla x_{\nu+1}(s)} = \frac{\tilde{\sigma}''}{2}\frac{x^2(s + \nu) - x^2(s)}{\nabla x_{\nu+1}(s)} + \tilde{\sigma}'(0)\frac{x(s + \nu) - x(s)}{\nabla x_{\nu+1}(s)}$$
$$= \frac{\tilde{\sigma}''}{2}\frac{q^\nu - q^{-\nu}}{q^{\frac{1}{2}} - q^{-\frac{1}{2}}}x_\nu(s) + \tilde{\sigma}'(0)\frac{q^{\frac{\nu}{2}} - q^{-\frac{k}{2}}}{q^{\frac{1}{2}} - q^{-\frac{1}{2}}} + c_3\frac{(2 - q^{\frac{\nu}{2}} - q^{-\frac{\nu}{2}})(q^{\frac{\nu}{2}} - q^{-\frac{\nu}{2}})}{q^{\frac{1}{2}} - q^{-\frac{1}{2}}}. \tag{4.2.2}$$

从而得

$$x(s+\nu)\nabla x_1(s+\nu) + x(s)\nabla x_1(s)$$
$$=(q^\nu + q^{-\nu})(q^{\frac{1}{2}} - q^{-\frac{1}{2}})(c_1 q^{s+\frac{1}{2}} - c_2 q^{-s-\frac{\nu}{2}})x_\nu(s)$$
$$+ c_3(q^{\frac{1}{2}} - q^{-\frac{1}{2}})(c_1 q^{s+\frac{1}{2}} - c_2 q^{-s-\frac{\nu}{2}})(1 - q^{\frac{\nu}{2}})(q^{\frac{\nu}{2}} - q^{-\nu}), \qquad (4.2.3)$$
$$\nabla x_1(s+\nu) + \nabla x_1(s) = (q^{\frac{1}{2}} - q^{-\frac{1}{2}})(q^{\frac{\nu}{2}} + q^{-\frac{\nu}{2}})(c_1 q^{s+\frac{1}{2}} - c_2 q^{-s-\frac{\nu}{2}}), \quad (4.2.4)$$

并且 $\tau[x(s)] = \tilde{\tau}'x(s) + \tilde{\tau}(0)$. 因此,

$$\frac{1}{2}\frac{\tilde{\tau}[x(s+\nu)]\nabla x_1(s+\nu) + \tilde{\tau}[x(s)]\nabla x_1(s)}{\nabla x_{\nu+1}(s)}$$
$$=\frac{\tilde{\tau}'}{2}\frac{x(s+\nu)\nabla x_1(s+\nu) + x(s)\nabla x_1(s)}{\nabla x_{\nu+1}(s)} + \frac{\tilde{\tau}(0)}{2}\frac{\nabla x_1(s+\nu) + \nabla x_1(s)}{\nabla x_{\nu+1}(s)}$$
$$=\frac{\tilde{\tau}'}{2}(q^\nu + q^{-\nu})x_\nu(s) + c_3(1 - q^{\frac{\nu}{2}})(q^{\frac{\nu}{2}} - q^{-\nu}) + \tilde{\tau}(0)(q^{\frac{\nu}{2}} + q^{-\frac{\nu}{2}}). \qquad (4.2.5)$$

将 (4.2.2) 和 (4.2.5) 代入 (4.2.1), 我们就可得到所得结论.

引理 4.2.2 (Suslov) 对于 $\alpha(\mu), \nu(\mu)$, 则有

$$\sum_{j=0}^{k-1} \alpha(2j) = \alpha(k-1)\nu(k), \sum_{j=0}^{k-1} \nu(2j) = \nu(k-1)\nu(k).$$

从 (4.1.28), (4.1.39) 以及引理 4.2.2, 可得

命题 4.2.3 如果 $x(s) = c_1 q^s + c_2 q^{-s} + c_3$ 或 $x(s) = \tilde{c}_1 s^2 + \tilde{c}_2 s + \tilde{c}_3$, 那么

$$\mu_k = \lambda + \kappa_k \nu(k), \quad k = 1, 2, \cdots, n. \qquad (4.2.6)$$

$$\lambda_n = -n\kappa_n. \qquad (4.2.7)$$

证明 如果 $x(s) = c_1 q^s + c_2 q^{-s} + c_3$, 那么

$$\mu_k = \lambda + \sum_{j=0}^{k-1}\left[\frac{q^j - q^{-j}}{q^{\frac{1}{2}} + q^{-\frac{1}{2}}}\frac{\tilde{\sigma}''}{2} - (q^j + q^{-j})\frac{\tilde{\tau}'}{2}\right]$$
$$= \lambda + \sum_{j=0}^{k-1}\nu(2j)\frac{\tilde{\sigma}''}{2} + \sum_{j=0}^{k-1}\alpha(2j)\tilde{\tau}'$$
$$= \lambda + \nu(k-1)\nu(k)\frac{\tilde{\sigma}''}{2} + \alpha(k-1)\nu(k)\tilde{\tau}'$$
$$= \lambda + \kappa_k\nu(k),$$

这里

$$\kappa_k = \alpha(k-1)\tilde{\tau}' + \frac{1}{2}\nu(k-1)\tilde{\sigma}''. \tag{4.2.8}$$

如果 $x(s) = \tilde{c}_1 s^2 + \tilde{c}_2 s + \tilde{c}_3$, 那么

$$\begin{aligned}
\mu_k &= \lambda + \sum_{j=0}^{k-1}[j\tilde{\sigma}'' + \tilde{\tau}'] \\
&= \lambda + \frac{(k-1)k}{2}\tilde{\sigma}'' + k\tilde{\tau}' \\
&= \lambda + \kappa_k \nu(k).
\end{aligned}$$

从 (4.1.39), 我们有 $\mu_n = \lambda_n + n\kappa_n = 0$, 因此得到

$$\lambda_n = -n\kappa_n.$$

引理 4.2.4　在 $x(s)$ 为二次格子的假设条件下, 函数

$$Q(s) = \nu(\mu)\Sigma(s) - \tau_\nu(s)[x_{\nu+\mu}(s) - x_{\nu+\mu}(z)] \tag{4.2.9}$$

具有形式

$$Q(s) = A + B[x_\nu(s) - x_\nu(z)] + C[x_\nu(s) - x_\nu(z)][x_\nu(s) - x_\nu(z+\mu)], \tag{4.2.10}$$

这里

$$A = \nu(\mu)\Sigma(z), \quad B = -\tau_{\nu+\mu}(z), \quad C = -\kappa_{\mu-2\nu+1}. \tag{4.2.11}$$

证明　我们有

$$\begin{aligned}
Q(s) &= \nu(\mu)\Sigma(s) - \tau_\nu(s)[x_{\nu+\mu}(s) - x_{\nu+\mu}(z)] \\
&= \nu(\mu)\tilde{\sigma}[x_\nu(s)] + \frac{1}{2}\tau_\nu(s)\nabla x_{\nu+1}(s)\nu(\mu) \\
&\quad - \tau_\nu(s)\left[x\left(s + \frac{\nu+\mu}{2}\right) - x_{\nu+\mu}(z)\right] \\
&= \nu(\mu)\tilde{\sigma}[x_\nu(s)] + \frac{1}{2}\tau_\nu(s)\left[x\left(s + \frac{\nu+\mu}{2}\right)\right. \\
&\quad \left. + x\left(s + \frac{\nu-\mu}{2}\right)\right] - \tau_\nu(s)\left[x\left(s + \frac{\nu+\mu}{2}\right) - x_{\nu+\mu}(z)\right] \\
&= \nu(\mu)\tilde{\sigma}[x_\nu(s)] - \frac{1}{2}\tau_\nu(s)\left[x\left(s + \frac{\nu+\mu}{2}\right)\right. \\
&\quad \left. + x\left(s + \frac{\nu-\mu}{2}\right)\right] - \tau_\nu(s)x_{\nu+\mu}(z)
\end{aligned}$$

$$= \nu(\mu)\tilde{\sigma}[x_\nu(s)] - \tau_\nu(s)\alpha(\mu)x_\nu(s) - \tau_\nu(s)[\beta(\mu) + x_{\nu+\mu}(z)]. \qquad (4.2.12)$$

因此, 很清楚函数 $Q(s)$ 是关于变量 $x_\nu(s)$ 的一个二次多项式, 因而它可以写成形如 (4.2.10) 的式子, 这里 A, B, C 独立于变量 s.

令 $s = z$, 容易看出

$$A = Q(z) = \nu(\mu)\Sigma(z).$$

令 $s = z + \mu$, 我们有

$$\begin{aligned} Q(z+\mu) &= \nu(\mu)\Sigma(z+\mu) - \tau_\nu(z+\mu)[x_{\nu+\mu}(z+\mu) - x_{\nu+\mu}(z)] \\ &= \nu(\mu)\Sigma(z) + B\tau(z)[x_\nu(z+\mu) - x_\nu(z)]. \end{aligned} \qquad (4.2.13)$$

通过直接计算, 不难验证成立下面等式:

$$x_{\nu+\mu}(z+\mu) - x_{\nu+\mu}(z) = \nu(\mu)\nabla x_{\nu+1}(z+\mu),$$

$$x_\nu(z+\mu) - x_\nu(z) = \nu(\mu)\nabla x_{\nu+\mu+1}(z),$$

那么借助于关系式 (4.2.13) , 我们发现

$$\begin{aligned} B &= \frac{\Sigma(z+\mu) - \Sigma(z) - \tau_{-\nu}(z+\mu)\nabla x_{\nu+1}(z+\mu)}{\nabla x_{\nu+\mu+1}(z)} \\ &= \frac{\Sigma(z+\mu+\nu) - \tau(z+\mu+\nu)\nabla x_1(z+\mu+\nu) - \Sigma(z)}{\nabla x_{\nu+\mu+1}(z)} \\ &= -\tau_{\nu+\mu}(z). \end{aligned}$$

比较式 (4.2.10) 和 (4.2.12) 中的系数, 可得

$$C = \frac{1}{2}\nu(\mu)\tilde{\sigma}_\nu'' - \alpha(\mu)\tau_\nu'.$$

4.3 伴 随 方 程

与第一型超几何差分方程的研究方法和思路类似, 我们也需要研究第二型超几何差分方程的伴随方程.

让我们先看下面的差分方程:

$$L[y(z)] = \Sigma(z)\frac{\nabla}{\nabla x_{\nu+\mu+1}(z)}\left(\frac{\Delta y(z)}{\Delta x_{\nu+\mu}(z)}\right) + \tau_{\mu+\nu}(z)\frac{\nabla y(z)}{\nabla x_{\nu+\mu}(z)} + \lambda y(z) = 0.$$

$$(4.3.1)$$

方程 (4.3.1) 可改写成

$$\tilde{\sigma}_{\mu+\nu}(z)\frac{\nabla}{\nabla x_{\nu+\mu+1}(z)}\left(\frac{\Delta y(z)}{\Delta x_{\nu+\mu}(z)}\right)+\frac{\tau_{\mu+\nu}(z)}{2}\left[\frac{\Delta y(z)}{\Delta x_{\nu+\mu}(z)}+\frac{\nabla y(z)}{\nabla x_{\nu+\mu}(z)}\right]+\lambda y(z)=0,$$

这里

$$\tilde{\sigma}_{\mu+\nu}(z)=\Sigma(z)-\frac{1}{2}\tau_{\mu+\nu}(z)\nabla x_{\nu+\mu+1}(z).$$

应用引理 4.1.3, 可知函数 $\tilde{\sigma}_{\nu+\mu}(z)$ 和 $\tau_{\mu+\nu}(z)$ 分别是关于变量 $x_{\nu+\mu}(s)$ 的至多二次和一次多项式, 因此方程 (4.3.1) 是比方程 (4.1.5) 更一般的第二型超几何型差分方程. 让我们讨论这个方程的伴随方程.

乘以 $\rho_{\mu+\nu}(z)$ 后, 方程 (4.3.1) 可以写成自相伴形式

$$\frac{\nabla}{\nabla x_{\nu+\mu+1}(z)}\left(\Sigma(z)\rho_{\mu+\nu}(z)\frac{\Delta y(z)}{\Delta x_{\nu+\mu}(z)}\right)+\lambda\rho_{\mu+\nu}(z)y(z)=0, \tag{4.3.2}$$

这里 $\rho_{\mu+\nu}(z)$ 满足 Pearson 型方程:

$$\frac{\nabla(\Sigma(z)\rho_{\mu+\nu}(z))}{\nabla x_{\nu+\mu+1}(z)}=\tau_{\mu+\nu}(z)\rho_{\mu+\nu}(z). \tag{4.3.3}$$

让 $w(z)=\rho_{\mu+\nu}(z)y(z)$. 那么

$$\frac{\Delta w(z)}{\Delta x_{\nu+\mu}(z)}=\rho_{\mu+\nu}(z)\frac{\Delta y(z)}{\Delta x_{\nu+\mu}(z)}+\frac{\Delta\rho_{\mu+\nu}(z)}{\Delta x_{\nu+\mu}(z)}y(z+1),$$

或者

$$\rho_{\mu+\nu}(z)\frac{\Delta y(z)}{\Delta x_{\nu+\mu}(z)}=\frac{\Delta w(z)}{\Delta x_{\nu+\mu}(z)}-\frac{\Delta\rho_{\mu+\nu}(z)}{\Delta x_{\nu+\mu}(z)}y(z+1).$$

由 Pearson 型方程 (4.3.3), 可得

$$\nabla(\Sigma(z)\rho_{\mu+\nu}(z))=\tau_{\mu+\nu}(z)\rho_{\mu+\nu}(z)\nabla x_{\nu+\mu+1}(z),$$

此即

$$\rho_{\mu+\nu}(z)\nabla\Sigma(z)+\nabla\rho_{\mu+\nu}(z)\Sigma(z-1)=\tau_{\mu+\nu}(z)\rho_{\mu+\nu}(z)\nabla x_{\nu+\mu+1}(z),$$

那么

$$\nabla\rho_{\mu+\nu}(z)=\frac{\tau_{\mu+\nu}(z)\nabla x_{\nu+\mu+1}(z)-\nabla\Sigma(z)}{\Sigma(z-1)}\rho_{\mu+\nu}(z),$$

因此

$$\frac{\Delta\rho_{\mu+\nu}(z)}{\Delta x_{\nu+\mu}(z)}y(z+1)=\frac{\nabla\rho_{\mu+\nu}(z+1)y(z+1)}{\Delta x_{\nu+\mu}(z)}$$

$$= \frac{\tau_{\mu+\nu}(z+1)\Delta x_{\nu+\mu+1}(z) - \Delta\Sigma(z)}{\Sigma(z)\Delta x_{\nu+\mu}(z)} w(z+1). \qquad (4.3.4)$$

将以上各相关式子代入 (4.3.2), 我们有

$$\frac{\nabla}{\nabla x_{\nu+\mu+1}(z)} \left[\Sigma(z) \frac{\Delta w(z)}{\Delta x_{\nu+\mu}(z)} \right]$$
$$- \frac{\nabla}{\nabla x_{\nu+\mu+1}(z)} \left[\frac{\tau_{\mu+\nu}(z+1)\Delta x_{\nu+\mu+1}(z) - \Delta\Sigma(z)}{\Delta x_{\nu+\mu}(z)} w(s+1) \right] + \lambda w(s)$$
$$= 0,$$

即

$$\Sigma(z) \frac{\nabla}{\nabla x_{\nu+\mu+1}(z)} \left(\frac{\Delta w(z)}{\Delta x_{\nu+\mu}(z)} \right) + \frac{\nabla\Sigma(z)}{\nabla x_{\nu+\mu+1}(z)} \frac{\nabla w(z)}{\nabla x_{\nu+\mu}(z)}$$
$$- \frac{\tau_{\mu+\nu}(z+1)\Delta x_{\nu+\mu+1}(z) - \Delta\Sigma(z)}{\Delta x_{\nu+\mu}(z)} \frac{\Delta w(z)}{\nabla x_{\nu+\mu+1}(z)}$$
$$- \frac{\nabla}{\nabla x_{\nu+\mu+1}(z)} \left[\frac{\tau_{\mu+\nu}(z+1)\Delta x_{\nu+\mu+1}(z) - \Delta\Sigma(z)}{\Delta x_{\nu+\mu}(z)} \right] w(z) + \lambda w(z) = 0,$$

或者

$$\Sigma(z) \frac{\nabla}{\nabla x_{\nu+\mu+1}(z)} \left(\frac{\Delta w(z)}{\Delta x_{\nu+\mu}(z)} \right) + \frac{\nabla\Sigma(z)}{\nabla x_{\nu+\mu+1}(z)} \frac{\nabla w(z)}{\nabla x_{\nu+\mu}(z)}$$
$$- \frac{\tau_{\mu+\nu}(z+1)\Delta x_{\nu-\mu+1}(z) - \Delta\Sigma(z)}{\nabla x_{\nu+\mu+1}(z)} \frac{\Delta w(z)}{\Delta x_{\nu+\mu}(z)}$$
$$- \frac{\nabla}{\nabla x_{\nu+\mu+1}(z)} \left[\frac{\tau_{\mu+\nu}(z+1)\Delta x_{\nu+\mu+1}(z) - \Delta\Sigma(z)}{\Delta x_{\nu+\mu}(z)} \right] w(z) + \lambda w(z) = 0. \quad (4.3.5)$$

利用等式

$$\frac{\Delta w(z)}{\Delta x_{\nu+\mu}(z)} = \frac{\nabla w(z)}{\nabla x_{\nu+\mu}(z)} + \Delta\left(\frac{\nabla w(z)}{\nabla x_{\nu+\mu}(z)} \right), \qquad (4.3.6)$$

我们可将方程 (4.3.5) 改写成

$$L^*[w(z)] = \sigma^*(z) \frac{\nabla}{\nabla x_{\nu+\mu+1}(z)} \left(\frac{\Delta w(z)}{\Delta x_{\nu+\mu}(z)} \right) + \tau^*_{\mu+\nu}(z) \frac{\nabla w(z)}{\nabla x_{\nu+\mu}(z)} + \lambda^* w(z) = 0,$$
$$(4.3.7)$$

这里

$$\sigma^*(z) = \sigma(z+1) - \tau_{\mu+\nu}(z+1)\Delta x_{\nu+\mu+1}(z), \qquad (4.3.8)$$

$$\tau^*_{\nu+\mu}(z) = \frac{\sigma(z+1) - \sigma(z-1) - \tau_{\mu+\nu}(z+1)\Delta x_{\nu+\mu+1}(z)}{\nabla x_{\nu+\mu+1}(z)}, \tag{4.3.9}$$

$$\lambda^* = \lambda - \nabla_{\nu+\mu+1}\left(\frac{\tau_{\mu+\nu}(z+1)\nabla x_{\nu+\mu+1}(z) - \Delta\sigma(z)}{\Delta_{\nu+\mu}x(z)}\right). \tag{4.3.10}$$

定义 4.3.1　方程 (4.3.7) 称为 (4.3.1) 的伴随方程.

从定义 4.3.1, 可以得到

命题 4.3.2　对于 $y(s)$, 我们有

$$L^*[\rho_{\mu+\nu}(z)y(z)] = \rho_{\mu+\nu}(z)L[y(z)]. \tag{4.3.11}$$

利用命题 4.2.1 和引理 4.1.3, 不难得到

推论 4.3.3　对于 (4.3.9) 和 (4.3.10), 我们有

$$\tau^*_{\mu+\nu}(z) = -\tau_{\mu+\nu-2}(z-1) = -\kappa_{-2\nu-2\mu-3}x_{\nu+\mu}(z) + c(\nu+\mu), \tag{4.3.12}$$

且

$$\lambda^* = \lambda - \nabla_{\nu+\mu+1}\tau_{\mu+\nu-1}(z) = \lambda - \kappa_{-2\nu-2\mu-1}. \tag{4.3.13}$$

证明　因为

$$\begin{aligned}
&\Sigma(z+1) - \Sigma(z-1) - \tau_{\mu+\nu}(z+1)\Delta x_{\nu+\mu+1}(z) \\
=&\Sigma(z+1) - \Sigma(z-1) - \tau_{\mu+\nu}(z+1)\nabla x_{\nu+\mu+1}(z+1) \\
=&-\Sigma(z-1) + \Sigma(z+1+\nu+\mu) - \tau(z+1+\nu+\mu)\nabla x_1(z+1+\nu+\mu) \\
=&-\tau_{\mu+\nu-2}(z-1)\nabla x_{\nu+\mu+3}(z-1) \\
=&-\tau_{\nu+\mu-2}(z-1)\nabla x_{\nu+\mu+1}(z),
\end{aligned}$$

那么由 (4.3.9) 和命题 4.2.1, 我们有

$$\begin{aligned}
\tau^*_{\nu+\mu}(z) &= -\tau_{\mu+\nu-2}(z-1) \\
&= -\kappa_{-2\nu-2\mu-3}x_{\nu+\mu+2}(z-1) + c(\nu+\mu) \\
&= -\kappa_{-2\nu-2\mu-3}x_{\nu+\mu}(z) + c(\nu+\mu).
\end{aligned}$$

同理, 我们可得

$$\begin{aligned}
&\tau_{\mu+\nu}(z+1)\Delta x_{\nu+\mu+1}(z) - \Delta\Sigma(z) \\
=&\tau_{\mu+\nu}(z+1)\Delta x_{\nu+\mu+1}(z) - \Sigma(z+1) + \sigma(z) \\
=&\tau(z+1+\nu+\mu)\nabla x_1(z+1+\nu+\mu) - \Sigma(z+1+\nu+\mu) + \sigma(z)
\end{aligned}$$

$$= \tau_{\mu+\nu-1}(z)\nabla x_{\nu+\mu}(z).$$

因此, 我们有

$$\lambda^* = \lambda - \nabla_{\nu+\mu+1}\tau_{\mu+\nu-1}(z)$$
$$= \lambda - \nabla_{\nu+\mu+1}\{\kappa_{-2\nu-2\mu+1}x_{\nu+\mu+1}(s)\}$$
$$= \lambda - \kappa_{-2\nu-2\mu-1}.$$

关于伴随方程 (4.3.7), 我们发现它有下面有趣的对偶性质:

命题 4.3.4 对于相伴方程 (4.3.7), 成立

$$\Sigma(z) = \Sigma^*(z+1) - \tau_{\mu+\nu}^*(z+1)\Delta x_{\nu+\mu+1}(z), \tag{4.3.14}$$

$$\tau_{\nu+\mu}(z) = \frac{\Sigma^*(z+1) - \Sigma^*(z-1) - \tau_{\mu+\nu}^*(z+1)\Delta x_{\nu+\mu+1}(z)}{\nabla x_{\nu+\mu+1}(z)}, \tag{4.3.15}$$

$$\lambda = \lambda^* - \nabla_{-\nu-\mu+1}\left(\frac{\tau_{-\mu-\nu}^*(z+1)\nabla x_{\nu+\mu+1}(z) - \Delta\Sigma^*(z)}{\Delta_{\nu+\mu}x(z)}\right). \tag{4.3.16}$$

证明 从 (4.3.9) 可得

$$\tau_{\nu+\mu}^*(z)\nabla x_{\nu+\mu+1}(z) = \Sigma(z+1) - \Sigma(z-1) - \tau_{\mu+\nu}(z+1)\Delta x_{\nu+\mu+1}(z), \tag{4.3.17}$$

从 (4.3.8) 和 (4.3.17), 则有

$$\Sigma(z-1) = \Sigma^*(z) - \tau_{\nu+\mu}^*(z)\nabla x_{\nu+\mu+1}(z),$$

因此

$$\Sigma(z) = \Sigma^*(z+1) + \tau_{\mu+\nu}^*(z+1)\Delta x_{\nu+\mu+1}(z).$$

由 (4.3.8), 可得

$$\tau_{\nu+\mu}(z+1) = \frac{\Sigma^*(z) - \Sigma(z+1)}{\Delta x_{\nu+\mu+1}(z)} = \frac{\Sigma^*(z) - \Sigma^*(z+2) - \tau_{\mu+\nu}^*(z+2)\Delta x_{\nu+\mu+1}(z+1)}{\Delta x_{\nu+\mu+1}(z)},$$

因此

$$\tau_{\mu+\nu}(z) = \frac{\Sigma^*(z+1) - \Sigma^*(z-1) - \tau_{\mu+\nu}^*(z+1)\Delta x_{\nu+\mu+1}(z)}{\nabla x_{\nu+\mu+1}(z)}.$$

进一步, 有

$$\tau_{\nu+\mu}(z+1)\Delta x_{\nu+\mu+1}(z) - \Delta\Sigma(z) = \Sigma(z+1) - \Sigma^*(z) - \Delta\Sigma(z) = \Sigma(z) - \Sigma^*(z),$$
$$= [\Sigma^*(z+1) - \tau_{\mu+\nu}^*(z+1)\Delta x_{\nu+\mu+1}(z)] - \sigma^*(z)$$
$$= \Delta\Sigma^*(z) - \tau_{\mu+\nu}^*(z+1)\Delta x_{\nu+\mu+1}(z). \tag{4.3.18}$$

因此, 从 (4.3.10) 和 (4.3.18), 可得

$$\lambda = \lambda^* - \nabla_{\nu+\mu+1} \left[\frac{\tau^*_{\mu+\nu}(z+1)\Delta x_{\nu+\mu+1}(z) - \Delta\Sigma^*(s)}{\Delta_{\nu+\mu}x(z)} \right].$$

与推论 4.2.3 的证明类似, 我们有

推论 4.3.5　从 (4.3.15) 和 (4.3.16), 可得

$$\tau_{\nu+\mu}(z) = -\tau^*_{\mu+\nu+2}(z-1), \tag{4.3.19}$$

且

$$\lambda = \lambda^* - \kappa^*_{-2\nu-2\mu-1}. \tag{4.3.20}$$

命题 4.3.6　伴随方程 (4.3.7) 可改写成

$$\begin{aligned}
&\Sigma(z-1)\Delta_{\nu+\mu-1}\nabla_{\mu+\nu}w(z) - \tau_{\mu+\nu+2}(z-1)\Delta_{\nu+\mu}w(z) \\
&+ (\lambda - \kappa_{-2\nu-2\mu-1})w(z) \\
&= 0.
\end{aligned} \tag{4.3.21}$$

证明　由于

$$\Delta_{\nu+\mu}w(z) - \nabla_{\nu+\mu}w(z) = \Delta\left(\frac{\nabla w(z)}{\nabla_{\nu+\mu}x(z)} \right),$$

可得

$$\begin{aligned}
&\tau^*_{\nu+\mu}(z)\nabla_{\nu+\mu}w(z) = \tau^*_{\mu+\nu}(z)\Delta_{\nu+\mu}w(z) - \tau^*_{\nu+\mu}(z)\Delta\left(\frac{\nabla w(z)}{\nabla_{\nu+\mu}x(s)} \right) \\
&= \tau^*_{\nu+\mu}(z)\Delta_{\nu+\mu}w(z) - \tau^*_{\mu+\nu}(z)\Delta x_{\nu+\mu-1}(z)\frac{\Delta}{\Delta x_{\nu+\mu-1}(z)}\left(\frac{\nabla w(z)}{\nabla_{\nu+\mu}x(z)} \right),
\end{aligned} \tag{4.3.22}$$

将 (4.3.22) 代入 (4.3.7), 则有

$$\begin{aligned}
&[\Sigma^*(z) - \tau^*_{\nu+\mu}(z)\Delta x_{\nu+\mu-1}(z)]\frac{\Delta}{\Delta x_{\nu+\mu-1}(z)}\left(\frac{\nabla w(z)}{\nabla_{\nu+\mu}x(z)} \right) \\
&+ \tau^*_{\mu+\nu}(z)\Delta_{\nu+\mu}w(z) + \lambda^* w(z) \\
&= 0.
\end{aligned} \tag{4.3.23}$$

从 (4.3.14), 可得

$$\Sigma^*(z) - \tau^*_{\nu+\mu}(z)\Delta x_{\nu+\mu-1}(z) = \Sigma(z-1). \tag{4.3.24}$$

将 (4.3.24) 代入 (4.3.23), 并且由 (4.3.12), 那么可得

$$\Sigma(z-1)\Delta_{\nu+\mu-1}\nabla_{\nu+\mu}w(z) - \tau_{\mu+\nu+2}(z-1)\Delta_{\nu+\mu}w(z) + (\lambda - \kappa_{-2\nu-2\mu-1})w(z) = 0.$$

下面我们要证明伴随方程 (4.3.7) 或者 (4.3.21) 也是非一致格子上的超几何差分方程. 这仅需证明

$$\tilde{\sigma}^*(z) = \Sigma^*(z) - \frac{1}{2}\tau^*_{\mu+\nu}(z)\Delta x_{\nu+\mu-1}(z)$$

$$= \Sigma(z-1) - \frac{1}{2}\tau_{\mu+\nu+2}(z-1)\Delta x_{\nu+\mu-1}(z)$$

是关于变量 $x_{\nu+\mu}(z)$ 的至多二次多项式.

事实上, 由引理 4.1.3, 可得

$$\tilde{\sigma}^*(z) = \Sigma(z-1) - \frac{1}{2}\tau_{\mu+\nu+2}(z-1)\nabla x_{\mu+\mu-1}(z-1) = \tilde{\sigma}_{\mu+\nu+2}(z-1)$$

是关于变量 $x_{\nu+\mu+2}(z-1) = x_{\nu+\mu}(z)$ 的至多二次多项式.

因此, 我们有

定理 4.3.7 伴随方程 (4.3.21) 或者

$$\tilde{\sigma}_{\mu+\nu+2}(z-1)\Delta_{\nu+\mu-1}\nabla_{\nu+\mu}w(z)$$
$$- \frac{1}{2}\tau_{\mu+\nu+2}(z-1)[\Delta_{\nu+\mu}w(z) + \nabla_{\nu+\mu}w(z)] + (\lambda - \kappa_{-2\nu-2\mu-1})w(z) = 0 \quad (4.3.25)$$

也是非一致格子上的超几何型差分方程.

4.4 伴随方程的特解

接下来, 让我们给出非一致格子上伴随方程 (4.3.21) 的特解形式. 为此目的, 我们需要给出另一种广义幂函数的定义.

先假设 $n \in \mathbb{N}^+$, 让我们定义非一致格子上的广义 n 阶向下幂函数 $[x(s)-x(z)]_{(n)}$ 为

$$[x(s) - x(z)]_{(n)} = \prod_{k=0}^{n-1}[x(s) - x(z+k)], \quad n \in \mathbb{N}^+.$$

结合第 3 章中向上广义幂级数的概念, 对于正整数 $n \in \mathbb{N}^+$, 我们有

$$[x(s) - x(z)]_{(n)} = \prod_{k=0}^{n-1}[x(s) - x(z+k)] = [x(s) - x(z+n-1)]^{(n)}.$$

当 n 不是正整数时, 我们需要将广义幂函数加以进一步的推广. 对于一般的 $\alpha \in \mathbb{C}$, 我们定义广义向下幂级数为

$$[x(s) - x(z)]_{(\alpha)} = [x(s) - x(z + \alpha - 1)]^{(\alpha)}.$$

根据此公式, 我们可以得到下面的定义:

定义 4.4.1(广义幂函数)　设 $\alpha \in \mathbb{C}$, 幂函数 $[x_\nu(s) - x_\nu(z)]_{(\alpha)}$ 定义为

$$[x_\nu(s) - x_\nu(z)]_{(\alpha)}$$
$$= \begin{cases} \dfrac{\Gamma(s - z + 1)}{\Gamma(s - z - \alpha + 1)}, & x(s) = s, \\[2mm] \dfrac{\Gamma(s - z + 1)\Gamma(s + z + \nu + \alpha)}{\Gamma(s - z - \alpha + 1)\Gamma(s + z + \nu)}, & x(s) = s^2, \\[2mm] (q - 1)^\alpha q^{\alpha(\nu - \alpha + 1)/2} \dfrac{\Gamma_q(s - z + 1)}{\Gamma_q(s - z - \alpha + 1)}, & x(s) = q^s, \\[2mm] \dfrac{1}{2^\alpha}(q - 1)^{2\alpha} q^{-\alpha(s + \frac{\nu}{2})} \dfrac{\Gamma_q(s - z + 1)\Gamma_q(s + z + \nu + \alpha)}{\Gamma_q(s - z - \alpha + 1)\Gamma_q(s + z + \nu)}, & x(s) = \dfrac{q^s + q^{-s}}{2}, \end{cases}$$
$$\tag{4.4.1}$$

对于形如 (4.1.14) 的二次格子, 记 $c = \dfrac{\tilde{c}_2}{\tilde{c}_1}$, 定义

$$[x_\nu(s) - x_\nu(z)]_{(\alpha)} = \tilde{c}_1^{\ \alpha} \frac{\Gamma(s - z + 1)\Gamma(s + z + \nu + c + \alpha)}{\Gamma(s - z - \alpha + 1)\Gamma(s + z + \nu + c)}; \tag{4.4.2}$$

对于形如 (4.1.15) 的二次格子, 记 $c = \dfrac{\log \frac{c_2}{c_1}}{\log q}$, 定义

$$[x_\nu(s) - x_\nu(z)]_{(\alpha)} = [c_1(1 - q)^2]^\alpha q^{-\alpha(s + \frac{\nu}{2})} \frac{\Gamma_q(s - z + 1)\Gamma_q(s + z + \nu + c + \alpha)}{\Gamma_q(s - z - \alpha + 1)\Gamma_q(s + z + \nu + c)}, \tag{4.4.3}$$

这里 $\Gamma(s)$ 是 Euler Gamma 函数, 且 $\Gamma_q(s)$ 是 Euler q-Gamma 函数, 它由下式所定义:

$$\Gamma_q(s) = \begin{cases} \dfrac{\prod\limits_{k=0}^{\infty}(1 - q^{k+1})}{(1 - q)^{s-1} \prod\limits_{k=0}^{\infty}(1 - q^{s+k})}, & |q| < 1, \\[4mm] q^{-(s-1)(s-2)/2}\Gamma_{1/q}(s), & |q| > 1. \end{cases}$$

对于向下广义幂函数, 存在下列重要的基本性质:

命题 4.4.2　对于 $x(s) = c_1 q^s + c_2 q^{-s} + c_3$ 或者 $x(s) = \tilde{c}_1 s^2 + \tilde{c}_2 s + \tilde{c}_3$, 广义指数函数 $[x_\nu(s) - x_\nu(z)]_{(\alpha)}$ 满足下列性质:

(1)
$$[x_\nu(s) - x_\nu(z)][x_\nu(s) - x_\nu(z+1)]_{(\mu)}$$
$$= [x_\nu(s) - x_\nu(z)]_{(\mu)}[x_\nu(s) - x_\nu(z+\mu)]$$
$$= [x_\nu(s) - x_\nu(z)]_{(\mu+1)};$$
(4.4.4)

(2)
$$[x_{\nu+1}(s-1) - x_{\nu+1}(z)]_{(\mu)}[x_{\nu+\mu}(s) - x_{\nu+\mu}(z)]$$
$$= [x_{\nu+\mu}(s-\mu) - x_{\nu+\mu}(z)][x_{\nu+1}(s) - x_{\nu+1}(z)]_{(\mu)}$$
$$= [x_\nu(s) - x_\nu(z)]_{(\mu+1)};$$
(4.4.5)

(3)
$$\frac{\nabla_z}{\nabla x_{\nu+\mu-1}(z)}[x_\nu(s) - x_\nu(z)]_{(\mu)}$$
$$= -\frac{\Delta_s}{\Delta x_{\nu-1}(s)}[x_{\nu-1}(s) - x_{\nu-1}(z)]_{(\mu)}$$
$$= -\gamma(\mu)[x_\nu(s) - x_\nu(z)]_{(\mu-1)};$$
(4.4.6)

(4)
$$\frac{\Delta_z}{\Delta x_{\nu+\mu-1}(z)}\left\{\frac{1}{[x_\nu(s) - x_\nu(z)]_{(\mu)}}\right\}$$
$$= -\frac{\nabla_s}{\nabla x_{\nu+1}(s)}\left\{\frac{1}{[x_{\nu+1}(s) - x_{\nu+1}(z)]_{(\mu)}}\right\}$$
$$= \frac{\gamma(\mu)}{[x_\nu(s) - x_\nu(z)]_{(\mu+1)}}.$$
(4.4.7)

这里 $\gamma(\mu) = \begin{cases} \dfrac{q^{\frac{\mu}{2}} - q^{-\frac{\mu}{2}}}{2}, & \text{当 } q \neq 1, \\ \mu, & \text{当 } q = 1. \end{cases}$

证明 结合定义 4.1.2 以及命题 3.2.8, 可以得到该命题中若干等式的详细证明过程:

(1)
$$[x_\nu(s) - x_\nu(z)][x_\nu(s) - x_\nu(z+1)]_{(\mu)}$$
$$= [x_\nu(s) - x_\nu(z)][x_\nu(s) - x_\nu(z+\mu)]^{(\mu)}$$
$$= [x_\nu(s) - x_\nu(z+\mu)]^{(\mu+1)} = [x_\nu(s) - x_\nu(z)]_{(\mu+1)},$$
$$[x_\nu(s) - x_\nu(z)]_{(\mu)}[x_\nu(s) - x_\nu(z+\mu)]$$
$$= [x_\nu(s) - x_\nu(z+\mu-1)]^{(\mu)}[x_\nu(s) - x_\nu(z+\mu)]$$
$$= [x_\nu(s) - x_\nu(z+\mu)]^{(\mu+1)} = [x_\nu(s) - x_\nu(z)]_{(\mu+1)}.$$

(2)
$$[x_{\nu+1}(s-1) - x_{\nu+1}(z)]_{(\mu)}[x_{\nu+\mu}(s) - x_{\nu+\mu}(z)]$$
$$= [x_{\nu+1}(s-1) - x_{\nu+1}(z+\mu-1)]^{(\mu)}[x_{\nu+\mu}(s) - x_{\nu+\mu}(z)]$$
$$= [x_\nu(s) - x_\nu(z+\mu)]^{(\mu+1)} = [x_\nu(s) - x_\nu(z)]_{(\mu+1)},$$

$$[x_{\nu+\mu}(s-\mu) - x_{\nu+\mu}(z)][x_{\nu+1}(s) - x_{\nu+1}(z)]_{(\mu)}$$
$$= [x_{\nu+\mu}(s-\mu) - x_{\nu+\mu}(z)][x_{\nu+1}(s) - x_{\nu+1}(z+\mu-1)]^{(\mu)}$$
$$= [x_\nu(s) - x_\nu(z+\mu)]^{(\mu+1)} = [x_\nu(s) - x_\nu(z)]_{(\mu+1)}.$$

(3)
$$\frac{\nabla_z}{\nabla x_{\nu+\mu-1}(z)}[x_\nu(s) - x_\nu(z)]_{(\mu)}$$
$$= \frac{\nabla_z}{\nabla x_{\nu+\mu-1}(z)}[x_\nu(s) - x_\nu(z+\mu-1)]^{(\mu)}$$
$$= \frac{\Delta_z}{\Delta x_{\nu+\mu-1}(z-1)}[x_\nu(s) - x_\nu(z+\mu-2)]^{(\mu)}$$
$$= \frac{\Delta_z}{\Delta x_{\nu-\mu+1}(z+\mu-2)}[x_\nu(s) - x_\nu(z+\mu-2)]^{(\mu)}$$
$$= -\gamma(\mu)[x_\nu(s) - x_\nu(z+\mu-2)]^{(\mu-1)}$$
$$= -\gamma(\mu)[x_\nu(s) - x_\nu(z)]_{(\mu-1)},$$
$$\frac{\Delta_s}{\Delta x_{\nu-1}(s)}[x_{\nu-1}(s) - x_{\nu-1}(z)]_{(\mu)}$$
$$= \frac{\Delta_s}{\Delta x_{\nu-1}(s)}[x_{\nu-1}(s) - x_{\nu-1}(z+\mu-1)]^{(\mu)}$$
$$= \frac{\nabla_s}{\nabla x_{\nu-1}(s+1)}[x_{\nu-1}(s+1) - x_{\nu-1}(z+\mu-1)]^{(\mu)}$$
$$= \gamma(\mu)[x_{\nu-2}(s+1) - x_{\nu-2}(z+\mu-1)]^{(\mu-1)}$$
$$= \gamma(\mu)[x_\nu(s) - x_\nu(z+\mu-2)]^{(\mu-1)}$$
$$= \gamma(\mu)[x_\nu(s) - x_\nu(z)]_{(\mu-1)}.$$

(4)
$$\frac{\Delta_z}{\Delta x_{\nu+\mu-1}(z)}\left\{\frac{1}{[x_\nu(s) - x_\nu(z)]_{(\mu)}}\right\}$$
$$= \frac{\nabla_z}{\nabla x_{\nu+\mu-1}(z+1)}\left\{\frac{1}{[x_\nu(s) - x_\nu(z+\mu)]^{(\mu)}}\right\}$$
$$= \frac{\nabla_z}{\nabla x_{\nu-\mu+1}(z+\mu)}\left\{\frac{1}{[x_\nu(s) - x_\nu(z+\mu)]^{(\mu)}}\right\}$$
$$= \frac{\gamma(\mu)}{[x_\nu(s) - x_\nu(z+\mu)]^{(\mu+1)}}$$
$$= \frac{\gamma(\mu)}{[x_\nu(s) - x_\nu(z)]_{(\mu+1)}},$$
$$\frac{\nabla_s}{\nabla x_{\nu+1}(s)}\left\{\frac{1}{[x_{\nu+1}(s) - x_{\nu+1}(z)]_{(\mu)}}\right\}$$

(4)
$$= \frac{\nabla_s}{\nabla x_{\nu+1}(s)} \left\{ \frac{1}{[x_{\nu+1}(s) - x_{\nu+1}(z + \mu - 1)]^{(\mu)}} \right\}$$
$$= \frac{\Delta_s}{\Delta x_{\nu+1}(s-1)} \left\{ \frac{1}{[x_{\nu+1}(s-1) - x_{\nu+1}(z + \mu - 1)]^{(\mu)}} \right\}$$
$$= \frac{\gamma(\mu)}{[x_{\nu+2}(s-1) - x_{\nu+2}(z + \mu - 1)]^{(\mu+1)}}$$
$$= \frac{\gamma(\mu)}{[x_{\nu}(s) - x_{\nu}(z + \mu)]^{(\mu+1)}}$$
$$= \frac{\gamma(\mu)}{[x_{\nu}(s) - x_{\nu}(z)]^{(\mu+1)}}.$$

这些非一致格子上幂函数性质, 很显然是如下经典著名恒等式的推广:

$$(s-z)(s-z)^{\mu} = (s-z)^{\mu}(s-z) = (s-z)^{\mu+1},$$

并且

$$\frac{d}{dz} \frac{1}{(s-z)^{\mu}} = -\frac{d}{ds} \frac{1}{(s-z)^{\mu}} = \frac{\mu}{(s-z)^{\mu-1}}.$$

定理 4.4.3 (主要定理) 在一类非一致格子函数 $x = x(z)$ 中, 超几何型差分方程

$$\Sigma(z) \frac{\Delta}{\Delta x_{\nu+\mu-1}(z)} \left(\frac{\nabla y(z)}{\nabla x_{\nu+\mu}(z)} \right) - \tau_{\nu+\mu}(z) \frac{\Delta y(z)}{\Delta x_{\nu+\mu}(z)} + \tilde{\lambda} y(z) = 0$$

具有以下形式的特解

$$y(z) = \sum_{s=a}^{b-1} \frac{\rho_{\nu}(s) \nabla x_{\nu+1}(s)}{[x_{\nu}(s) - x_{\nu}(z+1)]^{(\mu-1)}},$$

且具有如下形式的特解

$$y(z) = \oint_C \frac{\rho_{\nu}(s) \nabla x_{\nu+1}(s) ds}{[x_{\nu}(s) - x_{\nu}(z+1)]^{(\mu-1)}}.$$

这里 a, b 是具有相同虚部的复常数, C 是复 s-平面上一条围线, 且 $x_{\nu}(s) = x\left(s + \frac{1}{2}\right)$, 如果

i) 函数 $\rho(z)$ 和 $\rho_{\gamma}(z)$ 满足

$$\frac{\nabla}{\nabla x_1(z)} [\Sigma(z)\rho(z)] = \tau(z)\rho(z), \quad \frac{\nabla}{\nabla x_{\nu+1}(z)} [\Sigma(z)\rho_{\nu}(z)] = \tau_{\nu}(z)\rho_{\nu}(z); \quad (4.4.8)$$

ii) μ, ν 满足

$$\tilde{\lambda} + \kappa_{2\nu-(\mu-1)}\gamma(\mu-1) = 0; \qquad (4.4.9)$$

iii) 下列函数

$$\phi_{\nu\mu}(z) = \sum_{s=a}^{b-1} \frac{\rho_\nu(s)\nabla x_{\nu+1}(s)}{[x_\nu(s) - x_\nu(z+1)]_{(\mu+1)}}, \qquad (4.4.10)$$

或者

$$\phi_{\nu\mu}(z) = \oint_C \frac{\rho_\nu(s)\nabla x_{\nu+1}(s)ds}{[x_\nu(s) - x_\nu(z+1)]_{(\mu+1)}}, \qquad (4.4.11)$$

差商的计算可用如下式子执行

$$\frac{\Delta\phi_{\nu\mu}(z)}{\Delta x_{\nu+\mu}(z)} = \gamma(\mu+1)\phi_{\nu,\mu-1}(z); \qquad (4.4.12)$$

iv) 下面的等式成立

$$\psi_{\nu\mu}(a,z) = \psi_{\nu\mu}(b,z), \qquad \oint_C \nabla_s\psi_{\nu\mu}(s,z)dz = 0, \qquad (4.4.13)$$

这里

$$\psi_{\nu\mu}(s,z) = \frac{\Sigma(s)\rho_\nu(s)}{[x_{\nu-1}(s) - x_{\nu-1}(z)]^{(\mu)}}. \qquad (4.4.14)$$

证明　为了建立 $\Delta_{\nu+\mu-1}\nabla_{\nu+\mu}y(z), \Delta_{\nu+\mu}y(z)$ 和 $y(z)$ 之间的关系, 我们要找出存在非零函数 $A_i(z), i = 1, 2, 3$, 使得

$$A_1(z)\Delta_{\nu+\mu-1}\nabla_{\nu+\mu}y(z) + A_2(z)\Delta_{\nu+\mu}y(z) + A_3(z)y(z) = 0. \qquad (4.4.15)$$

由于

$$y(z) = \sum_{s=a}^{b-1} \frac{\rho_\nu(s)\nabla x_{\nu+1}(s)}{[x_\nu(s) - x_\nu(z+1)]_{(\mu-1)}},$$

我们有

$$\Delta_{\nu+\mu}y(z) = \gamma(\mu-1)\sum_{s=a}^{b-1} \frac{\rho_\nu(s)\nabla x_{\nu+1}(s)}{[x_\nu(s) - x_\nu(z+1)]_{(\mu)}},$$

且

$$\Delta_{\nu+\mu-1}\nabla_{\nu+\mu}y(z) = \gamma(\mu)\gamma(\mu-1)\sum_{s=a}^{b-1} \frac{\rho_\nu(s)\nabla x_{\nu+1}(s)}{[x_\nu(s) - x_\nu(z)]_{(\mu+1)}}.$$

将它们代入方程 (4.4.15), 则有

$$\sum_{s=a}^{b-1} \frac{\rho_\nu(s)\nabla x_{\nu+1}(s)}{[x_\nu(s)-x_\nu(z)]_{(\mu+1)}}\{\gamma(\mu)\gamma(\mu-1)A_1(z)$$
$$+\gamma(\mu-1)A_2(z)[x_\nu(s)-x_\nu(z)]$$
$$+A_3(z)[x_\nu(s)-x_\nu(z)][x_\nu(s)-x_\nu(z+\mu)]\}$$
$$=\sum_{s=a}^{b-1} \frac{\rho_\nu(s)\nabla x_{\nu+1}(s)}{[x_\nu(s)-x_\nu(z)]_{(\mu+1)}}P(s),$$

这里

$$P(s)=\{\gamma(\mu)\gamma(\mu-1)A_1(z)+\gamma(\mu-1)A_2(z)[x_\nu(s)-x_\nu(z)]$$
$$+A_3(z)[x_\nu(s)-x_\nu(z)][x_\nu(s)-x_\nu(z+\mu)]\}.$$

在另一方面, 令

$$\sum_{s=a}^{b-1}\frac{\rho_\nu(s)\nabla x_{\nu+1}(s)}{[x_\nu(s)-x_\nu(z)]_{(\mu+1)}}P(s)=\sum_{s=a}^{b-1}\nabla_s\left[\frac{\Sigma(s)\rho_\nu(s)}{[x_{\nu+1}(s)-x_{\nu+1}(z)]_{(\mu)}}\right]$$
$$=\sum_{s=a}^{b-1}\frac{\tau_\nu(s)\rho_\nu(s)\nabla x_{\nu+1}(s)}{[x_{\nu+1}(s-1)-x_{\nu+1}(z)]_{(\mu)}}-\sum_{s=a}^{b-1}\frac{\gamma(\mu)\Sigma(s)\rho_{-\nu}(s)\nabla x_{\nu+1}(s)}{[x_\nu(s)-x_\nu(z)]_{(\mu+1)}}$$
$$=-\sum_{s=a}^{b-1}\frac{\rho_\nu(s)\nabla x_{\nu+1}(s)}{[x_\nu(s)-x_\nu(z)]_{(\mu+1)}}\{\gamma(\mu)\Sigma(s)-\tau_\nu(s)[x_{\nu+\mu}(s)-x_{\nu+\mu}(z)]\}$$
$$=-\sum_{s=a}^{b-1}\frac{\rho_\nu(s)\nabla x_{\nu+1}(s)}{[x_\nu(s)-x_\nu(z)]_{(\mu+1)}}Q(s),$$

这里

$$Q(s)=\gamma(\mu)\Sigma(s)-\tau_\nu(s)[x_{\nu+\mu}(s)-x_{\nu+\mu}(z)].$$

应用引理 4.2.4 , 可得

$$Q(s)=\gamma(\mu)\Sigma(z)-\tau_{\nu+\mu}(z)[x_\nu(s)-x_\nu(z)]$$
$$-\kappa_{2\nu-(\mu-1)}[x_\nu(s)-x_\nu(z)][x_\nu(s)-x_\nu(z+\mu-1)]$$

通过比较 $P(s)$ 和 $Q(s)$, 则给出

$$A_1(z)=\frac{1}{\gamma(\mu-1)}\Sigma(z),\quad A_2(z)=-\frac{\tau_{\nu+\mu}(z)}{\gamma(\mu-1)},\quad A_3(z)=-\kappa_{2\nu-(\mu-1)}.$$

定理证毕.

推论 4.4.4 在一类非一致格子函数 $x = x(z)$ 中, 超几何型差分方程

$$\Sigma(z-1)\frac{\Delta}{\Delta x_{\nu+\mu-1}(z)}\left(\frac{\nabla y(z)}{\nabla x_{\nu+\mu}(z)}\right)$$

$$-\tau_{\nu+\mu+2}(z-1)\frac{\Delta y(z)}{\Delta x_{\nu+\mu}(z)} - \kappa_{2\nu-(\mu+1)}\gamma(\mu+1)y(z)$$

$$= 0 \tag{4.4.16}$$

有如下形式的特解

$$y(z) = \sum_{s=a}^{b-1}\frac{\rho_\nu(s)\nabla x_{\nu+1}(s)}{[x_\nu(s) - x_\nu(z)]_{(\mu+1)}},$$

并且具有如下形式的特解

$$y(z) = \oint_C \frac{\rho_\nu(s)\nabla x_{\nu+1}(s)ds}{[x_\nu(s) - x_\nu(z)]_{(\mu+1)}},$$

这里 C 是复 s-平面上的一条围线, 且 $x_\nu(s) = x\left(s + \frac{1}{2}\right)$, 如果

i) 函数 $\rho(z)$ 和 $\rho_\gamma(z)$ 满足

$$\frac{\nabla}{\nabla x_1(z)}[\Sigma(z)\rho(z)] = \tau(z)\rho(z), \quad \frac{\nabla}{\nabla x_{\nu+1}(z)}[\Sigma(z)\rho_\nu(z)] = \tau_\nu(z)\rho_\nu(z); \tag{4.4.17}$$

ii) μ, ν 满足

$$\lambda^*_{\nu+\mu} + \kappa_{2\nu-(\mu+1)}\gamma(\mu+1) = 0; \tag{4.4.18}$$

iii) 以下函数

$$\phi_{\nu\mu}(z) = \sum_{s=a}^{b-1}\frac{\rho_\nu(s)\nabla x_{\nu+1}(s)}{[x_\nu(s) - x_\nu(z)]_{(\mu+1)}}, \tag{4.4.19}$$

或

$$\phi_{\nu\mu}(z) = \oint_C \frac{\rho_\nu(s)\nabla x_{\nu+1}(s)ds}{[x_\nu(s) - x_\nu(z)]_{(\mu+1)}} \tag{4.4.20}$$

的差商可由下面公式计算

$$\frac{\nabla\phi_{\nu\mu}(z)}{\nabla x_{\nu+\mu}(z)} = \gamma(\mu+1)\phi_{\nu,\mu+1}(z); \tag{4.4.21}$$

iv) 如下等式成立

$$\psi_{\nu\mu}(a,z) = \psi_{\nu\mu}(b,z), \quad \oint_C \nabla_s\psi_{\nu\mu}(s,z)dz = 0, \tag{4.4.22}$$

这里

$$\psi_{\nu\mu}(s,z) = \frac{\Sigma(s)\rho_\nu(s)}{[x_{\nu-1}(s) - x_{\nu-1}(z-1)]_{(\mu+1)}}.\tag{4.4.23}$$

证明 方程 (4.4.16) 可改写成

$$\Sigma(z-1)\frac{\Delta}{\Delta x_{\nu+\mu+1}(z-1)}\left(\frac{\nabla y(z)}{\nabla x_{\nu+\mu+2}(z-1)}\right) - \tau_{\nu+\mu+2}(z-1)\frac{\Delta y(z)}{\Delta x_{\nu+\mu+2}(z-1)}$$

$$- \kappa_{2\nu-(\mu+1)}\gamma(\mu+1)y(z) = 0.$$

令 $y(z) = \tilde{y}(z-1)$, 那么

$$\Sigma(z)\frac{\Delta}{\Delta x_{\nu+\mu+1}(z)}\left(\frac{\nabla\tilde{y}(z)}{\nabla x_{\nu+\mu+2}(z)}\right)$$

$$- \tau_{\nu+\mu+2}(z)\frac{\Delta\tilde{y}(z)}{\Delta x_{\nu+\mu+2}(z)} - \kappa_{2\nu-(\mu+1)}\gamma(\mu+1)\tilde{y}(z) = 0.$$

令 $\mu+2 = \tilde{\mu}$, 那么

$$\Sigma(z)\frac{\Delta}{\Delta x_{\nu+\tilde{\mu}-1}(z)}\left(\frac{\nabla\tilde{y}(z)}{\nabla x_{\nu+\tilde{\mu}}(z)}\right) - \tau_{\nu+\tilde{\mu}}(z)\frac{\Delta\tilde{y}(z)}{\Delta x_{\nu+\tilde{\mu}}(z)} - \kappa_{2\nu-(\tilde{\mu}-1)}\gamma(\tilde{\mu}-1)\tilde{y}(z) = 0.$$

运用定理 4.4.3, 不难得到

$$y(z) = \tilde{y}(z-1) = \sum_{s=a}^{b-1}\frac{\rho_\nu(s)\nabla x_{\nu+1}(s)}{[x_\nu(s) - x_\nu(z)]_{(\tilde{\mu}-1)}} = \sum_{s=a}^{b-1}\frac{\rho_\nu(s)\nabla x_{\nu+1}(s)}{[x_\nu(s) - x_\nu(z)]_{(\mu+1)}}$$

且

$$y(z) = \tilde{y}(z-1) = \oint_C\frac{\rho_\nu(s)\nabla x_{\nu+1}(s)ds}{[x_\nu(s) - x_\nu(z)]_{(\tilde{\mu}-1)}} = \oint_C\frac{\rho_\nu(s)\nabla x_{\nu+1}(s)ds}{[x_\nu(s) - x_\nu(z)]_{(\mu+1)}}.$$

4.5 一 些 推 论

从推论 4.4.4 以及反映非一致格子上超几何伴随方程与原超几何方程之间关系的命题 4.3.2, 我们能够得到下面的定理.

定理 4.5.1 在定理 4.4.3 的假设条件下,

$$\Sigma(z)\frac{\Delta}{\Delta x_{\nu+\mu-1}(z)}\left(\frac{\nabla y(z)}{\Delta x_{\nu+\mu}(z)}\right) + \tau_{\nu+\mu}(z)\frac{\nabla y(z)}{\nabla x_{\nu+\mu}(z)} + \lambda y(z) = 0$$

具有如下形式的特解

$$y(z) = \frac{1}{\rho_{\nu+\mu}(z)}\sum_{s=a}^{b-1}\frac{\rho_\nu(s)\nabla x_{\nu+1}(s)}{[x_\nu(s) - x_\nu(z)]_{(\mu+1)}}$$

以及如下形式的特解

$$y(z) = \frac{1}{\rho_{\nu+\mu}(z)} \oint_C \frac{\rho_\nu(s)\nabla x_{\nu+1}(s)ds}{[x_\nu(s) - x_\nu(z)]_{(\mu+1)}},$$

这里 $\rho(z), \rho_\nu(z)$ 满足

$$\frac{\nabla(\Sigma(z)\rho(z))}{\nabla x_1(z)} = \tau(z)\rho(z), \quad \frac{\nabla(\Sigma(z)\rho_\nu(z))}{\nabla x_{\nu+1}(z)} = \tau_\nu(z)\rho_\nu(z),$$

并且 ν, μ 是下列方程的根

$$\lambda + \kappa_{2\nu-\mu}\gamma(\mu) = 0.$$

在定理 4.5.1 中, 令 $\mu + \nu = 0$, 那么可得一个重要的基本定理.

定理 4.5.2　在一类满足条件 (4.1.14)-(4.1.15) 的非一致格子 $x = x(s)$ 中, 超几何型差分方程

$$\Sigma(z)\frac{\Delta}{\Delta x_{-1}(z)}\left(\frac{\nabla y(z)}{\nabla x_0(z)}\right) + \tau(z)\frac{\nabla y(z)}{\nabla x_0(z)} + \lambda y(z) = 0 \tag{4.5.1}$$

具有如下形式

$$y = y_\nu(z) = \frac{1}{\rho(z)} \sum_{s=a+1}^b \frac{\rho_{-\nu}(s)\nabla x_{-\nu+1}(s)}{[x_{-\nu}(s) - x_{-\nu}(z)]_{(\nu+1)}},$$

以及如下形式的特解

$$y = \frac{1}{\rho(z)} \oint_C \frac{\rho_\nu(s)\nabla x_{\nu+1}(s)ds}{[x_{-\nu}(s) - x_{-\nu}(z)]_{(\nu+1)}}, \tag{4.5.2}$$

这里 C 是复 s-平面上的一条围线, 且 $x_{-\nu}(s) = x\left(s - \frac{\nu}{2}\right)$, 如果

1) 函数 $\rho(z)$ 和 $\rho_{-\nu}(z)$ 满足方程

$$\frac{\nabla}{\nabla x_1(z)}[\Sigma(z)\rho(z)] = \tau(z)\rho(z), \quad \frac{\nabla}{\nabla x_{-\nu+1}(z)}[\Sigma(z)\rho_{-\nu}(z)] = \tau_{-\nu}(z)\rho_{-\nu}(z);$$

2) ν 是如下方程的根

$$\lambda + \kappa_{-\nu}\gamma(\nu) = 0;$$

3) 函数

$$\phi_{-\nu,\mu}(z) = \sum_{s=a+1}^b \frac{\rho_{-\nu}(s)\nabla x_{-\nu+1}(s)}{[x_{-\nu}(s) - x_{-\nu}(z)]_{(\mu+1)}}$$

或

$$\phi_{-\nu,\mu}(z) = \oint_C \frac{\rho_{-\nu}(s)\nabla x_{-\nu+1}(s)ds}{[x_{-\nu}(s) - x_{-\nu}(z)]_{(\mu+1)}}$$

的差商可由以下公式计算

$$\frac{\Delta \phi_{-\nu,\mu}(z)}{\Delta x_{-\nu+\mu}(z)} = \gamma(\mu+1)\phi_{-\nu,\mu+1}(z);$$

4) 当 $\mu = \nu$ 时, 下面等式成立

$$\psi_{-\nu,\mu}(a,z) = \psi_{-\nu,\mu}(b,z), \qquad \oint_C \nabla_s \psi_{-\nu,\mu}(s,z) dz = 0,$$

这里

$$\psi_{-\nu,\mu}(s,z) = \frac{\Sigma(s)\rho_\nu(s)}{[x_{-\nu+1}(s) - x_{-\nu+1}(z-1)]_{(\mu+1)}}.$$

注 4.5.3 当 $\nu = n$ 时, 由于

$$\frac{\Delta_z}{\Delta x_{-n}(z)} \left[\frac{1}{x_{-n}(s) - x_{-n}(z)} \right] = \gamma(1) \frac{1}{[x_{-n}(s) - x_{-n}(z)]_{(2)}},$$

$$\frac{\Delta_z}{\Delta x_{-n+1}(z)} \left\{ \frac{\Delta_z}{\Delta x_{-n}(z)} \left[\frac{1}{x_{-n}(s) - x_{-n}(z)} \right] \right\} = \gamma(2)\gamma(1) \frac{1}{[x_{-n}(s) - x_{-n}(z)]_{(3)}},$$

以此类推, 可得

$$\Delta_z^{(n)}(z) \left[\frac{1}{x_{-n}(s) - x_{-n}(z)} \right] = \frac{\Delta_z}{\Delta x_{-1}(z)} \cdots \frac{\Delta_z}{\Delta x_{-n+1}(z)} \frac{\Delta_z}{\Delta x_{-n}(z)} \left[\frac{1}{x_{-n}(s) - x_{-n}(z)} \right]$$

$$= \gamma(n)! \frac{1}{[x_{-n}(s) - x_{-n}(z)]_{(n+1)}}. \tag{4.5.3}$$

由于方程 (4.5.3), 我们选取方程 (4.5.1) 的解为

$$y(z) = \frac{\log q}{q^{\frac{1}{2}} - q^{-\frac{1}{2}}} \gamma(n)! \frac{1}{2\pi i \rho(z)} \oint_c \frac{\rho_{-n}(s) \nabla x_{-n+1}(s) ds}{[x_{-n}(s) - x_{-n}(z)]_{(n+1)}}$$

$$= \frac{\log q}{q^{\frac{1}{2}} - q^{-\frac{1}{2}}} \gamma(n)! \frac{1}{2\pi i \rho(z)} \oint_c \rho_{-n}(s) \nabla x_{-n+1}(s) \Delta_z^{(n)}(z) \left[\frac{1}{x_{-n}(s) - x_{-n}(z)} \right] ds$$

$$= \frac{\log q}{q^{\frac{1}{2}} - q^{-\frac{1}{2}}} \frac{1}{2\pi i \rho(z)} \Delta_z^{(n)}(z) \oint_c \frac{\rho_{-n}(s) \nabla x_{-n+1}(s) ds}{x_{-n}(s) - x_{-n}(z)}$$

$$= \frac{1}{2\pi i \rho(z)} \Delta_z^{(n)}(z) \oint_c \frac{\rho_{-n}(s) x'_{-n}(s) ds}{x_{-n}(s) - x_{-n}(z)}$$

$$= \frac{1}{\rho(z)} \Delta_z^{(n)}(z) [\rho_{-n}(z)]. \tag{4.5.4}$$

上面倒数第二个等式最后一步成立是因为

$$x'_{-n}(s) = \frac{\log q}{q^{\frac{1}{2}} - q^{-\frac{1}{2}}} \nabla x_{-n+1}(s),$$

最后一个等式成立用到广义 Cauchy 积分公式

$$\rho_{-n}(z) = \frac{1}{2\pi i} \oint_c \frac{\rho_{-n}(s)x'_{-n}(s)ds}{x_{-n}(s) - x_{-n}(z)},$$

这里假设 $x_{-n}(z)$ 是单值函数. 因此, 定理 4.5.2 推广了 Rodrigues 公式 (4.1.42).

4.6　另一种新基本解

在 4.5 节, 我们利用伴随方程, 已经建立了第二型非一致格子上超几何方程的一种基本解. 本节我们将要应用广义 Euler 积分变换方法建立另一种新的基本解. 我们可以得到:

定理 4.6.1　在一类非一致格子函数 $x = x(z)$ 中, 非一致格子上超几何差分方程

$$\Sigma(z)\frac{\Delta}{\Delta x_{\nu+\mu-1}(z)}\left(\frac{\nabla y(z)}{\nabla x_{\nu+\mu}(z)}\right) + \tau_{\nu+\mu}(z)\frac{\nabla y(z)}{\nabla x_{\nu+\mu}(z)} + \tilde{\lambda}y(z) = 0 \quad (\tilde{\lambda} \in \mathbb{R}) \quad (4.6.1)$$

有如下形式的特解

$$y(z) = \sum_{s=a}^{b-1} [x_\nu(s) - x_\nu(z)]_{(\mu+1)}\rho_\nu(s)\nabla x_{\nu+1}(s), \quad (4.6.2)$$

且有以下形式的特解

$$y(z) = \oint_C [x_\nu(s) - x_\nu(z)]_{(\mu+1)}\rho_\nu(s)\nabla x_{\nu+1}(s)ds, \quad (4.6.3)$$

这里 a, b 是具有相同虚部的复数, C 是复 s-平面上的一条围线, 且 $x_\nu(s) = x\left(s + \frac{1}{2}\right)$, 如果

i) 函数 $\rho_\gamma(z)$ 满足

$$\frac{\Delta}{\nabla x_{\nu+1}(z)}[\Sigma(z)\rho_\nu(z)] + \tau_\nu(z)\rho_\nu(z) = 0; \quad (4.6.4)$$

ii) μ, ν 满足

$$\tilde{\lambda} + \kappa_{2\nu+\mu+1}\gamma(\mu+1) = 0; \quad (4.6.5)$$

iii) 下列函数

$$\phi_{\nu\mu}(z) = \sum_{s=a}^{b-1} [x_\nu(s) - x_\nu(z)]_{(\mu+1)}\rho_\nu(s)\nabla x_{\nu+1}(s), \quad (4.6.6)$$

或者

$$\phi_{\nu\mu}(z) = \oint_C [x_\nu(s) - x_\nu(z)]_{(\mu+1)} \rho_\nu(s) \nabla x_{\nu+1}(s) ds \qquad (4.6.7)$$

的差商可以由以下公式

$$\frac{\nabla \phi_{\nu\mu}(z)}{\nabla x_{\nu+\mu}(z)} = -\gamma(\mu+1)\phi_{\nu,\mu-1}(z) \qquad (4.6.8)$$

来计算;

iv) 下面等式成立

$$\psi_{\nu\mu}(a,z) = \psi_{\nu\mu}(b,z), \qquad \oint_C \Delta_s \psi_{\nu\mu}(s,z) dz = 0, \qquad (4.6.9)$$

这里

$$\psi_{\nu\mu}(s,z) = [x_{\nu-1}(s) - x_{\nu-1}(z+1)]_{(\mu)} \Sigma(s) \rho_\nu(s). \qquad (4.6.10)$$

证明 由 Euler 积分变换的思想, 假定方程 (4.6.1) 有以下形式的解:

$$y(z) = \oint_C [x_\nu(s) - x_\nu(z)]_{(\mu+1)} \rho_\nu(s) \nabla x_{\nu+1}(s) ds, \qquad (4.6.11)$$

这里常数 ν, μ 和函数 $\rho_\nu(s)$ 待定. 那么

$$\frac{\nabla y(z)}{\nabla x_{\nu+\mu}(z)} = -\gamma(\mu+1) \oint_C [x_\nu(s) - x_\nu(z)]_{(\mu)} \rho_\nu(s) \nabla x_{\nu+1}(s) ds, \qquad (4.6.12)$$

且

$$\frac{\nabla}{\nabla x_{\nu+\mu+1}(z)} \left(\frac{\Delta y(z)}{\Delta x_{\nu+\mu}(z)} \right)$$

$$= \gamma(\mu+1)\gamma(\mu) \oint_C [x_\nu(s) - x_\nu(z+1)]_{(\mu-1)} \rho_\nu(s) \nabla x_{\nu+1}(s) ds. \qquad (4.6.13)$$

将 (4.6.11)~(4.6.13) 代入 (4.6.1), 并由命题 4.4.2, 我们有

$$\gamma(\mu+1) \oint_C [x_\nu(s) - x_\nu(z+1)]_{(\mu-1)} \{\gamma(\mu)\Sigma(z)$$

$$- \tau_{\nu+\mu}(z)[x_\nu(s) - x_\nu(z)]\} \rho_\nu(s) \nabla x_{\nu+1}(s) ds$$

$$+ \lambda \oint_C [x_\nu(s) - x_\nu(z)]_{(\mu+1)} \rho_\nu(s) \nabla x_{\nu+1}(s) ds$$

$$= 0. \qquad (4.6.14)$$

利用命题 4.4.2, 则有

$$\gamma(\mu)\Sigma(z) - \tau_{\nu+\mu}(z)[x_\nu(s) - x_\nu(z)]$$

$$= \gamma(\mu)\Sigma(s) - \tau_\nu(s)[x_{\nu+\mu}(s) - x_{\nu+\mu}(z)]$$
$$+ \kappa_{2\nu+\mu+1}[x_\nu(s) - x_\nu(z)][x_\nu(s) - x_\nu(z+\mu)]. \tag{4.6.15}$$

将 (4.6.15) 代入 (4.6.14), 并应用命题 4.4.2, 可得

$$\gamma(\mu+1)\bigg\{ \oint_C \gamma(\mu)\Sigma(s)\rho_\nu(s)[x_\nu(s) - x_\nu(z+1)]_{(\mu-1)}\nabla x_{\nu+1}(s)ds$$
$$- \oint_C \tau_\nu(s)\rho_\nu(s)[x_{\nu-1}(s+1) - x_{\nu-1}(z+1)]_{(\mu)}\nabla x_{\nu+1}(s)ds \bigg\}$$
$$+ [\lambda + \kappa_{2\nu+\mu+1}\gamma(\mu+1)] \oint_C \rho_\nu(s)[x_\nu(s) - x_\nu(z)]_{(\mu+1)}\nabla x_{\nu+1}(s)ds$$
$$= 0, \tag{4.6.16}$$

这是由于

$$[x_{\nu+\mu}(s) - x_{\nu+\mu}(z)][x_\nu(s) - x_\nu(z+1)]_{(\mu-1)} = [x_{\nu-1}(s+1) - x_{\nu-1}(z+1)]_{(\mu)},$$

$$[x_\nu(s) - x_\nu(z)][x_\nu(s) - x_\nu(z+\mu)][x_\nu(s) - x_\nu(z+1)]_{(\mu-1)} = [x_\nu(s) - x_\nu(z)]_{(\mu+1)}.$$

那么, 由 (4.6.16), 可得

$$\gamma(\mu+1)\bigg\{ \oint_C \Sigma(z)\rho_\nu(s)\Delta_s\{[x_{\nu-1}(s) - x_{\nu-1}(z+1)]_{(\mu)}\}ds$$
$$- \oint_C \tau_\nu(s)\rho_\nu(s)[x_{\nu-1}(s+1) - x_{\nu-1}(z+1)]_{(\mu)}\nabla x_{\nu+1}(s)ds \bigg\}$$
$$+ [\lambda + \kappa_{2\nu+\mu+1}\gamma(\mu+1)] \oint_C [x_\nu(s) - x_\nu(z)]_{(\mu+1)}\rho_\nu(s)\nabla x_{\nu+1}(s)ds$$
$$= 0. \tag{4.6.17}$$

由于

$$\Delta_s[u(s)v(s)] = u(s)\Delta_s[v(s)] + v(s+1)\Delta_s[u(s)], \tag{4.6.18}$$

这里 $u(s) = \Sigma(z)\rho_\nu(s), v(s) = [x_{\nu-1}(s) - x_{\nu-1}(z+1)]_{(\mu)}$, 我们能得到

$$\oint_C \Sigma(z)\rho_\nu(s)\Delta_s\{[x_{\nu-1}(s) - x_{\nu-1}(z+1)]_{(\mu)}\}ds$$
$$= \oint_C \Delta_s\{\Sigma(z)\rho_\nu(s)[x_{\nu-1}(s) - x_{\nu-1}(z+1)]_{(\mu)}\}ds$$
$$- \oint_C \Delta_s[\Sigma(z)\rho_\nu(s)][x_{\nu-1}(s+1) - x_{\nu-1}(z+1)]_{(\mu)}ds.$$

假定条件 (4.6.9) 成立, 那么

$$\oint_C \Sigma(z)\rho_\nu(s)\Delta_s\{[x_{\nu-1}(s) - x_{\nu-1}(z+1)]_{(\mu)}\}ds$$

$$= -\oint_C \Delta_s[\Sigma(z)\rho_\nu(s)][x_{\nu-1}(s+1) - x_{\nu-1}(z+1)]_{(\mu)}ds.$$

因此,

$$\gamma(\mu+1)\oint_C\{-\Delta_s[\Sigma(z)\rho_\nu(s)] - \tau_\nu(s)\rho_\nu(s)\Delta x_{\nu-1}(s)\}$$

$$\cdot[x_{\nu-1}(s+1) - x_{\nu-1}(z+1)]_{(\mu)}ds$$

$$+ [\lambda + \kappa_{2\nu+\mu+1}\gamma(\mu+1)]\oint_C[x_\nu(s) - x_\nu(z)]_{(\mu+1)}\rho_\nu(s)\nabla x_{\nu+1}(s)ds$$

$$= 0. \tag{4.6.19}$$

如果 $\rho_\nu(s)$ 满足

$$\frac{\Delta_s(\Sigma(s)\rho_\nu(s))}{\nabla x_{\nu+1}(s)} + \tau_\nu(s)\rho_\nu(s) = 0, \tag{4.6.20}$$

并且 μ, ν 是下面方程的根

$$\lambda + \kappa_{2\nu+\mu+1}\gamma(\mu+1) = 0. \tag{4.6.21}$$

那么方程 (4.6.1) 有形如 (4.6.11) 的特解, 因此我们完成了定理的证明.

在定理 4.6.1 中, 让 $\mu = -\nu$, 则有下面的定理.

定理 4.6.2 在定理 4.6.1 的假设条件上, 让 $\mu = -\nu$, 方程

$$\Sigma(z)\frac{\Delta}{\Delta x_{-1}(z)}\left(\frac{\nabla y(z)}{\Delta x_0(z)}\right) + \tau(z)\frac{\nabla y(z)}{\nabla x_0(z)} + \lambda y(z) = 0 \tag{4.6.22}$$

有如下形式的特解

$$y(z) = \sum_{s=a}^{b-1}[x_\nu(s) - x_\nu(z)]_{(-\nu+1)}\rho_\nu(s)\nabla x_{\nu+1}(s) \tag{4.6.23}$$

还有如下形式的特解

$$y(z) = \oint_C[x_\nu(s) - x_\nu(z)]_{(-\nu+1)}\rho_\nu(s)\nabla x_{\nu+1}(s)ds, \tag{4.6.24}$$

这里 $\rho_\nu(z)$ 满足

$$\frac{\Delta(\Sigma(z)\rho_\nu(z))}{\nabla x_{\nu+1}(z)} + \tau_\nu(z)\rho_\nu(z) = 0, \tag{4.6.25}$$

且 ν 是下面方程的根

$$\lambda + \kappa_{\nu+1}\gamma(\nu+1) = 0. \tag{4.6.26}$$

引理 4.6.3 (1) 对于二次格子 $x(z) = c_1 z^2 + c_2 z + c_3$, 成立

$$\Sigma(z) - \tau(z)\nabla x_1(z) = \sigma(-z-\mu),$$

这里 $\mu = \dfrac{c_2}{c_1}$.

(2) 对于二次格子 $x(z) = \tilde{c}_1 q^z + \tilde{c}_2 q^{-z} + \tilde{c}_3$, 成立

$$\Sigma(z) - \tau(z)\nabla x_1(z) = \sigma(-z-\mu),$$

这里 $q^\mu = \dfrac{\tilde{c}_2}{\tilde{c}_1}$.

证明 (1) 对于二次格子 $x(z) = c_1 z^2 + c_2 z + c_3$, 容易验证

$$x(z) = x(-z-\mu),$$

这里 $\mu = \dfrac{c_2}{c_1}$. 事实上, 直接计算有

$$\begin{aligned}
x(-z-\mu) &= c_1(-z-\mu)^2 + c_2(-z-\mu) + c_3 \\
&= c_1 z^2 + (2c_1\mu - c_2)z + \mu(c_1\mu - c_2) + c_3 \\
&= c_1 z^2 + c_2 z + c_3 = x(z).
\end{aligned}$$

由于

$$\Delta x\left(z - \frac{1}{2}\right) = -\Delta x\left(t - \frac{1}{2}\right)\Big|_{t=-z-\mu},$$

即

$$\nabla x_1(z) = -\nabla x_1(t)|_{t=-z-\mu},$$

我们可得

$$\begin{aligned}
\sum(-z-\mu) &= \tilde{\sigma}[x(-z-\mu)] + \frac{1}{2}\tilde{\tau}[x(-z-\mu)]\nabla x_1(t)|_{t=-z-\mu} \\
&= \tilde{\sigma}[x(z)] - \frac{1}{2}\tilde{\tau}[x(z)]\nabla x_1(z) \\
&= \sum(z) - \frac{1}{2}\tilde{\tau}[x(z)]\nabla x_1(z) - \frac{1}{2}\tilde{\tau}[x(z)]\nabla x_1(z) \\
&= \sum(z) - \tau(z)\nabla x_1(z).
\end{aligned}$$

(2) $x(z) = \tilde{c}_1 q^z + \tilde{c}_2 q^{-z} + \tilde{c}_3$, 容易验证

$$x(z) = x(-z-\mu),$$

这里 $q^\mu = \dfrac{\tilde{c}_2}{\tilde{c}_1}$. 事实上, 我们有

$$
\begin{aligned}
x(-z-\mu) &= \tilde{c}_1 q^{-z-\mu} + \tilde{c}_2 q^{z+\mu} + \tilde{c}_3 \\
&= \tilde{c}_1 q^{-z} q^{-\mu} + \tilde{c}_2 q^z q^\mu + \tilde{c}_3 \\
&= \tilde{c}_2 q^{-z} + \tilde{c}_1 q^z + \tilde{c}_3 = x(z).
\end{aligned}
$$

由于

$$
\Delta x\left(z - \frac{1}{2}\right) = \left. -\Delta x\left(t - \frac{1}{2}\right)\right|_{t=-z-\mu},
$$

即

$$
\nabla x_1(z) = -\nabla x_1(t)|_{t=-z-\mu},
$$

我们可得

$$
\begin{aligned}
\sum(-z-\mu) &= \widetilde{\sigma}[x(-z-\mu)] + \frac{1}{2}\widetilde{\tau}[x(-z-\mu)]\nabla x_1(t)|_{t=-z-\mu} \\
&= \widetilde{\sigma}[x(z)] - \frac{1}{2}\widetilde{\tau}[x(z)]\nabla x_1(z) \\
&= \sum(z) - \frac{1}{2}\widetilde{\tau}[x(z)]\nabla x_1(z) - \frac{1}{2}\widetilde{\tau}[x(z)]\nabla x_1(z) \\
&= \sum(z) - \tau(z)\nabla x_1(z).
\end{aligned}
$$

下面, 在二次格子 $x(z) = z^2$ 和 $x(z) = \dfrac{q^z + q^{-z}}{2}$ 情形下, 让我们给出两个例子来说明定理 4.6.2 的应用.

引理 4.6.4 对于 $x(z) = z^2$ 或 $x(z) = \dfrac{q^z + q^{-z}}{2}$, 让 $\rho_\nu(z)$ 满足方程 (4.6.20), 那么

$$
\frac{\rho_\nu(z+1)}{\rho_\nu(z)} = \frac{\Sigma(-z-\nu)}{\Sigma(z+1)}. \tag{4.6.27}
$$

证明 对于 $x(z) = z^2$ 或 $x(z) = \dfrac{q^z + q^{-z}}{2}$, 那么由引理 4.6.3, 将有性质

$$
\Sigma(z) - \tau(z)\nabla x_1(z) = \Sigma(-z). \tag{4.6.28}
$$

让 $\rho_\nu(z)$ 满足方程 (4.6.20), 且从方程 (4.1.44) 和方程 (4.6.28), 那么我们得到

$$
\begin{aligned}
\frac{\rho_\nu(z+1)}{\rho_\nu(z)} &= \frac{\Sigma(z) - \tau_\nu(z)\nabla x_{\nu+1}(z)}{\Sigma(z+1)} \\
&= \frac{\Sigma(z+\nu) - \tau(z+\nu)\nabla x_1(z+\nu)}{\Sigma(z+1)} \\
&= \frac{\Sigma(-z-\nu)}{\Sigma(z+1)}. \tag{4.6.29}
\end{aligned}
$$

例 4.6.5 考虑方程

$$\Sigma(z)\frac{\Delta}{\Delta x_{-1}(z)}\left(\frac{\nabla y(z)}{\nabla x_0(z)}\right)+\tau(z)\frac{\nabla y(z)}{\nabla x_0(z)}+\lambda y(z)=0, \tag{4.6.30}$$

假设 ν 是方程 $\lambda+\kappa_{-\nu}\gamma(\nu)=0$ 的根, 这里格子 $x(s)=s^2$, $\Sigma(z)=\prod\limits_{k=1}^{4}(s+s_k)$, 且 $s_k, k=1,2,3,4$, 是任意复数. 我们将找出方程的解.

解 从方程 (4.6.27), 可得

$$\frac{\rho_{-\nu}(s+1)}{\rho_{-\nu}(s)}=\frac{\Sigma(-s-\nu)}{\Sigma(s+1)}=\prod_{k=1}^{4}\frac{-s+\nu+s_k}{s+1+s_k}$$

$$=\prod_{k=1}^{4}\frac{s-\nu-s_k}{-s-1-s_k}. \tag{4.6.31}$$

由于

$$\frac{s-\nu-s_k}{-s-1-s_k}=\frac{\Gamma(s-\nu-s_k+1)\Gamma(-s_k-s-1)}{\Gamma(s-\nu-s_k)\Gamma(-s_k-s)}, \tag{4.6.32}$$

我们选取方程 (4.6.31) 如下形式的解

$$\rho_\nu(s)=C_0\prod_{k=1}^{4}\Gamma(s-\nu-s_k)\Gamma(-s_k-s)\sin 2\pi\left(s+\frac{-\nu+1}{2}\right),$$

$$C_0^{-1}=\frac{\sin\pi(s-z+1)}{\sin\pi(s-z+\nu)}.$$

利用定义 4.4.1 中广义幂函数定义

$$[x_{-\nu}(s)-x_{-\nu}(z)]_{(\nu+1)}=\frac{\Gamma(s-z+1)\Gamma(s+z+1)}{\Gamma(s-z-\nu)\Gamma(s+z-\nu)},$$

$$x(z)=z^2$$

和

$$\frac{\Gamma(s-z+1)}{\Gamma(s-z-\nu)}=\frac{\pi/[\sin\pi(s-z-\nu)]\Gamma(1+z-s+\nu)}{\pi/[\sin\pi(s-z+1)]\Gamma(z-s)}$$

$$=\frac{\sin\pi(s-z+1)\Gamma(1+z-s+\nu)}{\sin\pi(s-z+\nu)\Gamma(z-s)}$$

$$=C_0^{-1}\frac{\Gamma(1+z-s+\nu)}{\Gamma(z-s)},$$

我们得到

$$[x_{-\nu}(s)-x_{-\nu}(z)]_{(\nu+1)}=C_0^{-1}\frac{\Gamma(1+z-s+\nu)\Gamma(s+z+1)}{\Gamma(z-s)\Gamma(s+z-\nu)},$$

$$x(z) = z^2.$$

基于定理 4.6.2 中的方程 (4.6.24), 可得

$$y_\nu(z) = \oint_C [x_{-\nu}(s) - x_{-\nu}(z)]_{(\nu+1)} \rho_{-\nu}(s) \nabla x_{-\nu+1}(s) ds$$

$$= \oint_C \frac{\Gamma(1+z-s+\nu)\Gamma(s+z+1)}{\Gamma(z-s)\Gamma(s+z-\nu)} \prod_{k=1}^{4} \Gamma(s-\nu-s_k)\Gamma(-s_k-s)(2s-\nu) ds.$$

令 $2s - \nu = 2t$, 得到

$$2t = \frac{\Gamma(1+2t)}{\Gamma(2t)}$$

$$= \frac{\pi}{\Gamma(2t)\Gamma(-2t)\sin\pi(-2t)}$$

$$= \frac{\pi}{\Gamma(2t)\Gamma(-2t)\sin 2\pi\left(t+\dfrac{1}{2}\right)}.$$

因此, 我们得到解为

$$y_\nu(z) = \pi \int_{-i\infty}^{i\infty} \frac{\Gamma\left(1+z+\dfrac{\nu}{2}-t\right)\Gamma\left(1+z+\dfrac{\nu}{2}+t\right)}{\Gamma(2t)\Gamma(-2t)\Gamma\left(z-\dfrac{\nu}{2}-t\right)\Gamma\left(z-\dfrac{\nu}{2}+t\right)}$$

$$\cdot \prod_{k=1}^{4} \Gamma\left(-s_k-\dfrac{\nu}{2}+t\right)\Gamma\left(-s_k-\dfrac{\nu}{2}-t\right) dt$$

$$= \pi \int_{-\infty}^{\infty} \frac{\Gamma\left(1+z+\dfrac{\nu}{2}-ix\right)\Gamma\left(1+z+\dfrac{\nu}{2}+ix\right)}{\Gamma(2ix)\Gamma(-2ix)\Gamma\left(z-\dfrac{\nu}{2}-ix\right)\Gamma\left(z-\dfrac{\nu}{2}+ix\right)}$$

$$\cdot \prod_{k=1}^{4} \Gamma\left(-s_k-\dfrac{\nu}{2}+ix\right)\Gamma\left(-s_k-\dfrac{\nu}{2}-ix\right) dx.$$

应用 [93] 中给出的一个积分表达公式

$$\frac{1}{2\pi}\int_{-\infty}^{\infty} \frac{\Gamma(\lambda+ix)\Gamma(\lambda-ix)\Gamma(\mu+ix)\Gamma(\mu-ix)}{\Gamma(2ix)\Gamma(-2ix)}$$

$$\cdot \frac{\Gamma(\gamma+ix)\Gamma(\gamma-ix)\Gamma(\rho+ix)\Gamma(\rho-ix)\Gamma(\sigma+ix)\Gamma(\sigma-ix)}{\Gamma(\tau+ix)\Gamma(\tau-ix)} dx$$

$$= \frac{2\Gamma(\lambda+\mu)\Gamma(\lambda+\gamma)\Gamma(\lambda+\rho)\Gamma(\lambda+\sigma)}{\Gamma(\lambda+\tau)\Gamma(\mu+\tau)\Gamma(\gamma+\tau)\Gamma(\lambda+\mu+\nu+\rho)}$$

$$\cdot \frac{\Gamma(\mu+\gamma)\Gamma(\mu+\rho)\Gamma(\mu+\sigma)\Gamma(\gamma+\rho)\Gamma(\gamma+\sigma)\Gamma(\lambda+\mu+\gamma+\tau)}{\Gamma(\lambda+\mu+\nu+\sigma)}$$

$$\cdot {}_7F_6\left[\begin{array}{c} \lambda+\mu+\gamma+\tau-1, \dfrac{\lambda+\mu+\gamma+\tau+1}{2}, \\ \dfrac{\lambda+\mu+\gamma+\tau-1}{2}, \lambda+\tau, \\[2mm] \lambda+\mu, \lambda+\gamma, \mu+\gamma, \tau-\sigma, \tau-\rho \\ \gamma+\tau, \mu+\tau, \lambda+\mu+\gamma+\sigma, \lambda+\mu+\gamma+\rho \end{array}; 1\right], \tag{4.6.33}$$

这里 ${}_7F_6$ 是超几何级数, 且在方程 (4.6.33) 中, 令 $\lambda=1+z+\dfrac{\nu}{2}, \mu=-s_1-\dfrac{\nu}{2}, \gamma=-s_2-\dfrac{\nu}{2}, \rho=-s_3-\dfrac{\nu}{2}$, 且 $\sigma=-s_4-\dfrac{\nu}{2}, \tau=z-\dfrac{\nu}{2}$, 将 $y_\nu(z)$ 化简, 我们可得解 $y_\nu(z)$ 为

$$y_\nu(z)=\frac{4\pi^2\Gamma(1+z-s_1)\Gamma(1+z-s_2)\Gamma(1+z-s_3)\Gamma(1+z-s_4)\Gamma(-s_1-s_2-\nu)}{\Gamma(1+2z)\Gamma(z-s_1-\nu)\Gamma(z-s_2-\nu)\Gamma(1+z-s_1-s_2-s_3-\nu)}$$

$$\cdot \frac{\Gamma(-s_1-s_3-\nu)\Gamma(-s_1-s_4-\nu)\Gamma(-s_2-s_3-\nu)\Gamma(-s_2-s_4-\nu)}{\Gamma(1+z-s_1-s_2-s_4-\nu)}$$

$$\cdot \Gamma(1+2z-s_1-s_2-\nu)$$

$$\cdot {}_7F_6\left[\begin{array}{c} 2z-s_1-s_2-\nu, \dfrac{2z-s_1-s_2-\nu+2}{2}, \\ \dfrac{2z-s_1-s_2-\nu}{2}, 1+2z, \\[2mm] 1+z-s_1, 1+z-s_2, -s_1-s_2-\nu, z+s_4, z+s_3 \\ z-s_2-\nu, z-s_1-\nu, 1+z-s_1-s_2-s_4-\nu, 1+z-s_1-s_2-s_3-\nu \end{array}; 1\right],$$

如果忽略一个常数因子, 则解可以进一步写成

$$y_\nu(z)=\frac{\Gamma(1+2z-s_1-s_2-\nu)\Gamma(1+z-s_1)\Gamma(1+z-s_2)}{\Gamma(1+2z)\Gamma(z-s_1-\nu)\Gamma(z-s_2-\nu)}$$

$$\cdot \frac{\Gamma(1+z-s_3)\Gamma(1+z-s_4)}{\Gamma(1+z-s_1-s_2-s_3-\nu)\Gamma(1+z-s_1-s_2-s_4-\nu)}$$

$$\cdot {}_7F_6\left[\begin{array}{c} 2z-s_1-s_2-\nu, \dfrac{2z-s_1-s_2-\nu+2}{2}, -s_1-s_2-\nu, \\ \dfrac{2z-s_1-s_2-\nu}{2}, 1+2z, \\[2mm] 1+z-s_1, 1+z-s_2, z+s_4, z+s_3 \\ z-s_2-\nu, z-s_1-\nu, 1+z-s_1-s_2-s_4-\nu, 1+z-s_1-s_2-s_3-\nu \end{array}; 1\right]$$

$$
=\frac{\displaystyle\prod_{k=1}^{2}(z-s_k-\nu)_{\nu+1}\prod_{k=3}^{4}(1+z-s_1-s_2-s_k-\nu)_{s_1+s_2+\nu}}{(1+2z-s_1-s_2-\nu)_{s_1+s_2+\nu}}
$$

$$
\cdot\,{}_7F_6\left[\begin{array}{c}2z-s_1-s_2-\nu,\ \dfrac{2z-s_1-s_2-\nu+2}{2},\ -s_1-s_2-\nu,\\[2mm]\dfrac{2z-s_1-s_2-\nu}{2},\ 1+2z,\\[3mm]1+z-s_1,\ 1+z-s_2,\ z+s_4,\ z+s_3\\z-s_2-\nu,\ z-s_1-\nu,\ 1+z-s_1-s_2-s_4-\nu,\ 1+z-s_1-s_2-s_3-\nu\end{array};1\right].
$$

$$
(4.6.34)
$$

如果我们在方程 (4.6.34) 中，记 $s_1+s_2+\nu=n$，此时 $n\in\mathbb{R}$，那么我们得到方程 (4.6.30) 一个解为

$$
y_\nu(z)=\frac{\Gamma(1+2z-n)\Gamma(1+z-s_1)\Gamma(1+z-s_2)\Gamma(1+z-s_3)\Gamma(1+z-s_4)}{\Gamma(1+2z)\Gamma(z-s_1-\nu)\Gamma(z-s_2-\nu)\Gamma(1+z-s_3-n)\Gamma(1+z-s_4-n)}
$$

$$
\cdot\,{}_7F_6\left[\begin{array}{c}2z-n,\ z-\dfrac{n}{2}+1,\ -n,\\[2mm]z-\dfrac{n}{2},\ 1+2z,\\[3mm]1+z-s_1,\ 1+z-s_2,\ z+s_4,\ z+s_3\\z-n+s_1,\ z-n+s_2,\ 1+z-n-s_4,\ 1+z-n-s_3\end{array};1\right]
$$

$$
=\frac{\displaystyle\prod_{k=1}^{2}(z-s_k-\nu)_{\nu+1}\prod_{k=3}^{4}(1+z-s_k-n)_n}{(2z+1-n)_n}
$$

$$
\cdot\,{}_7F_6\left[\begin{array}{c}2z-n,\ z-\dfrac{n}{2}+1,\ -n,\\[2mm]z-\dfrac{n}{2},\ 1+2z,\\[3mm]1+z-s_1,\ 1+z-s_2,\ z+s_4,\ z+s_3\\z-n+s_1,\ z-n+s_2,\ 1+z-n-s_4,\ 1+z-n-s_3\end{array};1\right].
$$

利用 Whipple 变换公式 ([35]):

$$
{}_7F_6\left[\begin{array}{c}-n,\ v,\ \dfrac{v}{2}+1,\ a_1,a_2,a_3,a_4\\[2mm]\dfrac{v}{2},\ 1+v+n,\ 1+v-a_1,\ 1+v-a_2,\ 1+v-a_3,\ 1+v-a_4\end{array};1\right]
$$

$$
=\frac{(1+v)_n(1+v-a_1-a_2)_n}{(1+v-a_1)_n(1+v-a_2)_n}\cdot{}_4F_3\left[\begin{array}{c}-n,\ 1+v-a_3-a_4,\ a_2,\ a_1\\a_1+a_2-v-n,\ 1+v-a_3,\ 1+v-a_4\end{array};1\right],
$$

则我们可将方程 (4.6.30) 的解转化为

$$
y_\nu(z) = \frac{\prod\limits_{k=1}^{2}(z-s_k-\nu)_{\nu+1}\prod\limits_{k=3}^{4}(1+z-s_k-n)_n}{(2z+1-n)_n} \cdot \frac{(2z+1-n)_n(-\nu-1)_n}{(z-n+s_1)_n(z-n+s_2)_n}
$$

$$
\cdot {}_4F_3\left[\begin{matrix}-n,1-n-s_3-s_4,1+z-s_2,1+z-s_1\\2-n+\nu,1+z-n-s_3,1+z-n-s_4\end{matrix};1\right].
$$

利用 Bailay 公式 ([35]):

$$
{}_4F_3\left[\begin{matrix}-n,b_1,b_2,b_3\\c_1,c_2,c_3\end{matrix};1\right]
$$

$$
=\frac{(c_2-b_3)_n(c_3-b_3)_n}{(c_2)_n(c_3)_n}\cdot{}_4F_3\left[\begin{matrix}-n,c_1-b_1,c_2-b_2,b_3\\c_1,1-c_2+b_3-n,1-c_3+b_3-n\end{matrix};1\right],
$$

$$
\left(\sum_{i=1}^{3}c_i=\sum_{i=1}^{3}b_i-n+1\right)
$$

可以得到

$$
{}_4F_3\left[\begin{matrix}-n,1-n-s_3-s_4,1+z-s_2,1+z-s_1\\2-n+\nu,1+z-n-s_3,1+z-n-s_4\end{matrix};1\right]
$$

$$
=\frac{(s_1-s_3-n)_n(s_1-s_4-n)_n}{(1+z-n-s_3)_n(1+z-n-s_4)_n}
$$

$$
\cdot{}_4F_3\left[\begin{matrix}-n,1+v+s_3+s_4,1-n+v+s_2-z,1+z-s_1\\2-n+\nu,1+s_3-s_1,1+s_4-s_1\end{matrix};1\right],
$$

由此可得方程 (4.6.30) 的解为

$$
y_\nu(z)=\frac{(z+s_1-n)_{\nu+1}(z+s_2-n)_{\nu+1}(s_1-s_3-n)_n(s_1-s_4-n)_n(-\nu-1)_n}{(z-n+s_1)_n(z-n+s_2)_n}
$$

$$
\cdot{}_4F_3\left[\begin{matrix}-n,1+\nu+s_3+s_4,1-n+\nu+s_2-z,1+z-s_1\\2-n+\nu,1+s_3-s_1,1+s_4-s_1\end{matrix};1\right]. \tag{4.6.35}
$$

注 4.6.6　(1) 在公式 (4.6.35) 中, 若将变元 s_1,s_2 用变元 $-s_1+1,-s_2+1$ 代替, 那么就有

$$
y_\nu(z)=\frac{(z+1-s_1-n)_{\nu+1}(z+1-s_2-n)_{\nu+1}(s_1+s_3)_n(s_1+s_4)_n(-\nu-1)_n}{(z+1-n-s_1)_n(z+1-n-s_2)_n}
$$

$$
\cdot{}_4F_3\left[\begin{matrix}-n,s_1+s_2+s_3+s_4+n-1,s_1-z,s_1+z\\s_1+s_2,s_1+s_3,s_1+s_4\end{matrix};1\right]. \tag{4.6.36}
$$

(2) 在公式 (4.6.35) 中, 若 $\nu+1=n$, 而且 $n\in\mathbb{N}^+$, 此时, 则得到方程 (4.6.30) 的一个多项式的解为

$$
y_n(z)=(s_1+s_3)_n(s_1+s_4)_n(s_1+s_2)_n
$$

$$\cdot_4 F_3 \left[\begin{array}{c} -n, s_1 + s_2 + s_3 + s_4 + n - 1, s_1 - z, s_1 + z \\ s_1 + s_2, s_1 + s_3, s_1 + s_4 \end{array} ; 1 \right]. \tag{4.6.37}$$

该公式与 [90] 中著名的公式是一致的 (参见 [90] 中 135 页方程 (3.11.9)). 这就表明定理 4.6.2 给出了更一般的解, 该解包含的熟知的正交多项式作为它的特殊情况.

例 4.6.7 考虑方程

$$\Sigma(z) \frac{\Delta}{\Delta x_{-1}(z)} \left(\frac{\nabla y(z)}{\nabla x_0(z)} \right) + \tau(z) \frac{\nabla y(z)}{\nabla x_0(z)} + \lambda y(z) = 0, \tag{4.6.38}$$

假设 ν 是方程 $\lambda + \kappa_{-\nu}\gamma(\nu) = 0$ 的根, 这里格子 $x(s) = \dfrac{q^s + q^{-s}}{2}$, $\Sigma(z) = q^{2s} \prod\limits_{k=1}^{4}(1 - q^{-s-z_k})$, 且 $s_k, k = 1, 2, 3, 4$ 是任意复数. 我们将找出方程的解.

从方程 (4.6.27), 可得

$$\frac{\rho_{-\nu}(s+1)}{\rho_{-\nu}(s)} = \frac{\Sigma(-s-\nu)}{\sigma(s+1)} = q^{-4s+2\nu-2} \prod_{k=1}^{4} \frac{1 - q^{s-\nu-z_k}}{1 - q^{-s-1-z_k}}. \tag{4.6.39}$$

可以验证方程

$$\frac{f_\nu(s+1)}{f_\nu(s)} = q^{-4s+2\nu-2} \tag{4.6.40}$$

的解为

$$f_\nu(s) = \frac{1}{\Gamma_q(2s-\nu)\Gamma_q(-2s+\nu)(q^{s-\frac{\nu}{2}} - q^{-s+\frac{\nu}{2}})}$$

以及方程

$$\frac{g(s+1, z_k)}{g(s, z_k)} = \frac{1 - q^{s-\nu-z_k}}{1 - q^{-s-1-z_k}}$$

的解为

$$g(s, z_k) = \text{const.} \cdot \Gamma_q(s - \nu - z_k)\Gamma_q(-s - z_k),$$

故得到

$$\rho_\nu(s) = f_\nu(s) \prod_{k=1}^{4} g(s, z_k),$$

从而

$$\rho_\nu \left(t + \frac{\nu}{2} \right) = f_\nu \left(t + \frac{\nu}{2} \right) \prod_{k=1}^{4} g \left(t + \frac{\nu}{2}, z_k \right)$$

$$= \frac{\prod\limits_{k=1}^{4} \Gamma_q \left(t - \frac{\nu}{2} - z_k \right) \Gamma_q \left(-t - \frac{\nu}{2} - z_k \right)}{\Gamma_q(2t)\Gamma_q(-2t)(q^t - q^{-t})}.$$

忽略一个常数因子, 就得到

$$
y_\nu(z) = q^{-(\nu+1)z} \int_{\frac{i\pi}{\ln q}}^{0} \frac{\prod_{k=1}^{4} \Gamma_q\left(t - \frac{\nu}{2} - z_k\right) \Gamma_q\left(-t - \frac{\nu}{2} - z_k\right)}{\Gamma_q(2t)\Gamma_q(-2t)}
$$

$$
\cdot \frac{\Gamma_q\left(1 + z + \frac{\nu}{2} + t\right) \Gamma_q\left(1 + z + \frac{\nu}{2} - t\right)}{\Gamma_q\left(z - \frac{\nu}{2} + t\right) \Gamma_q\left(z - \frac{\nu}{2} - t\right)} dt
$$

$$
= iq^{-(\nu+1)z} \int_{\frac{\pi}{\ln q}}^{0} \frac{\prod_{k=1}^{4} \Gamma_q\left(-z_k - \frac{\nu}{2} + ix\right) \Gamma_q\left(-z_k - \frac{\nu}{2} - ix\right)}{\Gamma_q(2ix)\Gamma_q(-2ix)}
$$

$$
\cdot \frac{\Gamma_q\left(1 + z + \frac{\nu}{2} + ix\right) \Gamma_q\left(1 + z + \frac{\nu}{2} - ix\right)}{\Gamma_q\left(z - \frac{\nu}{2} + ix\right) \Gamma_q\left(z - \frac{\nu}{2} - ix\right)} dx.
$$

应用 [93] 中给出的一个积分表达公式

$$
\frac{1}{2\pi} \int_{-\frac{\pi}{\ln q}}^{\frac{\pi}{\ln q}} \frac{\Gamma_q(\lambda + ix)\Gamma_q(\lambda - ix)\Gamma_q(\mu + ix)\Gamma_q(\mu - ix)}{\Gamma_q(2ix)\Gamma_q(-2ix)}
$$

$$
\cdot \frac{\Gamma_q(\gamma + ix)\Gamma_q(\gamma - ix)\Gamma_q(\rho + ix)\Gamma_q(\rho - ix)\Gamma_q(\sigma + ix)\Gamma_q(\sigma - ix)}{\Gamma_q(\tau + ix)\Gamma_q(\tau - ix)} dx
$$

$$
= \frac{q-1}{\ln q} \frac{2\Gamma_q(\lambda + \mu)\Gamma_q(\lambda + \gamma)\Gamma_q(\lambda + \rho)\Gamma_q(\lambda + \sigma)}{\Gamma_q(\lambda + \tau)\Gamma_q(\mu + \tau)\Gamma_q(\gamma + \tau)\Gamma_q(\lambda + \mu + \nu + \rho)}
$$

$$
\cdot \frac{\Gamma_q(\mu + \gamma)\Gamma_q(\mu + \rho)\Gamma_q(\mu + \sigma)\Gamma_q(\gamma + \rho)\Gamma_q(\gamma + \sigma)\Gamma_q(\lambda + \mu + \gamma + \tau)}{\Gamma_q(\lambda + \mu + \nu + \sigma)}
$$

$$
\cdot {}_8F_7\left[\begin{array}{c} \lambda + \mu + \gamma + \tau - 1, \dfrac{\lambda + \mu + \gamma + \tau + 1}{2}, \dfrac{\lambda + \mu + \gamma + \tau + 1}{2} + \dfrac{i\pi}{\ln q}, \\ \dfrac{\lambda + \mu + \gamma + \tau - 1}{2}, \dfrac{\lambda + \mu + \gamma + \tau - 1}{2} + \dfrac{i\pi}{\ln q}, \lambda + \tau, \\ \lambda + \mu, \lambda + \gamma, \mu + \gamma, \tau - \sigma, \tau - \rho \\ \gamma + \tau, \mu + \tau, \lambda + \mu + \gamma + \sigma, \lambda + \mu + \gamma + \rho \end{array}\middle| q; 1\right],
$$

(4.6.41)

这里 ${}_8F_7$ 是 q-超几何级数, 且在方程 (4.6.41) 中, 令 $\lambda = 1 + z + \dfrac{\nu}{2}, \mu = -s_1 - \dfrac{\nu}{2}, \gamma = -s_2 - \dfrac{\nu}{2}, \rho = -s_3 - \dfrac{\nu}{2},$ 且 $\sigma = -s_4 - \dfrac{\nu}{2}, \tau = z - \dfrac{\nu}{2}$, 将 $y_\nu(z)$ 化简, 我们可得解 $y_\nu(z)$ 为

$$
y_\nu(z) = \frac{4\pi^2\Gamma_q(1 + z - s_1)\Gamma_q(1 + z - s_2)\Gamma_q(1 + z - s_3)\Gamma_q(1 + z - s_4)\Gamma_q(-s_1 - s_2 - \nu)}{\Gamma_q(1 + 2z)\Gamma_q(z - s_1 - \nu)\Gamma_q(z - s_2 - \nu)\Gamma_q(1 + z - s_1 - s_2 - s_3 - \nu)}
$$

$$\cdot \frac{\Gamma_q(-s_1-s_3-\nu)\Gamma_q(-s_1-s_4-\nu)\Gamma_q(-s_2-s_3-\nu)\Gamma_q(-s_2-s_4-\nu)}{\Gamma_q(1+z-s_1-s_2-s_4-\nu)\Gamma_q(1+z-s_1-s_2-s_4-\nu)}$$

$$\cdot \Gamma(1+2z-s_1-s_2-\nu)$$

$$\cdot {}_8F_7\left[\begin{array}{c} 2z-s_1-s_2-\nu, \dfrac{2z-s_1-s_2-\nu+2}{2}, \dfrac{2z-s_1-s_2-\nu+2}{2}+\dfrac{i\pi}{\ln q}, \\[2mm] \dfrac{2z-s_1-s_2-\nu}{2}, \dfrac{2z-s_1-s_2-\nu}{2}+\dfrac{i\pi}{\ln q}, 1+2z, \\[4mm] 1+z-s_1, 1+z-s_2, -s_1-s_2-\nu, z+s_4, z+s_3 \\ z-s_2-\nu, z-s_1-\nu, 1+z-s_1-s_2-s_4-\nu, 1+z-s_1-s_2-s_3-\nu \end{array} \middle| q;1\right],$$

如果忽略一个常数因子, 则解可以进一步写成

$$y_\nu(z=)\frac{\Gamma_q(1+2z-s_1-s_2-\nu)\Gamma_q(1+z-s_1)\Gamma(1+z-s_2)}{\Gamma_q(1+2z)\Gamma_q(z-s_1-\nu)\Gamma_q(z-s_2-\nu)}$$

$$\cdot \frac{\Gamma_q(1+z-s_3)\Gamma_q(1+z-s_4)}{\Gamma_q(1+z-s_1-s_2-s_3-\nu)\Gamma_q(1+z-s_1-s_2-s_4-\nu)}$$

$$\cdot {}_8F_7\left[\begin{array}{c} 2z-s_1-s_2-\nu, \dfrac{2z-s_1-s_2-\nu+2}{2}, \\[2mm] \dfrac{2z-s_1-s_2-\nu+2}{2}+\dfrac{i\pi}{\ln q}, -s_1-s_2-\nu, \\[2mm] \dfrac{2z-s_1-s_2-\nu}{2}, \dfrac{2z-s_1-s_2-\nu}{2}+\dfrac{i\pi}{\ln q}, 1+2z, \\[4mm] 1+z-s_1, 1+z-s_2, z+s_4, z+s_3 z-s_2-\nu, \\ z-s_1-\nu, 1+z-s_1-s_2-s_4-\nu, 1+z-s_1-s_2-s_3-\nu \end{array} \middle| q;1\right]$$

$$=\frac{\prod\limits_{k=1}^2 (z-s_k-\nu|q)_{\nu+1} \prod\limits_{k=3}^4 (1+z-s_1-s_2-s_k-\nu|q)_{s_1+s_2+\nu}}{(1+2z-s_1-s_2-\nu|q)_{s_1+s_2+\nu}}$$

$$\cdot {}_7F_6\left[\begin{array}{c} 2z-s_1-s_2-\nu, \dfrac{2z-s_1-s_2-\nu+2}{2}, -s_1-s_2-\nu, \\[2mm] \dfrac{2z-s_1-s_2-\nu}{2}, 1+2z, \\[4mm] 1+z-s_1, 1+z-s_2, z+s_4, z+s_3 \\ z-s_2-\nu, z-s_1-\nu, \\ 1+z-s_1-s_2-s_4-\nu, 1+z-s_1-s_2-s_3-\nu \end{array} \middle| q;1\right]. \qquad (4.6.42)$$

　　如果我们在方程 (4.6.42) 中, 记 $s_1 + s_2 + \nu = n$, 此时 $n \in \mathbb{R}$, 那么我们得到方程 (4.6.38) 一个解为

$$
y_\nu(z) = \frac{\Gamma_q(1+2z-n)\Gamma_q(1+z-s_1)\Gamma_q(1+z-s_2)\Gamma_q(1+z-s_3)\Gamma_q(1+z-s_4)}{\Gamma_q(1+2z)\Gamma_q(z-s_1-\nu)\Gamma_q(z-s_2-\nu)\Gamma_q(1+z-s_3-n)\Gamma_q(1+z-s_4-n)},
$$

$$
\cdot {}_8F_7 \left[\begin{array}{c} 2z-n, z-\dfrac{n}{2}+1, z-\dfrac{n}{2}+1+\dfrac{i\pi}{\ln q}, -n, \\[2mm] z-\dfrac{n}{2}, z-\dfrac{n}{2}+\dfrac{i\pi}{\ln q}, 1+2z, \\[4mm] 1+z-s_1, 1+z-s_2, z+s_4, z+s_3 \\ z-n+s_1, z-n+s_2, 1+z-n-s_4, 1+z-n-s_3 \end{array} \middle| q; 1 \right]
$$

$$
= \frac{\displaystyle\prod_{k=1}^{2}(z-s_k-\nu|q)_{\nu+1} \prod_{k=3}^{4}(1+z-s_k-n|q)_n}{(2z+1-n|q)_n}
$$

$$
\cdot {}_8F_7 \left[\begin{array}{c} 2z-n, z-\dfrac{n}{2}+1, z-\dfrac{n}{2}+1+\dfrac{i\pi}{\ln q}, -n, \\[2mm] z-\dfrac{n}{2}, z-\dfrac{n}{2}+\dfrac{i\pi}{\ln q}, 1+2z, \\[4mm] 1+z-s_1, 1+z-s_2, z+s_4, z+s_3 \\ z-n+s_1, z-n+s_2, 1+z-n-s_4, 1+z-n-s_3 \end{array} \middle| q; 1 \right].
$$

　　利用 Watson 公式 ([62]):

$$
{}_8F_7 \left[\begin{array}{c} -n, v, \dfrac{v}{2}+1, \dfrac{v}{2}+1+\dfrac{i\pi}{\ln q}, a_1, a_2, a_3, a_4 \\[2mm] \dfrac{v}{2}, \dfrac{v}{2}+\dfrac{i\pi}{\ln q}, 1+v+n, 1+v-a_1, 1+v-a_2, 1+v-a_3, 1+v-a_4 \end{array} \middle| q; 1 \right]
$$

$$
= \frac{(1+v|q)_n(1+v-a_1-a_2|q)_n}{(1+v-a_1|q)_n(1+v-a_2|q)_n} \cdot {}_4F_3 \left[\begin{array}{c} -n, 1+v-a_3-a_4, a_2, a_1 \\ a_1+a_2-v-n, 1+v-a_3, 1+v-a_4 \end{array} \middle| q; 1 \right],
$$

则我们可将方程 (4.6.38) 的解转化为

$$
y_\nu(z) = \frac{\displaystyle\prod_{k=1}^{2}(z-s_k-\nu|q)_{\nu+1} \prod_{k=3}^{4}(1+z-s_k-n|q)_n}{(2z+1-n|q)_n} \cdot \frac{(2z+1-n|q)_n(-\nu-1|q)_n}{(z-n+s_1|q)_n(z-n+s_2|q)_n}
$$

$$
\cdot {}_4F_3 \left[\begin{array}{c} -n, 1-n-s_3-s_4, 1+z-s_2, 1+z-s_1 \\ 2-n+\nu, 1+z-n-s_3, 1+z-n-s_4 \end{array} \middle| q; 1 \right].
$$

利用 Sears 变换公式 ([62]):

$$
_4F_3\left[\begin{matrix} -n, b_1, b_2, b_3 \\ c_1, c_2, c_3 \end{matrix}\middle| q; 1\right]
$$

$$
=\frac{(c_2-b_3|q)_n(c_3-b_3|q)_n}{(c_2)_n(c_3)_n}\cdot {_4F_3}\left[\begin{matrix} -n, c_1-b_1, c_2-b_2, b_3 \\ c_1, 1-c_2+b_3-n, 1-c_3+b_3-n \end{matrix}\middle| q; 1\right],
$$

$$
\left(\sum_{i=1}^{3} c_i = \sum_{i=1}^{3} b_i - n + 1\right)
$$

可以得到

$$
_4F_3\left[\begin{matrix} -n, 1-n-s_3-s_4, 1+z-s_2, 1+z-s_1 \\ 2-n+\nu, 1+z-n-s_3, 1+z-n-s_4 \end{matrix}\middle| q; 1\right]
$$

$$
=\frac{(s_1-s_3-n|q)_n(s_1-s_4-n|q)_n}{(1+z-n-s_3|q)_n(1+z-n-s_4|q)_n}
$$

$$
\cdot {_4F_3}\left[\begin{matrix} -n, 1+v+s_3+s_4, 1-n+v+s_2-z, 1+z-s_1 \\ 2-n+\nu, 1+s_3-s_1, 1+s_4-s_1 \end{matrix}\middle| q; 1\right],
$$

由此可得方程 (4.6.38) 的解为

$$
y_\nu(z) = \frac{(z+s_1-n|q)_{\nu+1}(z+s_2-n|q)_{\nu+1}(s_1-s_3-n|q)_n(s_1-s_4-n|q)_n(-\nu-1|q)_n}{(z-n+s_1)_n(z-n+s_2)_n}
$$

$$
\cdot {_4F_3}\left[\begin{matrix} -n, 1+\nu+s_3+s_4, 1-n+\nu+s_2-z, 1+z-s_1 \\ 2-n+\nu, 1+s_3-s_1, 1+s_4-s_1 \end{matrix}\middle| q; 1\right]. \quad (4.6.43)
$$

注 4.6.8 (1) 在公式 (4.6.43) 中, 若将变元 s_1, s_2 用变元 $-s_1+1, -s_2+1$ 代替, 那么就有

$$
y_\nu(z) = \frac{(z+1-s_1-n|q)_{\nu+1}(z+1-s_2-n|q)_{\nu+1}(s_1+s_3|q)_n(s_1+s_4|q)_n(-\nu-1|q)_n}{(z+1-n-s_1)_n(z+1-n-s_2)_n}
$$

$$
\cdot {_4F_3}\left[\begin{matrix} -n, s_1+s_2+s_3+s_4+n-1, s_1-z, s_1+z \\ s_1+s_2, s_1+s_3, s_1+s_4 \end{matrix}\middle| q; 1\right]. \quad (4.6.44)
$$

(2) 在公式 (4.6.44) 中, 若 $\nu+1=n$, 而且 $n \in \mathbb{N}^+$, 则得到方程 (4.6.38) 的一个多项式的解为

$$
y_n(z) = (s_1+s_3|q)_n(s_1+s_4|q)_n(s_1+s_2|q)_n
$$

$$
\cdot {_4F_3}\left[\begin{matrix} -n, s_1+s_2+s_3+s_4+n-1, s_1-z, s_1+z \\ s_1+s_2, s_1+s_3, s_1+s_4 \end{matrix}\middle| q; 1\right]. \quad (4.6.45)
$$

该公式与 [90] 中著名的公式是一致的 (参见 [90] 中 140 页方程 (3.11.25)). 这就表明定理 4.6.2 给出了更一般的解, 该解包含熟知的正交多项式作为它的特殊情况.

第 5 章 向后非一致格子上的分数阶差分方程

众所周知, 一致格子上分数阶和分与分数阶差分的思想概念也是最近几年才兴起的, 并且得到了很大的发展. 但是在非一致格子 $x(z) = c_1 z^2 + c_2 z + c_3$ 或者 $x(z) = c_1 q^z + c_2 q^{-z} + c_3$ 上, 分数阶和分与分数阶差分的定义是什么, 这是一个十分困难和复杂的问题. 本章用两种不同的方法, 首次提出非一致格子上分数阶和分与分数阶差分的定义. 并得到经典 Euler Beta 公式和 Cauchy Beta 公式在非一致格子上的模拟以及一些基本定理, 如非一致格子上的 Taylor 公式、广义 Abel 积分方程的求解等基础性结果.

5.1 背景回顾及问题提出

正如我们在前言指出的, 分数阶微积分的概念几乎与经典微积分同时起步, 可以回溯到 Euler 和 Leibniz 时期. 经过几代数学家的努力, 特别是近几十年来, 分数阶微积分已经取得了惊人的发展和广阔的应用, 有关分数阶微积分的著作层出不穷, 例如 [56, 79, 80, 84, 92, 97], 但是在一致格子 $x(z) = z$ 和 $x(z) = q^z$ 或者 $q^{-z}, z \in \mathbb{C}$ 上关于离散分数阶微积分的思想, 仍然是最近才兴起的.

在一致格子 (5.1.13) 上, 关于分数阶差分概念的一些推广较早出现在 Diaz 和 Osler [54], Granger 以及 Joyeux [64], Hosking [71] 的论文中, 他们提出了以下 α 阶分数阶差分的定义:

$$\nabla^\alpha f(x) = \sum_{k=0}^{\infty} (-1)^k \binom{\alpha}{k} f(x-k), \qquad (5.1.1)$$

这里 α 是任何实数, 采用记号 ∇^α 是因为该定义是向后整数阶差分算子的自然推广. H. H. Gray 和 N. F. Zhang 在文献 [65] 中给出了下列分数阶和分的定义:

定义 5.1.1([65]) 对任意复数 α, 且 f 定义在整数集合 $\{a, a+1, \cdots, x\}$ 上, 那么 $\{a, a+1, \cdots, x\}$ 上 α 阶分数阶和分定义为

$$S_a^\alpha f(x) = \frac{1}{\Gamma(\alpha)} \sum_{k=a}^{x} (x-k+1)_{\alpha-1} f(k). \qquad (5.1.2)$$

对任意复数 α 和 β, 定义 $(\alpha)_\beta$ 为

$$(\alpha)_\beta = \begin{cases} \dfrac{\Gamma(\alpha+\beta)}{\Gamma(\alpha)}, & \text{当 } \alpha \text{ 和 } \beta \text{ 既不为零又不为负整数时,} \\ 1, & \text{当 } \alpha = \beta = 0 \text{ 时,} \\ 0, & \text{当 } \alpha = 0, \beta \text{ 不为零或负整数时,} \\ \text{无定义,} & \text{其他情况,} \end{cases}$$

且当 $n \in \mathbb{N}$ 时,$(\alpha)_n = a(a+1)\cdots(a+n-1)$ 表示 Pochhammer 符号.

定义 5.1.2 ([65]) 对任意复数 α,定义域在 $\{a, a+1, \cdots, x\}$ 上的 α 阶分数阶差分定义为

$$\nabla_a^\alpha f(x) = S_a^{-\alpha} f(x). \tag{5.1.3}$$

程金发 [1] 独立地给出了以下分数阶和分与分数阶差分的定义,它们本质上与定义 5.1.1 以及定义 5.1.2 是完全一致的,且对任何实数或复数 α 都有定义.

定义 5.1.3 ([1]) 对任意复数 α,$\mathrm{Re}\,\alpha > 0$,且 f 定义域在整数集合 $\{a, a+1, \cdots, x\}$ 上,那么定义域为 $\{a, a+1, \cdots, x\}$ 的 α 阶分数阶和分定义为

$$\nabla_a^{-\alpha} f(x) = \sum_{k=a}^{x} \begin{bmatrix} \alpha \\ x-k \end{bmatrix} f(k), \tag{5.1.4}$$

这里 $\begin{bmatrix} \alpha \\ n \end{bmatrix} = \dfrac{\alpha(\alpha+1)\cdots(\alpha+n-1)}{n!}$.

定义 5.1.4 ([1]) 对任意复数 α,$n-1 \leqslant \mathrm{Re}\,\alpha < n$,定义域在 $\{a, a+1, \cdots, x\}$ 上的 Riemann-Liouville 型 α 阶分数阶差分定义为

$$\nabla_a^\alpha f(x) = \nabla^n \nabla_a^{\alpha-n} f(x), \tag{5.1.5}$$

并且定义域在 $\{a, a+1, \cdots, x\}$ 上的 Caputo 型 α 阶分数阶差分定义为

$$\nabla_a^\alpha f(x) = \nabla_a^{\alpha-n} \nabla^n f(x). \tag{5.1.6}$$

在一致格子 $x(z) = q^z$ 的情形下,Al-Salam 在文献 [13] 中引入了 Riemann-Liouville 分数阶和分的一种 q-模拟,它的表达式是

$$I_q^\alpha f(x) = \frac{x^{\alpha-1}}{\Gamma_q(\alpha)} \int_0^x (qt/x; q)_{\alpha-1} f(t) d_q(t). \tag{5.1.7}$$

关于 Riemann-Liouville 分数阶差分的 q-模拟,则由 Agarwal 在文献 [10] 中独立地得到,文中他将 q-分数阶差分算子定义为

$$D_q^\alpha f(x) = I_q^{-\alpha} f(x) = \frac{x^{-\alpha-1}}{\Gamma_q(-\alpha)} \int_0^x (qt/x; q)_{-\alpha-1} f(t) d_q(t). \tag{5.1.8}$$

虽然关于一致格子 $x(z) = z$ 和 $x(z) = q^z$ 的离散分数阶 (也简称为离散分数) 微积分出现和建立相对较晚, 但是该领域目前已经做出了大量的工作, 且取得了很大的发展 [17,18,32,33,37,95]. 在最近十年的学术著作中, 程金发 [1], C. Goodrich 和 A. Peterson [63] 相继出版了两本有关离散分数阶方程理论、离散分数阶微积分的著作, 书中全面系统地介绍了离散分数阶微积分的基本定义和基本定理, 以及最新的参考资料. 有关 q 分数阶微积分方面的著作可参见 M. H. Annaby 和 Z. S. Mansour [21].

非一致格子的定义回溯到下列超几何型微分方程:

$$\sigma(z)y''(z) + \tau(z)y'(z) + \lambda y(z) = 0 \tag{5.1.9}$$

的逼近, 这里 $\sigma(z)$ 和 $\tau(z)$ 分别是至多二阶和一阶多项式, λ 是常数. A. F. Nikiforov, S. K. Suslov 和 V. B. Uvarov [89,90] 将方程 (5.1.9) 推广到如下最一般的复超几何差分方程

$$\widetilde{\sigma}[x(s)]\frac{\Delta}{\Delta x(s - 1/2)}\left[\frac{\nabla y(s)}{\nabla x(s)}\right] + \frac{1}{2}\widetilde{\tau}[x(s)]\left[\frac{\Delta y(s)}{\Delta x(s)} + \frac{\nabla y(s)}{\nabla x(s)}\right] + \lambda y(s) = 0, \tag{5.1.10}$$

这里 $\widetilde{\sigma}(x)$ 和 $\widetilde{\tau}(x)$ 分别是关于 $x(s)$ 的至多二阶和一阶多项式, λ 是常数, $\Delta y(s) = y(s + 1) - y(s)$, $\nabla y(s) = y(s) - y(s - 1)$, 并且 $x(s)$ 必须是以下非一致格子 (详细内容参见第 14 章)

定义 5.1.5 ([89,90])　两类格子函数 $x(s)$ 称为非一致格子, 如果它们满足

$$x(s) = \widetilde{c}_1 s^2 + \widetilde{c}_2 s + \widetilde{c}_3, \tag{5.1.11}$$

$$x(s) = c_1 q^s + c_2 q^{-s} + c_3, \tag{5.1.12}$$

这里 $c_i, \widetilde{c}_i$ 是任意常数, 且 $c_1 c_2 \neq 0$, $\widetilde{c}_1 \widetilde{c}_2 \neq 0$.

当 $c_1 = 1, c_2 = c_3 = 0$, 或者 $c_2 = 1, c_1 = c_3 = 0$, 或者 $\widetilde{c}_2 = 1, \widetilde{c}_1 = \widetilde{c}_3 = 0$ 时, 这两种格子函数 $x(s)$:

$$x(s) = s, \tag{5.1.13}$$

$$x(s) = q^s \text{ 或 } x(s) = q^{-s} \tag{5.1.14}$$

称为一致格子.

给定函数 $F(s)$, 定义关于 $x_\gamma(s)$ 的差分或差商算子为

$$\nabla_\gamma F(s) = \frac{\nabla F(s)}{\nabla x_\gamma(s)},$$

且

$$\nabla_\gamma^k F(z) = \frac{\nabla}{\nabla x_\gamma(z)}\left(\frac{\nabla}{\nabla x_{\gamma+1}(z)} \cdots \left(\frac{\nabla F(z)}{\nabla x_{\gamma+k-1}(z)}\right)\right), \quad k = 1, 2, \cdots.$$

关于差商算子, 下面的命题是常用的.

命题 5.1.6 给定两个复函数 $f(s), g(s)$, 成立恒等式

$$
\begin{aligned}
\Delta_\nu(f(s)g(s)) &= f(s+1)\Delta_\nu g(s) + g(s)\Delta_\nu f(s) \\
&= g(s+1)\Delta_\nu f(s) + f(s)\Delta_\nu g(s), \\
\Delta_\nu\left(\frac{f(s)}{g(s)}\right) &= \frac{g(s+1)\Delta_\nu f(s) - f(s+1)\Delta_\nu g(s)}{g(s)g(s+1)} \\
&= \frac{g(s)\Delta_\nu f(s) - f(s)\Delta_\nu g(s)}{g(s)g(s+1)}, \\
\nabla_\nu(f(s)g(s)) &= f(s-1)\nabla_\nu g(s) + g(s)\nabla_\nu f(s) \\
&= g(s-1)\nabla_\nu f(s) + f(s)\nabla_\nu g(s), \\
\nabla_\nu\left(\frac{f(s)}{g(s)}\right) &= \frac{g(s-1)\nabla_\nu f(s) - f(s-1)\nabla_\nu g(s)}{g(s)g(s-1)} \\
&= \frac{g(s)\nabla_\nu f(s) - f(s)\nabla_\nu g(s)}{g(s)g(s-1)}.
\end{aligned}
\tag{5.1.15}
$$

在第 1 章中已证明, 在一定条件下, 非一致格子上超几何差分方程存在关于 $x(s)$ 的多项式解, 且该解的表达式可用 Rodrigues 公式表示. 我们注意到, 其中 Rodrigues 公式就包含了关于非一致格子的高阶差商, 因此对于高阶差商的研究是具有十分重要的意义的.

我们必须指出, 对于非一致格子 (5.1.11) 或者 (5.1.12), 即使当 $n \in \mathbb{N}$, 如何建立非一致格子的 n 阶差商公式, 也是一件很不平凡的工作, 因为它是十分复杂的, 也是难度很大的. 事实上, 在文献 [89, 90] 中, A. Nikiforov, V. Uvarov, S. Suslov 利用插值方法得到了如下 n 阶差商 $\nabla_1^{(n)}[f(s)]$ 公式:

定义 5.1.7 ([89, 90]) 对于非一致格子 (5.1.11) 或 (5.1.12), 让 $n \in \mathbb{N}^+$, 那么

$$
\begin{aligned}
\nabla_1^{(n)}[f(s)] &= \sum_{k=0}^n \frac{(-1)^{n-k}[\Gamma(n+1)]_q}{[\Gamma(k+1)]_q[\Gamma(n-k+1)]_q} \\
&\quad \times \prod_{l=0}^n \frac{\nabla x[s+k-(n-1)/2]}{\nabla x[s+(k-l+1)/2]} f(s-n+k) \\
&= \sum_{k=0}^n \frac{(-1)^{n-k}[\Gamma(n+1)]_q}{[\Gamma(k+1)]_q[\Gamma(n-k+1)]_q} \\
&\quad \times \prod_{l=0}^n \frac{\nabla x_{n+1}(s-k)}{\nabla x[s+(n-k-l+1)/2]} f(s-k),
\end{aligned}
\tag{5.1.16}
$$

这里 $[\Gamma(s)]_q$ 是修正的 q-Gamma 函数, 它的定义是

$$[\Gamma(s)]_q = q^{-(s-1)(s-2)/4}\Gamma_q(s),$$

并且函数 $\Gamma_q(s)$ 称为 q-Gamma 函数; 它是经典 Euler Gamma 函数 $\Gamma(s)$ 的推广. 其定义是

$$\Gamma_q(s) = \begin{cases} \dfrac{\Pi_{k=0}^{\infty}(1-q^{k+1})}{(1-q)^{s-1}\Pi_{k=0}^{\infty}(1-q^{s+k})}, & \text{当 } |q| < 1, \\ q^{-(s-1)(s-2)/2}\Gamma_{1/q}(s), & \text{当 } |q| > 1. \end{cases} \tag{5.1.17}$$

经过进一步化简后, A. Nikiforov, V. Uvarov, S. Suslov 在文献 [90] 中将 n 阶差分 $\nabla_1^{(n)}[f(s)]$ 的公式重写成下列形式.

定义 5.1.8 ([90])   对于非一致格子 (5.1.11) 或 (5.1.12), 让 $n \in \mathbb{N}^+$, 那么

$$\nabla_1^{(n)}[f(s)] = \sum_{k=0}^{n} \frac{([-n]_q)_k}{[k]_q!} \frac{[\Gamma(2s-k+c)]_q}{[\Gamma(2s-k+n+1+c)]_q} f(s-k)\nabla x_{n+1}(s-k),$$

这里

$$[\mu]_q = \gamma(\mu) = \begin{cases} \dfrac{q^{\frac{\mu}{2}} - q^{-\frac{\mu}{2}}}{q^{\frac{1}{2}} - q^{-\frac{1}{2}}}, & \text{如果 } x(s) = c_1 q^s + c_2 q^{-s} + c_3, \\ \mu, & \text{如果 } x(s) = \widetilde{c}_1 s^2 + \widetilde{c}_2 s + \widetilde{c}_3, \end{cases} \tag{5.1.18}$$

且

$$c = \begin{cases} \dfrac{\log \dfrac{c_2}{c_1}}{\log q}, & \text{当 } x(s) = c_1 q^s + c_2 q^{-s} + c_3, \\ \dfrac{\widetilde{c}_2}{\widetilde{c}_1}, & \text{当 } x(s) = \widetilde{c}_1 s^2 + \widetilde{c}_2 s + \widetilde{c}_3. \end{cases}$$

现在存在几个十分重要且具有挑战性的问题需要进一步深入探讨.

(1) 对于已知函数 $f(s)$, Nikiforov 等成功地解决了非一致格子上高阶差商 $\nabla_1^{(n)}[f(s)]$ 的计算问题. 但是反过来, 我们假设函数 $g(s)$ 是一个已知函数, $f(s)$ 是一个未知函数, 它们满足下面非一致格子上广义差分方程

$$\nabla_1^{(n)}[f(s)] = g(s), \tag{5.1.19}$$

如何求解该广义差分方程 (5.1.19)?

(2) 对于非一致格子上超几何差分方程, 在特定条件下存在关于 $x(s)$ 多项式形式的解, 如果用 Rodrigues 公式表示的话, 它含有整数阶高阶差商. 一个新的问题是: 若该特定条件不满足, 那么非一致格子上超几何差分方程的解就不存在关

于 $x(s)$ 的多项式形式, 这样高阶整数阶差商就不再起作用了. 此时非一致格子超几何方程的解的表达形式是什么呢? 这就需要我们引入一种非一致格子上分数阶差商的概念和理论.

因此, 关于非一致格子上 α 阶分数阶差分及 α 阶分数阶和分的定义是一个十分有趣和重要的问题. 显而易见, 它们肯定是比整数高阶差商更难以处理的困难问题, 自专著 [89,90] 出版以来, Nikiforov 等并没有给出有关 α 阶分数阶差分及 α 阶分数阶和分的定义, 我们能够合理给出非一致格子上分数阶差分与分数阶和分的定义吗?

(3) 另外, 我们认为作为非一致格子上最一般性的离散分数阶微积分, 它们也会有独立的意义, 并可以导致许多有意义的结果和新理论. 它们是定义 5.1.1~ 定义 5.1.4 和离散分数阶微积分的重要延拓和发展.

本章的目的是探讨非一致格子条件下有限离散分数阶微积分. 在本章节中, 我们首次提出了非一致格上的分数阶和分与分数阶差分, 然后给出了非一致格子离散分数阶微积分的一些基本定理, 如: Euler Beta 公式、Cauchy Beta 积分公式、Taylor 公式在非一致格子上的模拟形式, 并给出了非一致格子上广义 Abel 方程的解, 以及非一致格子上中心分数差分方程的求解等内容.

5.2 非一致格子上的整数和分与整数差分

设 $x(s)$ 是非一致格子, 这里 $s \in \mathbb{C}$. 对任意实数 γ, $x_\gamma(s) = x\left(s + \dfrac{\gamma}{2}\right)$ 也是一个非一致格子. 让 $\nabla_\gamma F(s) = f(s)$. 那么

$$F(s) - F(s-1) = f(s)\left[x_\gamma(s) - x_\gamma(s-1)\right].$$

选取 $z, a \in \mathbb{C}$, 和 $z - a \in \mathbb{N}$. 从 $s = a + 1$ 到 z, 则有

$$F(z) - F(a) = \sum_{s=a+1}^{z} f(s)\nabla x_\gamma(s).$$

因此, 我们定义

$$\int_{a+1}^{z} f(s)d_\nabla x_\gamma(s) = \sum_{s=a+1}^{z} f(s)\nabla x_\gamma(s).$$

容易直接验证下列式子成立

命题 5.2.1 给定两个复变量函数 $F(z), f(z)$ 这里复变量 $z, a \in \mathbb{C}$, 以及 $z - a \in \mathbb{N}$, 那么成立

(1) $\nabla_\gamma \left[\displaystyle\int_{a+1}^{z} f(s)d_\nabla x_\gamma(s)\right] = f(z)$;

(2) $\int_{a+1}^{z} \nabla_\gamma F(s) d_\nabla x_\gamma(s) = F(z) - F(a).$

现在让我们定义非一致格子上的广义 n 阶幂函数 $[x(s)-x(z)]^{(n)}$ 为

$$[x(s)-x(z)]^{(n)} = \prod_{k=0}^{n-1}[x(s)-x(z-k)], \quad n \in \mathbb{N}^+,$$

当 n 不是正整数时, 需要将广义幂函数做进一步推广, 它的性质和作用是非常重要的, 非一致格子上广义幂函数 $[x_\nu(s)-x_\nu(z)]^{(\alpha)}$ 的定义如下:

定义 5.2.2 ([28, 29, 99])　设 $\alpha \in \mathbb{C}$, 广义指数函数 $[x_\nu(s)-x_\nu(z)]^{(\alpha)}$ 定义为

$$[x_\nu(s)-x_\nu(z)]^{(\alpha)}$$
$$= \begin{cases} \dfrac{\Gamma(s-z+\alpha)}{\Gamma(s-z)}, & \text{如果 } x(s)=s, \\[2mm] \dfrac{\Gamma(s-z+\alpha)\Gamma(s+z+\nu+1)}{\Gamma(s-z)\Gamma(s+z+\nu-\alpha+1)}, & \text{如果 } x(s)=s^2, \\[2mm] (q-1)^\alpha q^{\alpha(\nu-\alpha+1)/2}\dfrac{\Gamma_q(s-z+\alpha)}{\Gamma_q(s-z)}, & \text{如果 } x(s)=q^s, \\[2mm] \dfrac{1}{2^\alpha}(q-1)^{2\alpha} q^{-\alpha(s+\frac{\nu}{2})}\dfrac{\Gamma_q(s-z+\alpha)\Gamma_q(s+z+\nu+1)}{\Gamma_q(s-z)\Gamma_q(s+z+\nu-\alpha+1)}, & \text{如果 } x(s)=\dfrac{q^s+q^{-s}}{2}. \end{cases}$$
$$(5.2.1)$$

对于形如 (5.1.12) 的二次格子, 记 $c=\dfrac{\widetilde{c}_2}{\widetilde{c}_1}$,

$$[x_\nu(s)-x_\nu(z)]^{(\alpha)} = \widetilde{c}_1^{\,\alpha}\dfrac{\Gamma(s-z+\alpha)\Gamma(s+z+\nu+c+1)}{\Gamma(s-z)\Gamma(s+z+\nu-\alpha+c+1)}. \tag{5.2.2}$$

对于形如 (5.1.11) 的二次格子, 记 $c=\dfrac{\log\frac{c_2}{c_1}}{\log q}$, 定义

$$[x_\nu(s)-x_\nu(z)]^{(\alpha)} = [c_1(1-q)^2]^\alpha q^{-\alpha(s+\frac{\nu}{2})}\dfrac{\Gamma_q(s-z+\alpha)\Gamma_q(s+z+\nu+c+1)}{\Gamma_q(s-z)\Gamma_q(s+z+\nu-\alpha+c+1)}, \tag{5.2.3}$$

这里 $\Gamma(s)$ 是 Euler Gamma 函数, 且 $\Gamma_q(s)$ 是 Euler q-Gamma 函数, 其定义如 (5.1.17).

命题 5.2.3 ([28, 29, 99])　对于 $x(s)=c_1 q^s + c_2 q^{-s} + c_3$ 或者 $x(s)=\widetilde{c}_1 s^2 + \widetilde{c}_2 s + \widetilde{c}_3$, 广义指数函数 $[x_\nu(s)-x_\nu(z)]^{(\alpha)}$ 满足下列性质:

$$[x_\nu(s)-x_\nu(z)][x_\nu(s)-x_\nu(z-1)]^{(\mu)}$$

$$=[x_\nu(s) - x_\nu(z)]^{(\mu)}[x_\nu(s) - x_\nu(z-\mu)] \tag{5.2.4}$$

$$=[x_\nu(s) - x_\nu(z)]^{(\mu+1)}; \tag{5.2.5}$$

$$[x_{\nu-1}(s+1) - x_{\nu-1}(z)]^{(\mu)}[x_{\nu-\mu}(s) - x_{\nu-\mu}(z)]$$
$$=[x_{\nu-\mu}(s+\mu) - x_{\nu-\mu}(z)][x_{\nu-1}(s) - x_{\nu-1}(z)]^{(\mu)}=[x_\nu(s) - x_\nu(z)]^{(\mu+1)}; \tag{5.2.6}$$

$$\frac{\Delta_z}{\Delta x_{\nu-\mu+1}(z)}[x_\nu(s) - x_\nu(z)]^{(\mu)} = -\frac{\nabla_s}{\nabla x_{\nu+1}(s)}[x_{\nu+1}(s) - x_{\nu+1}(z)]^{(\mu)} \tag{5.2.7}$$

$$= -[\mu]_q[x_\nu(s) - x_\nu(z)]^{(\mu-1)}; \tag{5.2.8}$$

$$\frac{\nabla_z}{\nabla x_{\nu-\mu+1}(z)}\left\{\frac{1}{[x_\nu(s) - x_\nu(z)]^{(\mu)}}\right\} = -\frac{\Delta_s}{\Delta x_{\nu-1}(s)}\left\{\frac{1}{[x_{\nu-1}(s) - x_{\nu-1}(z)]^{(\mu)}}\right\} \tag{5.2.9}$$

$$= \frac{[\mu]_q}{[x_\nu(s) - x_\nu(z)]^{(\mu+1)}}, \tag{5.2.10}$$

这里 $[\mu]_q$ 的定义如 (5.1.18).

现在让我们详细给出非一致格子 $x_\gamma(s)$ 上整数阶和分的定义, 这对我们进一步给出非一致格子 $x_\gamma(s)$ 上分数阶和分的定义是十分有帮助的.

设 $\gamma \in \mathbb{R}$, 对于非一致格子 $x_\gamma(s)$, 数集 $\{a+1, a+2, \cdots, z\}$ 中 $f(z)$ 的 1 阶和分定义为

$$y_1(z) = \nabla_\gamma^{-1}f(z) = \int_{a+1}^z f(s)d_\nabla x_\gamma(s), \tag{5.2.11}$$

这里 $y_1(z) = \nabla_\gamma^{-1}f(z)$ 定义在数集 $\{a+1, \mathrm{mod}(1)\}$ 中.

那么由命题 5.2.1, 我们有

$$\nabla_\gamma^1\nabla_\gamma^{-1}f(z) = \frac{\nabla y_1(z)}{\nabla x_\gamma(z)} = f(z), \tag{5.2.12}$$

并且对于非一致格子 $x_\gamma(s)$, 数集 $\{a+1, a+2, \cdots, z\}$ 中 $f(z)$ 的 2 阶和分定义为

$$y_2(z) = \nabla_\gamma^{-2}f(z) = \nabla_{\gamma+1}^{-1}[\nabla_\gamma^{-1}f(z)] = \int_{a+1}^z y_1(s)d_\nabla x_{\gamma+1}(s)$$

$$= \int_{a+1}^z d_\nabla x_{\gamma+1}(s) \int_{a+1}^s f(t)d_\nabla x_\gamma(t)$$

$$= \int_{a+1}^z f(t)d_\nabla x_\gamma(t) \int_t^z d_\nabla x_{\gamma+1}(s)$$

$$= \int_{a+1}^{z} [x_{\gamma+1}(z) - x_{\gamma+1}(t-1)]f(s)d_{\nabla}x_{\gamma}(s). \tag{5.2.13}$$

这里 $y_2(z) = \nabla_\gamma^{-2}f(z)$ 定义在数集 $\{a+1, \mathrm{mod}(1)\}$ 中.

同时, 可得

$$\nabla_{\gamma+1}^{1}\nabla_{\gamma+1}^{-1}y_1(z) = \frac{\nabla y_2(z)}{\nabla x_{\gamma+1}(z)} = y_1(z),$$

$$\nabla_\gamma^2 \nabla_\gamma^{-2} f(z) = \frac{\nabla}{\nabla x_\gamma(z)}\left(\frac{\nabla y_2(z)}{\nabla x_{\gamma+1}(z)}\right) = \frac{\nabla y_1(z)}{\nabla x_\gamma(z)} = f(z), \tag{5.2.14}$$

而且对于非一致格子 $x_\gamma(s)$, 数集 $\{a+1, a+2, \cdots, z\}$ 中 $f(z)$ 的 3 阶和分定义为

$$y_3(z) = \nabla_\gamma^{-3}f(z) = \nabla_{\gamma+2}^{-1}[\nabla_\gamma^{-2}f(z)] = \int_{a+1}^{z} y_2(s)d_{\nabla}x_{\gamma+2}(s)$$

$$= \int_{a+1}^{z} d_{\nabla}x_{\gamma+2}(s) \int_{a+1}^{s} [x_{\gamma+1}(s) - x_{\gamma+1}(t-1)]f(t)d_{\nabla}x_{\gamma}(t)$$

$$= \int_{a+1}^{z} f(t)d_{\nabla}x_{\gamma}(t) \int_{t}^{z} [x_{\gamma+1}(s) - x_{\gamma+1}(t-1)]d_{\nabla}x_{\gamma+2}(s).$$

由于命题 5.2.3 , 则有

$$\frac{\nabla}{\nabla x_{\gamma+2}(s)}[x_{\gamma+2}(s) - x_{\gamma+2}(t-1)]^{(2)} = [2]_q[x_{\gamma+1}(s) - x_{\gamma+1}(t-1)], \tag{5.2.15}$$

那么应用命题 5.2.1, 我们有

$$\frac{[x_{\gamma+2}(z) - x_{\gamma+2}(t-1)]^{(2)}}{[2]_q} = \int_{t}^{z} [x_{\gamma+1}(s) - x_{\gamma+1}(t-1)]d_{\nabla}x_{\gamma+2}(s). \tag{5.2.16}$$

因此, 我们得到: 对于非一致格子 $x_\gamma(s)$, 数集 $\{a+1, a+2, \cdots, z\}$ 中 $f(z)$ 的 3 阶和分是

$$y_3(z) = \nabla_\gamma^{-3}f(z) = \nabla_{\gamma+2}^{-1}[\nabla_\gamma^{-2}f(z)]$$

$$= \frac{1}{[\Gamma(3)]_q} \int_{a+1}^{z} [x_{\gamma+2}(z) - x_{\gamma+2}(t-1)]^{(2)}f(s)d_{\nabla}x_{\gamma}(s). \tag{5.2.17}$$

同时, 容易证明

$$\nabla_\gamma^3 \nabla_\gamma^{-3} f(z) = \frac{\nabla}{\nabla x_\gamma(z)}\left(\frac{\nabla}{\nabla x_{\gamma+1}(z)}\left(\frac{\nabla y_3(z)}{\nabla x_{\gamma+2}(z)}\right)\right) = f(z). \tag{5.2.18}$$

这里 $y_3(z) = \Delta_\gamma^{-3}f(z)$ 定义在数集 $\{a+1, \mathrm{mod}(1)\}$ 中.

更一般地, 由数学归纳法, 对于非一致格子 $x_\gamma(s)$, 数集 $\{a+1, a+2, \cdots, z\}$ 中函数 $f(z)$, 我们可以给出函数 $f(z)$ 的 n 阶和分定义为

$$y_k(z) = \nabla_\gamma^{-k} f(z) = \nabla_{\gamma+k-1}^{-1}[\nabla_\gamma^{-(k-1)} f(z)] = \int_{a+1}^z y_{k-1}(s) d_\nabla x_{\gamma+k-1}(s)$$

$$= \frac{1}{[\Gamma(k)]_q} \int_{a+1}^z [x_{\gamma+k-1}(z) - x_{\gamma+k-1}(t-1)]^{(k-1)} f(t) d_\nabla x_\gamma(t), \, k = 1, 2, \cdots,$$

这里 (5.2.19)

$$[\Gamma(k)]_q = \begin{cases} q^{-(k-1)(k-2)} \Gamma_q(k), & \text{如果 } x(s) = c_1 q^s + c_2 q^{-s} + c_3, \\ \Gamma(\alpha), & \text{如果 } x(s) = \widetilde{c}_1 s^2 + \widetilde{c}_2 s + \widetilde{c}_3, \end{cases}$$

它满足下式

$$[\Gamma(k+1)]_q = [k]_q [\Gamma(k)]_q, \quad [\Gamma(2)]_q = [1]_q [\Gamma(1)]_q = 1.$$

那么成立

$$\nabla_\gamma^k \nabla_\gamma^{-k} f(z) = \frac{\nabla}{\nabla x_\gamma(z)} \left(\frac{\nabla}{\nabla x_{\gamma+1}(z)} \cdots \left(\frac{\nabla y_k(z)}{\nabla x_{\gamma+k-1}(z)} \right) \right) = f(z), \, k = 1, 2, \cdots.$$

(5.2.20)

需要指出的是, 当 $k \in \mathbb{C}$ 时, 等式 (5.2.19) 右边仍然是有意义的, 因此我们就可以对非一致格子 $x_\gamma(s)$ 给出函数 $f(z)$ 的分数阶和分定义.

定义 5.2.4 (非一致格子上分数阶和分) 对任意 $\mathrm{Re}\,\alpha \in \mathbb{R}^+$, 对于非一致格子 (5.1.11) 和 (5.1.12), 数集 $\{a+1, a+2, \cdots, z\}$ 中的函数 $f(z)$, 我们定义它的 α 阶分数阶和分为

$$\nabla_\gamma^{-\alpha} f(z) = \frac{1}{[\Gamma(\alpha)]_q} \int_{a+1}^z [x_{\gamma+\alpha-1}(z) - x_{\gamma+\alpha-1}(t-1)]^{(\alpha-1)} f(s) d_\nabla x_\gamma(s), \quad (5.2.21)$$

这里

$$[\Gamma(\alpha)]_q = \begin{cases} q^{-(s-1)(s-2)} \Gamma_q(\alpha), & \text{如果 } x(s) = c_1 q^s + c_2 q^{-s} + c_3, \\ \Gamma(\alpha), & \text{如果 } x(s) = \widetilde{c}_1 s^2 + \widetilde{c}_2 s + \widetilde{c}_3, \end{cases}$$

它满足下面的等式

$$[\Gamma(\alpha+1)]_q = [\alpha]_q [\Gamma(\alpha)]_q.$$

5.3 非一致格子上 Euler Beta 公式的模拟

经典 Euler Beta 公式是广为熟知的, 其表达式为

$$\int_0^1 (1-t)^{\alpha-1} t^{\beta-1} dt = B(\alpha, \beta) = \frac{\Gamma(\alpha)\Gamma(\beta)}{\Gamma(\alpha+\beta)}, \quad \mathrm{Re}\,\alpha > 0, \mathrm{Re}\,\beta > 0,$$

或更一般些的是

$$\int_a^z \frac{(z-t)^{\alpha-1}}{\Gamma(\alpha)} \frac{(t-a)^{\beta-1}}{\Gamma(\beta)} dt = \frac{(z-a)^{\alpha+\beta-1}}{\Gamma(\alpha+\beta)}, \quad \operatorname{Re}\alpha > 0, \operatorname{Re}\beta > 0.$$

在本节中, 我们要在非一致格子上建立 Euler Beta 公式的模拟.

定理 5.3.1 (非一致格子上的 Euler Beta 公式)　对于任何 $\alpha, \beta \in \mathbb{C}$, 那么对非一致格子 $x(s)$, 我们有

$$\int_{a+1}^z \frac{[x_\beta(z) - x_\beta(t-1)]^{(\beta-1)}}{[\Gamma(\beta)]_q} \frac{[x(t) - x(a)]^{(\alpha)}}{[\Gamma(\alpha+1)]_q} d_\nabla x_1(t)$$

$$= \frac{[x_\beta(z) - x_\beta(a)]^{(\alpha+\beta)}}{[\Gamma(\alpha+\beta+1)]_q}. \tag{5.3.1}$$

定理 5.3.1 的证明需要用到一些引理.

引理 5.3.2　对于任何 α, β, 成立

$$[\alpha+\beta]_q x(t) - [\alpha]_q x_{-\beta}(t) - [\beta]_q x_\alpha(t) = \text{const.} \tag{5.3.2}$$

证明　如果我们令 $x(t) = \widetilde{c}_1 t^2 + \widetilde{c}_2 t + \widetilde{c}_3$, 那么方程 (5.3.2) 的左边是

$$LHS = \widetilde{c}_1 \left[(\alpha+\beta)t^2 - \alpha \left(t - \frac{\beta}{2} \right)^2 - \beta \left(t + \frac{\alpha}{2} \right)^2 \right]$$

$$+ \widetilde{c}_2 \left[(\alpha+\beta)t - \alpha \left(t - \frac{\beta}{2} \right) - \beta \left(t + \frac{\alpha}{2} \right) \right] \tag{5.3.3}$$

$$= -\frac{\alpha\beta}{4}(\alpha+\beta)\widetilde{c}_1 = \text{const.} \tag{5.3.4}$$

如果我们令 $x(t) = c_1 q^t + c_2 q^{-t} + c_3$, 那么方程 (5.3.2) 的左边是

$$LHS = c_1 \left[\frac{q^{\frac{\alpha+\beta}{2}} - q^{-\frac{\alpha+\beta}{2}}}{q^{\frac{1}{2}} - q^{-\frac{1}{2}}} q^t - \frac{q^{\frac{\alpha}{2}} - q^{-\frac{\alpha}{2}}}{q^{\frac{1}{2}} - q^{-\frac{1}{2}}} q^{t-\frac{\beta}{2}} - \frac{q^{\frac{\beta}{2}} - q^{-\frac{\beta}{2}}}{q^{\frac{1}{2}} - q^{-\frac{1}{2}}} q^{t+\frac{\alpha}{2}} \right]$$

$$+ c_2 \left[\frac{q^{\frac{\alpha+\beta}{2}} - q^{-\frac{\alpha+\beta}{2}}}{q^{\frac{1}{2}} - q^{-\frac{1}{2}}} q^{-t} - \frac{q^{\frac{\alpha}{2}} - q^{-\frac{\alpha}{2}}}{q^{\frac{1}{2}} - q^{-\frac{1}{2}}} q^{-t+\frac{\beta}{2}} - \frac{q^{\frac{\beta}{2}} - q^{-\frac{\beta}{2}}}{q^{\frac{1}{2}} - q^{-\frac{1}{2}}} q^{-t-\frac{\alpha}{2}} \right]$$

$$= 0. \tag{5.3.5}$$

引理 5.3.3　对于任何 α, β, 成立

$$[\alpha+1]_q [x_\beta(z) - x_\beta(t-\beta)] - [\beta]_q [x_{1-\alpha}(t+\alpha) - x_{1-\alpha}(a)]$$

$$= [\alpha+1]_q [x_\beta(z) - x_\beta(a-\alpha-\beta)]$$

$$- [\alpha + \beta + 1]_q [x(t) - x(a - \alpha)]. \tag{5.3.6}$$

证明 (5.3.6) 等价于

$$[\alpha + \beta + 1]_q x(t) - [\alpha + 1]_q x_\beta(t - \beta) - [\beta]_q x_{1-\alpha}(t + \alpha)$$
$$= [\alpha + \beta + 1]_q x(a - \alpha) - [\alpha + 1]_q x_\beta(a - \alpha - \beta) - [\beta]_q x_{1-\alpha}(a). \tag{5.3.7}$$

置 $\alpha + 1 = \widetilde{\alpha}$, 我们仅需证明

$$[\widetilde{\alpha} + \beta]_q x(t) - [\widetilde{\alpha}]_q x_\beta(t - \beta) - [\beta]_q x_{2-\widetilde{\alpha}}(t + \widetilde{\alpha} - 1)$$
$$= [\widetilde{\alpha} + \beta]_q x(a - \widetilde{\alpha} + 1) - [\widetilde{\alpha}]_q x_\beta(a - \widetilde{\alpha} + 1 - \beta) - [\beta]_q x_{2-\widetilde{\alpha}}(a). \tag{5.3.8}$$

即

$$[\widetilde{\alpha} + \beta]_q x(t) - [\widetilde{\alpha}]_q x_{-\beta}(t) - [\beta]_q x_{\widetilde{\alpha}}(t)$$
$$= [\widetilde{\alpha} + \beta]_q x(a - \widetilde{\alpha} + 1) - [\alpha]_q x_{-\beta}(a - \widetilde{\alpha} + 1) - [\beta]_q x_{\widetilde{\alpha}}(a - \widetilde{\alpha} + 1). \tag{5.3.9}$$

由引理 5.3.2 , 等式 (5.3.9) 成立, 那么等式 (5.3.6) 成立.

有了命题 5.2.3 和引理 5.3.3, 现在是时候来证明定理 5.3.1 了.

定理 5.3.1 的证明 令

$$\rho(t) = [x(t) - x(a)]^{(\alpha)} [x_\beta(z) - x_\beta(t - 1)]^{(\beta - 1)}, \tag{5.3.10}$$

且

$$\sigma(t) = [x_{1-\alpha}(t + \alpha) - x_{1-\alpha}(a)][x_\beta(z) - x_\beta(t)]. \tag{5.3.11}$$

由命题 5.2.3 , 由于

$$[x_{1-\alpha}(t + \alpha) - x_{1-\alpha}(a)][x(t) - x(a)]^{(\alpha)} = [x_1(t) - x_1(a)]^{(\alpha+1)} \tag{5.3.12}$$

且

$$[x_\beta(z) - x_\beta(t)][x_\beta(z) - x_\beta(t - 1)]^{(\beta - 1)} = [x_\beta(z) - x_\beta(t)]^{(\beta)}. \tag{5.3.13}$$

因此我们得到

$$\sigma(t)\rho(t) = [x_1(t) - x_1(a)]^{(\alpha+1)} [x_\beta(z) - x_\beta(t)]^{(\beta)}. \tag{5.3.14}$$

利用公式

$$\nabla_t [f(t)g(t)] = g(t - 1)\Delta_t [f(t)] + f(t)\nabla_t [g(t)],$$

这里

$$f(t) = [x_1(t) - x_1(a)]^{(\alpha+1)}, \quad g(t) = [x_\beta(z) - x_\beta(t)]^{(\beta)},$$

让我们计算 $\dfrac{\nabla_t[\sigma(t)\rho(t)]}{\nabla x_1(t)}$.

从命题 5.2.3, 我们有

$$\frac{\nabla_t}{\nabla x_1(t)}\{[x_1(t) - x_1(a)]^{(\alpha+1)}\} = [\alpha+1]_q[x(t) - x(a)]^{(\alpha)}, \quad (5.3.15)$$

且

$$\begin{aligned}
&\frac{\nabla_t}{\nabla x_1(t)}\{[x_\beta(z) - x_\beta(t)]^{(\beta)}\} \\
&= \frac{\Delta_t}{\Delta x_1(t-1)}\{[x_\beta(z) - x_\beta(t-1)]^{(\beta)}\} \\
&= -[\beta]_q[x_\beta(z) - x_\beta(t-1)]^{(\beta-1)}.
\end{aligned}$$

这样就有

$$\begin{aligned}
&\frac{\nabla_t}{\nabla x_1(t)}\{[x_1(t) - x_1(a)]^{(\alpha+1)}[x_\beta(z) - x_\beta(t)]^{(\beta)}\} \\
&= [\alpha+1]_q[x(t) - x(a)]^{(\alpha)}[x_\beta(z) - x_\beta(t-1)]^{(\beta)} \\
&\quad - [\beta]_q[x_1(t) - x_1(a)]^{(\alpha+1)}[x_\beta(z) - x_\beta(t-1)]^{(\beta-1)} \\
&= \{[\alpha+1]_q[x_\beta(z) - x_\beta(t-\beta)] - [\beta]_q[x_{1-\alpha}(t+\alpha) - x_{1-\alpha}(a)]\}\rho(t) \\
&\equiv \tau(t)\rho(t), \quad\quad\quad\quad\quad\quad\quad\quad\quad\quad\quad\quad\quad\quad\quad\quad\quad\quad (5.3.16)
\end{aligned}$$

这里

$$\tau(t) = [\alpha+1]_q[x_\beta(z) - x_\beta(t-\beta)] - [\beta]_q[x_{1-\alpha}(t+\alpha) - x_{1-\alpha}(a)]. \quad (5.3.17)$$

这是由于

$$[x_\beta(z) - x_\beta(t-1)]^{(\beta)} = [x_\beta(z) - x_\beta(t-\beta)][x_\beta(z) - x_\beta(t-1)]^{(\beta-1)}.$$

那么从引理 5.3.3, 产生

$$\tau(t) = [\alpha+1]_q[x_\beta(z) - x_\beta(a-\alpha-\beta)] - [\alpha+\beta+1]_q[x(t) - x(a-\alpha)]. \quad (5.3.18)$$

因此可得

$$\frac{\nabla_t}{\nabla x_1(t)}\{[x_1(t) - x_1(a)]^{(\alpha+1)}[x_\beta(z) - x_\beta(t)]^{(\beta)}\}$$

$$= \{[\alpha + 1]_q[x_\beta(z) - x_\beta(a - \alpha - \beta)]$$
$$- [\alpha + \beta + 1]_q[x(t) - x(a - \alpha)]\}\rho(t).$$

或者

$$\nabla_t\{[x_1(t) - x_1(a)]^{(\alpha+1)}[x_\beta(z) - x_\beta(t)]^{(\beta)}\}$$
$$= \{[\alpha + 1]_q[x_\beta(z) - x_\beta(a - \alpha - \beta)]$$
$$- [\alpha + \beta + 1]_q[x(t) - x(a - \alpha)]\}$$
$$\cdot [x(t) - x(a)]^{(\alpha)}[y_\beta(z) - x_\beta(t - 1)]^{(\beta-1)}\nabla x_1(t). \tag{5.3.19}$$

从 $a + 1$ 到 z 相加, 则有

$$\sum_{t=a+1}^{z} \nabla_t\{[x_1(t) - x_1(a)]^{(\alpha+1)}[x_\beta(z) - x_\beta(t)]^{(\beta)}\}$$
$$= \int_{a+1}^{z}\{[\alpha + 1]_q[x_\beta(z) - x_\beta(a - \alpha - \beta)]$$
$$- [\alpha + \beta + 1]_q[x(t) - x(a - \alpha)]\}$$
$$\cdot [x(t) - x(a)]^{(\alpha)}[x_\beta(z) - x_\beta(t - 1)]^{(\beta-1)}d_\nabla x_1(t). \tag{5.3.20}$$

令

$$I(\alpha) = \int_{a+1}^{z}[x_\beta(z) - x_\beta(t - 1)]^{(\beta-1)}[x(t) - x(a)]^{(\alpha)}d_\nabla x_1(t), \tag{5.3.21}$$

且

$$I(\alpha + 1) = \int_{a+1}^{z}[x_\beta(z) - x_\beta(t - 1)]^{(\beta-1)}[x(t) - x(a)]^{(\alpha+1)}d_\nabla x_1(t). \tag{5.3.22}$$

那么从 (5.3.20) 以及利用命题 5.2.3, 可得

$$\sum_{t=a+1}^{z} \nabla_t\{[x_1(t) - x_1(a)]^{(\alpha+1)}[x_\beta(z) - x_\beta(t)]^{(\beta)}\}$$
$$= [\alpha + 1]_q[x_\beta(z) - x_\beta(a - \alpha - \beta)]\int_{a+1}^{z}[x(t) - x(a)]^{(\alpha)}[x_\beta(z) - x_\beta(t - 1)]^{(\beta-1)}d_\nabla x_1(t)$$
$$- [\alpha + \beta + 1]_q\int_{a+1}^{z}[x(t) - x(a - \alpha)][x(t) - x(a)]^{(\alpha)}[x_\beta(z) - x_\beta(t - 1)]^{(\beta-1)}d_\nabla x_1(t)$$
$$= [\alpha + 1]_q[x_\beta(z) - x_\beta(a - \alpha - \beta)]\int_{a+1}^{z}[x(t) - x(a)]^{(\alpha)}[x_\beta(z) - x_\beta(t - 1)]^{(\beta-1)}d_\nabla x_1(t)$$
$$- [\alpha + \beta + 1]_q\int_{a+1}^{z}[x(t) - x(a)]^{(\alpha+1)}[x_\beta(z) - x_\beta(t - 1)]^{(\beta-1)}d_\nabla x_1(t)$$

$$= [\alpha+1]_q [x_\beta(z) - x_\beta(a-\alpha-\beta)I(\alpha) - [\alpha+\beta+1]_q I(\alpha+1).$$

因为

$$\sum_{t=a+1}^{z} \nabla_t \{ [x_1(t) - x_1(a)]^{(\alpha+1)} [x_\beta(z) - x_\beta(t)]^{(\beta)} \} = 0, \tag{5.3.23}$$

因此, 我们证明了

$$\frac{I(\alpha+1)}{I(\alpha)} = \frac{[\alpha+1]_q}{[\alpha+\beta+1]_q} [x_\beta(z) - x_\beta(a-\alpha-\beta)]. \tag{5.3.24}$$

从 (5.3.24), 则有

$$\frac{I(\alpha+1)}{I(\alpha)} = \frac{\dfrac{[\Gamma(\alpha+2)]_q}{[\Gamma(\alpha+\beta+2)]_q} [x_\beta(z) - x_\beta(a)]^{(\alpha+\beta+1)}}{\dfrac{[\Gamma(\alpha+1)]_q}{[\Gamma(\alpha+\beta+1)]_q} [x_\beta(z) - x_\beta(a)]^{(\alpha+\beta)}}.$$

因此我们可令

$$I(\alpha) = k \frac{[\Gamma(\alpha+1)]_q}{[\Gamma(\alpha+\beta+1)]_q} [x_\beta(z) - x_\beta(a)]^{(\alpha+\beta)}, \tag{5.3.25}$$

这里 k 待定.

令 $\alpha = 0$, 那么

$$I(0) = k \frac{1}{[\Gamma(\beta+1)]_q} [x_\beta(z) - x_\beta(a)]^{(\beta)}, \tag{5.3.26}$$

从 (5.3.21), 有

$$I(0) = \int_{a+1}^{z} [x_\beta(z) - x_\beta(t-1)]^{(\beta-1)} d_\nabla x_1(t)$$

$$= \frac{1}{[\beta]_q} [x_\beta(z) - x_\beta(a)]^{(\beta)}, \tag{5.3.27}$$

从 (5.3.26) 和 (5.3.27), 可得

$$k = \frac{[\Gamma(\beta+1)]_q}{[\beta]_q} = [\Gamma(\beta)]_q.$$

因此, 我们得到

$$I(\alpha) = \frac{[\Gamma(\beta)]_q [\Gamma(\alpha+1)]_q}{[\Gamma(\alpha+\beta+1)]_q} [x_\beta(z) - x_\beta(a)]^{(\alpha+\beta)}, \tag{5.3.28}$$

并且完成了定理 5.3.1 的证明.

5.4 非一致格子上的 Abel 方程及分数阶差分

非一致格子 $x_\gamma(s)$ 上 $f(z)$ 的分数阶差分定义相对似乎更困难和复杂一些. 我们的思想是起源于非一致格子上广义 Abel 方程的求解. 具体来说, 一个重要的问题是: 让 $m-1 < \mathrm{Re}\,\alpha \leqslant m$, 定义在数集 $\{a+1, a+2, \cdots, z\}$ 上的 $f(z)$ 是一给定函数, 定义在数集 $\{a+1, a+2, \cdots, z\}$ 上的 $g(z)$ 是一未知函数, 它们满足以下广义 Abel 方程

$$\nabla_\gamma^{-\alpha} g(z) = \int_{a+1}^z \frac{[x_{\gamma+\alpha-1}(z) - x_{\gamma+\alpha-1}(t-1)]^{(\alpha-1)}}{[\Gamma(\alpha)]_q} g(t) d_\nabla x_\gamma(t) = f(t), \quad (5.4.1)$$

怎样求解该广义 Abel 方程 (5.4.1)?

为了求解方程 (5.4.1), 我们需要充分利用 Euler Beta 公式在非一致格子下的基本模拟定理 5.3.1.

定理 5.4.1 (Abel 方程的解 1) 设定义在数集 $\{a+1, \mathrm{mod}(1)\}$ 中的函数 $f(z)$ 和函数 $g(z)$ 满足

$$\nabla_\gamma^{-\alpha} g(z) = f(z), \quad 0 < m-1 < \mathrm{Re}\,\alpha \leqslant m,$$

那么

$$g(z) = \nabla_\gamma^m \nabla_{\gamma+\alpha}^{-m+\alpha} f(z) \tag{5.4.2}$$

成立.

证明 我们仅需证明

$$\nabla_\gamma^{-m} g(z) = \nabla_{\gamma+\alpha}^{-(m-\alpha)} f(z),$$

即

$$\nabla_{\gamma+\alpha}^{-(m-\alpha)} f(z) = \nabla_{\gamma+\alpha}^{-(m-\alpha)} \nabla_\gamma^{-\alpha} g(z) = \nabla_\gamma^{-m} g(z).$$

事实上, 由定义 5.2.4 可得

$$\begin{aligned}
\nabla_{\gamma+\alpha}^{-(m-\alpha)} f(z) &= \int_{a+1}^z \frac{[x_{\gamma+m-1}(z) - x_{\gamma+m-1}(t-1)]^{(m-\alpha-1)}}{[\Gamma(m-\alpha)]_q} f(t) d_\nabla x_{\gamma+\alpha}(t) \\
&= \int_{a+1}^z \frac{[x_{\gamma+m-1}(z) - x_{\gamma+m-1}(t-1)]^{(m-\alpha-1)}}{[\Gamma(m-\alpha)]_q} d_\nabla x_{\gamma+\alpha}(t) \\
&\quad \cdot \int_{a+1}^z \frac{[x_{\gamma+\alpha-1}(t) - x_{\gamma+\alpha-1}(s-1)]^{(\alpha-1)}}{[\Gamma(\alpha)]_q} g(s) d_\nabla x_\gamma(s) \\
&= \int_{a+1}^z g(s) \nabla x_\gamma(s) \int_s^z \frac{[x_{\gamma+m-1}(z) - x_{\gamma+m-1}(t-1)]^{(m-\alpha-1)}}{[\Gamma(m-\alpha)]_q}
\end{aligned}$$

$$\cdot \frac{[x_{\gamma+\alpha-1}(t) - x_{\gamma+\alpha-1}(s-1)]^{(\alpha-1)}}{[\Gamma(\alpha)]_q} d_\nabla x_{\gamma+\alpha}(t).$$

在定理 5.3.1 中, 将 $a+1$ 替换成 s; α 替换成 $\alpha-1$; β 替换成 $m-\alpha$, 且将 $x(t)$ 替换成 $x_{\nu+\alpha-1}(t)$, 那么 $x_\beta(t)$ 替换成 $x_{\nu+m-1}(t)$, 我们则能够得出下面的等式

$$\int_s^z \frac{[x_{\gamma+m-1}(z) - x_{\gamma+m-1}(t-1)]^{(m-\alpha-1)}}{[\Gamma(m-\alpha)]_q}$$

$$\cdot \frac{[x_{\gamma+\alpha-1}(t) - x_{\gamma+\alpha-1}(s-1)]^{(\alpha-1)}}{[\Gamma(\alpha)]_q} d_\nabla x_{\gamma+\alpha}(t)$$

$$= \frac{[x_{\gamma+m-1}(z) - x_{\gamma+m-1}(s-1)]^{(-m-1)}}{[\Gamma(m)]_q},$$

因此, 我们有

$$\nabla_{\gamma+\alpha}^{-(m-\alpha)} f(z) = \int_{a+1}^z \frac{[x_{\gamma+m-1}(z) - x_{\gamma+m-1}(s-1)]^{(-m-1)}}{[\Gamma(m)]_q} g(s) d_\nabla x_\gamma(s) = \nabla_\gamma^{-m} g(z),$$

这样就有

$$\nabla_\gamma^m \nabla_{\gamma+\alpha}^{-(m-\alpha)} f(z) = \nabla_\gamma^m \nabla_\gamma^{-m} g(z) = g(z).$$

由定理 5.4.1 得到启示, 很自然地, 我们给出关于 $f(z)$ 的 Riemann-Liouville 型 α 阶 $(0 < m-1 < \mathrm{Re}\,\alpha \leqslant m)$ 分数阶差分的定义如下:

定义 5.4.2 (Riemann-Liouville 型分数阶差分 1)　让 m 是超过 $\mathrm{Re}\,\alpha$ 的最小正整数, 对于非一致格子 $x_\gamma(s)$, 数集 $\{a, \mathrm{mod}(1)\}$ 中 $f(z)$ 的 Riemann-Liouville 型 α 阶分数阶差分定义为

$$\nabla_\gamma^\alpha f(z) = \nabla_\gamma^m (\nabla_{\gamma+\alpha}^{\alpha-m} f(z)). \tag{5.4.3}$$

形式上来说, 在定义 5.2.4 中, 如果将 α 替换成 $-\alpha$, 那么 (5.2.21) 的右边将变为

$$\int_{a+1}^z \frac{[x_{\gamma-\alpha-1}(z) - x_{\gamma-\alpha-1}(t-1)]^{(-\alpha-1)}}{[\Gamma(-\alpha)]_q} f(t) d_\nabla x_\gamma(t)$$

$$= \frac{\nabla}{\nabla x_{\gamma-\alpha}(t)} \left(\frac{\nabla}{\nabla x_{\gamma-\alpha+1}(t)} \cdots \frac{\nabla}{\nabla x_{\gamma-\alpha+n-1}(t)} \right)$$

$$\cdot \int_{a+1}^z \frac{[x_{\gamma+n-\alpha-1}(z) - x_{\gamma+n-\alpha-1}(t-1)]^{(n-\alpha-1)}}{[\Gamma(n-\alpha)]_q} f(t) d_\nabla x_\gamma(t)$$

$$= \nabla_{\gamma-\alpha}^n \nabla_\gamma^{-n+\alpha} f(z) = \nabla_{\gamma-\alpha}^\alpha f(z). \tag{5.4.4}$$

从 (5.4.4) 也可以得到 $f(z)$ 的 Riemann-Liouville 型 α 阶分数阶差分如下.

定义 5.4.3 (Riemann-Liouville 型分数阶差分 2) 设 $\operatorname{Re}\alpha>0$, 对于非一致格子 $x_\gamma(s)$, 数集 $\{a+1,a+2,\cdots,z\}$ 中 $f(z)$ 的 Riemann-Liouville 型 α 阶分数阶差分定义为

$$\nabla_{\gamma-\alpha}^\alpha f(z)=\int_{a+1}^z \frac{[x_{\gamma-\alpha-1}(z)-x_{\gamma-\alpha-1}(t-1)]^{(-\alpha-1)}}{[\Gamma(-\alpha)]_q}f(t)d_\nabla x_\gamma(t). \tag{5.4.5}$$

将 $x_{\gamma-\alpha}(t)$ 替换成 $x_\gamma(t)$, 那么

$$\nabla_\gamma^\alpha f(z)=\int_{a+1}^z \frac{[x_{\gamma-1}(z)-x_{\gamma-1}(t-1)]^{(-\alpha-1)}}{[\Gamma(-\alpha)]_q}f(t)d_\nabla x_{\gamma+\alpha}(t), \tag{5.4.6}$$

这里假定 $[\Gamma(-\alpha)]_q\neq 0$.

5.5 非一致格子上 Caputo 型分数阶差分

在本节, 我们将给出非一致格子上 Caputo 型分数阶差分的合理定义.

定理 5.5.1 (分部求和公式) 给定两个复变函数 $f(s),g(s)$, 那么

$$\int_{a+1}^z g(s)\nabla_\gamma f(s)d_\nabla x_\gamma(s)=f(z)g(z)-f(a)g(a)-\int_{a+1}^z f(s-1)\nabla_\gamma g(s)d_\nabla x_\gamma(s),$$

这里 $z,a\in\mathbb{C}$, 且假定 $z-a\in\mathbb{N}$.

证明 应用命题 5.1.6, 可得

$$g(s)\nabla_\gamma f(s)=\nabla_\gamma[f(z)g(z)]-f(s-1)\nabla_\gamma g(s),$$

这样就有

$$g(s)\nabla_\gamma f(s)\nabla x_\gamma(s)=\nabla_\gamma[f(z)g(z)]\nabla x_\gamma(s)-f(s-1)\nabla_\gamma g(s)\nabla x_\gamma(s).$$

关于变量 s, 从 $a+1$ 到 z 求和, 那么可得

$$\int_{a+1}^z g(s)\nabla_\gamma f(s)d_\nabla x_\gamma(s)$$
$$=\int_{a+1}^z \nabla_\gamma[f(z)g(z)]\nabla x_\gamma(s)-\int_{a+1}^z f(s-1)\nabla_\gamma g(s)d_\nabla x_\gamma(s)$$
$$=f(z)g(z)-f(a)g(a)-\int_{a+1}^z f(s-1)\nabla_\gamma g(s)d_\nabla x_\gamma(s).$$

与非一致格子上 Riemann-Liouville 型分数阶差分定义的思想来源一样, 对于非一致格子上 Caputo 型分数阶差分定义思想, 也是受启发与非一致格子上广义 Abel 方程 (5.4.1) 的解. 在 5.4 节, 借助于非一致格子上的 Euler Beta 公式, 我们已经求出了广义 Abel 方程

$$\nabla_\gamma^{-\alpha} g(z) = f(z), \quad 0 < m - 1 < \alpha \leqslant m$$

的解是

$$g(z) = \nabla_\gamma^\alpha f(z) = \nabla_\gamma^m \nabla_{\gamma+\alpha}^{-m+\alpha} f(z). \tag{5.5.1}$$

现在我们将用分部求和公式, 给出 (5.5.1) 的另一种新的表达式. 事实上, 我们有

$$
\begin{aligned}
\nabla_\gamma^\alpha f(z) &= \nabla_\gamma^m \nabla_{\gamma+\alpha}^{-m+\alpha} f(z) \\
&= \nabla_\gamma^m \int_{a+1}^z \frac{[x_{\gamma+m-1}(z) - x_{\gamma+m-1}(s-1)]^{(m-\alpha-1)}}{[\Gamma(m-\alpha)]_q} f(s) d_\nabla x_{\gamma+\alpha}(s).
\end{aligned}
\tag{5.5.2}
$$

应用恒等式

$$
\begin{aligned}
&\frac{\nabla_{(s)} [x_{\gamma+m-1}(z) - x_{\gamma+m-1}(s)]^{(m-\alpha)}}{\nabla x_{\gamma+\alpha}(s)} \\
&= \frac{\Delta_{(s)} [x_{\gamma+m-1}(z) - x_{\gamma+m-1}(s-1)]^{(m-\alpha)}}{\Delta x_{\gamma+\alpha}(s-1)} \\
&= -[m-\alpha]_q [x_{\gamma+m-1}(z) - x_{\gamma+m-1}(s-1)]^{(m-\alpha-1)},
\end{aligned}
$$

那么以下表达式

$$\int_{a+1}^z \frac{[x_{\gamma+m-1}(z) - x_{\gamma+m-1}(s-1)]^{(m-\alpha-1)}}{[\Gamma(m-\alpha)]_q} f(s) d_\nabla x_{\gamma+\alpha}(s)$$

可改写成

$$
\begin{aligned}
&\int_{a+1}^z f(s) \nabla_{(s)} \left\{ \frac{-[x_{\gamma+m-1}(z) - x_{\gamma+m-1}(s)]^{(m-\alpha)}}{[\Gamma(m-\alpha+1)]_q} \right\} d_\nabla s \\
&= \int_{a+1}^z f(s) \nabla_{\gamma+\alpha-1} \left\{ \frac{-[x_{\gamma+m-1}(z) - x_{\gamma+m-1}(s)]^{(m-\alpha)}}{[\Gamma(m-\alpha+1)]_q} \right\} d_\nabla x_{\gamma+\alpha-1}(s).
\end{aligned}
$$

应用分部求和公式, 可得

$$\int_{a+1}^z f(s) \nabla_{\gamma+\alpha-1} \left\{ \frac{-[x_{\gamma+m-1}(z) - x_{\gamma+m-1}(s)]^{(m-\alpha)}}{[\Gamma(m-\alpha+1)]_q} \right\} d_\nabla x_{\gamma+\alpha-1}(s)$$

$$= f(a) \frac{[x_{\gamma+m-1}(z) - x_{\gamma+m-1}(a)]^{(m-\alpha)}}{[\Gamma(m-\alpha+1)]_q}$$

$$+ \int_{a+1}^{z} \frac{[x_{\gamma+m-1}(z) - x_{\gamma+m-1}(s-1)]^{(m-\alpha)}}{[\Gamma(m-\alpha+1)]_q} \nabla_{\gamma+\alpha-1}[f(s)] d_\nabla x_{\gamma+\alpha-1}(s).$$

因此, 这可导致出

$$\int_{a+1}^{z} \frac{[x_{\gamma+m-1}(z) - x_{\gamma+m-1}(s-1)]^{(m-\alpha-1)}}{[\Gamma(m-\alpha)]_q} f(s) d_\nabla x_{\gamma+\alpha}(s)$$

$$= f(a) \frac{[x_{\gamma+m-1}(z) - x_{\gamma+m-1}(a)]^{(m-\alpha)}}{[\Gamma(m-\alpha+1)]_q}$$

$$+ \int_{a+1}^{z} \frac{[x_{\gamma+m-1}(z) - x_{\gamma+m-1}(s-1)]^{(m-\alpha)}}{[\Gamma(m-\alpha+1)]_q} \nabla_{\gamma+\alpha-1}[f(s)] d_\nabla x_{\gamma+\alpha-1}(s). \quad (5.5.3)$$

进一步, 考虑

$$\int_{a+1}^{z} \frac{[x_{\gamma+m-1}(z) - x_{\gamma+m-1}(s-1)]^{(m-\alpha)}}{[\Gamma(m-\alpha+1)]_q} \nabla_{\gamma+\alpha-1}[f(s)] d_\nabla x_{\gamma+\alpha-1}(s). \quad (5.5.4)$$

利用恒等式

$$\frac{\nabla_{(s)}[x_{\gamma+m-1}(z) - x_{\gamma+m-1}(s)]^{(m-\alpha+1)}}{\nabla x_{\gamma+\alpha-1}(s)}$$

$$= \frac{\Delta_{(s)}[x_{\gamma+m-1}(z) - x_{\gamma+m-1}(s-1)]^{(m-\alpha+1)}}{\Delta x_{\gamma+\alpha-1}(s-1)}$$

$$= -[m-\alpha+1]_q [x_{\gamma+m-1}(z) - x_{\gamma+m-1}(s-1)]^{(m-\alpha)},$$

表达式 (5.5.4) 能改写成

$$\int_{a+1}^{z} \nabla_{\gamma+\alpha-1}[f(s)] \nabla_{(s)} \left\{ \frac{-[x_{\gamma+m-1}(z) - x_{\gamma+m-1}(s-1)]^{(m-\alpha+1)}}{[\Gamma(m-\alpha+2)]_q} \right\} d_\nabla s$$

$$= \int_{a+1}^{z} \nabla_{\gamma+\alpha-1}[f(s)] \nabla_{\gamma+\alpha-2}$$

$$\cdot \left\{ \frac{-[x_{\gamma+m-1}(z) - x_{\gamma+m-1}(s-1)]^{(m-\alpha+1)}}{[\Gamma(m-\alpha+2)]_q} \right\} d_\nabla x_{\gamma+\alpha-2}(s).$$

由分部求和公式, 我们有

$$\int_{a+1}^{z} \nabla_{\gamma+\alpha-1}[f(s)] \nabla_{\gamma+\alpha-2}$$

$$\left\{ \frac{-[x_{\gamma+m-1}(z) - x_{\gamma+m-1}(s-1)]^{(m-\alpha+1)}}{[\Gamma(m-\alpha+2)]_q} \right\} d_\nabla x_{\gamma+\alpha-2}(s)$$

$$= \nabla_{\gamma+\alpha-1} f(a) \frac{[x_{\gamma+m-1}(z) - x_{\gamma+m-1}(a)]^{(m-\alpha+1)}}{[\Gamma(m-\alpha+2)]_q}$$

$$+ \int_{a+1}^{z} \frac{[x_{\gamma+m-1}(z) - x_{\gamma+m-1}(s-1)]^{(m-\alpha+1)}}{[\Gamma(m-\alpha+2)]_q} [\nabla_{\gamma+\alpha-2}\nabla_{\gamma+\alpha-1}] f(s) d_\nabla x_{\gamma+\alpha-2}(s)$$

$$= \nabla_{\gamma+\alpha-1} f(a) \frac{[x_{\gamma+m-1}(z) - x_{\gamma+m-1}(a)]^{(m-\alpha+1)}}{[\Gamma(m-\alpha+2)]_q}$$

$$+ \int_{a+1}^{z} \frac{[x_{\gamma+m-1}(z) - x_{\gamma+m-1}(s-1)]^{(m-\alpha+1)}}{[\Gamma(m-\alpha+2)]_q} \nabla_{\gamma+\alpha-2}^{2} f(s) d_\nabla x_{\gamma+\alpha-2}(s)$$

因此, 我们得到

$$\int_{a+1}^{z} \frac{[x_{\gamma+m-1}(z) - x_{\gamma+m-1}(s-1)]^{(m-\alpha)}}{[\Gamma(m-\alpha+1)]_q} \nabla_{\gamma+\alpha-1}[f(s)] d_\nabla x_{\gamma+\alpha-1}(s)$$

$$= \nabla_{\gamma+\alpha-1} f(a) \frac{[x_{\gamma+m-1}(z) - x_{\gamma+m-1}(a)]^{(m-\alpha+1)}}{[\Gamma(m-\alpha+2)]_q}$$

$$+ \int_{a+1}^{z} \frac{[x_{\gamma+m-1}(z) - x_{\gamma+m-1}(s-1)]^{(m-\alpha+1)}}{[\Gamma(m-\alpha+2)]_q} \nabla_{\gamma+\alpha-2}^{2} f(s) d_\nabla x_{\gamma+\alpha-2}(s)$$

$$(5.5.5)$$

同理, 用数学归纳法, 我们可得

$$\int_{a+1}^{z} \frac{[x_{\gamma+m-1}(z) - x_{\gamma+m-1}(s-1)]^{(m-\alpha+k-1)}}{[\Gamma(m-\alpha+k)]_q} \nabla_{\gamma+\alpha-k}^{k}[f(s)] d_\nabla x_{\gamma+\alpha-k}(s)$$

$$= \nabla_{\gamma+\alpha-k}^{k} f(a) \frac{[x_{\gamma+m-1}(z) - x_{\gamma+m-1}(a)]^{(m-\alpha+k)}}{[\Gamma(m-\alpha+k+1)]_q}$$

$$+ \int_{a+1}^{z} \frac{[x_{\gamma+m-1}(z) - x_{\gamma+m-1}(s-1)]^{(m-\alpha+k)}}{[\Gamma(m-\alpha+k+1)]_q} \nabla_{\gamma+\alpha-(k+1)}^{k+1} f(s) d_\nabla x_{\gamma+\alpha-(k+1)}(s).$$

$$(5.5.6)$$

$(k = 0, 1, \cdots, m-1)$

将 (5.5.3), (5.5.5) 和 (5.5.6) 代入 (5.5.2), 则有

$$\nabla_\gamma^\alpha f(z) = \nabla_\gamma^m \Bigg\{ f(a) \frac{[x_{\gamma+m-1}(z) - x_{\gamma+m-1}(a)]^{(m-\alpha)}}{[\Gamma(m-\alpha+1)]_q}$$

$$+ \nabla_{\gamma+\alpha-1} f(a) \frac{[x_{\gamma+m-1}(z) - x_{\gamma+m-1}(a)]^{(m-\alpha+1)}}{[\Gamma(m-\alpha+2)]_q}$$

$$+ \nabla_{\gamma+\alpha-k}^{k} f(a) \frac{[x_{\gamma+m-1}(z) - x_{\gamma+m-1}(a)]^{(m-\alpha+k)}}{[\Gamma(m-\alpha+k+1)]_q}$$

$$+ \cdots + \nabla_{\gamma+\alpha-(m-1)}^{m-1} f(a) \frac{[x_{\gamma+m-1}(z) - x_{\gamma+m-1}(a)]^{(2m-\alpha-1)}}{[\Gamma(2m-\alpha)]_q}$$

$$+ \int_{a+1}^{z} \frac{[x_{\gamma+m-1}(z) - x_{\gamma+m-1}(s-1)]^{(2m-\alpha-1)}}{[\Gamma(2m-\alpha)]_q}$$
$$\cdot \nabla_{\gamma+\alpha-m}^m f(s) d_{\nabla} x_{\gamma+\alpha-m}(s) \bigg\}$$

$$= \nabla_\gamma^m \bigg\{ \sum_{k=0}^{m-1} \nabla_{\gamma+\alpha-k}^k f(a) \frac{[x_{\gamma+m-1}(z) - x_{\gamma+m-1}(a)]^{(m-\alpha+k)}}{[\Gamma(m-\alpha+k+1)]_q}$$
$$+ \nabla_{\gamma+\alpha-m}^{\alpha-2m} \nabla_{\gamma+\alpha-m}^m f(z) \bigg\}$$

$$= \sum_{k=0}^{m-1} \nabla_{\gamma+\alpha-k}^k f(a) \frac{[x_{\gamma-1}(z) - x_{\gamma-1}(a)]^{(-\alpha+k)}}{[\Gamma(-\alpha+k+1)]_q} + \nabla_{\gamma+\alpha-m}^{\alpha-m} \nabla_{\gamma+\alpha-m}^m f(z).$$

总之, 我们有下面的

定理 5.5.2 (广义 Abel 方程的解 2) 假设定义在数集 $\{a+1, a+2, \cdots, z\}$ 上的函数 $f(z)$ 和 $g(z)$ 满足

$$\nabla_\gamma^{-\alpha} g(z) = f(z), \quad 0 < m-1 < \mathrm{Re}\,\alpha \leqslant m,$$

那么

$$g(z) = \sum_{k=0}^{m-1} \nabla_{\gamma+\alpha-k}^k f(a) \frac{[x_{\gamma-1}(z) - x_{\gamma-1}(a)]^{(-\alpha+k)}}{[\Gamma(-\alpha+k+1)]_q} + \nabla_{\gamma+\alpha-m}^{\alpha-m} \nabla_{\gamma+\alpha-m}^m f(z) \tag{5.5.7}$$

成立.

受到定理 5.5.2 的启示, 我们很自然地给出函数 $f(z)$ 的 α 阶 $(0 < m < \mathrm{Re}\,\alpha \leqslant m-1)$ Caputo 分数阶差分如下:

定义 5.5.3 (Caputo 分数阶差分) 让 m 是超过 $\mathrm{Re}\,\alpha$ 的最小整数, 非一致格子上定义在数集 $\{a+1, a+2, \cdots, z\}$ 上的函数 $f(z)$ 的 α 阶 Caputo 分数阶差分定义为

$$^C\nabla_\gamma^\alpha f(z) = \nabla_{\gamma+\alpha-m}^{\alpha-m} \nabla_{\gamma+\alpha-m}^m f(z). \tag{5.5.8}$$

5.6 一些应用和定理

非一致格子上的一些基本引理和命题, 尤其 Taylor 公式是非常重要的, 本节我们要建立一些基础性定理. 首先, 容易证明:

引理 5.6.1 设 $\alpha > 0$, 那么

$$\nabla_\gamma^{-\alpha} 1 = \frac{[x_{\gamma+\alpha-1}(z) - x_{\gamma+\alpha-1}(a)]^{(\alpha)}}{[\Gamma(\alpha+1)]_q}.$$

证明　应用命题 5.2.3, 则有

$$\frac{\nabla_t[x_{\gamma+\alpha-1}(z) - x_{\gamma+\alpha-1}(t)]^{(\alpha)}}{\nabla x_\gamma(t)} = -[\alpha]_q[x_{\gamma+\alpha-1}(z) - x_{\gamma+\alpha-1}(t-1)]^{(\alpha-1)}. \quad (5.6.1)$$

容易知道

$$\begin{aligned}
\nabla_\gamma^{-\alpha}1 &= \sum_{t=a+1}^{z} \frac{[x_{\gamma+\alpha-1}(z) - x_{\gamma+\alpha-1}(t-1)]^{(\alpha-1)}}{[\Gamma(\alpha)]_q}\nabla x_\gamma(t)\\
&= -\sum_{t=a+1}^{z} \frac{\nabla_t[x_{\gamma+\alpha-1}(z) - x_{\gamma+\alpha-1}(t)]^{(\alpha)}}{[\Gamma(\alpha)]_q}\\
&= \frac{[x_{\gamma+\alpha-1}(z) - x_{\gamma+\alpha-1}(a)]^{(\alpha)}}{[\Gamma(\alpha+1)]_q}.
\end{aligned} \quad (5.6.2)$$

定理 5.6.2 (Taylor 定理)　设 $k \in \mathbb{N}$, 那么

$$\begin{aligned}
\nabla_\gamma^{-k}\nabla_\gamma^k f(z) &= f(z) - f(a) - \nabla_{\gamma+k-1}^1 f(a)[x_{\gamma+k-1}(z) - x_{\gamma+k-1}(a)]\\
&\quad - \frac{1}{[2]_q!}\nabla_{\gamma+k-2}^2 f(a)[x_{\gamma+k-1}(z) - x_{\gamma+k-1}(a)]^{(2)}\\
&\quad - \cdots - \frac{1}{[k-1]_q!}\nabla_{\gamma+1}^{k-1} f(a)[x_{\gamma+k-1}(z) - x_{\gamma+k-1}(a)]^{(k-1)}\\
&= f(z) - \sum_{j=0}^{k-1} \frac{1}{[j]_q!}\nabla_{\gamma+k-j}^j f(a)[x_{\gamma+k-1}(z) - x_{\gamma+k-1}(a)]^{(j)}. \quad (5.6.3)
\end{aligned}$$

证明　当 $k = 1$ 时, 我们将证明

$$\nabla_\gamma^{-1}\nabla_\gamma^1 f(z) = f(z) - f(a). \quad (5.6.4)$$

事实上, 我们有

$$LHS = \sum_{s=a+1}^{z} \nabla_\gamma^1 f(s)\nabla x_\gamma(s) = \sum_{s=a+1}^{z} \nabla f(s) = f(z) - f(a).$$

当 $k = 2$ 时, 我们要证明

$$\nabla_\gamma^{-2}\nabla_\gamma^2 f(z) = f(z) - f(a) - \nabla_{\gamma+1}^1 f(a)[x_{\gamma+1}(z) - x_{\gamma+1}(a)]. \quad (5.6.5)$$

事实上, 我们有

$$\nabla_\gamma^{-2}\nabla_\gamma^2 f(z) = \nabla_{\gamma+1}^{-1}\nabla_\gamma^{-1}\nabla_\gamma^1\nabla_{\gamma+1}^1 f(z) = \nabla_{\gamma+1}^{-1}[\nabla_\gamma^{-1}\nabla_\gamma^1]\nabla_{\gamma+1}^1 f(z),$$

利用 (5.6.4) 和引理 5.6.1, 可得

$$
\begin{aligned}
\nabla_{\gamma+1}^{-1}[\nabla_\gamma^{-1}\nabla_\gamma^1]\nabla_{\gamma+1}^1 f(z) &= \nabla_{\gamma+1}^{-1}[\nabla_{\gamma+1}^1 f(z) - \nabla_{\gamma+1}^1 f(a)] \\
&= f(z) - f(a) - \nabla_{\gamma+1}^{-1}[\nabla_{\gamma+1}^1 f(a)] \\
&= f(z) - f(a) - \nabla_{\gamma+1}^1 f(a)[x_{\gamma+1}(z) - x_{\gamma+1}(a)]. \quad (5.6.6)
\end{aligned}
$$

假定当 $n = k$ 时, (5.6.3) 成立, 那么当 $n = k+1$ 时, 我们要证明

$$
\nabla_\gamma^{-(k+1)}\nabla_\gamma^{k+1} f(z) = f(z) - \sum_{j=0}^k \frac{1}{[j]_q!}\nabla_{\gamma+k-j+1}^j f(a)[x_{\gamma+k}(z) - x_{\gamma+k}(a)]^{(j)}. \quad (5.6.7)
$$

事实上, 我们有

$$
\begin{aligned}
\nabla_\gamma^{-(k+1)}\nabla_\gamma^{k+1} f(z) &= \nabla_{\gamma+k}^{-1}\nabla_\gamma^{-k}\nabla_\gamma^k\nabla_{\gamma+k}^1 f(z) = \nabla_{\gamma+k}^{-1}[\nabla_\gamma^{-k}\nabla_\gamma^k]\nabla_{\gamma+k}^1 f(z) \\
&= \nabla_{\gamma+k}^{-1}\Bigg\{ \nabla_{\gamma+k}^1 f(z) \\
&\qquad - \sum_{j=0}^{k-1}\frac{1}{[j]_q!}\nabla_{\gamma+k-j}^j\nabla_{\gamma+k}^1 f(a)[x_{\gamma+k-1}(z) - x_{\gamma+k-1}(a)]^{(j)}\Bigg\} \\
&= f(z) - f(a) - \sum_{j=0}^{k-1}\frac{1}{[j+1]_q!} \\
&\qquad \cdot \nabla_{\gamma+k-j}^j\nabla_{\gamma+k}^1 f(a)[x_{\gamma+k-1}(z) - x_{\gamma+k-1}(a)]^{(j+1)}] \\
&= f(z) - \sum_{j=0}^k \frac{1}{[j]_q!}\nabla_{\gamma+k-j+1}^j f(a)[x_{\gamma+k}(z) - x_{\gamma+k}(a)]^{(j)}, \quad (5.6.8)
\end{aligned}
$$

最后一个等式成立是因为

$$
\begin{aligned}
\frac{\nabla}{\nabla x_{\gamma+k}(z)}\nabla_{\gamma+k}^{-1}[x_{\gamma+k-1}(z) - x_{\gamma+k-1}(a)]^{(j)} \\
= [x_{\gamma+k-1}(z) - x_{\gamma+k-1}(a)]^{(j)} \\
= \frac{1}{[j+1]_q}\frac{\nabla}{\nabla x_{\gamma+k}(z)}[x_{\gamma+k}(z) - x_{\gamma+k}(a)]^{(j+1)}, \quad (5.6.9)
\end{aligned}
$$

因此, 成立下式

$$
\nabla_{\gamma+k}^{-1}[x_{\gamma+k-1}(z) - x_{\gamma+k-1}(a)]^{(j)} = \frac{1}{[j+1]_q}[x_{\gamma+k}(z) - x_{\gamma+k}(a)]^{(j+1)}. \quad (5.6.10)
$$

定理 5.6.2 证毕.

注 5.6.3　(1) 在定理 5.6.2 中, 如果我们用 $x_{\nu-k+1}$ 替代 x_{ν}, 那么将有

$$f(z) = \sum_{j=0}^{k-1} \frac{1}{[j]_q!} \nabla_{\gamma-j+1}^j f(a) [x_\gamma(z) - x_\gamma(a)]^{(j)} + \nabla_{\gamma-k+1}^{-k} \nabla_{\gamma-k+1}^k f(z). \quad (5.6.11)$$

(2) 假设函数 $f(z)$ 的余项 $R_k(z) = \Delta_{\gamma-k+1}^{-k} \Delta_{\gamma-k+1}^k f(z)$ 满足

$$\lim_{k\to\infty} R_k(z) = \lim_{k\to\infty} \nabla_{\gamma-k+1}^{-k} \nabla_{\gamma-k+1}^k f(z) = 0,$$

那么函数 $f(z)$ 就有 Taylor 级数展开式

$$f(z) = \sum_{j=0}^{\infty} \frac{1}{[j]_q!} \nabla_{\gamma-j+1}^j f(a) [x_\gamma(z) - x_\gamma(a)]^{(j)}. \quad (5.6.12)$$

命题 5.6.4　对于任何 $\mathrm{Re}\,\alpha > 0, \mathrm{Re}\,\beta > 0$, 则有

$$\nabla_{\gamma+\alpha}^{-\beta} \nabla_\gamma^{-\alpha} f(z) = \nabla_{\gamma+\beta}^{-\alpha} \nabla_\gamma^{-\beta} f(z) = \nabla_\gamma^{-(\alpha+\beta)} f(z). \quad (5.6.13)$$

证明　由定义 5.2.4, 则有

$$\nabla_{\gamma+\alpha}^{-\beta} \nabla_\gamma^{-\alpha} f(z) = \sum_{t=a+1}^{z} \frac{[x_{\gamma+\alpha+\beta-1}(z) - x_{\gamma+\alpha+\beta-1}(t-1)]^{(\beta-1)}}{[\Gamma(\beta)]_q} \nabla_\gamma^{-\alpha} f(t) \nabla x_{\gamma+\alpha}(t)$$

$$= \sum_{t=a+1}^{z} \frac{[x_{\gamma+\alpha+\beta-1}(z) - x_{\gamma+\alpha+\beta-1}(t-1)]^{(\beta-1)}}{[\Gamma(\beta)]_q} \nabla x_{\gamma+\alpha}(t)$$

$$\cdot \sum_{s=a+1}^{t} \frac{[x_{\gamma+\alpha-1}(t) - x_{\gamma+\alpha-1}(s-1)]^{(\alpha-1)}}{[\Gamma(\alpha)]_q} f(s) \nabla x_\gamma(s)$$

$$= \sum_{s=a+1}^{z} f(s) \nabla x_\gamma(s) \sum_{t=s}^{z} \frac{[x_{\gamma+\alpha+\beta-1}(z) - x_{\gamma+\alpha+\beta-1}(t-1)]^{(\beta-1)}}{[\Gamma(\beta)]_q}$$

$$\cdot \frac{[x_{\gamma+\alpha-1}(t) - x_{\gamma+\alpha-1}(s-1)]^{(\alpha-1)}}{[\Gamma(\alpha)]_q} \nabla x_{\gamma+\alpha}(t).$$

在定理 5.3.1 中, 将 $a+1$ 替换成 s; α 替换成 $\alpha-1$; 且将 $x(t)$ 替换成 $x_{\nu+\alpha-1}(t)$, 那么 $x_\beta(t)$ 替换成 $x_{\nu+\alpha+\beta-1}(t)$, 我们得到

$$\sum_{t=s}^{z} \frac{[x_{\gamma+\alpha+\beta-1}(z) - x_{\gamma+\alpha+\beta-1}(t-1)]^{(\beta-1)}}{[\Gamma(\beta)]_q}$$

$$\cdot \frac{[x_{\gamma+\alpha-1}(t) - x_{\gamma+\alpha-1}(s-1)]^{(\alpha-1)}}{[\Gamma(\alpha)]_q} \nabla x_{\gamma+\alpha}(t)$$

$$= \frac{[x_{\gamma+\alpha+\beta-1}(z) - x_{\gamma+\alpha+\beta-1}(s-1)]^{(\alpha+\beta-1)}}{[\Gamma(\alpha+\beta)]_q}$$

这就产生了

$$\nabla_{\gamma+\alpha}^{-\beta} \nabla_\gamma^{-\alpha} f(z) = \sum_{s=a+1}^{z} \frac{[x_{\gamma+\alpha+\beta-1}(z) - x_{\gamma+\alpha+\beta-1}(s-1)]^{(\alpha+\beta-1)}}{[\Gamma(\alpha+\beta)]_q} f(s) \nabla x_\gamma(s)$$

$$= \nabla_\gamma^{-(\alpha+\beta)} f(z).$$

命题 5.6.5 对任何 $\operatorname{Re}\alpha > 0$, 那么

$$\nabla_\gamma^\alpha \nabla_\gamma^{-\alpha} f(z) = f(z). \tag{5.6.14}$$

证明 由定义 5.4.2, 可得

$$\nabla_\gamma^\alpha \nabla_\gamma^{-\alpha} f(z) = \nabla_\gamma^m (\nabla_{\gamma+\alpha}^{\alpha-m}) \nabla_\gamma^{-\alpha} f(z). \tag{5.6.15}$$

由命题 5.6.4 可得

$$\nabla_{\gamma+\alpha}^{\alpha-m} \nabla_\gamma^{-\alpha} f(z) = \nabla_\gamma^{-m} f(z).$$

因此, 我们有

$$\nabla_\gamma^\alpha \nabla_\gamma^{-\alpha} f(z) = \nabla_\gamma^m \nabla_\gamma^{-m} f(z) = f(z).$$

命题 5.6.6 设 $m \in \mathbb{N}^+, \alpha > 0$, 那么

$$\nabla_\gamma^m \nabla_{\gamma+m-\alpha}^{-\alpha} f(z) = \begin{cases} \nabla_{\gamma+m-\alpha}^{m-\alpha} f(z), & \text{当 } m - \alpha < 0, \\ \nabla_\gamma^{m-\alpha} f(z), & \text{当 } m - \alpha > 0. \end{cases} \tag{5.6.16}$$

证明 如果 $0 \leqslant \alpha < 1$, 令 $\beta = m - \alpha$, 那么 $0 \leqslant m - 1 < \beta \leqslant m$. 由定义 5.4.2, 可得

$$\nabla_\gamma^\beta f(z) = \nabla_\gamma^m \nabla_{\gamma+\beta}^{\beta-m} f(z),$$

即

$$\nabla_\gamma^m \nabla_{\gamma+m-\alpha}^{-\alpha} f(z) = \nabla_\gamma^{m-\alpha} f(z). \tag{5.6.17}$$

如果 $k \leqslant \alpha < k+1, k \in \mathbb{N}^+$, 令 $\tilde{\alpha} = \alpha - k$, 那么 $0 \leqslant \tilde{\alpha} < 1$, 可得

$$\nabla_\gamma^m \nabla_{\gamma+m-\alpha}^{-\alpha} f(z) = \nabla_\gamma^m \nabla_{\gamma+m-k-\tilde{\alpha}}^{-k-\tilde{\alpha}} f(z) = \nabla_\gamma^m \nabla_{\gamma+m-k}^{-k} \nabla_{\gamma+m-k-\tilde{\alpha}}^{-\tilde{\alpha}} f(z)$$

当 $m - k > 0$ 时, 我们有

$$\nabla_\gamma^m \nabla_{\gamma+m-k}^{-k} \nabla_{\gamma+m-k-\tilde{\alpha}}^{-\tilde{\alpha}} f(z) = \nabla_\gamma^{m-k} \nabla_{\gamma+m-k-\tilde{\alpha}}^{-\tilde{\alpha}} f(z),$$

因为 $m - k - \widetilde{\alpha} = m - \alpha > 0$, 从 (5.6.17), 我们得

$$\nabla_\gamma^{m-k} \nabla_{\gamma+m-k-\widetilde{\alpha}}^{-\widetilde{\alpha}} f(z) = \nabla_\gamma^{m-k-\widetilde{\alpha}} f(z) = \nabla_\gamma^{m-\alpha} f(z).$$

当 $m - k < 0$ 时, 则有

$$\nabla_\gamma^m \nabla_{\gamma+m-k}^{-k} \nabla_{\gamma+m-k-\widetilde{\alpha}}^{-\widetilde{\alpha}} f(z) = \nabla_{\gamma+m-k}^{m-k} \nabla_{\gamma+m-k-\widetilde{\alpha}}^{-\widetilde{\alpha}} f(z),$$

由于 $m - k - \widetilde{\alpha} = m - \alpha < 0$, 从 (5.6.13), 我们得到

$$\nabla_{\gamma+m-k}^{m-k} \nabla_{\gamma+m-k-\widetilde{\alpha}}^{-\widetilde{\alpha}} f(z) = \nabla_{\gamma+m-k}^{m-k-\widetilde{\alpha}} f(z) = \nabla_{\gamma+m-k}^{m-\alpha} f(z).$$

很显然, $m - k > 0$ 或 $m - k > 0$ 等价于 $m - \alpha > 0$ 或者 $m - \alpha > 0$, 因此这导出

$$\nabla_\gamma^m \nabla_{\gamma+m-\alpha}^{-\alpha} f(z) = \begin{cases} \nabla_{\gamma+m-\alpha}^{m-\alpha} f(z), & \text{当 } m - \alpha < 0, \\ \nabla_\gamma^{m-\alpha} f(z), & \text{当 } m - \alpha > 0. \end{cases}$$

命题 5.6.7　设 $\alpha > 0, \beta > 0$, 那么

$$\nabla_\gamma^\beta \nabla_{\gamma+\beta-\alpha}^{-\alpha} f(z) = \begin{cases} \nabla_{\gamma+\beta-\alpha}^{\beta-\alpha} f(z), & \text{当 } \beta - \alpha < 0, \\ \nabla_\gamma^{\beta-\alpha} f(z), & \text{当 } \beta - \alpha > 0. \end{cases}$$

证明　让 m 是超过 β 的最小正整数, 那么由定义 5.4.2, 我们有

$$\nabla_\gamma^\beta \nabla_{\gamma+\beta-\alpha}^{-\alpha} f(z) = \nabla_\gamma^m \nabla_{\gamma+\beta}^{\beta-m} \nabla_{\gamma+\beta-\alpha}^{-\alpha} f(z)$$
$$= \nabla_\gamma^m \nabla_{\gamma+\beta-\alpha}^{\beta-\alpha-m} f(z).$$

从命题 5.6.6, 可得

$$\nabla_\gamma^m \nabla_{\gamma+\beta-\alpha}^{\beta-\alpha-m} f(z) = \begin{cases} \nabla_{\gamma+\beta-\alpha}^{\beta-\alpha} f(z), & \text{当 } \beta - \alpha < 0, \\ \nabla_\gamma^{\beta-\alpha} f(z), & \text{当 } \beta - \alpha > 0. \end{cases}$$

命题 5.6.8 (分数阶 Taylor 公式)　设 $\alpha > 0$, k 是超过 α 的最小正整数, 那么

$$\nabla_\gamma^{-\alpha} \nabla_\gamma^\alpha f(z) = f(z) - \sum_{j=0}^{k-1} \nabla_{\gamma+k-j}^{j-k+\alpha} f(a) \frac{[x_{\gamma+\alpha-1}(z) - x_{\gamma+\alpha-1}(a)]^{(\alpha-k+j)}}{[\Gamma(\alpha-k+j+1)]_q}.$$

由命题 5.6.4, 定义 5.4.2 和命题 5.6.5, 我们得到

$$\nabla_\gamma^{-\alpha} \nabla_\gamma^\alpha f(z) = \nabla_{\gamma+\alpha}^{-\alpha+k} \nabla_\gamma^{-k} \nabla_\gamma^k \nabla_{\gamma+\alpha}^{\alpha-k} f(z)$$
$$= \nabla_{\gamma+\alpha}^{-\alpha+k} \left\{ \nabla_{\gamma+\alpha}^{\alpha-k} f(z) \right.$$

$$-\frac{1}{[j]_q!}\sum_{j=0}^{k-1}\nabla_{\gamma+k-j+1}^{j}\nabla_{\gamma+\alpha}^{-k+\alpha}f(a)[x_{\gamma+k-1}(z)-x_{\gamma+k-1}(a)]^{(j)}\Bigg\},$$

从命题 5.6.6, 并应用

$$\nabla_{\gamma+k-j+1}^{j}\nabla_{\gamma+\alpha}^{-k+\alpha}f(a)=\begin{cases}\nabla_{\gamma+\alpha}^{-k+\alpha}f(a), & \text{当 } j=0,\\[2mm] \nabla_{\gamma+k-j+1}^{j-k+\alpha}f(a), & \text{当 } j>0\end{cases}$$

和

$$\nabla_{\gamma+\alpha}^{-\alpha+k}\left\{\frac{[x_{\gamma+k-1}(z)-x_{\gamma+k-1}(a)]^{(j)}}{[\Gamma(j+1)]_q}\right\}=\nabla_{\gamma+\alpha}^{-\alpha+k}\nabla_{\gamma+k-j}^{-j}(1)=\nabla_{\gamma+k-j}^{-\alpha+k-j}(1)$$

$$=\frac{[x_{\gamma+\alpha-1}(z)-x_{\gamma+\alpha-1}(a)]^{(\alpha-k+j)}}{[\Gamma(\alpha-k+j+1)]_q},$$

可以导出

$$\nabla_{\gamma}^{-\alpha}\nabla_{\gamma}^{\alpha}f(z)=f(z)-\sum_{j=0}^{k-1}\nabla_{\gamma+k-j+1}^{j-k+\alpha}\frac{f(a)[x_{\gamma+\alpha-1}(z)-x_{\gamma+\alpha-1}(a)]^{(\alpha-k+j)}}{[\Gamma(\alpha-k+j+1)]_q}.$$
$$\tag{5.6.18}$$

定理 5.6.9 (Caputo 型分数阶 Taylor 公式) 设 $0<k-1<\alpha\leqslant k$, 那么

$$\nabla_{\gamma}^{-\alpha}[^{C}\nabla_{\gamma}^{\alpha}]f(z)=f(t)-\sum_{j=0}^{k-1}(_a\nabla_{\gamma+(\alpha-j)}^{k})f(a)\frac{[x_{\gamma+\alpha-1}(z)-x_{\gamma+\alpha-1}(a)]^{(j)}}{[\Gamma(j+1)]_q}.$$
$$\tag{5.6.19}$$

证明 由定义 5.5.3 和定理 5.6.2, 我们有

$$\begin{aligned}\nabla_{\gamma}^{-\alpha}[^{C}\nabla_{\gamma}^{\alpha}]f(z)&=\nabla_{\gamma}^{-\alpha}\nabla_{\gamma+(\alpha-k)}^{\alpha-k}\nabla_{\gamma+(\alpha-k)}^{k}f(z)\\ &=\nabla_{\gamma+(\alpha-k)}^{-k}\nabla_{\gamma+(\alpha-k)}^{k}f(z)\\ &=f(t)-\sum_{j=0}^{k-1}(_a\nabla_{\gamma+(\alpha-j)}^{j})f(a)\frac{[x_{\gamma+\alpha-1}(z)-x_{\gamma+\alpha-(j+1)}(a)]^{(j)}}{[\Gamma(1)]_q}.\end{aligned}$$
$$\tag{5.6.20}$$

Riemann-Liouville 型分数阶差分与 Caputo 分数阶差分之间的关系是

命题 5.6.10 设 m 是超过 α 的最小正整数, 则有

$$_{a}^{C}\nabla_{\gamma}^{\alpha}f(z)=[_a\nabla_{\gamma}^{\alpha}]\left\{f(t)-\sum_{k=0}^{m-1}(_a\nabla_{\gamma+(\alpha-k)}^{k})f(a)\frac{[x_{\gamma+\alpha-1}(z)-x_{\gamma+\alpha-1}(a)]^{(k)}}{[\Gamma(1)]_q}\right\}.$$

证明 我们有

$$_{a}^{C}\nabla_{\gamma}^{\alpha}f(z)=[_a\nabla_{\gamma+(\alpha-m)}^{\alpha-m}(_a\nabla_{\gamma+(\alpha-m)}^{m})]f(z)$$

$$= [(a\nabla_\gamma^\alpha)(\nabla_{\gamma+(\alpha-m)}^{-m})(a\nabla_{\gamma+(\alpha-m)}^m)]f(z)$$

$$= [a\nabla_\gamma^\alpha]\left\{ f(t) - \sum_{k=0}^{m-1} (a\nabla_{\gamma+(\alpha-k)}^k)f(a)\frac{[x_{\gamma+\alpha-1}(z) - x_{\gamma+\alpha-1}(a)]^{(k)}}{[\Gamma(k+1)]_q} \right\}.$$

$$\tag{5.6.21}$$

命题 5.6.11　设 $\alpha > 0$, 则有

$$(_a^C\nabla_\gamma^\alpha)(a\nabla_\gamma^{-\alpha})f(z) = f(z). \tag{5.6.22}$$

证明　令

$$g(z) = (a\nabla_\gamma^{-\alpha})f(z) = \int_{a+1}^z \frac{[x_{\gamma+\alpha-1}(z) - x_{\gamma+\alpha-1}(t-1)]^{(\alpha-1)}}{[\Gamma(\alpha)]_q} f(t)d_\nabla x_\gamma(t),$$

那么, 我们有 $g(a) = 0$. 并且

$$(a\nabla_{\gamma+\alpha-1})g(z) = \int_{a+1}^z \frac{[x_{\gamma+\alpha-2}(z) - x_{\gamma+\alpha-2}(t-1)]^{(\alpha-2)}}{[\Gamma(\alpha-1)]_q} f(t)d_\nabla x_\gamma(t),$$

那么, 就有 $(a\nabla_{\gamma+\alpha-1})g(a) = 0$.
同理可得

$$(a\nabla_{\gamma+\alpha-k}^k)g(a) = 0, \quad k = 0, 1, \cdots, m-1.$$

因此, 由命题 5.6.10, 我们得到 $(_a^C\nabla_\gamma^\alpha)g(z) = (a\nabla_\gamma^\alpha)g(z) = f(z)$.

5.7　非一致格子上 Riemann-Lionville 型分数阶
差分的复变量方法

在本节, 在复平面 $\mathbb{C}$ 上, 我们首先用广义复 Cauchy 积分公式导出非一致格子上的整数 $n \in \mathbb{N}^+$ 阶差分, 然后再将它推广定义到一般 $\alpha \in \mathbb{C}$ 分数阶差分上去.

定理 5.7.1　设 $n \in \mathbb{N}$, Γ 是简单正向闭围线. 如果 $f(s)$ 在区域 D 内解析, 这里 D 是由闭围线 Γ 所成的单连通区域, 并且 z 是区域 D 内某任意非零点, 那么

$$\nabla_{\gamma-n+1}^n f(z) = \frac{[n]_q!}{2\pi i}\frac{\log q}{q^{\frac{1}{2}} - q^{-\frac{1}{2}}} \oint_\Gamma \frac{f(s)\nabla x_{\gamma+1}(s)ds}{[x_\gamma(s) - x_\gamma(z)]^{(n+1)}}, \tag{5.7.1}$$

这里复平面上围线 Γ 包含单极点 $s = z, z-1, \cdots, z-n$.

证明　由于点集 $\{z-i, i = 0, 1, \cdots, n\}$ 包含在区域 D. 因此, 由推广的 Cauchy 积分公式, 我们有

$$f(z) = \frac{1}{2\pi i} \oint_\Gamma \frac{f(s)x_\gamma'(s)ds}{[x_\gamma(s) - x_\gamma(z)]}, \tag{5.7.2}$$

这导出

$$f(z-1) = \frac{1}{2\pi i} \oint_\Gamma \frac{f(s)x'_\gamma(s)ds}{[x_\gamma(s) - x_\gamma(z-1)]}. \tag{5.7.3}$$

将 $f(z)$ 和 $f(z+1)$ 的值代入 $\dfrac{\nabla f(z)}{\nabla x_\gamma(z)} = \dfrac{f(z) - f(z-1)}{x_\gamma(z) - x_\gamma(z-1)}$，那么我们有

$$\frac{\nabla f(z)}{\nabla x_\gamma(z)} = \frac{1}{2\pi i} \oint_\Gamma \frac{f(s)x'_\gamma(s)ds}{[x_\gamma(s) - x_\gamma(z)][x_\gamma(s) - x_\gamma(z-1)]}$$
$$= \frac{1}{2\pi i} \oint_\Gamma \frac{f(s)x'_\gamma(s)ds}{[x_\gamma(s) - x_\gamma(z)]^{(2)}}.$$

将 $\dfrac{\nabla f(z)}{\nabla x_\gamma(z)}$ 和 $\dfrac{\nabla f(z-1)}{\nabla x_\gamma(z-1)}$ 的值代入 $\dfrac{\frac{\nabla f(z)}{\nabla x_\gamma(z)} - \frac{\nabla f(z-1)}{\nabla x_\gamma(z-1)}}{x_\gamma(z) - x_\gamma(z-2)}$，有

$$\frac{\frac{\nabla f(z)}{\nabla x_\gamma(z)} - \frac{\nabla f(z-1)}{\nabla x_\gamma(z-1)}}{x_\gamma(z) - x_\gamma(z-2)} = \frac{1}{2\pi i} \oint_\Gamma \frac{f(s)x'_\gamma(s)ds}{[x_\gamma(s) - x_\gamma(z)]^{(3)}}.$$

应用

$$x_\gamma(z) - x_\gamma(z-2) = [2]_q \nabla x_{\gamma-1}(z),$$

可得

$$\frac{\nabla}{\nabla x_{\gamma-1}(z)}\left(\frac{\nabla f(z)}{\nabla x_\gamma(z)}\right) = \frac{[2]_q}{2\pi i} \oint_\Gamma \frac{f(s)x'_\gamma(s)ds}{[x_\gamma(s) - x_\gamma(z)]^{(3)}}.$$

更一般地, 通过数学归纳法, 我们可得

$$\frac{\nabla}{\nabla x_{\gamma-n+1}(z)}\left(\frac{\nabla}{\nabla x_{\gamma-n+2}(z)} \cdots \left(\frac{\nabla f(z)}{\nabla x_\gamma(z)}\right)\right) = \frac{[n]_q!}{2\pi i} \oint_\Gamma \frac{f(s)x'_\gamma(s)ds}{[x_\gamma(s) - x_\gamma(z)]^{(n+1)}},$$

这里

$$[x_\gamma(s) - x_\gamma(z)]^{(n+1)} = \prod_{i=0}^n [x_\gamma(s) - x_\gamma(z-i)].$$

最后, 利用等式

$$x'_\gamma(s) = \frac{\log q}{q^{\frac{1}{2}} - q^{-\frac{1}{2}}} \nabla x_{\gamma+1}(s),$$

可得

$$\nabla^n_{\gamma-n+1} f(z) = \frac{[n]_q!}{2\pi i} \frac{\log q}{q^{\frac{1}{2}} - q^{-\frac{1}{2}}} \oint_\Gamma \frac{f(s)\nabla x_{\gamma+1}(s)ds}{[x_\gamma(s) - x_\gamma(z)]^{(n+1)}}. \tag{5.7.4}$$

受公式 (5.7.4) 的启示, 我们自然地给出非一致格子上 $\{a+1, a+2, \cdots, z\}$ 中函数 $f(z)$ 的 $\alpha \in \mathbb{C}$ 阶分数阶差分的定义.

定义 5.7.2 (非一致格子上复分数阶差分)　让 Γ 是复平面上一条简单封闭正向围线. 如果 $f(s)$ 在以 Γ 为边界的单连通区域 D 内解析, 假设 z 是属于区域 D 内一个非零点, $a+1$ 是区域 D 内一点, 并且 $z-a \in \mathbb{N}$, 那么对任意 $\alpha \in \mathbb{C}, \mathrm{Re}\alpha \in \mathbb{R}^+$, 数集 $\{a+1, a+2, \cdots, z\}$ 上函数 $f(z)$ 在非一致格子上的 α 阶分数阶差分定义为

$$\nabla_{\gamma-\alpha+1}^{\alpha} f(z) = \frac{[\Gamma(\alpha+1)]_q}{2\pi i} \frac{\log q}{q^{\frac{1}{2}} - q^{-\frac{1}{2}}} \oint_{\Gamma} \frac{f(s) \nabla x_{\gamma+1}(s) ds}{[x_{\gamma}(s) - x_{\gamma}(z)]^{(\alpha+1)}}, \tag{5.7.5}$$

这里 Γ 包含复平面上的简单极点 $s = z, z-1, \cdots, a+1$.

我们可以用 Cauchy 留数定理计算复围线积分 (5.7.5). 具体地, 我们有

定理 5.7.3 (非一致格子上分数阶差分)　假定 $z, a \in \mathbb{C}, z-a \in \mathbb{N}, \alpha \in \mathbb{C}, \mathrm{Re}\alpha \in \mathbb{R}^+$.

(1) 让 $x(s)$ 是二次格子 (5.1.11), 那么数集 $\{a+1, a+2, \cdots, z\}$ 上函数 $f(z)$ 在非一致格子 $x_{\gamma}(z)$ 上的 α 阶分数阶差分定义可以改写为

$$\nabla_{\gamma+1-\alpha}^{\alpha}[f(z)] = \sum_{k=0}^{z-(a+1)} f(z-k) \frac{\Gamma(2z-k+\gamma-\alpha) \nabla x_{\gamma+1}(z-k)}{\Gamma(2z+\gamma+1-k)} \frac{(-\alpha)_k}{k!}; \tag{5.7.6}$$

(2) 让 $x(s)$ 是二次格子 (5.1.12), 那么数集 $\{a+1, a+2, \cdots, z\}$ 上函数 $f(z)$ 在非一致格子 $x_{\gamma}(z)$ 上的 α 阶分数阶差分定义可以改写为

$$\nabla_{\gamma+1-\alpha}^{\alpha}[f(z)] = \sum_{k=0}^{z-(a+1)} f(z-k) \frac{[\Gamma(2z-k+\gamma-\alpha)]_q \nabla x_{\gamma+1}(z-k)}{[\Gamma(2z+\gamma+1-k)]_q} \frac{([-\alpha]_q)_k}{[k]_q!}. \tag{5.7.7}$$

证明　从 (5.7.5), 在二次格子 (5.1.11) 的情形, 则有

$$\nabla_{\gamma+1-\alpha}^{\alpha}[f(z)] = \frac{\Gamma(\alpha+1)}{2\pi i} \oint_{\Gamma} \frac{f(s) \nabla x_{\gamma+1}(s) ds}{[x_{\gamma}(s) - x_{\gamma}(z)]^{(\alpha+1)}}$$

$$= \frac{\Gamma(\alpha+1)}{2\pi i} \oint_{\Gamma} \frac{f(s) \nabla x_{\gamma+1}(s) \Gamma(s-z) \Gamma(s+z+\gamma-\alpha) ds}{\Gamma(s-z+\alpha+1) \Gamma(s+z+\gamma+1)}.$$

按照定义 5.7.2 的假设, $\Gamma(s-z)$ 有单极点 $s = z-k, k = 0, 1, 2, \cdots, z-(a+1)$. $\Gamma(s-z)$ 在极点 $s - z = -k$ 处的留数是

$$\lim_{s \to z-k} (s-z+k) \Gamma(s-z)$$

$$= \lim_{s \to z-k} \frac{(s-z)(s-z+1) \cdots (s-z+k-1)(s-z+k) \Gamma(s-z)}{(s-z)(s-z+1) \cdots (s-z+k-1)}$$

$$= \lim_{s \to z-k} \frac{\Gamma(s-z+k+1)}{(s-z)(s-z+1) \cdots (s-z+k-1)}$$

$$= \frac{1}{(-k)(-k+1)\cdots(-1)} = \frac{(-1)^k}{k!}.$$

那么应用 Cauchy 留数定理, 则有

$$\nabla^\alpha_{\gamma+1-\alpha}[f(z)] = \Gamma(\alpha+1) \sum_{k=0}^{z-(a+1)} f(z-k) \frac{\Gamma(2z-k+\gamma-\alpha)\nabla x_{\gamma+1}(z-k)}{\Gamma(\alpha+1-k)\Gamma(2z+\gamma+1-k)} \frac{(-1)^k}{k!}.$$

由于

$$\frac{\Gamma(\alpha+1)}{\Gamma(\alpha+1-k)} = \alpha(\alpha-1)\cdots(\alpha-k+1),$$

且

$$\alpha(\alpha-1)\cdots(\alpha-k+1)(-1)^k = (-\alpha)_k,$$

所以, 我们得到

$$\nabla^\alpha_{\gamma+1-\alpha}[f(z)] = \sum_{k=0}^{z-(a+1)} f(z-k) \frac{\Gamma(2z-k+\gamma-\alpha)\nabla x_{\gamma+1}(z-k)}{\Gamma(2z+\gamma+1-k)} \frac{(-\alpha)_k}{k!}.$$

从 (5.7.5), 在二次格子 (5.1.12) 情形下, 我们有

$$\nabla^\alpha_{\gamma-\alpha+1}f(z)$$
$$=\frac{[\Gamma(\alpha+1)]_q}{2\pi i} \frac{\log q}{q^{\frac12}-q^{-\frac12}} \oint_\Gamma \frac{f(s)\nabla x_{\gamma+1}(s)ds}{[x_\gamma(s)-x_\gamma(z)]^{(\alpha+1)}}$$
$$=\frac{[\Gamma(\alpha+1)]_q}{2\pi i} \frac{\log q}{q^{\frac12}-q^{-\frac12}} \oint_\Gamma \frac{f(s)\nabla x_{\gamma+1}(s)[\Gamma(s-z)]_q[\Gamma(s+z+\gamma-\alpha)]_q ds}{[\Gamma(s-z+\alpha+1)]_q[\Gamma(s+z+\gamma+1)]_q} \quad (5.7.8)$$

从定义 5.7.2 的假设, $[\Gamma(s-z)]_q$ 有单极点 $s=z-k, k=0,1,2,\cdots,z-(a+1)$.
$[\Gamma(s-z)]_q$ 在单极点 $s-z=-k$ 处的留数是

$$\lim_{s\to z-k} (s-z+k)[\Gamma(s-z)]_q$$
$$= \lim_{s\to z-k} \frac{s-z+k}{[s-z+k]_q}[s-z+k]_q[\Gamma(s-z)]_q$$
$$= \frac{q^{\frac12}-q^{-\frac12}}{\log q} \lim_{s\to z-k} [s-z+k]_q[\Gamma(s-z)]_q$$
$$= \frac{q^{\frac12}-q^{-\frac12}}{\log q} \lim_{s\to z-k} \frac{[s-z]_q[s-z+1]_q\cdots[s-z+k-1]_q[s-z+k]_q[\Gamma(s-z)]_q}{(s-z)(s-z+1)\cdots(s-z+k-1)}$$
$$= \frac{q^{\frac12}-q^{-\frac12}}{\log q} \lim_{s\to z-k} \frac{[\Gamma(s-z+k+1)]_q}{[s-z]_q[s-z+1]_q\cdots[s-z+k-1]_q}$$

$$= \frac{q^{\frac{1}{2}} - q^{-\frac{1}{2}}}{\log q} \frac{1}{[-k]_q[-k+1]_q \cdots [-1]_q} = \frac{q^{\frac{1}{2}} - q^{-\frac{1}{2}}}{\log q} \frac{(-1)^k}{[k]_q!}.$$

那么由 Cauchy 留数定理, 可得

$$\nabla^{\alpha}_{\gamma+1-\alpha}[f(z)] = [\Gamma(\alpha+1)]_q \sum_{k=0}^{z-(a+1)} f(z-k) \frac{[\Gamma(2z-k+\gamma-\alpha)]_q \nabla x_{\gamma+1}(z-k)}{[\Gamma(\alpha+1-k)]_q [\Gamma(2z+\gamma+1-k)]_q} \frac{(-1)^k}{[k]_q!}.$$

由于

$$\frac{[\Gamma(\alpha+1)]_q}{[\Gamma(\alpha+1-k)]_q} = [\alpha]_q[\alpha-1]_q \cdots [\alpha-k+1]_q,$$

并且

$$[\alpha]_q[\alpha-1]_q \cdots [\alpha-k+1](-1)^k = ([-\alpha])_k,$$

因此, 我们得到

$$\nabla^{\alpha}_{\gamma+1-\alpha}[f(z)] = \sum_{k=0}^{z-(a+1)} f(z-k) \frac{[\Gamma(2z-k+\gamma-\alpha)]_q \nabla x_{\gamma+1}(z-k)}{[\Gamma(2z+\gamma+1-k)]_q} \frac{([-\alpha]_q)_k}{k!}.$$

到目前为止, 关于非一致格子上 R-L 型分数阶差分的定义, 我们已经给出两种定义形式, 比如我们分别通过两种不同思想和方法得到了 5.4 节中定义 5.4.2 或定义 5.4.3 以及 5.7 节中定义 5.7.2 或定理 5.7.3 两种定义. 现在让我们比较一下 5.4 节中的定义 5.4.3 及 5.7 节中定理 5.7.3.

下面的定理将 R-L 型分数阶差分 (5.4.6) 与复分数阶差分 (5.7.5) 建立了重要联系:

定理 5.7.4　对任意 $\alpha \in \mathbb{C}, \operatorname{Re}\alpha \in \mathbb{R}^+$, 让 Γ 是简单封闭正向围线. 如果函数 $f(s)$ 在以 Γ 为边界的单连通区域 D 内解析, 假设 z 是区域 D 内非零点, $a+1$ 在 D 内, 使得 $z-a \in \mathbb{N}$, 那么复分数阶积分 (5.7.5) 等于 R-L 型分数阶差分 (5.4.5) 或 (5.4.6):

$$\nabla^{\alpha}_{\gamma+1-\alpha}[f(z)] = \sum_{k=a+1}^{z} \frac{[x_{\gamma-\alpha}(z) - x_{\gamma-\alpha}(k-1)]^{(-\alpha-1)}}{[\Gamma(-\alpha)]_q} f(k) \nabla x_{\gamma+1}(k).$$

证明　由定理 5.7.3, 我们可得

$$\nabla^{\alpha}_{\gamma+1-\alpha}[f(z)]$$

$$= \sum_{k=0}^{z-(a+1)} \frac{([-\alpha]_q)_k}{[k]_q!} \frac{[\Gamma(2z-k+\gamma-\alpha)]_q}{[\Gamma(2z-k+\gamma+1)]_q} f(z-k) \nabla x_{\gamma+1}(z-k).$$

$$= \sum_{k=0}^{z-(a+1)} \frac{[\Gamma(k-\alpha)]_q}{[\Gamma(-\alpha)]_q[\Gamma(k+1)]_q} \frac{[\Gamma(2z-k+\gamma-\alpha)]_q}{[\Gamma(2z-k+\gamma+1)]_q} f(z-k)\nabla x_{\gamma+1}(z-k)$$

$$= \sum_{k=0}^{z-(a+1)} \frac{[x_{\gamma-\alpha}(z)-x_{\gamma-\alpha}(z-k-1)]^{(-\alpha-1)}}{[\Gamma(-\alpha)]_q} f(z-k)\nabla x_{\gamma+1}(z-k)$$

$$= \sum_{k=a+1}^{z} \frac{[x_{\gamma-\alpha}(z)-x_{\gamma-\alpha}(k-1)]^{(-\alpha-1)}}{[\Gamma(-\alpha)]_q} f(k)\nabla x_{\gamma+1}(k).$$

因此定义 5.4.3 与定义 5.7.2 是完全一致的.

在定理 5.7.3 中, 令 $\gamma = -\alpha$, 可得

推论 5.7.5 假定定义 5.7.2 条件成立, 那么

$$\nabla_1^\gamma[f(z)] = \frac{[\Gamma(\gamma+1)]_q}{2\pi i} \frac{\log q}{q^{\frac{1}{2}}-q^{-\frac{1}{2}}} \oint_\Gamma \frac{f(s)\nabla x_{\gamma+1}(s)ds}{[x_\gamma(s)-x_\gamma(z)]^{(\gamma+1)}}$$

$$= \sum_{k=0}^{z-(a+1)} f(z-k) \frac{[\Gamma(2z+\mu-k)]_q \nabla x_{\gamma+1}(z-k)}{[\Gamma(2z+\gamma+\mu+1-k)]_q} \frac{([-\gamma]_q)_k}{[k]_q!}.$$

这里复平面上围线 Γ 包含单极点 $s=z, z-1, \cdots, a+1$.

注 5.7.6 当 $\alpha = n \in \mathbb{N}^+$ 时, 我们有

$$\nabla_1^n[f(z)] = \frac{[\Gamma(n+1)]_q}{2\pi i} \frac{\log q}{q^{\frac{1}{2}}-q^{-\frac{1}{2}}} \oint_\Gamma \frac{f(s)\nabla x_{\gamma+1}(s)ds}{[x_n(s)-x_n(z)]^{(n+1)}}$$

$$= \sum_{k=0}^{n} f(z-k) \frac{[\Gamma(2z+\mu-k)]_q \nabla x_{n+1}(z-k)}{[\Gamma(2z+n+\mu+1-k)]_q} \frac{([-n]_q)_k}{k!}, \tag{5.7.9}$$

这里复平面上围线 Γ 包含单极点 $s=z, z-1, \cdots, z-n$.

我们注意到, 这个定义与 A. Nikiforov, S. Suslov, V. Uvarov 在著作 [90] 中的定义 (参见定义 5.1.8) 是完全一致的.

对于非一致格子上的分数阶差分, 我们能够建立一个有趣的 Cauchy Beta 公式如下:

定理 5.7.7 (Cauchy Beta 公式) 设 $\alpha, \beta \in \mathbb{C}$, 且假定

$$\oint_\Gamma \Delta_t \left\{ \frac{1}{[x_\beta(z)-x_\beta(t)]^{(\beta)}} \frac{1}{[x_{-1}(t)-x_{-1}(a)]^{(\alpha-1)}} \right\} dt = 0,$$

那么

$$\frac{1}{2\pi i} \frac{\log q}{q^{\frac{1}{2}}-q^{-\frac{1}{2}}} \oint_\Gamma \frac{[\Gamma(\beta+1)]_q}{[x_\beta(z)-x_\beta(t)]^{(\beta+1)}} \frac{[\Gamma(\alpha)]_q \Delta y_{-1}(t)dt}{[x(t)-x(a)]^{(\alpha)}} = \frac{[\Gamma(\alpha+\beta)]_q}{[x_\beta(z)-x_\beta(a)]^{(\alpha+\beta)}},$$

这里 Γ 是简单正向闭围线, a 位于围线 Γ 所包围的区域 D 内.

为了证明定理 5.7.7, 我们首先证明一个引理.

引理 5.7.8　对任意 α, β, 成立

$$[1 - \alpha]_q [x_\beta(z) - x_\beta(t - \beta)] + [\beta]_q [x_{1-\alpha}(t + \alpha - 1) - x_{1-\alpha}(a)]$$
$$= [1 - \alpha]_q [x_\beta(z) - x_\beta(a + 1 - \alpha - \beta)] + [\alpha + \beta - 1]_q [x(t) - x(a + 1 - \alpha)].$$

$$(5.7.10)$$

证明　(5.7.10) 等价于

$$[\alpha + \beta - 1]_q x(t) + [1 - \alpha]_q x_\beta(t - \beta) - [\beta]_q x_{1-\alpha}(t + \alpha - 1)$$
$$= [\alpha + \beta - 1]_q x(a + 1 - \alpha) + [1 - \alpha]_q x_\beta(a + 1 - \alpha - \beta) - [\beta]_q x_{1-\alpha}(a). \quad (5.7.11)$$

令 $\alpha - 1 = \tilde{\alpha}$, 那么 (5.7.11) 可改写为

$$[\tilde{\alpha} + \beta]_q x(t) - [\tilde{\alpha}]_q x_{-\beta}(t) - [\beta]_q x_{\tilde{\alpha}}(t)$$
$$= [\tilde{\alpha} + \beta]_q x(a - \tilde{\alpha}) - [\tilde{\alpha}]_q x_{-\beta}(a - \tilde{\alpha}) - [\beta]_q x_{\tilde{\alpha}}(a - \tilde{\alpha}). \quad (5.7.12)$$

运用引理 5.3.3, 那么方程 (5.7.12) 成立, 且方程 (5.7.10) 成立.

定理 5.7.7 的证明　令

$$\rho(t) = \frac{1}{[x_\beta(z) - x_\beta(t)]^{(\beta+1)}} \frac{1}{[x(t) - x(a)]^{(\alpha)}},$$

且

$$\sigma(t) = [x_{1-\alpha}(t + \alpha - 1) - x_{1-\alpha}(a)][x_\beta(z) - x_\beta(t)].$$

因为

$$[x_\beta(z) - x_\beta(t)]^{(\beta+1)} = [x_\beta(z) - x_\beta(t - 1)]^{(\beta)}[x_\beta(z) - x_\beta(t)],$$

且

$$[x(t) - x(a)]^{(\alpha)} = [x_{-1}(t) - x_{-1}(a)]^{(\alpha-1)}[x_{1-\alpha}(t + \alpha - 1) - x_{1-\alpha}(a)].$$

这些可导出

$$\sigma(t)\rho(t) = \frac{1}{[x_\beta(z) - x_\beta(t - 1)]^{(\beta)}} \frac{1}{[x_{-1}(t) - x_{-1}(a)]^{(\alpha-1)}}.$$

利用

$$\Delta_t[f(t)g(t)] = g(t+1)\Delta_t[f(t)] + f(t)\Delta_t[g(t)],$$

这里

$$f(t) = \frac{1}{[x_{-1}(t) - x_{-1}(a)]^{(\alpha-1)}}, \quad g(t) = \frac{1}{[x_\beta(z) - x_\beta(t - 1)]^{(\beta)}},$$

并且

$$\frac{\Delta_t}{\Delta x_{-1}(t)}\left\{\frac{1}{[x_{-1}(t)-x_{-1}(a)]^{(\alpha-1)}}\right\}=\frac{[1-\alpha]_q}{[x(t)-x(a)]^{(\alpha)}},$$

$$\frac{\Delta_t}{\Delta x_{-1}(t)}\left\{\frac{1}{[x_\beta(z)-x_\beta(t-1)]^{(\beta)}}\right\}$$
$$=\frac{\nabla_t}{\nabla x_1(t)}\left\{\frac{1}{[x_\beta(z)-x_\beta(t)]^{(\beta)}}\right\}$$
$$=\frac{[\beta]_q}{[x_\beta(z)-x_\beta(t)]^{(\beta+1)}}.$$

那么, 我们可得

$$\frac{\Delta_t}{\Delta x_{-1}(t)}\{\sigma(t)\rho(t)\}$$
$$=\frac{1}{[x_\beta(z)-x_\beta(t)]^{(\beta)}}\frac{[1-\alpha]_q}{[x(t)-x(a)]^{(\alpha)}}$$
$$+\frac{1}{[x_{-1}(t)-x_{-1}(a)]^{(\alpha-1)}}\frac{[\beta]_q}{[x_\beta(z)-x_\beta(t)]^{(\beta+1)}}$$
$$=\{[1-\alpha]_q[x_\beta(z)-x_\beta(t-\beta)]+[\beta]_q[x_{1-\alpha}(t+\alpha-1)-x_{1-\alpha}(a)]\}$$
$$\times\frac{1}{[x(t)-x(a)]^{(\alpha)}}\frac{1}{[x_\beta(z)-x_\beta(t)]^{(\beta+1)}}$$
$$=\tau(t)\rho(t),$$

这里

$$\tau(t)=[1-\alpha]_q[x_\beta(z)-x_\beta(t-\beta)]+[\beta]_q[x_{1-\alpha}(t+\alpha-1)-x_{1-\alpha}(a)],$$

这是由于

$$[x_\beta(z)-x_\beta(t)]^{(\beta+1)}=[x_\beta(z)-x_\beta(t)]^{(\beta)}[x_\beta(z)-x_\beta(t-\beta)].$$

从命题 5.2.3, 我们看出

$$\frac{\Delta_t}{\Delta x_{-1}(t)}\{\sigma(t)\rho(t)\}$$
$$=\{[1-\alpha]_q[x_\beta(z)-x_\beta(a+1-\alpha-\beta)]+[\alpha+\beta-1]_q[x(t)-x(a+1-\alpha)]\}$$
$$\cdot\frac{1}{[x_\beta(z)-x_\beta(t)]^{(\beta+1)}}\frac{1}{[x(t)-x(a)]^{(\alpha)}},$$

或者

$$\Delta_t\{\sigma(t)\rho(t)\}$$
$$=\{[1-\alpha]_q[x_\beta(z)-x_\beta(a+1-\alpha-\beta)]+[\alpha+\beta-1]_q[x(t)-x(a+1-\alpha)]\}$$
$$\cdot \frac{1}{[x_\beta(z)-x_\beta(t)]^{(\beta+1)}}\frac{1}{[x(t)-x(a)]^{(\alpha)}}\Delta x_{-1}(t). \tag{5.7.13}$$

令

$$I(\alpha)=\frac{1}{2\pi i}\frac{\log q}{q^{\frac12}-q^{-\frac12}}\oint_\Gamma \frac{1}{[x_\beta(z)-x_\beta(t)]^{(\beta+1)}}\frac{\nabla y_1(t)\,dt}{[x(t)-x(a)]^{(\alpha)}}, \tag{5.7.14}$$

且

$$I(\alpha-1)=\frac{1}{2\pi i}\frac{\log q}{q^{\frac12}-q^{-\frac12}}\oint_\Gamma \frac{1}{[x_\beta(z)-x_\beta(t)]^{(\beta+1)}}\frac{\nabla y_1(t)\,dt}{[x(t)-x(a)]^{(\alpha-1)}}.$$

因为

$$[x(t)-x(a)]^{(\alpha-1)}[x(t)-x(a+1-\alpha)]=[x(t)-x(a)]^{(\alpha)},$$

那么

$$I(\alpha-1)=\frac{1}{2\pi i}\frac{\log q}{q^{\frac12}-q^{-\frac12}}\oint_\Gamma \frac{1}{[x_\beta(z)-x_\beta(t)]^{(\beta+1)}}\frac{[x(t)-x(a+1-\alpha)]\nabla x_1(t)\,dt}{[x(t)-x(a)]^{(\alpha)}}.$$

对方程 (5.7.13) 两边积分, 那么我们有

$$\oint_\Gamma \Delta_t\{\sigma(t)\rho(t)\}dt=[1-\alpha]_q[x_\beta(z)-x_\beta(a+1-\alpha-\beta)]I(\alpha)$$
$$-[\alpha+\beta-1]_qI(\alpha-1).$$

如果

$$\oint_\Gamma \Delta_t\{\sigma(t)\rho(t)\}dt=0,$$

那么我们得到

$$\frac{I(\alpha-1)}{I(\alpha)}=\frac{[\alpha-1]_q}{[\alpha+\beta-1]_q}[y_\beta(z)-y_\beta(a+1-\alpha-\beta)].$$

此即

$$\frac{I(\alpha-1)}{I(\alpha)}=\frac{\dfrac{[\Gamma(\alpha+\beta-1)]_q}{[\Gamma(\alpha-1)]_q}}{\dfrac{[\Gamma(\alpha+\beta)]_q}{[\Gamma(\alpha)]_q}}\frac{\dfrac{1}{[x_\beta(z)-x_\beta(a)]^{(\alpha+\beta-1)}}}{\dfrac{1}{[x_\beta(z)-x_\beta(a)]^{(\alpha+\beta)}}}. \tag{5.7.15}$$

从 (5.7.15), 我们令

$$I(\alpha) = k\frac{[\Gamma(\alpha + \beta)]_q}{[\Gamma(\alpha)]_q}\frac{1}{[x_\beta(z) - x_\beta(a)]^{(\alpha+\beta)}}, \tag{5.7.16}$$

这里 k 待定.

令 $\alpha = 1$, 则有

$$I(1) = k[\Gamma(1+\beta)]_q\frac{1}{[x_\beta(z) - x_\beta(a)]^{(1+\beta)}}, \tag{5.7.17}$$

并且从 (5.7.14) 以及广义 Cauchy 留数定理, 我们有

$$\begin{aligned}
I(1) &= \frac{1}{2\pi i}\frac{\log q}{q^{\frac{1}{2}} - q^{-\frac{1}{2}}}\oint_\Gamma \frac{1}{[x_\beta(z) - x_\beta(t)]^{(\beta+1)}}\frac{\nabla x_1(t)\,dt}{[x(t) - x(a)]^{(1)}}\\
&= \frac{1}{2\pi i}\oint_\Gamma \frac{1}{[x_\beta(z) - x_\beta(t)]^{(\beta+1)}}\frac{x'(t)\,dt}{[x(t) - x(a)]}\\
&= \frac{1}{[x_\beta(z) - x_\beta(a)]^{(\beta+1)}},
\end{aligned} \tag{5.7.18}$$

从 (5.7.17) 和 (5.7.18), 可得

$$k = \frac{1}{[\Gamma(1+\beta)]_q}.$$

因此, 我们得到

$$I(\alpha) = \frac{[\Gamma(\alpha + \beta)]_q}{[\Gamma(\beta+1)]_q[\Gamma(\alpha)]_q}\frac{1}{[x_\beta(z) - x_\beta(a)]^{(\alpha+\beta)}},$$

且定理 5.7.7 证毕.

5.8 非一致格子上中心分数阶和分与分数阶差分

下面我们将要给出非一致格子 $x(s)$ 上中心分数阶和分与分数阶差分的定义. 首先让我们给出非一致格子上整数阶和分的定义.

1 阶非一致格子 $x(s)$ 上函数 $f(z)$ 中心和分定义为

$$\delta_0^{-1}f(z) = y_1(z) = \sum_{s=a+\frac{1}{2}}^{z-\frac{1}{2}} f(s)\delta x(s) = \int_{a+\frac{1}{2}}^{z-\frac{1}{2}} f(s)d_\delta x(s),$$

这里 $f(s)$ 定义在数集 $\left\{a+\dfrac{1}{2}, \mathrm{mod}(1)\right\}$ 上, 且 $y_1(z)$ 定义在数集 $\{a+1, \mathrm{mod}(1)\}$ 上.

那么我们有 2 阶非一致格子 $x(s)$ 上函数 $f(z)$ 的中心和分:

$$\delta_0^{-2} f(z) = y_2(z) = \int_{a+1}^{z-\frac{1}{2}} y_1(s) d_\delta x(s)$$

$$= \int_{a+1}^{z-\frac{1}{2}} d_\delta x(s) \int_{a+\frac{1}{2}}^{s-\frac{1}{2}} f(t) d_\delta x(t)$$

$$= \int_{a+\frac{1}{2}}^{z-1} f(t) d_\delta x(t) \int_{t+\frac{1}{2}}^{z-\frac{1}{2}} d_\delta x(s)$$

$$= \int_{a+\frac{1}{2}}^{z-1} \frac{[x(z) - x(t)]}{[\Gamma(2)]_q} f(t) d_\delta x(t),$$

这里 $y_1(s)$ 定义在数集 $\{a+1, \mathrm{mod}(1)\}$ 上, 且 $y_2(z)$ 定义在数集 $\left\{a + \dfrac{3}{2}, \mathrm{mod}(1)\right\}$ 上. 接下来 3 阶非一致格子 $x(s)$ 上函数 $f(z)$ 的中心和分是

$$\delta_0^{-3} f(z) = y_3(z) = \int_{a+\frac{3}{2}}^{z-\frac{1}{2}} y_2(s) d_\delta x(s)$$

$$= \int_{a+\frac{3}{2}}^{z-\frac{1}{2}} d_\delta x(s) \int_{a+\frac{1}{2}}^{s-1} [x(s) - (t)] f(t) d_\delta x(t)$$

$$= \int_{a+\frac{1}{2}}^{z-\frac{3}{2}} f(t) d_\delta x(t) \int_{t+1}^{z-\frac{1}{2}} [x(s) - x(t)] d_\delta x(s)$$

$$= \int_{a+\frac{1}{2}}^{z-\frac{3}{2}} \frac{[x(z) - x(t)]^{(2)}}{[\Gamma(3)]_q} f(t) d_\delta x(t),$$

这里 $y_2(s)$ 定义在数集 $\left\{a + \dfrac{3}{2}, \mathrm{mod}(1)\right\}$ 上, 且 $y_3(z)$ 定义在数集 $\{a+2, \mathrm{mod}(1)\}$ 上.

更一般地, 由数学归纳法, 我们不难得到 k 阶非一致格子 $x(s)$ 上函数 $f(z)$ 的中心和分有如下形式

$$\delta^{-k} f(z) = y_k(z) = \int_{a+\frac{k}{2}}^{z-\frac{1}{2}} y_{k-1}(s) d_\delta x(s)$$

$$= \int_{a+\frac{1}{2}}^{z-\frac{k}{2}} \frac{[x(z) - x_{k-2}(t)]^{(k-1)}}{[\Gamma(k)]_q} f(t) d_\delta x(t). \tag{5.8.1}$$

这里 $y_{k-1}(s)$ 定义在数集 $\left\{a + \dfrac{k}{2}, \mathrm{mod}(1)\right\}$ 上, 且 $y_k(z)$ 定义在数集 $\left\{a + \dfrac{k+1}{2}, \mathrm{mod}(1)\right\}$ 上.

定义 5.8.1 对于任何 $\operatorname{Re}\alpha \in \mathbb{R}^+$, 非一致格子 $x(s)$ 上函数 $f(z)$ 的 α 阶中心和分定义为

$$\delta_0^{-\alpha}f(z) = \int_{a+\frac{1}{2}}^{z-\frac{\alpha}{2}} \frac{[x(z) - x_{\alpha-2}(t)]^{(\alpha-1)}}{[\Gamma(\alpha)]_q} f(t)d_\delta x(t). \tag{5.8.2}$$

这里 $\delta^{-\alpha}f(z)$ 定义在数集 $\left\{a + \dfrac{\alpha+1}{2}, \operatorname{mod}(1)\right\}$ 上, $f(t)$ 定义在数集 $\left\{a + \dfrac{1}{2}, \operatorname{mod}(1)\right\}$ 上.

定义 5.8.2 让 $\delta f(z) = f\left(z + \dfrac{1}{2}\right) - f\left(z - \dfrac{1}{2}\right), \delta x(z) = x\left(z + \dfrac{1}{2}\right) - x\left(z - \dfrac{1}{2}\right)$, 关于 $x(z)$ 函数 $f(z)$ 的中心差分定义为

$$\delta_0 f(z) = \frac{\delta f(z)}{\delta x(z)} = \frac{f\left(z + \dfrac{1}{2}\right) - f\left(z - \dfrac{1}{2}\right)}{x\left(z + d\dfrac{1}{2}\right) - \left(z - \dfrac{1}{2}\right)}, \tag{5.8.3}$$

且

$$\delta_0^m f(z) = \delta_0[\delta_0^{m-1}f(z)], \quad m = 1, 2, \cdots. \tag{5.8.4}$$

定义 5.8.3 让 m 是超过 $\operatorname{Re}\alpha$ 的最小正整数, 关于非一致格子 $x(z)$ 函数 $f(z)$ 的 Riemann-Liouville 型中心分数阶差分定义为

$$\delta_0^\alpha f(z) = \delta_0^m(\delta_0^{\alpha-m}f(z)), \tag{5.8.5}$$

这里 $f(z)$ 定义在数集 $\left\{a + \dfrac{1}{2}, \operatorname{mod}(1)\right\}$ 上, $(\delta_0^{\alpha-m}f(z))$ 定义在数集 $\left\{a + \dfrac{m-\alpha+1}{2}, \operatorname{mod}(1)\right\}$ 上, 且 $\delta_0^\alpha f(z)$ 定义在数集 $\left\{a + \dfrac{-\alpha+1}{2}, \operatorname{mod}(1)\right\}$ 上.

让我们计算方程 (5.8.5) 的右边. 首先由定义 5.8.1 和定义 5.8.2, 可得

$$\delta_0(\delta_0^{\alpha-m}f(z)) = \frac{\delta}{\delta x(z)}\int_{a+\frac{1}{2}}^{z-\frac{m-\alpha}{2}} \frac{[x(z) - x_{m-\alpha-2}(t)]^{(m-\alpha-1)}}{[\Gamma(m-\alpha)]_q} f(t)d_\delta x(t)$$

$$= \frac{1}{\delta x(z)}\left\{ \int_{a+\frac{1}{2}}^{z+\frac{1}{2}-\frac{m-\alpha}{2}} \frac{\left[x\left(z+\frac{1}{2}\right) - x_{m-\alpha-2}(t)\right]^{(m-\alpha-1)}}{[\Gamma(m-\alpha)]_q} f(t)d_\delta x(t) \right.$$

$$\left. - \int_{a+\frac{1}{2}}^{z-\frac{1}{2}-\frac{m-\alpha}{2}} \frac{\left[x\left(z-\frac{1}{2}\right) - x_{m-\alpha-2}(t)\right]^{(m-\alpha-1)}}{[\Gamma(m-\alpha)]_q} f(t)d_\delta x(t) \right\}$$

$$= \frac{1}{\delta x(z)} \left\{ \int_{a+\frac{1}{2}}^{z+\frac{1}{2}-\frac{m-\alpha}{2}} \frac{\delta[x(z)-x_{m-\alpha-2}(t)]^{(m-\alpha-1)}}{[\Gamma(m-\alpha)]_q} f(t)d_\delta x(t) \right.$$

$$\left. + \frac{\left[x\left(z-\frac{1}{2}\right)-x_{m-\alpha-2}(t)\right]^{(m-\alpha-1)}}{[\Gamma(m-\alpha)]_q} f(t)\delta x(t)|_{t=z+\frac{1}{2}-\frac{m-\alpha}{2}} \right\}$$

$$= \frac{1}{\delta x(z)} \int_{a+\frac{1}{2}}^{z+\frac{1}{2}-\frac{m-\alpha}{2}} \frac{\delta[x(z)-x_{m-\alpha-2}(t)]^{(m-\alpha-1)}}{[\Gamma(m-\alpha)]_q} f(t)d_\delta x(t)$$

$$= \int_{a+\frac{1}{2}}^{z-\frac{m-(\alpha+1)}{2}} \frac{[x(z)-x_{m-(\alpha+1)-2}(t)]^{[m-(\alpha+1)-1]}}{[\Gamma[m-(\alpha+1)]]_q} f(t)d_\delta x(t).$$

那么, 进一步得到

$$\delta_0^2(\delta_0^{\alpha-m}f(z)) = \delta_0[\delta_0(\delta_0^{\alpha-m}f(z))]$$

$$= \frac{\delta}{\delta x(z)} \int_{a+\frac{1}{2}}^{z-\frac{m-(\alpha+1)}{2}} \frac{[x(z)-x_{m-(\alpha+1)-2}(t)]^{[m-(\alpha+1)-1]}}{[\Gamma[m-(\alpha+1)]]_q} f(t)d_\delta x(t),$$

同理我们可以得到

$$\frac{\delta}{\delta x(z)} \int_{a+\frac{1}{2}}^{z-\frac{m-(\alpha+1)}{2}} \frac{[x(z)-x_{m-(\alpha+1)-2}(t)]^{[m-(\alpha+1)-1]}}{[\Gamma[m-(\alpha+1)]]_q} f(t)d_\delta x(t)$$

$$= \int_{a+\frac{1}{2}}^{z-\frac{m-(\alpha+2)}{2}} \frac{[x(z)-x_{m-(\alpha+2)-2}(t)]^{[m-(\alpha+2)-1]}}{[\Gamma[m-(\alpha+2)]]_q} f(t)d_\delta x(t).$$

此即

$$\delta_0^2(\delta_0^{\alpha-m}f(z)) = \int_{a+\frac{1}{2}}^{z-\frac{m-(\alpha+2)}{2}} \frac{[x(z)-x_{m-(\alpha+2)-2}(t)]^{[m-(\alpha+2)-1]}}{[\Gamma[m-(\alpha+2)]]_q} f(t)d_\delta x(t).$$

并且, 由数学归纳法, 我们可得到下面的结论

$$\delta_0^m(\delta_0^{\alpha-m}f(z)) = \int_{a+\frac{1}{2}}^{z-\frac{m-(\alpha+m)}{2}} \frac{[x(z)-x_{m-(\alpha+2)-2}(t)]^{[m-(\alpha+m)-1]}}{[\Gamma[m-(\alpha+m)]]_q} f(t)d_\delta x(t)$$

$$= \int_{a+\frac{1}{2}}^{z+\frac{\alpha}{2}} \frac{[x(z)-x_{-\alpha-2}(t)]^{(-\alpha-1)}}{[\Gamma(-\alpha)]_q} f(t)d_\delta x(t). \tag{5.8.6}$$

因此, 从方程 (5.8.6), 我们能够给出关于 α 阶 Riemann-Liouville 型分数阶中心差分的等价定义:

定义 5.8.4 假设 $\alpha \notin \mathbb{N}$, 让 m 是超过 $\operatorname{Re}\alpha > 0$ 的最小正整数, α 阶 Riemann-Liouville 型分数阶中心差分可定义为

$$\delta_0^\alpha f(z) = \int_{a+\frac{1}{2}}^{z+\frac{\alpha}{2}} \frac{[x(z)-x_{-\alpha-2}(t)]^{(-\alpha-1)}}{[\Gamma(-\alpha)]_q} f(t) d_\delta x(t), \tag{5.8.7}$$

这里 $f(z)$ 定义在数集 $\left\{a+\dfrac{1}{2}, \operatorname{mod}(1)\right\}$, $\delta_0^\alpha f(z)$ 定义在数集 $\left\{a+\dfrac{-\alpha+1}{2}, \operatorname{mod}(1)\right\}$.

我们也能够给出 Caputo 型分数阶中心差分定义如下:

定义 5.8.5 假设 $\alpha \notin \mathbb{N}$, 让 m 是超过 $\operatorname{Re}\alpha > 0$ 的最小正整数, α 阶 Caputo 型分数阶中心差分可定义为

$$^C\delta_0^\alpha f(z) = \delta_0^{\alpha-m}\delta_0^m f(z). \tag{5.8.8}$$

需要指出的是, 关于非一致格子上分数阶中心差分与和分, 我们也同样可以建立一个重要的 Euler Beta 公式在非一致格子上的模拟公式.

定理 5.8.6 对任意 α, β, 我们有

$$\int_{a+\frac{1}{2}+\frac{\alpha}{2}}^{z-\frac{\beta}{2}} \frac{[x(z)-x_{\beta-2}(t)]^{(\beta-1)}}{[\Gamma(\beta)]_q} \cdot \frac{[x(t)-x_{\alpha-1}(a)]^{(\alpha)}}{[\Gamma(\alpha+1)]_q} d_\delta x(t)$$
$$= \frac{[x(z)-x_{\alpha+\beta-1}(a)]^{(\alpha+\beta)}}{[\Gamma(\alpha+\beta+1)]_q}. \tag{5.8.9}$$

证明 由于

$$a+\frac{1}{2}+\frac{\alpha}{2} \leqslant t \leqslant z-\frac{\beta}{2},$$

因此可得

$$a+1 \leqslant t+\frac{1}{2}-\frac{\alpha}{2} \leqslant z+\frac{1}{2}-\frac{\alpha+\beta}{2}.$$

令

$$\begin{cases} t+\dfrac{1}{2}-\dfrac{\alpha}{2}=\bar{t}, \\ z+\dfrac{1}{2}-\dfrac{\alpha+\beta}{2}=\bar{z}, \end{cases}$$

那么

$$\begin{cases} t=\bar{t}-\dfrac{1}{2}+\dfrac{\alpha}{2}, \\ z=z-\dfrac{1}{2}+\dfrac{\alpha+\beta}{2}. \end{cases}$$

方程 (5.8.9) 的左边等价于

$$\int_{a+1}^{\bar{z}} \frac{\left[x\left(\bar{z}+\frac{\alpha+\beta-1}{2}\right)-x_{\beta-2}\left(\bar{t}+\frac{\alpha+\beta-1}{2}\right)\right]^{(\beta-1)}}{[\Gamma(\beta)]_q}$$

$$\cdot \frac{\left[x\left(\bar{t}+\frac{\alpha-1}{2}\right)-x_{\alpha-1}(a)\right]^{(\alpha)}}{[\Gamma(\alpha+1)]_q} d_\delta x\left(\bar{t}+\frac{\alpha-1}{2}\right)$$

$$=\int_{a+1}^{\bar{z}} \frac{[x_{\alpha+\beta-1}(\bar{z})-x_{\alpha+\beta-1}(\bar{t}-1)]^{(\beta-1)}}{[\Gamma(\beta)]_q} \frac{[x_{\alpha-1}(\bar{t})-x_{\alpha-1}(a)]^{(\alpha)}}{[\Gamma(\alpha+1)]_q} d_\nabla x_{\alpha-1}(\bar{t}),$$

并且方程 (5.8.9) 的右边等价于

$$\frac{\left[x\left(\bar{z}+\frac{\alpha+\beta-1}{2}\right)-x_{\alpha+\beta-1}(a)\right]^{(\alpha+\beta)}}{[\Gamma(\alpha+\beta+1)]_q}$$

$$=\frac{[x_{\alpha+\beta-1}(\bar{z})-x_{\alpha+\beta-1}(a)]^{(\alpha+\beta)}}{[\Gamma(\alpha+\beta+1)]_q}.$$

应用非一致格子上 Euler Beta 定理 5.3.1, 定理 5.8.6 证毕.

命题 5.8.7　对于任意 $\operatorname{Re}\alpha, \operatorname{Re}\beta > 0$, 我们有

$$\delta_0^{-\beta}\delta_0^{-\alpha}f(z)=\delta_0^{-(\alpha+\beta)}f(z), \tag{5.8.10}$$

这里 $f(z)$ 定义在数集 $\left\{a+\frac{1}{2}, \operatorname{mod}(1)\right\}$ 上, $\delta^{-\alpha}f(z)$ 定义在 $\left\{a+\frac{\alpha+1}{2}, \operatorname{mod}(1)\right\}$ 上, 且 $(\delta^{-\beta}\delta^{-\alpha}f)(z)$ 定义在数集 $\left\{a+\frac{\alpha+\beta+1}{2}, \operatorname{mod}(1)\right\}$ 上.

证明　由定义 5.8.1, 可得

$$\int_{a+\frac{1}{2}+\frac{\alpha}{2}}^{z-\frac{\beta}{2}} \frac{[x(z)-x_{\beta-2}(t)]^{(\beta-1)}}{[\Gamma(\beta)]_q} \nabla_\gamma^{-\alpha}f(t)d_\delta(t)$$

$$=\int_{a+\frac{1}{2}+\frac{\alpha}{2}}^{z-\frac{\beta}{2}} \frac{[x(z)-x_{\beta-1}(t)]^{(\beta-1)}}{[\Gamma(\beta)]_q} d_\delta(t)$$

$$\int_{a+\frac{1}{2}}^{t-\frac{\alpha}{2}} \frac{[x(t)-x_{\alpha-2}(s)]^{(\alpha-1)}}{[\Gamma(\alpha)]_q} f(s)d_\delta(s)$$

$$=\int_{a+\frac{1}{2}}^{z-\frac{\alpha+\beta}{2}} f(s)d_\delta(s) \int_{s+\frac{\alpha}{2}}^{z-\frac{\beta}{2}} \frac{[x(z)-x_{\beta-2}(t)]^{(\beta-1)}}{[\Gamma(\beta)]_q}$$

$$\frac{[x(t)-x_{\alpha-2}(s-1)]^{(\alpha-1)}}{[\Gamma(\alpha)]_q} d_\delta(t).$$

利用定理 5.8.6, 则有

$$\int_{s+\frac{\alpha}{2}}^{z-\frac{\beta}{2}} \frac{[x(z)-x_{\beta-2}(t)]^{(\beta-1)}}{[\Gamma(\beta)]_q} \frac{[x(t)-x_{\alpha-2}(s)]^{(\alpha-1)}}{[\Gamma(\alpha)]_q} d_\delta(t)$$
$$=\frac{[x(z)-x_{\alpha+\beta-2}(s)]^{(\alpha+\beta-1)}}{[\Gamma(\alpha+\beta)]_q},$$

由此可得

$$\delta_0^{-\beta}\delta_0^{-\alpha}f(z) = \int_{a+\frac{1}{2}}^{z-\frac{\alpha+\beta}{2}} \frac{[x(z)-x_{\alpha+\beta-2}(s)]^{(\alpha+\beta-1)}}{[\Gamma(\alpha+\beta)]_q} f(s)\nabla x_\gamma(s)$$
$$= \delta_0^{-(\alpha+\beta)}f(z).$$

命题 5.8.8 对于任意 $\operatorname{Re}\alpha>0$, 成立

$$\delta_0^\alpha \delta_0^{-\alpha} f(z) = f(z).$$

证明 由定义 5.8.3, 可得

$$\delta_0^\alpha \delta_0^{-\alpha} f(z) = \delta_0^m (\delta_0^{\alpha-m}) \delta_0^{-\alpha} f(z).$$

应用定理 5.8.6, 可以得到

$$\delta_0^{\alpha-m} \delta_0^{-\alpha} f(z) = \delta_0^{-m} f(z),$$

这就导出

$$\delta_0^\alpha \delta_0^{-\alpha} f(z) = \delta_0^m \delta_0^{-m} f(z) = f(z).$$

命题 5.8.9 设 $k \in \mathbb{N}$, 那么

$$\delta_0^{-k} \delta_0^k f(z) = f(z) - \sum_{j=0}^{k-1} \frac{\delta_0^j f(a)}{[j]_q!} [x(z)-x_{j-1}(a)]^{(j)}. \tag{5.8.11}$$

证明 当 $k=1$ 时, 我们有

$$\delta_0^{-1}\delta_0^1 f(z) = \sum_{a+\frac{1}{2}}^{z+\frac{1}{2}} \delta_0^1 f(s)\delta x(s)$$
$$= \sum_{a+\frac{1}{2}}^{z+\frac{1}{2}} \delta^1 f(s) = f(z) - f(a).$$

假定当 $n = k$ 时, (5.8.11) 成立, 那么当 $n = k + 1$ 时, 我们有

$$
\begin{aligned}
\delta_0^{-(k+1)}\delta_0^{k+1}f(z) &= \delta_0^{-1}[\delta_0^{-k}\delta_0^k]\delta_0^1 f(z) \\
&= \delta_0^{-1}\left\{\delta_0^1 f(a) - \sum_{j=0}^{k-1}\frac{\delta_0^j[\delta_0^1 f](a)}{[j]_q!}[x(z) - x_{j-1}(a)]^{(j)}\right\} \\
&= f(z) - f(a) - \sum_{j=0}^{k-1}\frac{\delta_0^{j+1}f(a)}{[j+1]_q!}[x(z) - x_j(a)]^{(j+1)} \\
&= f(z) - \sum_{j=0}^{k}\frac{\delta_0^j f(a)}{[j]_q!}[x(z) - x_{j-1}(a)]^{(j)}.
\end{aligned}
$$

因此, 由数学归纳法, (5.8.11) 证毕.

命题 5.8.10　设 $0 < k - 1 < \alpha \leqslant k$, 那么

$$
\delta_0^{-\alpha}\delta_0^\alpha f(z) = f(z) - \sum_{j=0}^{k-1}\delta_0^{j-k+\alpha}f(a)\frac{[x(z) - x_{\alpha+j-k-1}(a)]^{(j+\alpha-k)}}{[\Gamma(j+\alpha-k+1)]_q}. \tag{5.8.12}
$$

证明　因为

$$
\delta_0^{-\alpha}\delta_0^\alpha f(z) = \delta_0^{-\alpha+k}\delta_0^{-k}\delta_0^k\delta_0^{-k+\alpha}f(z),
$$

那么利用 (5.8.11), 可得

$$
\begin{aligned}
\delta_0^{-\alpha}\delta_0^\alpha f(z) &= \delta_0^{-\alpha+k}\left\{\delta_0^{-k+\alpha}f(z) - \sum_{j=0}^{k-1}\frac{\delta_0^j\delta_0^{-k+\alpha}f(a)}{[j]_q!}[x(z) - x_{j-1}(a)]^{(j)}\right\} \\
&= f(z) - \sum_{j=0}^{k-1}\delta_0^{j-k+\alpha}f(a)\frac{[x(z) - x_{\alpha+j-k-1}(a)]^{(j+\alpha-k)}}{[\Gamma(j+\alpha-k+1)]_q}.
\end{aligned}
$$

命题 5.8.11　设 $0 < k - 1 < q \leqslant k$, 那么

$$
\delta_0^{-p}\delta_0^q f(z) = \delta_0^{q-p}f(z) - \sum_{j=1}^{k}\delta_0^{q-j}f(a)\frac{[x(z) - x_{p-j-1}(a)]^{(p-j)}}{[\Gamma(p-j+1)]_q}. \tag{5.8.13}
$$

证明　由于

$$
\delta_0^{-p}\delta_0^q f(z) = \delta_0^{-p+q}\delta_0^{-q}\delta_0^q f(z),
$$

那么应用 (5.8.12), 则有

$$
\begin{aligned}
&\delta_0^{-p+q}\delta_0^{-q}\delta_0^q f(z) \\
&= \delta_0^{-p+q}\left\{f(z) - \sum_{j=1}^{k}\delta_0^{q-j}f(a)\frac{[x(z) - x_{p-j-1}(a)]^{(q-j)}}{[\Gamma(q-j+1)]_q}\right\}
\end{aligned}
$$

$$=\delta_0^{-p+q}f(z) - \sum_{j=1}^{k} \delta_0^{q-j}f(a)\frac{[x(z)-x_{p-j-1}(a)]^{(p-j)}}{[\Gamma(p-j+1)]_q},$$

等式 (5.8.13) 证毕.

命题 5.8.12 让 $0 < k-1 < q \leqslant k,\, p > 0$, 那么

$$\delta_0^p\delta_0^qf(z) = \delta_0^{p+q}f(z) - \sum_{j=1}^{k} \delta_0^{q-j}f(a)\frac{[x(z)-x_{-p-j-1}(a)]^{(-p-j)}}{[\Gamma(-p-j+1)]_q}. \tag{5.8.14}$$

证明 让 $m-1 < p \leqslant m$, 由于

$$\delta_0^p\delta_0^qf(z) = \delta_0^m\delta_0^{-m+p}\delta_0^qf(z),$$

那么应用 (5.8.13), 我们有

$$\delta_0^m\delta_0^{-m+p}\delta_0^qf(z)$$
$$= \delta_0^m\left\{\delta_0^{-m+p+q}f(z) - \sum_{j=1}^{k}\delta_0^{q-j}f(a)\frac{[x(z)-x_{m-p-j-1}(a)]^{(m-p-j)}}{[\Gamma(m-p-j+1)]_q}\right\}$$
$$= \delta_0^{p+q}f(z) - \sum_{j=1}^{k}\delta_0^{q-j}f(a)\frac{[x(z)-x_{-p-j-1}(a)]^{(-p-j)}}{[\Gamma(-p-j+1)]_q},$$

等式 (5.8.14) 证毕.

Riemann-Liouville 型分数阶差分与 Caputo 分数阶差分之间的关系是

命题 5.8.13 我们有

$$^C\delta_0^\alpha f(z) = \delta_0^\alpha\{f(z) - \sum_{j=1}^{m-1}\frac{\delta_0^jf(a)}{[j]_q!}[x(z)-x_{j-1}(a)]^{(j)}\}.$$

证明 按照定义 5.8.5 和命题 5.8.9, 我们有

$$^C\delta_0^\alpha f(z) = \delta_0^{\alpha-m}\delta_0^m f(z) = \delta_0^\alpha\delta_0^{-m}\delta_0^m f(z)$$
$$= \delta_0^\alpha\{f(z) - \sum_{j=1}^{m-1}\frac{\delta^jf(a)}{[j]_q!}[x(z)-x_{j-1}(a)]^{(j)}\}.$$

命题 5.8.14 设 $0 < m-1 < \alpha \leqslant m$, 那么

$$^C\delta_0^\alpha\delta_0^{-\alpha}f(z) = f(z). \tag{5.8.15}$$

证明 令

$$g(z) = \delta_0^{-\alpha}f(z),$$

那么我们知道

$$g(a) = \delta_0 g(a) = \cdots = \delta_0^{m-1} g(a) = 0,$$

因此从命题 5.8.13, 可得

$${}^C \delta_0^\alpha g(z) = \delta_0^\alpha g(z) = f(z).$$

因此, 有

$${}^C \delta_0^\alpha \delta_0^{-\alpha} f(z) = \delta_0^\alpha \delta_0^{-\alpha} f(z) = f(z). \tag{5.8.16}$$

命题 5.8.15 设 $0 < m - 1 < \alpha \leqslant m$, 那么

$$\delta_0^{-\alpha}[{}^C \delta_0^\alpha] f(z) = f(z) - \sum_{j=1}^{m-1} \frac{\delta^j f(a)}{[j]_q!} [x(z) - x_{j-1}(a)]^{(j)}. \tag{5.8.17}$$

证明 由定义 5.8.5, 可得

$$\delta_0^{-\alpha}[{}^C \delta_0^\alpha] f(z) = \delta_0^{-\alpha} \delta_0^{-(m-\alpha)} \delta_0^m f(z) = \delta_0^{-m} \delta_0^m f(z)$$

$$= f(z) - \sum_{j=1}^{m-1} \frac{\delta^j f(a)}{[j]_q!} [x(z) - x_{j-1}(a)]^{(j)}. \tag{5.8.18}$$

定义 5.8.16 当 $0 < \alpha \leqslant 1$ 时, 我们可以给出一种非一致格子上序列中心分数阶差分的定义, 其形式如下

$${}^S \delta_0^{k\alpha} f(z) = \underbrace{\delta_0^\alpha \delta_0^\alpha \cdots \delta_0^\alpha}_{} f(z). \quad (k \ \text{重}) \tag{5.8.19}$$

对于非一致格子上序列中心分数阶差分, 我们可以建立 Taylor 公式.

定理 5.8.17 令 $0 < \alpha \leqslant 1, k \in \mathbb{N}$, 则

$$\delta_0^{-k\alpha}[{}^S \delta_0^{k\alpha} f](z) = f(z) - \sum_{j=0}^{k-1} \frac{{}^S \delta_0^{j\alpha} f(a)}{[\Gamma(j\alpha + 1)]_q} [x(z) - x_{j\alpha-1}(a)]^{(j\alpha)}. \tag{5.8.20}$$

证明 当 $k = 1$ 时, 从命题 5.8.14, 可得

$$\delta_0^{-\alpha} \delta_0^\alpha f(z) = f(z) - f(a).$$

假定当 $n = k$ 时, (5.8.20) 成立, 那么对 $n = k + 1$ 时, 我们有

$$r_{k+1}(z) = \delta_0^{-(k+1)\alpha}[{}^S \delta_0^{(k+1)\alpha} f(z)] = \delta_0^{-\alpha} \delta_0^{-k\alpha}[{}^S \delta_0^{k\alpha}] \delta_0^\alpha f(z)$$

$$= \delta_0^{-\alpha} \{ \delta_0^\alpha f(a) - \sum_{j=0}^{k-1} \frac{{}^S \delta_0^{j\alpha}[\delta_0^\alpha f](a)}{[\Gamma(j\alpha + 1)]_q!} [x(z) - x_{j\alpha-1}(a)]^{(j\alpha)}$$

$$= f(z) - f(a) - \sum_{j=0}^{k-1} \frac{{}^{S}\delta_0^{j+1} f(a)}{[\Gamma((j+1)\alpha+1)]_q} [x(z) - x_j(a)]^{(j+1)\alpha}$$

$$= f(z) - \sum_{j=0}^{k} \frac{\delta_0^{j\alpha} f(a)}{[\Gamma(j\alpha+1)]_q} [x(z) - x_{j\alpha-1}(a)]^{(j\alpha)}.$$

因此, 由数学归纳法, (5.8.20) 的证明就完成了.

定理 5.8.18 下面的 Taylor 级数

$$f(z) = \sum_{k=0}^{\infty} [{}^{S}\delta_0^{k\alpha} f](a) \frac{[x(z) - x_{k\alpha-1}(a)]^{(k\alpha)}}{[\Gamma(k\alpha+1)]_q}$$

成立当且仅当

$$\lim_{k\to\infty} r_k(z) = \lim_{k\to\infty} \delta_0^{-k\alpha} [{}^{S}\delta_0^{k\alpha}] f(z) = 0.$$

证明 这是定理 5.8.17 的直接推论.

5.9 应用: 分数阶差分方程的级数解

接下来我们求解如下非一致格子上分数阶差分方程:

$$^{C}\delta_0^{\alpha} f(z) = \lambda f(z), \quad 0 < \alpha \leqslant 1. \tag{5.9.1}$$

定理 5.9.1 方程 (5.9.1) 的解是

$$f(z) = \sum_{k=0}^{\infty} \lambda^k \frac{[x(z) - x_{k\alpha-1}(a)]^{(k\alpha)}}{[\Gamma(k\alpha+1)]_q}. \tag{5.9.2}$$

证明 利用广义序列 Taylor 级数, 假定方程的解可写成

$$f(z) = \sum_{k=0}^{\infty} c_k \frac{[x(z) - x_{k\alpha-1}(a)]^{(k\alpha)}}{[\Gamma(k\alpha+1)]_q}. \tag{5.9.3}$$

从等式

$$^{C}\delta_0^{\alpha} \frac{[x(z) - x_{k\alpha-1}(a)]^{(k\alpha)}}{[\Gamma(k\alpha+1)]_q} = [{}^{C}\delta_0^{\alpha}] \delta_0^{-k\alpha}(1) = \delta_0^{\alpha-1} \delta_0^1 \delta_0^{-k\alpha}(1)$$

$$= \delta_0^{\alpha-1} \delta_0^{1-k\alpha}(1) = \delta_0^{-(k-1)\alpha}(1)$$

$$= \frac{[x(z) - x_{(k-1)\alpha-1}(a)]^{((k-1)\alpha)}}{[\Gamma((k-1)\alpha+1)]_q},$$

我们可得

$$^C\delta_0^\alpha f(z) = \sum_{k=1}^\infty c_k \frac{[x(z) - x_{k\alpha-1}(a)]^{((k-1)\alpha)}}{[\Gamma((k-1)\alpha+1)]_q}. \tag{5.9.4}$$

将 (5.9.3) 和 (5.9.4) 代入 (5.9.1) 得到

$$\sum_{k=1}^\infty c_{k+1} \frac{[x(z) - x_{k\alpha-1}(a)]^{(k\alpha)}}{[\Gamma(k\alpha+1)]_q} - \lambda \sum_{k=0}^\infty c_k \frac{[x(z) - x_{k\alpha-1}(a)]^{(k\alpha)}}{[\Gamma(k\alpha+1)]_q} = 0. \tag{5.9.5}$$

比较方程 (5.9.5) 中广义幂函数 $[x(z) - x_{k\alpha-1}(a)]^{(k\alpha)}$ 的系数, 可得

$$c_{k+1} = \lambda c_k, \tag{5.9.6}$$

此即

$$c_k = \lambda^k c_0.$$

因此, 我们得到 (5.9.1) 的解是

$$f(z) = c_0 \sum_{k=0}^\infty \lambda^k \frac{[x(z) - x_{k\alpha-1}(a)]^{(k\alpha)}}{[\Gamma(k\alpha+1)]_q}.$$

定义 5.9.2 基本 α 阶分数指数函数定义为

$$e(\alpha, z) = \sum_{k=0}^\infty \frac{[x(z) - x_{k\alpha-1}(a)]^{(k\alpha)}}{[\Gamma(k\alpha+1)]_q}, \tag{5.9.7}$$

并且

$$e(\alpha, \lambda, z) = \sum_{k=0}^\infty \lambda^k \frac{[x(z) - x_{k\alpha-1}(a)]^{(k\alpha)}}{[\Gamma(k\alpha+1)]_q}. \tag{5.9.8}$$

注 5.9.3 在式 (5.9.8) 中, 当 $\alpha = 1$ 时, 在 q-二次格子下 1 阶基本指数函数最初是由 Ismail, Zhang [74] 定义引进的, 后来 Suslov [100] 用不同的记号和标准化, 再次得到它, 1 阶基本指数函数在基本 Fourier 分析中是极为重要的. 这里的定义 5.9.2 是它的一个自然推广, 它在求解非一致格子上分数阶差分方程的作用十分重要. 以下仅举两个例子.

例 5.9.4 我们考虑如下形式的一般非一致格子上带有常系数的 $n\alpha$ 阶序列分数阶差分方程:

$$[a_n(^S\delta^{n\alpha}) + a_{n-1}(^S\delta^{(n-1)\alpha}) + \cdots + a_1(^S\delta^\alpha) + a_0(^S\delta^0)]f(z) = 0. \tag{5.9.9}$$

证明 与经典情形类似, 将

$$f(z) = e(\alpha, \lambda, z)$$

代入方程 (5.9.9), 可得

$$a_n\lambda^n + a_{n-1}\lambda^{n-1} + \cdots + a_1\lambda + a_0 = 0. \tag{5.9.10}$$

假定方程 (5.9.10) 具有不同实根 $\lambda_i, i = 1,2,\cdots,n$, 那么我们可以得到 n 个线性独立的解

$$f_i(z) = e(\alpha, \lambda_i, z), \quad i = 1,2,\cdots,n.$$

例 5.9.5 设 $\omega > 0$, 考虑如下简谐运动形式的 2α 阶序列分数阶差分方程

$$^S\delta_0^\alpha {}^S\delta_0^\alpha f(z) + \omega^2 f(z) = 0, \quad 0 < \alpha \leqslant 1, \tag{5.9.11}$$

并且它的解与广义基本三角函数有密切关系.

证明 令

$$f(z) = e(\alpha, \lambda, z), \tag{5.9.12}$$

将 (5.9.12) 代入方程 (5.9.11), 那么有

$$\lambda^2 + \omega^2 = 0,$$

它有两个解

$$\lambda_1 = i\omega, \quad \lambda_2 = -i\omega.$$

因此方程 (5.9.9) 的解是

$$\begin{aligned}
f_1(z) &= e(\alpha, i\omega, z) = \sum_{k=0}^\infty (i\omega)^k \frac{[x(z) - x_{k\alpha-1}(a)]^{(k\alpha)}}{[\Gamma(k\alpha+1)]_q} \\
&= \sum_{n=0}^\infty (-1)^n \omega^{2n} \frac{[x(z) - x_{2n\alpha-1}(a)]^{(2n\alpha)}}{[\Gamma(2n\alpha+1)]_q} \\
&\quad + i\sum_{n=0}^\infty (-1)^n \omega^{2n+1} \frac{[x(z) - x_{(2n+1)\alpha-1}(a)]^{[(2n+1)\alpha]}}{[\Gamma((2n+1)\alpha+1)]_q},
\end{aligned}$$

且

$$\begin{aligned}
f_2(z) &= e(\alpha, -i\omega, z) = \sum_{k=0}^\infty (-i\omega)^k \frac{[x(z) - x_{k\alpha-1}(a)]^{(k\alpha)}}{[\Gamma(k\alpha+1)]_q} \\
&= \sum_{n=0}^\infty (-1)^n \omega^{2n} \frac{[x(z) - x_{2n\alpha-1}(a)]^{(2n\alpha)}}{[\Gamma(2n\alpha+1)]_q} \\
&\quad - i\sum_{n=0}^\infty (-1)^n \omega^{2n+1} \frac{[x(z) - x_{(2n+1)\alpha-1}(a)]^{[(2n+1)\alpha]}}{[\Gamma((2n+1)\alpha+1)]_q}.
\end{aligned}$$

运用 Euler 的记号, 我们记

$$\cos(\alpha, \omega, z) = \sum_{n=0}^{\infty} (-1)^n \omega^{2n} \frac{[x(z) - x_{2n\alpha-1}(a)]^{(2n\alpha)}}{[\Gamma(2n\alpha+1)]_q},$$

且

$$\sin(\alpha, \omega, z) = \sum_{n=0}^{\infty} (-1)^n \omega^{2n+1} \frac{[x(z) - x_{(2n+1)\alpha-1}(a)]^{[(2n+1)\alpha]}}{[\Gamma((2n+1)\alpha+1)]_q}.$$

那么成立下式

$$\cos(\alpha, \omega, z) = \frac{e(\alpha, i\omega, z) + e(\alpha, -i\omega, z)}{2},$$

$$\sin(\alpha, \omega, z) = \frac{e(\alpha, i\omega, z) - e(\alpha, -i\omega, z)}{2i},$$

以及

$$\cos^2(\alpha, \omega, z) + \sin^2(\alpha, \omega, z) = e(\alpha, i\omega, z)e(\alpha, -i\omega, z).$$

第 6 章　向前非一致格子上的分数阶微积分

正如通常的差分有向后、向前和中心差分格式一样, 我们说对于离散分数阶差分格式来说, 也通常存在向后分数阶差分、向前分数阶差分以及中心分数阶差分三种主要格式. 在第 5 章中, 我们已经对向后非一致格子上的分数阶和分以及分数阶差分的定义、性质和一些基本定理做了较为详细的分析介绍. 作为后续章节, 我们在第 6 章节中对应地研究向前非一致格子上的分数阶差分与和分. 类似地, 本章节将用两种不同的方法, 提出非一致格子上分数阶和分与分数阶差分的定义, 并得到著名的 Euler Beta 公式和 Cauchy Beta 公式在非一致格子上的模拟, 以及一些基本定理, 如非一致格子上的 Taylor 公式、广义 Abel 积分方程的求解等基础性结果.

6.1　非一致格子上的整数和分与整数差分

读者也许早就注意到, 本书的重点主要集中在对向后分数阶差分的系统分析和研究上面, 然而与之对应的, 应该也有向前分数阶差分的相关理论, 但我们在本书中几乎并没有涉及. 这样处理的主要原因是: 我们感觉到向前差分研究, 基本上与向后分数阶差分的研究是完全类似的, 但是向后分数阶差分表达式相对方便. 在第 5 章中, 我们已经对向后非一致格子上的分数阶和分以及分数阶差分的定义、性质和一些基本定理做了较为详细的分析介绍. 在本章, 我们对应地研究向前非一致格子上的分数阶差分与和分, 读者也可以进一步体会到, 它们之间许多概念、定理结论的相似性, 当然, 在一些具体的细节上, 也要注意一些微小的不同之处.

设 $x(s)$ 是非一致格子, 这里 $s \in \mathbb{C}$. 让 $\Delta_\gamma F(s) = \dfrac{\Delta F(s)}{\Delta x_\nu(s)} = f(s)$. 那么

$$F(s+1) - F(s) = f(s)\left[x_\gamma(s+1) - x_\gamma(s)\right].$$

选取 $z, a \in \mathbb{C}$, 和 $z - a \in \mathbb{N}$. 从 $s = a$ 到 $z - 1$ 相加, 则有

$$F(z) - F(a) = \sum_{s=a}^{z-1} f(s)\Delta x_\gamma(s).$$

因此, 我们定义

$$\int_a^{z-1} f(s)d_\Delta x_\gamma(s) = \sum_{s=a}^{z-1} f(s)\Delta x_\gamma(s).$$

容易直接验证以下命题成立:

命题 6.1.1　给定两个复变量函数 $F(z), f(z)$, 这里复变量 $z, a \in \mathbb{C}$, 以及 $z - a \in \mathbb{N}$, 那么成立

(1) $\Delta_\gamma \left[\displaystyle\int_a^{z-1} f(s) d_\Delta x_\gamma(s) \right] = f(z)$;

(2) $\displaystyle\int_a^{z-1} \Delta_\gamma F(s) d_\Delta x_\gamma(s) = F(z) - F(a)$.

证明　(1) 按定义可得

$$\frac{\Delta \int_a^{z-1} f(s) d_\Delta x_\nu(s)}{\Delta x_\nu(s)} = \frac{\Delta \left[\sum_{s=a}^{z-1} f(s) d_\Delta x_\nu(s) \right]}{\Delta x_\nu(s)}$$

$$= \frac{\sum_{s=a}^{z} f(s) d_\Delta x_\nu(s) - \sum_{s=a}^{z-1} f(s) d_\Delta x_\nu(s)}{\Delta x_\nu(s)}$$

$$= \frac{f(z) \Delta x_\nu(s)}{\Delta x_\nu(s)} = f(z).$$

(2) 容易知道

$$\int_a^{z-1} \Delta_\nu F(s) d_\Delta x_\nu(s) = \sum_{s=a}^{z-1} \Delta_\nu F(s) d_\Delta x_\nu(s)$$

$$= \sum_{s=a}^{z-1} \frac{\Delta F(s)}{\Delta x_\nu(s)} \Delta x_\nu(s)$$

$$= \sum_{s=a}^{z-1} \Delta F(s)$$

$$= F(z) - F(a).$$

先假设 $n \in \mathbb{N}^+$, 让我们定义非一致格子上的广义 n 阶向下幂函数 $[x(s) - x(z)]_{(n)}$ 为

$$[x(s) - x(z)]_{(n)} = \prod_{k=0}^{n-1} [x(s) - x(z+k)], \quad n \in \mathbb{N}^+.$$

当 n 不是正整数时, 我们需要将广义幂函数加以进一步推广. 结合第 5 章中向上广义幂级数的概念, 对于正整数 $n \in \mathbb{N}^+$, 我们有

$$[x(s) - x(z)]_{(n)} = \prod_{k=0}^{n-1} [x(s) - x(z+k)] = [x(s) - x(z+n-1)]^{(n)}.$$

因此对于一般的 $\alpha \in \mathbb{C}$, 我们定义广义向下幂级数为

$$[x(s) - x(z)]_{(\alpha)} = [x(s) - x(z + \alpha - 1)]^{(\alpha)}.$$

根据此公式, 我们可以得到下面的定义:

定义 6.1.2 (广义幂函数) 设 $\alpha \in \mathbb{C}$, 关于幂函数 $[x_\nu(s) - x_\nu(z)]_{(\alpha)}$ 定义为

$$[x_\nu(s) - x_\nu(z)]_{(\alpha)}$$
$$= \begin{cases} \dfrac{\Gamma(s - z + 1)}{\Gamma(s - z - \alpha + 1)}, & x(s) = s, \\[3mm] \dfrac{\Gamma(s - z + 1)\Gamma(s + z + \nu + \alpha)}{\Gamma(s - z - \alpha + 1)\Gamma(s + z + \nu)}, & x(s) = s^2, \\[3mm] (q - 1)^\alpha q^{\alpha(\nu - \alpha + 1)/2} \dfrac{\Gamma_q(s - z + 1)}{\Gamma_q(s - z - \alpha + 1)}, & x(s) = q^s, \\[3mm] \dfrac{1}{2^\alpha}(q - 1)^{2\alpha} q^{-\alpha(s + \frac{\nu}{2})} \dfrac{\Gamma_q(s - z + 1)\Gamma_q(s + z + \nu + \alpha)}{\Gamma_q(s - z - \alpha + 1)\Gamma_q(s + z + \nu)}, & x(s) = \dfrac{q^s + q^{-s}}{2}. \end{cases}$$
$$(6.1.1)$$

对于形如 $x(s) = \widetilde{c}_1 s^2 + \widetilde{c}_2 s + \widetilde{c}_3$ 的二次格子, 记 $c = \dfrac{\widetilde{c}_2}{\widetilde{c}_1}$, 定义

$$[x_\nu(s) - x_\nu(z)]_{(\alpha)} = \widetilde{c}_1{}^\alpha \frac{\Gamma(s - z + 1)\Gamma(s + z + \nu + c + \alpha)}{\Gamma(s - z - \alpha + 1)\Gamma(s + z + \nu + c)}; \qquad (6.1.2)$$

对于形如 $x(s) = c_1 q^s + c_2 q^{-s} + c_3$ 的二次格子, 记 $c = \dfrac{\log \frac{c_2}{c_1}}{\log q}$, 定义

$$[x_\nu(s) - x_\nu(z)]_{(\alpha)} = [c_1(1 - q)^2]^\alpha q^{-\alpha(s + \frac{\nu}{2})} \frac{\Gamma_q(s - z + 1)\Gamma_q(s + z + \nu + c + \alpha)}{\Gamma_q(s - z - \alpha + 1)\Gamma_q(s + z + \nu + c)}, \qquad (6.1.3)$$

这里 $\Gamma(s)$ 是 Euler Gamma 函数, 且 $\Gamma_q(s)$ 是 Euler q-Gamma 函数, 它由下式所定义

$$\Gamma_q(s) = \begin{cases} \dfrac{\Pi_{k=0}^\infty(1 - q^{k+1})}{(1 - q)^{s-1}\Pi_{k=0}^\infty(1 - q^{s+k})}, & \text{当 } |q| < 1, \\[3mm] q^{-(s-1)(s-2)/2}\Gamma_{1/q}(s), & \text{当 } |q| > 1. \end{cases}$$

从定义 6.1.2 可以验证, 对于向下广义幂函数, 存在下列重要的基本性质:

命题 6.1.3 对于 $x(s) = c_1 q^s + c_2 q^{-s} + c_3$ 或者 $x(s) = \widetilde{c}_1 s^2 + \widetilde{c}_2 s + \widetilde{c}_3$, 广义指数函数 $[x_\nu(s) - x_\nu(z)]_{(\alpha)}$ 满足下列性质:

(1) $[x_\nu(s) - x_\nu(z)][x_\nu(s) - x_\nu(z + 1)]_{(\mu)}$

$$= [x_\nu(s) - x_\nu(z)]_{(\mu)}[x_\nu(s) - x_\nu(z+\mu)]$$

$$= [x_\nu(s) - x_\nu(z)]_{(\mu+1)}; \tag{6.1.4}$$

(2) $[x_{\nu+1}(s-1) - x_{\nu+1}(z)]_{(\mu)}[x_{\nu+\mu}(s) - x_{\nu+\mu}(z)]$

$$= [x_{\nu+\mu}(s-\mu) - x_{\nu+\mu}(z)][x_{\nu+1}(s) - x_{\nu+1}(z)]_{(\mu)}$$

$$= [x_\nu(s) - x_\nu(z)]_{(\mu+1)}; \tag{6.1.5}$$

(3) $\dfrac{\nabla_z}{\nabla x_{\nu+\mu-1}(z)}[x_\nu(s) - x_\nu(z)]_{(\mu)}$

$$= -\frac{\Delta_s}{\Delta x_{\nu-1}(s)}[x_{\nu-1}(s) - x_{\nu-1}(z)]_{(\mu)}$$

$$= -[\mu]_q[x_\nu(s) - x_\nu(z)]_{(\mu-1)}; \tag{6.1.6}$$

(4) $\dfrac{\Delta_z}{\Delta x_{\nu+\mu-1}(z)}\left\{\dfrac{1}{[x_\nu(s) - x_\nu(z)]_{(\mu)}}\right\}$

$$= -\frac{\nabla_s}{\nabla x_{\nu+1}(s)}\left\{\frac{1}{[x_{\nu+1}(s) - x_{\nu+1}(z)]_{(\mu)}}\right\}$$

$$= \frac{[\mu]_q}{[x_\nu(s) - x_\nu(z)]_{(\mu+1)}}. \tag{6.1.7}$$

这里 $[\mu]_q$ 如下式所定义

$$[\mu]_q = \gamma(\mu) = \begin{cases} \dfrac{q^{\frac{\mu}{2}} - q^{-\frac{\mu}{2}}}{q^{\frac{1}{2}} - q^{-\frac{1}{2}}}, & \text{如果} x(s) = c_1 q^s + c_2 q^{-s} + c_3, \\ \mu, & \text{如果} x(s) = \widetilde{c}_1 s^2 + \widetilde{c}_2 s + \widetilde{c}_3. \end{cases}$$

证明　这个命题已经在 4.4 节做了详细证明, 此处从略.

这些非一致格子上幂函数性质, 很显然是如下经典恒等式的推广:

$$(s-z)(s-z)^\mu = (s-z)^\mu(s-z) = (s-z)^{\mu+1},$$

并且

$$\frac{d}{dz}\frac{1}{(s-z)^\mu} = -\frac{d}{ds}\frac{1}{(s-z)^\mu} = \frac{\mu}{(s-z)^{\mu-1}}.$$

接下来让我们详细给出非一致格子 $x_\gamma(s)$ 上整数阶和分的定义, 这对于我们进一步给出非一致格子 $x_\gamma(s)$ 上分数阶和分的定义是十分有帮助的.

设 $\gamma \in \mathbb{R}$, 对于非一致格子 $x_\gamma(s)$, 数集 $\{a, a+1, \cdots, z-1\}$ 中 $f(z)$ 的 1 阶和分定义为

$$y_1(z) = \Delta_\gamma^{-1} f(z) = \int_a^{z-1} f(s)d_\Delta x_\gamma(s), \tag{6.1.8}$$

这里 $y_1(z) = \Delta_\gamma^{-1} f(z)$ 定义在数集 $\{a+1, \bmod(1)\}$ 中.

那么由命题 6.1.1, 我们有

$$\Delta_\gamma^1 \Delta_\gamma^{-1} f(z) = \frac{\Delta y_1(z)}{\Delta x_\gamma(z)} = f(z). \tag{6.1.9}$$

并且对于非一致格子 $x_\gamma(s)$, 数集 $\{a, a+1, \cdots, z-1\}$ 中 $f(z)$ 的 2 阶和分定义为

$$
\begin{aligned}
y_2(z) = \Delta_\gamma^{-2} f(z) &= \Delta_{\gamma-1}^{-1}[\Delta_\gamma^{-1} f(z)] = \int_{a+1}^{z-1} y_1(s) d_\Delta x_{\gamma-1}(s) \\
&= \int_{a+1}^{z-1} d_\Delta x_{\gamma-1}(s) \int_a^{s-1} f(t) d_\Delta x_\gamma(t) \\
&= \int_a^{z-2} f(t) d_\Delta x_\gamma(t) \int_{t+1}^{z-1} d_\Delta x_{\gamma-1}(s) \\
&= \int_a^{z-2} [x_{\gamma-1}(z) - x_{\gamma-1}(t+1)] f(s) d_\Delta x_\gamma(s),
\end{aligned}
\tag{6.1.10}
$$

这里 $y_2(z) = \nabla_\gamma^{-2} f(z)$ 定义在数集 $\{a+2, \bmod(1)\}$ 中.

同时, 可得

$$
\begin{aligned}
\Delta_{\gamma-1}^1 \Delta_{\gamma-1}^{-1} y_1(z) &= \frac{\Delta y_2(z)}{\Delta x_{\gamma-1}(z)} = y_1(z), \\
\Delta_\gamma^2 \Delta_\gamma^{-2} f(z) &= \frac{\Delta}{\Delta x_\gamma(z)}\left(\frac{\Delta y_2(z)}{\Delta x_{\gamma-1}(z)}\right) = \frac{\Delta y_1(z)}{\Delta x_\gamma(z)} = f(z).
\end{aligned}
\tag{6.1.11}
$$

而且对于非一致格子 $x_\gamma(s)$, 数集 $\{a, a+1, \cdots, z-1\}$ 中 $f(z)$ 的 3 阶和分定义为

$$
\begin{aligned}
y_3(z) = \Delta_\gamma^{-3} f(z) &= \Delta_{\gamma-2}^{-1}[\nabla_\gamma^{-2} f(z)] = \int_{a+2}^{z-1} y_2(s) d_\Delta x_{\gamma-2}(s) \\
&= \int_{a+2}^{z-1} d_\Delta x_{\gamma-2}(s) \int_a^{s-2} [x_{\gamma-1}(s) - x_{\gamma-1}(t+1)] f(t) d_\Delta x_\gamma(t) \\
&= \int_a^{z-3} f(t) d_\Delta x_\gamma(t) \int_{t+2}^{z-1} [x_{\gamma-1}(s) - x_{\gamma-1}(t+1)] d_\Delta x_{\gamma-2}(s).
\end{aligned}
$$

由于命题 6.1.3, 则有

$$\frac{\Delta}{\Delta x_{\gamma-2}(s)}[x_{\gamma-2}(s) - x_{\gamma-2}(t+1)]_{(2)} = [2]_q[x_{\gamma-1}(s) - x_{\gamma-1}(t+1)], \tag{6.1.12}$$

那么应用命题 6.1.1, 我们有

$$\frac{[x_{\gamma-2}(z) - x_{\gamma-2}(t+1)]_{(2)}}{[2]_q} = \int_{t+2}^{z-1} [x_{\gamma-1}(s) - x_{\gamma-1}(t+1)] d_\Delta x_{\gamma-2}(s). \tag{6.1.13}$$

因此, 我们得到: 对于非一致格子 $x_\gamma(s)$, 数集 $\{a, a+1, \cdots, z-1\}$ 中 $f(z)$ 的 3 阶和分是

$$
\begin{aligned}
y_3(z) = \Delta_\gamma^{-3} f(z) &= \Delta_{\gamma-2}^{-1}[\Delta_\gamma^{-2} f(z)] \\
&= \frac{1}{[\Gamma(3)]_q} \int_a^{z-3} [x_{\gamma-2}(z) - x_{\gamma-2}(t+1)]_{(2)} f(s) d_\Delta x_\gamma(s).
\end{aligned} \tag{6.1.14}
$$

同时, 容易证明

$$
\Delta_\gamma^3 \Delta_\gamma^{-3} f(z) = \frac{\Delta}{\Delta x_\gamma(z)} \left(\frac{\Delta}{\Delta x_{\gamma-1}(z)} \left(\frac{\Delta y_3(z)}{\Delta x_{\gamma-2}(z)} \right) \right) = f(z), \tag{6.1.15}
$$

这里 $y_3(z) = \Delta_\gamma^{-3} f(z)$ 定义在数集 $\{a+3, \bmod(1)\}$ 中.

更一般地, 由数学归纳法, 对于非一致格子 $x_\gamma(s)$, 数集 $\{a, a+1, \cdots, z-1\}$ 中函数 $f(z)$, 我们可以给出函数 $f(z)$ 的 n 阶和分定义

$$
\begin{aligned}
y_k(z) = \Delta_\gamma^{-k} f(z) &= \Delta_{\gamma-k+1}^{-1}[\Delta_\gamma^{-(k-1)} f(z)] = \int_{a+k-1}^{z-1} y_{k-1}(s) d_\Delta x_{\gamma-k+1}(s) \\
&= \frac{1}{[\Gamma(k)]_q} \int_a^{z-k} [x_{\gamma-k+1}(z) - x_{\gamma-k+1}(t+1)]_{(k-1)} f(t) d_\Delta x_\gamma(t), k = 1, 2, \cdots,
\end{aligned} \tag{6.1.16}
$$

这里 $y_k(z) = \Delta_\gamma^{-k} f(z)$ 定义在数集 $\{a+k, \bmod(1)\}$ 中, 且

$$
[\Gamma(k)]_q = \begin{cases} q^{-(k-1)(k-2)} \Gamma_q(k), & \text{如果} x(s) = c_1 q^s + c_2 q^{-s} + c_3, \\ \Gamma(\alpha), & \text{如果} x(s) = \tilde{c}_1 s^2 + \tilde{c}_2 s + \tilde{c}_3, \end{cases}
$$

它满足下式

$$
[\Gamma(k+1)]_q = [k]_q [\Gamma(k)]_q, \quad [\Gamma(2)]_q = [1]_q [\Gamma(1)]_q = 1.
$$

那么成立

$$
\Delta_\gamma^k \Delta_\gamma^{-k} f(z) = \frac{\Delta}{\Delta x_\gamma(z)} \left(\frac{\Delta}{\Delta x_{\gamma-1}(z)} \cdots \left(\frac{\Delta y_k(z)}{\Delta x_{\gamma-k+1}(z)} \right) \right) = f(z), k = 1, 2, \cdots. \tag{6.1.17}
$$

需要指出的是, 当 $k \in \mathbb{C}$ 时, 等式 (6.1.16) 右边仍然是有意义的, 因此我们就可以对非一致格子 $x_\gamma(s)$ 给出函数 $f(z)$ 的分数阶和分定义.

定义 6.1.4(非一致格子上分数阶和分)　对任意 $\operatorname{Re}\alpha \in \mathbb{R}^+$, 对于 $x(s) = c_1 q^s + c_2 q^{-s} + c_3$ 或者 $x(s) = \tilde{c}_1 s^2 + \tilde{c}_2 s + \tilde{c}_3$, 数集 $\{a, a+1, \cdots, z-1\}$ 中的函数 $f(z)$, 我们定义它的 α 阶分数阶和分为

$$
\Delta_\gamma^{-\alpha} f(z) = \frac{1}{[\Gamma(\alpha)]_q} \int_a^{z-\alpha} [x_{\gamma-\alpha+1}(z) - x_{\gamma-\alpha+1}(t+1)]_{(\alpha-1)} f(t) d_\Delta x_\gamma(t), \tag{6.1.18}
$$

这里 $\Delta_\gamma^{-\alpha} f(z)$ 定义在数集 $\{a + \alpha, \mathrm{mod}(1)\}$ 上, 且

$$[\Gamma(\alpha)]_q = \begin{cases} q^{-(s-1)(s-2)}\Gamma_q(\alpha), & \text{如果} x(s) = c_1 q^s + c_2 q^{-s} + c_3, \\ \Gamma(\alpha), & \text{如果} x(s) = \widetilde{c}_1 s^2 + \widetilde{c}_2 s + \widetilde{c}_3, \end{cases}$$

它满足下面的等式

$$[\Gamma(\alpha + 1)]_q = [\alpha]_q [\Gamma(\alpha)]_q.$$

6.2 非一致格子上 Euler Beta 公式的模拟

经典 Euler Beta 公式是广为熟知的, 其表达式为

$$\int_0^1 (1 - t)^{\alpha - 1} t^{\beta - 1} dt = B(\alpha, \beta) = \frac{\Gamma(\alpha)\Gamma(\beta)}{\Gamma(\alpha + \beta)}, \quad \mathrm{Re}\,\alpha > 0, \quad \mathrm{Re}\,\beta > 0$$

或更一般些的是

$$\int_a^z \frac{(z - t)^{\alpha - 1}}{\Gamma(\alpha)} \frac{(t - a)^{\beta - 1}}{\Gamma(\beta)} dt = \frac{(z - a)^{\alpha + \beta - 1}}{\Gamma(\alpha + \beta)}, \mathrm{Re}\,\alpha > 0, \quad \mathrm{Re}\,\beta > 0.$$

在 5.3 节, 我们在非一致格子上建立过一种 Euler Beta 公式的模拟. 在本节中, 我们要在非一致格子上, 建立另一种对应的 Euler Beta 公式的模拟.

定理 6.2.1(非一致格子上 Euler Beta 公式) 对于任何 $\alpha, \beta \in \mathbb{C}$, 那么对非一致格子 $x(s)$, 我们有

$$\int_{a+\alpha}^{z-\beta} \frac{[x_{-\beta}(z) - x_{-\beta}(t+1)]_{(\beta-1)}}{[\Gamma(\beta)]_q} \frac{[x(t) - x(a)]_{(\alpha)}}{[\Gamma(\alpha + 1)]_q} d_\Delta x_{-1}(t)$$
$$= \frac{[x_{-\beta}(z) - x_{-\beta}(a)]_{(\alpha + \beta)}}{[\Gamma(\alpha + \beta + 1)]_q}. \tag{6.2.1}$$

以下我们用两种方法证明定理 6.2.1, 第一种证明相对简洁, 可以直接采用 5.3 节中的定理 5.3.1.

定理 6.2.1 的证明 1 因为

$$a + \alpha \leqslant t \leqslant z - \beta,$$

可得

$$a + 1 \leqslant t - \alpha + 1 \leqslant z - \beta - \alpha + 1.$$

令 $t - \alpha + 1 = \bar{t}, z - \beta - \alpha + 1 = \bar{z}$, 然后将它们分别代入方程 (6.2.1) 的左右两边, 验证它们是否相等即可.

事实上, 我们可得方程左边等于

$$\int_{a+\alpha}^{z-\beta} \frac{[x_{-\beta}(z) - x_{-\beta}(t+\beta-1)]^{(\beta-1)}}{[\Gamma(\beta)]_q} \frac{[x(t) - x(a+\alpha-1)]^{(\alpha)}}{[\Gamma(\alpha+1)]_q} d_\Delta x_{-1}(t)$$

$$= \int_{a+1}^{\bar{z}} \frac{[x_{-\beta}(\bar{z}+\beta+\alpha-1) - x_{-\beta}(\bar{t}+\beta+\alpha-2)]^{(\beta-1)}}{[\Gamma(\beta)]_q}$$

$$\cdot \frac{[x(\bar{t}+\alpha-1) - x(a+\alpha-1)]^{(\alpha)}}{[\Gamma(\alpha+1)]_q} d_\Delta x_{-1}(\bar{t}+\alpha-1)$$

$$= \int_{a+1}^{\bar{z}} \frac{[x_\beta(\bar{z}+\alpha-1) - x_\beta(\bar{t}+\alpha-2)]^{(\beta-1)}}{[\Gamma(\beta)]_q}$$

$$\cdot \frac{[x(\bar{t}+\alpha-1) - x(a+\alpha-1)]^{(\alpha)}}{[\Gamma(\alpha+1)]_q} d_\Delta x_{-1}(\bar{t}+\alpha-1).$$

令 $y(t) = x(t+\alpha-1)$, 则上式可化为

$$\int_{a+1}^{\bar{z}} \frac{[y_\beta(\bar{z}) - y_\beta(\bar{t})]^{(\beta-1)}}{[\Gamma(\beta)]_q} \frac{[y(\bar{t}) - y(a)]^{(\alpha)}}{[\Gamma(\alpha+1)]_q} d_\Delta y_{-1}(\bar{t}).$$

而方程 (6.2.1) 的右边等于

$$\frac{[x_{-\beta}(z) - x_{-\beta}(a)]^{(\alpha+\beta)}}{[\Gamma(\alpha+\beta+1)]_q}$$

$$= \frac{[x_{-\beta}(z) - x_{-\beta}(a+\alpha+\beta-1)]^{(\alpha+\beta)}}{[\Gamma(\alpha+\beta+1)]_q}$$

$$= \frac{[x_\beta(\bar{z}+\alpha-1) - x_\beta(a+\alpha-1)]^{(\alpha+\beta)}}{[\Gamma(\alpha+\beta+1)]_q}$$

$$= \frac{[y_\beta(\bar{z}) - y_\beta(a)]^{(\alpha+\beta)}}{[\Gamma(\alpha+\beta+1)]_q}.$$

利用 5.3 节定理 5.3.1, 有

$$\int_{a+1}^{\bar{z}} \frac{[y_\beta(\bar{z}) - y_\beta(\bar{t})]^{(\beta-1)}}{[\Gamma(\beta)]_q} \frac{[y(\bar{t}) - y(a)]^{(\alpha)}}{[\Gamma(\alpha+1)]_q} d_\Delta y_{-1}(\bar{t})$$

$$= \frac{[y_\beta(\bar{z}) - y_\beta(a)]^{(\alpha+\beta)}}{[\Gamma(\alpha+\beta+1)]_q}.$$

因此原定理 6.2.1 得证.

定理 6.2.1 的另外一种证明方法, 则不需要借助第 5 章任何知识, 直接独立加以证明. 当然这个证明需要用到一些引理.

引理 6.2.2　对于任何 α, β, 成立

$$[\alpha+\beta]_q x(t) - [\alpha]_q x_{-\beta}(t) - [\beta]_q x_\alpha(t) = \text{const}. \tag{6.2.2}$$

证明 如果我们令 $x(t) = \tilde{c}_1 t^2 + \tilde{c}_2 t + \tilde{c}_3$, 那么方程 (6.2.2) 的左边是

$$LHS = \tilde{c}_1 \left[(\alpha + \beta)t^2 - \alpha \left(t - \frac{\beta}{2} \right)^2 - \beta \left(t + \frac{\alpha}{2} \right)^2 \right]$$
$$+ \tilde{c}_2 \left[(\alpha + \beta)t - \alpha \left(t - \frac{\beta}{2} \right) - \beta \left(t + \frac{\alpha}{2} \right) \right] \tag{6.2.3}$$

$$= -\frac{\alpha\beta}{4}(\alpha + \beta)\tilde{c}_1 = \text{const.} \tag{6.2.4}$$

如果我们令 $x(t) = c_1 q^t + c_2 q^{-t} + c_3$, 那么方程 (6.2.2) 的左边是

$$LHS = c_1 \left(\frac{q^{\frac{\alpha+\beta}{2}} - q^{-\frac{\alpha+\beta}{2}}}{q^{\frac{1}{2}} - q^{-\frac{1}{2}}} q^t - \frac{q^{\frac{\alpha}{2}} - q^{-\frac{\alpha}{2}}}{q^{\frac{1}{2}} - q^{-\frac{1}{2}}} q^{t-\frac{\beta}{2}} - \frac{q^{\frac{\beta}{2}} - q^{-\frac{\beta}{2}}}{q^{\frac{1}{2}} - q^{-\frac{1}{2}}} q^{t+\frac{\alpha}{2}} \right)$$
$$+ c_2 \left(\frac{q^{\frac{\alpha+\beta}{2}} - q^{-\frac{\alpha+\beta}{2}}}{q^{\frac{1}{2}} - q^{-\frac{1}{2}}} q^{-t} - \frac{q^{\frac{\alpha}{2}} - q^{-\frac{\alpha}{2}}}{q^{\frac{1}{2}} - q^{-\frac{1}{2}}} q^{-t+\frac{\beta}{2}} - \frac{q^{\frac{\beta}{2}} - q^{-\frac{\beta}{2}}}{q^{\frac{1}{2}} - q^{-\frac{1}{2}}} q^{-t-\frac{\alpha}{2}} \right)$$

$$= 0. \tag{6.2.5}$$

引理 6.2.3 对于任何 α, β, 成立

$$[\alpha + 1]_q [x_\beta(z) - x_\beta(t + \beta)] - [\beta]_q [x_{\alpha-1}(t - \alpha) - x_{\alpha-1}(a)]$$
$$= [\alpha + 1]_q [x_\beta(z) - x_\beta(a - \alpha + \beta)]$$
$$- [\alpha + \beta + 1]_q [x(t) - x(a - \alpha)]. \tag{6.2.6}$$

证明 (6.2.6) 等价于

$$[\alpha + \beta + 1]_q x(t) - [\alpha + 1]_q x_\beta(t + \beta) - [\beta]_q x_{\alpha-1}(t - \alpha)$$
$$= [\alpha + \beta + 1]_q x(a - \alpha) - [\alpha + 1]_q x_\beta(a - \alpha + \beta) - [\beta]_q x_{\alpha-1}(a). \tag{6.2.7}$$

置 $\alpha + 1 = \tilde{\alpha}$, 我们仅需证明

$$[\tilde{\alpha} + \beta]_q x(t) - [\tilde{\alpha}]_q x_\beta(t - \beta) - [\beta]_q x_{2-\tilde{\alpha}}(t + \tilde{\alpha} - 1)$$
$$= [\tilde{\alpha} + \beta]_q x(a - \tilde{\alpha} + 1) - [\tilde{\alpha}]_q x_\beta(a - \tilde{\alpha} + 1 - \beta) - [\beta]_q x_{2-\tilde{\alpha}}(a). \tag{6.2.8}$$

即

$$[\tilde{\alpha} + \beta]_q x(t) - [\tilde{\alpha}]_q x_{-\beta}(t) - [\beta]_q x_{\tilde{\alpha}}(t)$$
$$= [\tilde{\alpha} + \beta]_q x(a - \tilde{\alpha} + 1) - [\alpha]_q x_{-\beta}(a - \tilde{\alpha} + 1) - [\beta]_q x_{\tilde{\alpha}}(a - \tilde{\alpha} + 1). \tag{6.2.9}$$

由引理 6.2.2, 方程 (6.2.9) 成立, 那么方程 (6.2.6) 成立.

利用命题 6.1.3 和引理 6.2.3, 现在是时候来证明定理 6.2.1 了.

定理 6.2.1 的证明 2 令

$$\rho(t) = [x(t) - x(a)]_{(\alpha)}[x_{-\beta}(z) - x_{-\beta}(t+1)]_{(\beta-1)}, \tag{6.2.10}$$

并且

$$\sigma(t) = [x_{\alpha-1}(t-\alpha) - x_{\alpha-1}(a)][x_{-\beta}(z) - x_{-\beta}(t)]. \tag{6.2.11}$$

由命题 6.1.3, 由于

$$[x_{\alpha-1}(t-\alpha) - x_{\alpha-1}(a)][x(t) - x(a)]_{(\alpha)} = [x_{-1}(t) - x_{-1}(a)]_{(\alpha+1)} \tag{6.2.12}$$

且

$$[x_{-\beta}(z) - x_{-\beta}(t)][x_{-\beta}(z) - x_{-\beta}(t+1)]_{(\beta-1)} = [x_{-\beta}(z) - x_{-\beta}(t)]_{(\beta)}. \tag{6.2.13}$$

因此我们得到

$$\sigma(t)\rho(t) = [x_{-1}(t) - x_{-1}(a)]_{(\alpha+1)}[x_{-\beta}(z) - x_{-\beta}(t)]_{(\beta)}. \tag{6.2.14}$$

利用公式

$$\Delta_t[f(t)g(t)] = g(t+1)\Delta_t[f(t)] + f(t)\nabla\Delta_t[g(t)],$$

这里

$$f(t) = [x_{-1}(t) - x_{-1}(a)]_{(\alpha+1)}, g(t) = [x_{-\beta}(z) - x_{-\beta}(t)]_{(\beta)},$$

让我们计算 $\dfrac{\Delta_t[\sigma(t)\rho(t)]}{\Delta x_{-1}(t)}$.

从命题 6.1.3, 我们有

$$\frac{\Delta_t}{\Delta x_{-1}(t)}\{[x_{-1}(t) - x_{-1}(a)]_{(\alpha+1)}\} = [\alpha+1]_q[x(t) - x(a)]_{(\alpha)},$$

且

$$\begin{aligned}&\frac{\Delta_t}{\Delta x_{-1}(t)}\{[x_{-\beta}(z) - x_{-\beta}(t)]_{(\beta)}\}\\&= \frac{\nabla_t}{\nabla x_{-1}(t+1)}\{[x_{-\beta}(z) - x_{-\beta}(t+1)]^{(\beta)}\}\\&= -[\beta]_q[x_{-\beta}(z) - x_{-\beta}(t+1)]_{(\beta-1)}.\end{aligned}$$

这样就有

$$\frac{\Delta_t}{\Delta x_{-1}(t)}\{[x_{-1}(t) - x_{-1}(a)]_{(\alpha+1)}[x_{-\beta}(z) - x_{-\beta}(t)]_{(\beta)}\}$$

$$= [\alpha+1]_q [x(t)-x(a)]_{(\alpha)} [x_{-\beta}(z)-x_{-\beta}(t+1)]_{(\beta)}$$
$$\quad - [\beta]_q [x_{-1}(t)-x_{-1}(a)]_{(\alpha+1)} [x_{-\beta}(z)-x_{-\beta}(t+1)]_{(\beta-1)}$$
$$= \{[\alpha+1]_q [x_{-\beta}(z)-x_{-\beta}(t+\beta)] - [\beta]_q [x_{\alpha-1}(t-\alpha)-x_{\alpha-1}(a)]\} \rho(t)$$
$$\equiv \tau(t)\rho(t), \tag{6.2.15}$$

这里

$$\tau(t) = [\alpha+1]_q [x_{-\beta}(z)-x_{-\beta}(t+\beta)] - [\beta]_q [x_{\alpha-1}(t-\alpha)-x_{\alpha-1}(a)]. \tag{6.2.16}$$

这是由于

$$[x_{-\beta}(z)-x_{-\beta}(t+1)]_{(\beta)} = [x_{-\beta}(z)-x_{-\beta}(t+\beta)][x_{-\beta}(z)-x_{-\beta}(t+1)]_{(\beta-1)}.$$

那么从引理 6.2.3 产生

$$\tau(t) = [\alpha+1]_q [x_{-\beta}(z)-x_{-\beta}(a+\alpha+\beta)] - [\alpha+\beta+1]_q [x(t)-x(a+\alpha)]. \tag{6.2.17}$$

因此可得

$$\frac{\Delta_t}{\Delta x_{-1}(t)} \{[x_{-1}(t)-x_{-1}(a)]_{(\alpha+1)} [x_{-\beta}(z)-x_{-\beta}(t)]_{(\beta)}\}$$
$$= \{[\alpha+1]_q [x_{-\beta}(z)-x_{-\beta}(a+\alpha+\beta)]$$
$$\quad - [\alpha+\beta+1]_q [x(t)-x(a+\alpha)]\} \rho(t),$$

或者

$$\Delta_t \{[x_1(t)-x_1(a)]^{(\alpha+1)} [x_\beta(z)-x_\beta(t)]^{(\beta)}\}$$
$$= \{[\alpha+1]_q [x_\beta(z)-x_\beta(a-\alpha-\beta)]$$
$$\quad - [\alpha+\beta+1]_q [x(t)-x(a-\alpha)]\}$$
$$\quad \cdot [x(t)-x(a)]_{(\alpha)} [x_{-\beta}(z)-x_{-\beta}(t+1)]_{(\beta-1)} \Delta x_{-1}(t). \tag{6.2.18}$$

从 $a+\alpha$ 到 $z-\beta$ 相加, 则有

$$\sum_{t=a+\alpha}^{z-\beta} \Delta_t \{[x_{-1}(t)-x_{-1}(a)]_{(\alpha+1)} [x_{-\beta}(z)-x_{-\beta}(t)]_{(\beta)}\}$$
$$= \int_{a+\alpha}^{z-\beta} \{[\alpha+1]_q [x_{-\beta}(z)-x_{-\beta}(a+\alpha+\beta)]$$
$$\quad - [\alpha+\beta+1]_q [x(t)-x(a+\alpha)]\}$$

$$\cdot [x(t) - x(a)]_{(\alpha)}[x_{-\beta}(z) - x_{-\beta}(t+1)]_{(\beta-1)}d_\Delta x_{-1}(t). \tag{6.2.19}$$

令

$$I(\alpha) = \int_{a+\alpha}^{z-\beta}[x_{-\beta}(z) - x_{-\beta}(t+1)]_{(\beta-1)}[x(t) - x(a)]_{(\alpha)}d_\Delta x_{-1}(t), \tag{6.2.20}$$

且

$$I(\alpha+1) = \int_{a+\alpha+1}^{z-\beta}[x_{-\beta}(z) - x_{-\beta}(t+1)]_{(\beta-1)}[x(t) - x(a)]_{(\alpha+1)}d_\Delta x_{-1}(t). \tag{6.2.21}$$

由于

$$[x_{-\beta}(z) - x_{-\beta}(t+1)]_{(\beta-1)}[x(t) - x(a)]_{(\alpha+1)}|_{t=a+\alpha} = 0,$$

这导出

$$I(\alpha+1) = \int_{a+\alpha}^{z-\beta}[x_{-\beta}(z) - x_{-\beta}(t+1)]_{(\beta-1)}[x(t) - x(a)]_{(\alpha+1)}d_\Delta x_{-1}(t). \tag{6.2.22}$$

那么从 (6.2.19) 以及应用命题 6.1.3, 我们得到

$$\sum_{t=a+\alpha}^{z-\beta}\Delta_t\{[x_{-1}(t) - x_{-1}(a)]_{(\alpha+1)}[x_{-\beta}(z) - x_{-\beta}(t)]_{(\beta)}\}$$

$$= [\alpha+1]_q[x_{-\beta}(z) - x_{-\beta}(a+\alpha+\beta)]$$

$$\cdot \int_{a+\alpha}^{z-\beta}[x(t) - x(a)]_{(\alpha)}[x_{-\beta}(z) - x_{-\beta}(t+1)]_{(\beta-1)}d_{\nabla\Delta}x_{-1}(t)$$

$$- [\alpha+\beta+1]_q\int_{a+\alpha}^{z-\beta}[x(t) - x(a+\alpha)][x(t) - x(a)]_{(\alpha)}$$

$$\cdot [x_{-\beta}(z) - x_{-\beta}(t+1)]_{(\beta-1)}d_\Delta x_{-1}(t)$$

$$= [\alpha+1]_q[x_{-\beta}(z) - x_{-\beta}(a+\alpha+\beta)]$$

$$\cdot \int_{a+\alpha}^{z-\beta}[x(t) - x(a)]_{(\alpha)}[x_{-\beta}(z) - x_{-\beta}(t+1)]_{(\beta-1)}d_\Delta x_{-1}(t)$$

$$- [\alpha+\beta+1]_q\int_{a+\alpha}^{z-\beta}[x(t) - x(a)]_{(\alpha+1)}$$

$$\cdot [x_{-\beta}(z) - x_{-\beta}(t+1)]_{(\beta-1)}d_\Delta x_{-1}(t)$$

$$= [\alpha+1]_q[x_{-\beta}(z) - x_{-\beta}(a+\alpha+\beta)]I(\alpha) - [\alpha+\beta+1]_qI(\alpha+1). \tag{6.2.23}$$

由于

$$\sum_{t=a+\alpha}^{z-\beta}\Delta_t\{[x_{-1}(t) - x_{-1}(a)]_{(\alpha+1)}[x_{-\beta}(z) - x_{-\beta}(t)]_{(\beta)}\} = 0, \tag{6.2.24}$$

因此, 我们证明了

$$\frac{I(\alpha+1)}{I(\alpha)} = \frac{[\alpha+1]_q}{[\alpha+\beta+1]_q}[x_{-\beta}(z) - x_{-\beta}(a+\alpha+\beta)]. \qquad (6.2.25)$$

从 (6.2.25), 可得

$$\frac{I(\alpha+1)}{I(\alpha)} = \frac{\dfrac{[\Gamma(\alpha+2)]_q}{[\Gamma(\alpha+\beta+2)]_q}[x_{-\beta}(z) - x_{-\beta}(a)]_{(\alpha+\beta+1)}}{\dfrac{[\Gamma(\alpha+1)]_q}{[\Gamma(\alpha+\beta+1)]_q}[x_{-\beta}(z) - x_{-\beta}(a)]_{(\alpha+\beta)}}.$$

因此我们可令

$$I(\alpha) = k\frac{[\Gamma(\alpha+1)]_q}{[\Gamma(\alpha+\beta+1)]_q}[x_{-\beta}(z) - x_{-\beta}(a)]_{(\alpha+\beta)}, \qquad (6.2.26)$$

这里 k 待定.

令 $\alpha = 0$, 那么

$$I(0) = k\frac{1}{[\Gamma(\beta+1)]_q}[x_\beta(z) - x_\beta(a)]_{(\beta)}, \qquad (6.2.27)$$

从 (6.2.20), 则有

$$\begin{aligned}
I(0) &= \int_{a+\alpha}^{z-\beta}[x_{-\beta}(z) - x_{-\beta}(t-1)]_{(\beta-1)}d_\Delta x_{-1}(t) \\
&= \frac{1}{[\beta]_q}[x_{-\beta}(z) - x_{-\beta}(a)]_{(\beta)}, \qquad (6.2.28)
\end{aligned}$$

从 (6.2.27) 和 (6.2.28), 可得

$$k = \frac{[\Gamma(\beta+1)]_q}{[\beta]_q} = [\Gamma(\beta)]_q.$$

因此, 我们得到

$$I(\alpha) = \frac{[\Gamma(\beta)]_q[\Gamma(\alpha+1)]_q}{[\Gamma(\alpha+\beta+1)]_q}[x_{-\beta}(z) - x_{-\beta}(a)]_{(\alpha+\beta)}, \qquad (6.2.29)$$

并且完成了定理 6.2.1 的证明.

6.3　非一致格子上的 Abel 方程及分数阶差分

非一致格子 $x_\gamma(s)$ 上 $f(z)$ 的分数阶差分定义相对似乎更困难和复杂一些. 我们的思想是起源于非一致格子上广义 Abel 方程的求解. 具体来说, 一个重要的问

题是: 让 $m-1 < \operatorname{Re}\alpha \leqslant m$, 定义在数集 $\{a+\alpha, \operatorname{mod}(1)\}$ 上的 $f(z)$ 是一给定函数, 定义在数集 $\{a, \operatorname{mod}(1)\}$ 的 $g(z)$ 是一未知函数, 它们满足以下广义 Abel 方程

$$\Delta_\gamma^{-\alpha} g(z) = \int_a^{z-\alpha} \frac{[x_{\gamma-\alpha+1}(z) - x_{\gamma-\alpha+1}(t+1)]_{(\alpha-1)}}{[\Gamma(\alpha)]_q} g(t) d_\Delta x_\gamma(t) = f(z), \quad (6.3.1)$$

怎样求解该广义 Abel 方程?

为了求解方程 (6.3.1), 我们需要应用一个 Euler Beta 在非一致格子下的基本模拟公式定理 6.2.1.

定理 6.3.1 (Abel 方程的解 1)　设数集 $\{a+\alpha, \operatorname{mod}(1)\}$ 中的函数 $f(z)$ 和数集 $\{a, \operatorname{mod}(1)\}$ 中的函数 $g(z)$ 满足

$$\Delta_\gamma^{-\alpha} g(z) = f(z), \quad 0 < m-1 < \operatorname{Re}\alpha \leqslant m,$$

那么

$$g(z) = \Delta_\gamma^m \Delta_{\gamma-\alpha}^{-m+\alpha} f(z) \tag{6.3.2}$$

成立.

证明　我们仅需证明

$$\Delta_\gamma^{-m} g(z) = \Delta_{\gamma-\alpha}^{-(m-\alpha)} f(z).$$

即

$$\Delta_{\gamma-\alpha}^{-(m-\alpha)} f(z) = \Delta_{\gamma-\alpha}^{-(m-\alpha)} \Delta_\gamma^{-\alpha} g(z) = \Delta_\gamma^{-m} g(z).$$

事实上, 由定义 6.1.4 可得

$$\begin{aligned}
\Delta_{\gamma-\alpha}^{-(m-\alpha)} f(z) &= \int_{a+\alpha}^{z-(m-\alpha)} \frac{[x_{\gamma-m+1}(z) - x_{\gamma-m+1}(t+1)]_{(m-\alpha-1)}}{[\Gamma(m-\alpha)]_q} f(t) d_\Delta x_{\gamma-\alpha}(t) \\
&= \int_{a+\alpha}^{z-(m-\alpha)} \frac{[x_{\gamma-m+1}(z) - x_{\gamma-m+1}(t+1)]_{(m-\alpha-1)}}{[\Gamma(m-\alpha)]_q} d_\Delta x_{\gamma-\alpha}(t) \\
&\quad \cdot \int_a^{t-\alpha} \frac{[x_{\gamma-\alpha+1}(t) - x_{\gamma-\alpha+1}(s+1)]_{(\alpha-1)}}{[\Gamma(\alpha)]_q} g(s) d_\Delta x_\gamma(s) \\
&= \int_a^{z-m} g(s) d_\Delta x_\gamma(s) \int_{s+\alpha}^{z-(m-\alpha)} \frac{[x_{\gamma-m+1}(z) - x_{\gamma-m+1}(t+1)]_{(m-\alpha-1)}}{[\Gamma(m-\alpha)]_q} \\
&\quad \cdot \frac{[x_{\gamma-\alpha+1}(t) - x_{\gamma-\alpha+1}(s+1)]_{(\alpha-1)}}{[\Gamma(\alpha)]_q} d_\Delta x_{\gamma-\alpha}(t).
\end{aligned}$$

在定理 6.2.1 中, 用 $s+1, \alpha$ 替换 $a, \alpha-1; \alpha$; $m-\alpha$ 替换 β; 以及用 $x_{\nu-\alpha+1}(t)$ 替换 $x(t)$, 那么 $x_{\nu-m+1}(t)$ 将替换 $x_{-\beta}(t)$, 则能够得出下面的等式

$$\int_{s+\alpha}^{z-(m-\alpha)} \frac{[x_{\gamma-m+1}(z) - x_{\gamma-m+1}(t+1)]_{(m-\alpha-1)}}{[\Gamma(m-\alpha)]_q}$$

$$\times \frac{[x_{\gamma-\alpha+1}(t) - x_{\gamma-\alpha+1}(s+1)]_{(\alpha-1)}}{[\Gamma(\alpha)]_q} d_\Delta x_{\gamma-\alpha}(t)$$
$$= \frac{[x_{\gamma-m+1}(z) - x_{\gamma-m+1}(s+1)]_{(m-1)}}{[\Gamma(m)]_q},$$

因此, 我们有

$$\Delta_{\gamma+\alpha}^{-(m-\alpha)} f(z) = \int_a^{z-m} \frac{[x_{\gamma-m+1}(z) - x_{\gamma-m+1}(s+1)]_{(m-1)}}{[\Gamma(m)]_q} g(s) d_\Delta x_\gamma(s) = \Delta_\gamma^{-m} g(z),$$

这样就有

$$\Delta_\gamma^m \Delta_{\gamma-\alpha}^{-(m-\alpha)} f(z) = \Delta_\gamma^m \Delta_\gamma^{-m} g(z) = g(z).$$

由定理 6.3.1 得到启示, 很自然地我们给出关于 $f(z)$ 的 Riemann-Liouville 型 α 阶 ($0 < m-1 < \text{Re}\,\alpha \leqslant m$) 分数阶差分的定义如下:

定义 6.3.2 (Riemann-Liouville 分数阶差分 1) 让 m 是超过 $\text{Re}\,\alpha$ 的最小正整数, 对于非一致格子 $x_\gamma(s)$, 数集 $\{a, \text{mod}(1)\}$ 中 $f(z)$ 的 Riemann-Liouville 型 α 阶分数阶差分定义为

$$\Delta_\gamma^\alpha f(z) = \Delta_\gamma^m (\Delta_{\gamma-\alpha}^{\alpha-m} f(z)), \tag{6.3.3}$$

这里 $\Delta_\gamma^\alpha f(z)$ 定义在数集 $\{a-\alpha, \text{mod}(1)\}$.

形式上来说, 在定义 6.1.4 中, 如果 α 替换成 $-\alpha$, 那么 (6.1.18) 的右边将变为

$$\int_a^{z+\alpha} \frac{[x_{\gamma+\alpha+1}(z) - x_{\gamma+\alpha+1}(t+1)]_{(-\alpha-1)}}{[\Gamma(-\alpha)]_q} f(t) d_\Delta x_\gamma(t)$$
$$= \frac{\Delta}{\Delta x_{\gamma+\alpha}(z)} \left(\frac{\Delta}{\Delta x_{\gamma+\alpha-1}(z)} \cdots \frac{\Delta}{\Delta x_{\gamma+\alpha-n+1}(z)} \right)$$
$$\cdot \int_a^{z-(n-\alpha)} \frac{[x_{\gamma-n+\alpha+1}(z) - x_{\gamma-n+\alpha+1}(t+1)]_{(n-\alpha-1)}}{[\Gamma(n-\alpha)]_q} f(t) d_\Delta x_\gamma(t)$$
$$= \Delta_{\gamma+\alpha}^n \Delta_\gamma^{-n+\alpha} f(z) = \Delta_{\gamma+\alpha}^\alpha f(z). \tag{6.3.4}$$

从 (6.3.4), 我们也可以得到 $f(z)$ 的 Riemann-Liouville 型 α 阶分数阶差分如下

定义 6.3.3(Riemann-Liouville 型分数阶差分 2) 设 $\text{Re}\,\alpha > 0$, 对于非一致格子 $x_\gamma(s)$, 数集 $\{a, \text{mod}(1)\}$ 中 $f(z)$ 的 Riemann-Liouville 型 α 阶分数阶差分定义为

$$\Delta_{\gamma+\alpha}^\alpha f(z) = \int_a^{z+\alpha} \frac{[x_{\gamma+\alpha+1}(z) - x_{\gamma+\alpha+1}(t+1)]_{(-\alpha-1)}}{[\Gamma(-\alpha)]_q} f(t) d_\Delta x_\gamma(t). \tag{6.3.5}$$

将 $x_{\gamma+\alpha}(t)$ 替换成 $x_\gamma(t)$, 那么

$$\Delta_\gamma^\alpha f(z) = \int_a^{z+\alpha} \frac{[x_{\gamma+1}(z) - x_{\gamma+1}(t+1)]_{(-\alpha-1)}}{[\Gamma(-\alpha)]_q} f(t) d_\Delta x_{\gamma-\alpha}(t), \qquad (6.3.6)$$

这里 $\alpha \notin \mathbb{N}$.

6.4　非一致格子上 Caputo 型分数阶差分

在本节, 我们将给出非一致格子上 Caputo 分数阶差分的合理定义.

定理 6.4.1(分部求和公式)　给定两个复变函数 $f(s), g(s)$, 那么

$$\int_a^{z-1} g(s)\Delta_\gamma f(s) d_\Delta x_\gamma(s) = f(z)g(z) - f(a)g(a) - \int_a^{z-1} f(s+1)\Delta_\gamma g(s) d_\Delta x_\gamma(s),$$

这里 $z, a \in \mathbb{C}$, 且假定 $z - a \in \mathbb{N}$.

证明　应用以下恒等式

$$\Delta_\gamma[f(z)g(z)] = f(s+1)\Delta_\gamma g(s) + g(s)\Delta_\gamma f(s),$$

这样就有

$$g(s)\Delta_\gamma f(s)\Delta x_\gamma(s) = \Delta_\gamma[f(z)g(z)]\Delta x_\gamma(s) - f(s+1)\Delta_\gamma g(s)\Delta x_\gamma(s).$$

关于变量 s 从 a 到 $z-1$ 求和, 那么可得

$$\int_a^{z-1} g(s)\Delta_\gamma f(s) d_\Delta x_\gamma(s)$$
$$= \int_a^{z-1} \Delta_\gamma[f(z)g(z)]\Delta x_\gamma(s) - \int_a^{z-1} f(s+1)\Delta_\gamma g(s) d_\Delta x_\gamma(s)$$
$$= f(z)g(z) - f(a)g(a) - \int_a^{z-1} f(s+1)\Delta_\gamma g(s) d_\Delta x_\gamma(s).$$

与非一致格子上 Riemann-Liouville 型分数阶差分定义的思想来源一样, 对于非一致格子上 Caputo 型分数阶差分定义思想, 也是受启发与非一致格子上广义 Abel 方程 (6.3.1) 的解. 在 6.3 节, 借助于非一致格子上的 Euler Beta 公式, 我们已经求出广义 Abel 方程

$$\Delta_\gamma^{-\alpha} g(z) = f(z), \quad 0 < m - 1 < \alpha \leqslant m$$

的解是

$$g(z) = \Delta_\gamma^\alpha f(z) = \Delta_\gamma^m \Delta_{\gamma-\alpha}^{-m+\alpha} f(z). \qquad (6.4.1)$$

现在我们将用分别求和公式, 给出 (6.4.1) 的另一种新的表达式. 事实上, 我们有

$$
\Delta_\gamma^\alpha f(z) = \Delta_\gamma^m \Delta_{\gamma-\alpha}^{-m+\alpha} f(z)
$$
$$
= \Delta_\gamma^m \int_a^{z-(m-\alpha)} \frac{[x_{\gamma-m+1}(z) - x_{\gamma-m+1}(s-1)]^{(m-\alpha-1)}}{[\Gamma(m-\alpha)]_q} f(s) d_\Delta x_{\gamma-\alpha}(s).
$$
$$
(6.4.2)
$$

应用恒等式

$$
\frac{\Delta_{(s)}[x_{\gamma-m+1}(z) - x_{\gamma-m+1}(s)]_{(m-\alpha)}}{\Delta x_{\gamma-\alpha}(s)}
$$
$$
= \frac{\nabla_{(s)}[x_{\gamma-m+1}(z) - x_{\gamma-m+1}(s+1)]_{(m-\alpha)}}{\nabla x_{\gamma-\alpha}(s+1)}
$$
$$
= -[m-\alpha]_q [x_{\gamma-m+1}(z) - x_{\gamma-m+1}(s+1)]_{(m-\alpha-1)},
$$

那么以下表达式

$$
\int_a^{z-(m-\alpha)} \frac{[x_{\gamma-m+1}(z) - x_{\gamma-m+1}(s-1)]_{(m-\alpha-1)}}{[\Gamma(m-\alpha)]_q} f(s) d_\Delta x_{\gamma-\alpha}(s)
$$

可被改写成

$$
\int_a^{z-(m-\alpha)} f(s) \Delta_{(s)} \left\{ \frac{-[x_{\gamma-m+1}(z) - x_{\gamma-m+1}(s)]_{(m-\alpha)}}{[\Gamma(m-\alpha+1)]_q} \right\} d_\Delta s
$$
$$
= \int_a^{z-(m-\alpha)} f(s) \Delta_{\gamma-\alpha+1} \left\{ \frac{-[x_{\gamma-m+1}(z) - x_{\gamma-m+1}(s)]_{(m-\alpha)}}{[\Gamma(m-\alpha+1)]_q} \right\} d_\Delta x_{\gamma-\alpha+1}(s).
$$

应用分部求和公式, 可得

$$
\int_a^{z-(m-\alpha)} f(s) \Delta_{\gamma-\alpha+1} \left\{ \frac{-[x_{\gamma-m+1}(z) - x_{\gamma-m+1}(s)]_{(m-\alpha)}}{[\Gamma(m-\alpha+1)]_q} \right\} d_\Delta x_{\gamma-\alpha+1}(s)
$$
$$
= f(a) \frac{[x_{\gamma-m+1}(z) - x_{\gamma-m+1}(a)]_{(m-\alpha)}}{[\Gamma(m-\alpha+1)]_q}
$$
$$
+ \int_a^{z-(m-\alpha)} \frac{[x_{\gamma-m+1}(z) - x_{\gamma-m+1}(s+1)]_{(m-\alpha)}}{[\Gamma(m-\alpha+1)]_q} \Delta_{\gamma-\alpha+1}[f(s)] d_\Delta x_{\gamma-\alpha+1}(s).
$$

因此, 这可导出

$$
\int_a^{z-(m-\alpha)} \frac{[x_{\gamma-m+1}(z) - x_{\gamma-m+1}(s+1)]_{(m-\alpha-1)}}{[\Gamma(m-\alpha)]_q} f(s) d_\Delta x_{\gamma-\alpha}(s)
$$
$$
= f(a) \frac{[x_{\gamma-m+1}(z) - x_{\gamma-m+1}(a)]_{(m-\alpha)}}{[\Gamma(m-\alpha+1)]_q}
$$

$$+ \int_a^{z-(m-\alpha)} \frac{[x_{\gamma-m+1}(z) - x_{\gamma-m+1}(s+1)]_{(m-\alpha)}}{[\Gamma(m-\alpha+1)]_q} \Delta_{\gamma-\alpha+1}[f(s)]d_\Delta x_{\gamma-\alpha+1}(s)$$

$$= f(a)\frac{[x_{\gamma-m+1}(z) - x_{\gamma-m+1}(a)]_{(m-\alpha)}}{[\Gamma(m-\alpha+1)]_q}$$

$$+ \int_a^{z-(m+1-\alpha)} \frac{[x_{\gamma-m+1}(z) - x_{\gamma-m+1}(s+1)]_{(m-\alpha)}}{[\Gamma(m-\alpha+1)]_q} \Delta_{\gamma-\alpha+1}[f(s)]d_\Delta x_{\gamma-\alpha+1}(s).$$

$$(6.4.3)$$

进一步, 考虑

$$\int_a^{z-(m+1-\alpha)} \frac{[x_{\gamma-m+1}(z) - x_{\gamma-m+1}(s+1)]_{(m-\alpha)}}{[\Gamma(m-\alpha+1)]_q} \Delta_{\gamma-\alpha+1}[f(s)]d_\Delta x_{\gamma-\alpha+1}(s).$$

$$(6.4.4)$$

利用恒等式

$$\frac{\Delta_{(s)}[x_{\gamma-m+1}(z) - x_{\gamma-m+1}(s)]_{(m-\alpha+1)}}{\Delta x_{\gamma-\alpha+1}(s)}$$

$$= \frac{\nabla_{(s)}[x_{\gamma-m+1}(z) - x_{\gamma-m+1}(s+1)]_{(m-\alpha+1)}}{\nabla x_{\gamma-\alpha+1}(s+1)}$$

$$= -[m-\alpha+1]_q[x_{\gamma-m+1}(z) - x_{\gamma-m+1}(s+1)]_{(m-\alpha)},$$

表达式 (6.4.4) 能改写成

$$\int_a^{z-(m+1-\alpha)} \Delta_{\gamma-\alpha+1}[f(s)]\Delta_{(s)}\left\{ \frac{-[x_{\gamma-m+1}(z) - x_{\gamma-m+1}(s+1)]_{(m-\alpha+1)}}{[\Gamma(m-\alpha+2)]_q} \right\} d_\Delta s$$

$$= \int_a^{z-(m+1-\alpha)} \Delta_{\gamma-\alpha+1}[f(s)]$$

$$\cdot \Delta_{\gamma-\alpha+2}\left\{ \frac{-[x_{\gamma-m+1}(z) - x_{\gamma-m+1}(s+1)]_{(m-\alpha+1)}}{[\Gamma(m-\alpha+2)]_q} \right\} d_\Delta x_{\gamma-\alpha+2}(s).$$

由分部求和公式, 我们有

$$\int_a^{z-(m+1-\alpha)} \Delta_{\gamma-\alpha+1}[f(s)]$$

$$\cdot \Delta_{\gamma-\alpha+2}\left\{ \frac{-[x_{\gamma-m+1}(z) - x_{\gamma-m+1}(s+1)]_{(m-\alpha+1)}}{[\Gamma(m-\alpha+2)]_q} \right\} d_\Delta x_{\gamma-\alpha+2}(s)$$

$$= \Delta_{\gamma-\alpha+1}f(a)\frac{[x_{\gamma-m+1}(z) - x_{\gamma-m+1}(a)]_{(m-\alpha+1)}}{[\Gamma(m-\alpha+2)]_q}$$

$$+ \int_a^{z-(m+1-\alpha)} \frac{[x_{\gamma-m+1}(z) - x_{\gamma-m+1}(s+1)]_{(m-\alpha+1)}}{[\Gamma(m-\alpha+2)]_q}$$

$$\cdot [\Delta_{\gamma-\alpha+2}\nabla_{\gamma-\alpha+1}]f(s)d_\Delta x_{\gamma-\alpha+2}(s)$$
$$= \Delta_{\gamma-\alpha+1}f(a)\frac{[x_{\gamma-m+1}(z) - x_{\gamma-m+1}(a)]_{(m-\alpha+1)}}{[\Gamma(m-\alpha+2)]_q}$$
$$+ \int_a^{z-(m+1-\alpha)} \frac{[x_{\gamma-m+1}(z) - x_{\gamma-m+1}(s+1)]_{(m-\alpha+1)}}{[\Gamma(m-\alpha+2)]_q}\Delta_{\gamma-\alpha+2}^2 f(s)d_\Delta x_{\gamma-\alpha+2}(s)$$

因此, 我们得到

$$\int_a^{z-(m+1-\alpha)} \frac{[x_{\gamma-m+1}(z) - x_{\gamma-m+1}(s+1)]_{(m-\alpha)}}{[\Gamma(m-\alpha+1)]_q}\Delta_{\gamma-\alpha+1}[f(s)]d_\Delta x_{\gamma-\alpha+1}(s)$$
$$= \Delta_{\gamma-\alpha+1}f(a)\frac{[x_{\gamma-m+1}(z) - x_{\gamma-m+1}(a)]_{(m-\alpha+1)}}{[\Gamma(m-\alpha+2)]_q}$$
$$+ \int_a^{z-(m+1-\alpha)} \frac{[x_{\gamma-m+1}(z) - x_{\gamma-m+1}(s+1)]_{(m-\alpha+1)}}{[\Gamma(m-\alpha+2)]_q}\Delta_{\gamma-\alpha+2}^2 f(s)d_\Delta x_{\gamma-\alpha+2}(s)$$
$$= \Delta_{\gamma-\alpha+1}f(a)\frac{[x_{\gamma-m+1}(z) - x_{\gamma-m+1}(a)]_{(m-\alpha+1)}}{[\Gamma(m-\alpha+2)]_q}$$
$$+ \int_a^{z-(m+2-\alpha)} \frac{[x_{\gamma-m+1}(z) - x_{\gamma-m+1}(s+1)]_{(m-\alpha+1)}}{[\Gamma(m-\alpha+2)]_q}\Delta_{\gamma-\alpha+2}^2 f(s)d_\Delta x_{\gamma-\alpha+2}(s).$$
$$(6.4.5)$$

同理, 用数学归纳法, 我们可得

$$\int_a^{z-(m+k-\alpha)}\frac{[x_{\gamma-m+1}(z) - x_{\gamma-m+1}(s+1)]_{(m-\alpha+k-1)}}{[\Gamma(m-\alpha+k)]_q}\Delta_{\gamma-\alpha+k}^k[f(s)]d_\Delta x_{\gamma-\alpha+k}(s)$$
$$= \Delta_{\gamma-\alpha+k}^k f(a)\frac{[x_{\gamma-m+1}(z) - x_{\gamma-m+1}(a)]_{(m-\alpha+k)}}{[\Gamma(m-\alpha+k+1)]_q}$$
$$+ \int_a^{z-(m+k-\alpha)} \frac{[x_{\gamma-m+1}(z) - x_{\gamma-m+1}(s+1)]_{(m-\alpha+k)}}{[\Gamma(m-\alpha+k+1)]_q}$$
$$\cdot \Delta_{\gamma-\alpha+(k+1)}^{k+1} f(s)d_\Delta x_{\gamma-\alpha+(k+1)}(s), \quad k = 0, 1, \cdots, m-1. \qquad (6.4.6)$$

将 (6.4.3), (6.4.5) 和 (6.4.6) 代入 (6.4.2), 则有

$$\Delta_\gamma^\alpha f(z) = \Delta_\gamma^m \left\{ f(a)\frac{[x_{\gamma-m+1}(z) - x_{\gamma-m+1}(a)]_{(m-\alpha)}}{[\Gamma(m-\alpha+1)]_q} \right.$$
$$+ \Delta_{\gamma-\alpha+1}f(a)\frac{[x_{\gamma-m+1}(z) - x_{\gamma-m+1}(a)]_{(m-\alpha+1)}}{[\Gamma(m-\alpha+2)]_q}$$
$$+ \Delta_{\gamma-\alpha+k}^k f(a)\frac{[x_{\gamma-m+1}(z) - x_{\gamma-m+1}(a)]_{(m-\alpha+k)}}{[\Gamma(m-\alpha+k+1)]_q}$$

$$+\cdots+\Delta_{\gamma-\alpha+(m-1)}^{m-1}f(a)\frac{[x_{\gamma-m+1}(z)-x_{\gamma-m+1}(a)]_{(2m-\alpha-1)}}{[\Gamma(2m-\alpha)]_q}$$

$$+\int_a^{z-(2m-\alpha)}\frac{[x_{\gamma-m+1}(z)-x_{\gamma-m+1}(s+1)]_{(2m-\alpha-1)}}{[\Gamma(2m-\alpha)]_q}$$

$$\cdot\Delta_{\gamma-\alpha+m}^m f(s)d_\Delta x_{\gamma-\alpha+m}(s)\bigg\}$$

$$=\Delta_\gamma^m\bigg\{\sum_{k=0}^{m-1}\Delta_{\gamma-\alpha+k}^k f(a)\frac{[x_{\gamma-m+1}(z)-x_{\gamma-m+1}(a)]_{(m-\alpha+k)}}{[\Gamma(m-\alpha+k+1)]_q}$$

$$+\Delta_{\gamma-\alpha+m}^{\alpha-2m}\Delta_{\gamma-\alpha+m}^m f(z)\bigg\}$$

$$=\sum_{k=0}^{m-1}\Delta_{\gamma-\alpha+k}^k f(a)\frac{[x_{\gamma+1}(z)-x_{\gamma+1}(a)]_{(-\alpha+k)}}{[\Gamma(-\alpha+k+1)]_q}+\Delta_{\gamma-\alpha+m}^{\alpha-m}\Delta_{\gamma-\alpha+m}^m f(z).$$

总之, 我们有下面的

定理 6.4.2(广义 Abel 方程的解 2)　假设定义在数集 $\{a+1,a+2,\cdots,z\}$ 上的函数 $f(z)$ 和 $g(z)$ 满足

$$\Delta_\gamma^{-\alpha}g(z)=f(z),\quad 0<m-1<\mathrm{Re}\,\alpha\leqslant m,$$

那么

$$g(z)=\sum_{k=0}^{m-1}\Delta_{\gamma-\alpha+k}^k f(a)\frac{[x_{\gamma+1}(z)-x_{\gamma+1}(a)]_{(-\alpha+k)}}{[\Gamma(-\alpha+k+1)]_q}+\Delta_{\gamma-\alpha+m}^{\alpha-m}\Delta_{\gamma-\alpha+m}^m f(z)$$

$$(6.4.7)$$

成立.

受到定理 6.4.2 的启示, 我们很自然地给出函数 $f(z)$ 的 α 阶 ($0<m<\mathrm{Re}\,\alpha\leqslant m-1$) Caputo 分数阶差分如下:

定义 6.4.3 (Caputo 分数阶差分)　让 m 是超过 $\mathrm{Re}\,\alpha$ 的最小整数, 非一致格子上定义在数集 $\{a+1,a+2,\cdots,z\}$ 函数 $f(z)$ 的 α 阶 Caputo 分数阶差分定义为

$${}^C\Delta_\gamma^\alpha f(z)=\Delta_{\gamma-\alpha+m}^{\alpha-m}\Delta_{\gamma-\alpha+m}^m f(z).\tag{6.4.8}$$

6.5　一些应用和定理

非一致格子上的一些基本引理和命题, 尤其 Taylor 公式是非常重要的, 本节我们要建立一些基础性定理. 首先, 容易证明:

引理 6.5.1 设 $\alpha > 0$, 那么

$$\Delta_\gamma^{-\alpha} 1 = \frac{[x_{\gamma-\alpha+1}(z) - x_{\gamma-\alpha+1}(a)]_{(\alpha)}}{[\Gamma(\alpha+1)]_q}.$$

证明 应用命题 6.1.3, 则有

$$\frac{\Delta_t [x_{\gamma-\alpha+1}(z) - x_{\gamma-\alpha+1}(t)]_{(\alpha)}}{\nabla x_\gamma(t)} = -[\alpha]_q [x_{\gamma-\alpha+1}(z) - x_{\gamma-\alpha+1}(t+1)]_{(\alpha-1)}. \quad (6.5.1)$$

容易知道

$$\begin{aligned}
\Delta_\gamma^{-\alpha} 1 &= \sum_{t=a}^{z-\alpha} \frac{[x_{\gamma-\alpha+1}(z) - x_{\gamma-\alpha+1}(t+1)]_{(\alpha-1)}}{[\Gamma(\alpha)]_q} \Delta x_\gamma(t) \\
&= -\sum_{t=a+1}^{z-\alpha} \frac{\Delta_t [x_{\gamma-\alpha+1}(z) - x_{\gamma-\alpha+1}(t)]_{(\alpha)}}{[\Gamma(\alpha)]_q} \\
&= -\frac{[x_{\gamma-\alpha+1}(z) - x_{\gamma-\alpha+1}(t)]_{(\alpha)}}{[\Gamma(\alpha+1)]_q} \Big|_{t=a}^{t=z-\alpha+1} \\
&= \frac{[x_{\gamma-\alpha+1}(z) - x_{\gamma-\alpha+1}(a)]_{(\alpha)}}{[\Gamma(\alpha+1)]_q}. \quad (6.5.2)
\end{aligned}$$

定理 6.5.2 (Taylor 定理) 设 $k \in \mathbb{N}$, 那么

$$\begin{aligned}
\Delta_\gamma^{-k} \Delta_\gamma^k f(z) &= f(z) - f(a) - \nabla_{\gamma-k+1}^1 f(a) [x_{\gamma-k+1}(z) - x_{\gamma-k+1}(a)] \\
&\quad - \frac{1}{[2]_q!} \Delta_{\gamma-k+2}^2 f(a) [x_{\gamma-k+1}(z) - x_{\gamma-k+1}(a)]_{(2)} \\
&\quad - \cdots - \frac{1}{[k-1]_q!} \Delta_{\gamma-1}^{k-1} f(a) [x_{\gamma-k+1}(z) - x_{\gamma-k+1}(a)]_{(k-1)} \\
&= f(z) - \sum_{j=0}^{k-1} \frac{1}{[j]_q!} \Delta_{\gamma-k+j}^j f(a) [x_{\gamma-k+1}(z) - x_{\gamma-k+1}(a)]_{(j)}. \quad (6.5.3)
\end{aligned}$$

证明 当 $k = 1$, 我们将证明

$$\Delta_\gamma^{-1} \Delta_\gamma^1 f(z) = f(z) - f(a). \quad (6.5.4)$$

事实上, 我们有

$$LHS = \sum_{s=a}^{z-1} \Delta_\gamma^1 f(s) \Delta x_\gamma(s) = \sum_{s=a}^{z-1} \Delta f(s) = f(z) - f(a).$$

当 $k = 2$, 我们要证明

$$\Delta_\gamma^{-2} \Delta_\gamma^2 f(z) = f(z) - f(a) - \Delta_{\gamma-1}^1 f(a) [x_{\gamma-1}(z) - x_{\gamma-1}(a)]. \quad (6.5.5)$$

事实上, 我们有

$$\Delta_\gamma^{-2}\Delta_\gamma^2 f(z) = \Delta_{\gamma-1}^{-1}\Delta_\gamma^{-1}\Delta_\gamma^1\Delta_{\gamma-1}^1 f(z) = \Delta_{\gamma-1}^{-1}[\Delta_\gamma^{-1}\Delta_\gamma^1]\Delta_{\gamma-1}^1 f(z),$$

利用 (6.5.4) 和引理 6.5.1, 可得

$$\begin{aligned}
\Delta_{\gamma-1}^{-1}[\Delta_\gamma^{-1}\Delta_\gamma^1]\Delta_{\gamma-1}^1 f(z) &= \Delta_{\gamma-1}^{-1}[\Delta_{\gamma-1}^1 f(z) - \Delta_{\gamma-1}^1 f(a)] \\
&= f(z) - f(a) - \Delta_{\gamma-1}^{-1}[\Delta_{\gamma-1}^1 f(a)] \\
&= f(z) - f(a) - \Delta_{\gamma-1}^1 f(a)[x_{\gamma-1}(z) - x_{\gamma-1}(a)]. \quad (6.5.6)
\end{aligned}$$

假定当 $n = k$ 时, (6.5.3) 成立, 那么对 $n = k+1$ 时, 我们要证明

$$\Delta_\gamma^{-(k+1)}\Delta_\gamma^{k+1} f(z) = f(z) - \sum_{j=0}^{k} \frac{1}{[j]_q!}\Delta_{\gamma-k+j-1}^j f(a)[x_{\gamma-k}(z) - x_{\gamma-k}(a)]_{(j)}. \quad (6.5.7)$$

事实上, 我们有

$$\begin{aligned}
\Delta_\gamma^{-(k+1)}\Delta_\gamma^{k+1} f(z) &= \Delta_{\gamma-k}^{-1}\Delta_\gamma^{-k}\Delta_\gamma^k\Delta_{\gamma-k}^1 f(z) = \Delta_{\gamma-k}^{-1}[\Delta_\gamma^{-k}\Delta_\gamma^k]\Delta_{\gamma-k}^1 f(z) \\
&= \Delta_{\gamma-k}^{-1}\Bigg\{ \Delta_{\gamma-k}^1 f(z) \\
&\qquad - \sum_{j=0}^{k-1}\frac{1}{[j]_q!}\Delta_{\gamma-k+j}^j\Delta_{\gamma-k}^1 f(a)[x_{\gamma-k+1}(z) - x_{\gamma-k+1}(a)]_{(j)} \Bigg\} \\
&= f(z) - f(a) \\
&\qquad - \sum_{j=0}^{k-1}\frac{1}{[j+1]_q!}\Delta_{\gamma-k+j}^j\Delta_{\gamma-k}^1 f(a)[x_{\gamma-k+1}(z) - x_{\gamma-k+1}(a)]_{(j+1)} \\
&= f(z) - \sum_{j=0}^{k}\frac{1}{[j]_q!}\Delta_{\gamma-k+j-1}^j f(a)[x_{\gamma-k}(z) - x_{\gamma-k}(a)]_{(j)},
\end{aligned}$$

$$(6.5.8)$$

最后一个等式成立是因为

$$\begin{aligned}
\frac{\Delta}{\Delta x_{\gamma-k}(z)}&\Delta_{\gamma-k}^{-1}[x_{\gamma-k+1}(z) - x_{\gamma-k+1}(a)]_{(j)} \\
&= [x_{\gamma-k+1}(z) - x_{\gamma-k+1}(a)]_{(j)} \\
&= \frac{1}{[j+1]_q}\frac{\Delta}{\Delta x_{\gamma-k}(z)}[x_{\gamma-k}(z) - x_{\gamma-k}(a)]_{(j+1)}, \quad (6.5.9)
\end{aligned}$$

因此, 成立下式

$$\Delta_{\gamma-k}^{-1}[x_{\gamma-k+1}(z) - x_{\gamma-k+1}(a)]_{(j)} = \frac{1}{[j+1]_q}[x_{\gamma-k}(z) - x_{\gamma-k}(a)]_{(j+1)}. \quad (6.5.10)$$

从而定理 6.5.2 证毕.

注 6.5.3 (1) 在定理 6.5.2 中, 如果我们用 $x_{\nu+k-1}$ 替代 x_ν, 那么将有

$$f(z) = \sum_{j=0}^{k-1} \frac{1}{[j]_q!}\Delta_{\gamma+j-1}^j f(a)[x_\gamma(z) - x_\gamma(a)]_{(j)} + \Delta_{\gamma+k-1}^{-k}\Delta_{\gamma+k-1}^k f(z).$$

(2) 假设余项 $R_k(z) = \Delta_{\gamma+k-1}^{-k}\Delta_{\gamma+k-1}^k f(z)$ 满足

$$\lim_{k\to\infty} R_k(z) = \lim_{k\to\infty}\Delta_{\gamma+k-1}^{-k}\Delta_{\gamma+k-1}^k f(z) = 0,$$

那么函数 $f(z)$ 就有 Taylor 级数展开式

$$f(z) = \sum_{j=0}^{\infty} \frac{1}{[j]_q!}\Delta_{\gamma+j-1}^j f(a)[x_\gamma(z) - x_\gamma(a)]_{(j)}. \quad (6.5.11)$$

命题 6.5.4 对于任何 $\text{Re}\,\alpha > 0, \text{Re}\,\beta > 0$, 有

$$\Delta_{\gamma-\alpha}^{-\beta}\Delta_\gamma^{-\alpha}f(z) = \Delta_{\gamma-\beta}^{-\alpha}\Delta_\gamma^{-\beta}f(z) = \Delta_\gamma^{-(\alpha+\beta)}f(z). \quad (6.5.12)$$

证明 由定义 6.1.4, 则有

$$\Delta_{\gamma-\alpha}^{-\beta}\Delta_\gamma^{-\alpha}f(z) = \int_{a+\alpha}^{z-\beta} \frac{[x_{\gamma-\alpha-\beta+1}(z) - x_{\gamma-\alpha-\beta+1}(t+1)]_{(\beta-1)}}{[\Gamma(\beta)]_q}\Delta_\gamma^{-\alpha}f(t)d_\Delta x_{\gamma-\alpha}(t)$$

$$= \int_{a+\alpha}^{z-\beta} \frac{[x_{\gamma-\alpha-\beta+1}(z) - x_{\gamma-\alpha-\beta+1}(t+1)]_{(\beta-1)}}{[\Gamma(\beta)]_q}d_\Delta x_{\gamma-\alpha}(t)$$

$$\cdot \int_a^{t-\alpha} \frac{[x_{\gamma-\alpha+1}(t) - x_{\gamma-\alpha+1}(s+1)]_{(\alpha-1)}}{[\Gamma(\alpha)]_q}f(s)d_\Delta x_\gamma(s)$$

$$= \int_a^{z-\alpha-\beta} f(s)d_\Delta x_\gamma(s)\int_{s+\alpha}^{z-\beta} \frac{[x_{\gamma-\alpha-\beta+1}(z) - x_{\gamma-\alpha-\beta+1}(t+1)]_{(\beta-1)}}{[\Gamma(\beta)]_q}$$

$$\cdot \frac{[x_{\gamma-\alpha+1}(t) - x_{\gamma-\alpha+1}(s+1)]_{(\alpha-1)}}{[\Gamma(\alpha)]_q}d_\Delta x_{\gamma-\alpha}(t).$$

在定理 6.2.1 中, 用 $s+1$ 替换 a, $\alpha-1$ 替换 α, 且用 $x_{\nu-\alpha+1}(t)$ 替换 $x(t)$, 那么 $x_{\nu-\alpha-\beta+1}(t)$ 将替换 $x_{-\beta}(t)$, 我们可得

$$\int_{s+\alpha}^{z-\beta} \frac{[x_{\gamma-\alpha-\beta+1}(z) - x_{\gamma-\alpha-\beta+1}(t+1)]_{(\beta-1)}}{[\Gamma(\beta)]_q}$$

$$\cdot \frac{[x_{\gamma-\alpha+1}(t) - x_{\gamma-\alpha+1}(s+1)]_{(\alpha-1)}}{[\Gamma(\alpha)]_q} d_\Delta x_{\gamma-\alpha}(t)$$

$$= \frac{[x_{\gamma-\alpha-\beta+1}(z) - x_{\gamma-\alpha-\beta+1}(s+1)]_{(\alpha+\beta-1)}}{[\Gamma(\alpha+\beta)]_q}.$$

这就有

$$\Delta_{\gamma-\alpha}^{-\beta}\Delta_\gamma^{-\alpha} f(z) = \int_a^{z-\alpha-\beta} \frac{[x_{\gamma-\alpha-\beta+1}(z) - x_{\gamma-\alpha-\beta+1}(s+1)]_{(\alpha+\beta-1)}}{[\Gamma(\alpha+\beta)]_q} f(s) d_\Delta x_\gamma(s)$$

$$= \Delta_\gamma^{-(\alpha+\beta)} f(z).$$

命题 6.5.5　对任何 $\mathrm{Re}\,\alpha > 0$, 有

$$\Delta_\gamma^\alpha \Delta_\gamma^{-\alpha} f(z) = f(z). \tag{6.5.13}$$

证明　由定义 6.1.4, 可得

$$\Delta_\gamma^\alpha \Delta_\gamma^{-\alpha} f(z) = \Delta_\gamma^m (\Delta_{\gamma-\alpha}^{\alpha-m}) \Delta_\gamma^{-\alpha} f(z). \tag{6.5.14}$$

由命题 6.5.4, 可得

$$\Delta_{\gamma-\alpha}^{\alpha-m} \Delta_\gamma^{-\alpha} f(z) = \Delta_\gamma^{-m} f(z).$$

因此, 我们有

$$\Delta_\gamma^\alpha \Delta_\gamma^{-\alpha} f(z) = \Delta_\gamma^m \Delta_\gamma^{-m} f(z) = f(z).$$

命题 6.5.6　设 $m \in \mathbb{N}^+, \alpha > 0$, 那么

$$\Delta_\gamma^m \Delta_{\gamma-m+\alpha}^{-\alpha} f(z) = \begin{cases} \Delta_{\gamma-m+\alpha}^{m-\alpha} f(z), & \text{当} m-\alpha < 0, \\ \Delta_\gamma^{m-\alpha} f(z), & \text{当} m-\alpha > 0. \end{cases} \tag{6.5.15}$$

证明　如果 $0 \leqslant \alpha < 1$, 令 $\beta = m - \alpha$, 那么 $0 \leqslant m-1 < \beta \leqslant m$. 由定义 5.3.2, 可得

$$\Delta_\gamma^\beta f(z) = \Delta_\gamma^m \Delta_{\gamma-\beta}^{\beta-m} f(z),$$

即

$$\Delta_\gamma^m \Delta_{\gamma-m+\alpha}^{-\alpha} f(z) = \Delta_\gamma^{m-\alpha} f(z). \tag{6.5.16}$$

如果 $k \leqslant \alpha < k+1, k \in \mathbb{N}^+$, 令 $\widetilde{\alpha} = \alpha - k$, 那么 $0 \leqslant \widetilde{\alpha} < 1$, 可得

$$\Delta_\gamma^m \Delta_{\gamma-m+\alpha}^{-\alpha} f(z) = \Delta_\gamma^m \Delta_{\gamma-m+k+\widetilde{\alpha}}^{-k-\widetilde{\alpha}} f(z) = \Delta_\gamma^m \Delta_{\gamma-m+k}^{-k} \Delta_{\gamma-m+k+\widetilde{\alpha}}^{-\widetilde{\alpha}} f(z).$$

当 $m-k > 0$ 时, 我们有

$$\Delta_\gamma^m \nabla_{\gamma-m+k}^{-k} \nabla_{\gamma-m+k+\widetilde{\alpha}}^{-\widetilde{\alpha}} f(z) = \Delta_\gamma^{m-k} \Delta_{\gamma-m+k+\widetilde{\alpha}}^{-\widetilde{\alpha}} f(z),$$

由于 $m-k-\widetilde{\alpha}=m-\alpha>0$, 从 (6.5.16), 可得

$$\Delta_\gamma^{m-k}\Delta_{\gamma-m+k+\widetilde{\alpha}}^{-\widetilde{\alpha}}f(z)=\Delta_\gamma^{m-k-\widetilde{\alpha}}f(z)=\Delta_\gamma^{m-\alpha}f(z).$$

当 $m-k<0$ 时, 则有

$$\Delta_\gamma^m\Delta_{\gamma-m+k}^{-k}\nabla_{\gamma-m+k+\widetilde{\alpha}}^{-\widetilde{\alpha}}f(z)=\Delta_{\gamma-m+k}^{m-k}\nabla_{\gamma-m+k+\widetilde{\alpha}}^{-\widetilde{\alpha}}f(z),$$

由于 $m-k-\widetilde{\alpha}=m-\alpha<0$, 从 (6.5.12), 我们得到

$$\Delta_{\gamma-m+k}^{m-k}\Delta_{\gamma-m+k+\widetilde{\alpha}}^{-\widetilde{\alpha}}f(z)=\Delta_{\gamma-m+k}^{m-k-\widetilde{\alpha}}f(z)=\Delta_{\gamma-m+k}^{m-\alpha}f(z).$$

很显然, $m-k>0$ 或 $m-k>0$ 等价于 $m-\alpha>0$ 或者 $m-\alpha>0$, 因此这导出

$$\Delta_\gamma^m\Delta_{\gamma-m+\alpha}^{-\alpha}f(z)=\begin{cases}\Delta_{\gamma-m+\alpha}^{m-\alpha}f(z), & \text{当}m-\alpha<0,\\ \Delta_\gamma^{m-\alpha}f(z), & \text{当}m-\alpha>0.\end{cases}$$

命题 6.5.7 设 $\alpha>0,\beta>0$, 那么

$$\Delta_\gamma^\beta\Delta_{\gamma-\beta+\alpha}^{-\alpha}f(z)=\begin{cases}\Delta_{\gamma-\beta+\alpha}^{\beta-\alpha}f(z), & \beta-\alpha<0,\\ \Delta_\gamma^{\beta-\alpha}f(z), & \beta-\alpha>0.\end{cases}$$

证明 让 m 是超过 β 的最小正整数, 那么由定义 6.3.2, 我们有

$$\begin{aligned}\Delta_\gamma^\beta\Delta_{\gamma-\beta+\alpha}^{-\alpha}f(z)&=\Delta_\gamma^m\Delta_{\gamma-\beta}^{\beta-m}\Delta_{\gamma-\beta+\alpha}^{-\alpha}f(z)\\ &=\Delta_\gamma^m\Delta_{\gamma-\beta+\alpha}^{\beta-\alpha-m}f(z).\end{aligned}$$

从命题 6.5.6, 可得

$$\Delta_\gamma^m\Delta_{\gamma-\beta+\alpha}^{\beta-\alpha-m}f(z)=\begin{cases}\Delta_{\gamma-\beta+\alpha}^{\beta-\alpha}f(z), & \beta-\alpha<0,\\ \Delta_\gamma^{\beta-\alpha}f(z). & \beta-\alpha>0.\end{cases}$$

命题 6.5.8 (分数阶 Taylor 公式) 设 $\alpha>0$, k 是超过 α 的最小正整数, 那么

$$\Delta_\gamma^{-\alpha}\Delta_\gamma^\alpha f(z)=f(z)-\sum_{j=0}^{k-1}\Delta_{\gamma-k+j}^{j-k+\alpha}f(a)\frac{[x_{\gamma-\alpha+1}(z)-x_{\gamma-\alpha+1}(a)]_{(\alpha-k+j)}}{[\Gamma(\alpha-k+j+1)]_q}.$$

证明 由命题 6.5.4、定义 6.3.2 和命题 6.5.5, 我们得到

$$\Delta_\gamma^{-\alpha}\Delta_\gamma^\alpha f(z)=\Delta_{\gamma-\alpha}^{-\alpha+k}\Delta_\gamma^{-k}\Delta_\gamma^k\Delta_{\gamma-\alpha}^{\alpha-k}f(z)$$

$$= \nabla_{\gamma-\alpha}^{-\alpha+k} \left\{ \nabla_{\gamma-\alpha}^{\alpha-k} f(z) \right.$$

$$\left. - \frac{1}{[j]_q!} \sum_{j=0}^{k-1} \Delta_{\gamma-k+j-1}^{j} \Delta_{\gamma-\alpha}^{-k+\alpha} f(a) [x_{\gamma-k+1}(z) - x_{\gamma-k+1}(a)]_{(j)} \right\},$$

从命题 6.5.6, 并应用

$$\Delta_{\gamma-k+j-1}^{j} \nabla_{\gamma-\alpha}^{-k+\alpha} f(a) = \begin{cases} \Delta_{\gamma-\alpha}^{-k+\alpha} f(a), & j = 0, \\ \Delta_{\gamma-k+j-1}^{j-k+\alpha} f(a), & j > 0 \end{cases}$$

和

$$\Delta_{\gamma-\alpha}^{-\alpha+k} \left\{ \frac{[x_{\gamma-k+1}(z) - x_{\gamma-k+1}(a)]_{(j)}}{[\Gamma(j+1)]_q} \right\} = \Delta_{\gamma-\alpha}^{-\alpha+k} \nabla_{\gamma-k+j}^{-j}(1) = \nabla_{\gamma-k+j}^{-\alpha+k-j}(1)$$

$$= \frac{[x_{\gamma-\alpha+1}(z) - x_{\gamma-\alpha+1}(a)]_{(\alpha-k+j)}}{[\Gamma(\alpha-k+j+1)]_q},$$

则可以导出

$$\Delta_{\gamma}^{-\alpha} \Delta_{\gamma}^{\alpha} f(z) = f(z) - \sum_{j=0}^{k-1} \Delta_{\gamma-k+j-1}^{j-k+\alpha} \frac{f(a)[x_{\gamma-\alpha+1}(z) - x_{\gamma-\alpha+1}(a)]_{(\alpha-k+j)}}{[\Gamma(\alpha-k+j+1)]_q}.$$

$$(6.5.17)$$

定理 6.5.9 (Caputo 型分数阶 Taylor 公式)　设 $0 < k-1 < \alpha \leqslant k$, 那么

$$\Delta_{\gamma}^{-\alpha}[{}^{C}\Delta_{\gamma}^{\alpha}]f(z) = f(t) - \sum_{j=0}^{k-1} ({}_a\Delta_{\gamma-\alpha+j}^{k}) f(a) \frac{[x_{\gamma-\alpha+(j+1)}(z) - x_{\gamma-\alpha+(j+1)}(a)]_{(j)}}{[\Gamma(j+1)]_q}.$$

$$(6.5.18)$$

证明　由定义 6.4.3、命题 6.5.4 和定理 6.5.3, 我们有

$$\Delta_{\gamma}^{-\alpha}[{}^{C}\Delta_{\gamma}^{\alpha}]f(z) = \Delta_{\gamma}^{-\alpha} \Delta_{\gamma-\alpha+k}^{\alpha-k} \Delta_{\gamma-\alpha+k}^{k} f(z)$$

$$= \Delta_{\gamma-\alpha+k}^{-k} \Delta_{\gamma-\alpha+k}^{k} f(z)$$

$$= f(t) - \sum_{j=0}^{k-1} ({}_a\Delta_{\gamma-\alpha+j}^{j}) f(a) \frac{[x_{\gamma-\alpha+(j+1)}(z) - x_{\gamma-\alpha+(j+1)}(a)]_{(j)}}{[\Gamma(j+1)]_q}$$

Riemann-Liouville 型分数阶差分与 Caputo 分数阶差分之间的关系是

命题 6.5.10　设 m 是超过 α 的最小正整数, 则有

$${}_{a}^{C}\Delta_{\gamma}^{\alpha} f(z)$$

$$= [{}_a\Delta_{\gamma}^{\alpha}] \left\{ f(t) - \sum_{k=0}^{m-1} ({}_a\Delta_{\gamma-\alpha+k}^{k}) f(a) \frac{[x_{\gamma-\alpha+(k+1)}(z) - x_{\gamma-\alpha+(k+1)}(a)]_{(k)}}{[\Gamma(k+1)]_q} \right\}.$$

证明 我们有

$$
{}_a^C\Delta_\gamma^\alpha f(z)
$$
$$
= [{}_a(\Delta_{\gamma-\alpha+m}^{\alpha-m})({}_a\Delta_{\gamma-\alpha+m}^m)]f(z) = [({}_a\Delta_\gamma^\alpha)(\Delta_{\gamma-\alpha+m}^{-m})({}_a\Delta_{\gamma-\alpha+m}^m)]f(z)
$$
$$
= [{}_a\Delta_\gamma^\alpha]\left\{ f(t) - \sum_{k=0}^{m-1} ({}_a\Delta_{\gamma-\alpha+k}^k)f(a)\frac{[x_{\gamma-\alpha+(k+1)}(z) - x_{\gamma-\alpha+(k+1)}(a)]_{(k)}}{[\Gamma(k+1)]_q} \right\}.
$$
$$\tag{6.5.19}$$

命题 6.5.11 设 $\alpha > 0$, 则有

$$
({}_a^C\Delta_\gamma^\alpha)({}_a\Delta_\gamma^{-\alpha})f(z) = f(z).
$$
$$\tag{6.5.20}$$

证明 令

$$
g(z) = ({}_a\Delta_\gamma^{-\alpha})f(z) = \int_a^{z-1} \frac{[x_{\gamma-\alpha+1}(z) - x_{\gamma-\alpha+1}(t+1)]_{(\alpha-1)}}{[\Gamma(\alpha)]_q} f(t)d_\Delta x_\gamma(t),
$$

那么, 我们有 $g(a) = 0$. 并且

$$
({}_a\Delta_{\gamma-\alpha+1})g(z) = \int_a^{z-1} \frac{[x_{\gamma-\alpha+2}(z) - x_{\gamma-\alpha+2}(t+1)]_{(\alpha-2)}}{[\Gamma(\alpha-1)]_q} f(t)d_\Delta x_\gamma(t),
$$

那么, 就有 $({}_a\Delta_{\gamma+\alpha-1})g(a) = 0$.
同理可得

$$
({}_a\Delta_{\gamma-\alpha+k}^k)g(a) = 0, \quad k = 0,1,\cdots,m-1.
$$

因此, 由命题 6.5.10, 我们得到 $({}_a^C\Delta_\gamma^\alpha)g(z) = ({}_a\Delta_\gamma^\alpha)g(z) = f(z)$.

6.6 非一致格子上 Riemann-Liouville 型分数阶差分的复变量方法

在本节, 在复平面 $\mathbb{C}$ 上, 我们首先用广义复积分 Cauchy 积分公式导出非一致格子上的整数 $n \in \mathbb{N}^+$ 阶差分, 然后再将它推广定义到一般的 $\alpha \in \mathbb{C}$ 分数阶差分上去.

定理 6.6.1 设 $n \in \mathbb{N}$, Γ 是简单正向闭围线. 如果 $f(s)$ 在区域 D 内解析, 这里 D 是由闭围线 Γ 所成的单连通区域, 并且 z 是区域 D 内某任意非零点, 那么

$$
\Delta_{\gamma+n-1}^n f(z) = \frac{[n]_q!}{2\pi i}\frac{\log q}{q^{\frac{1}{2}} - q^{-\frac{1}{2}}} \oint_\Gamma \frac{f(s)\nabla x_{\gamma+1}(s)ds}{[x_\gamma(s) - x_\gamma(z)]_{(n+1)}},
$$
$$\tag{6.6.1}$$

这里复平面上围线 Γ 包含单极点 $s = z + n, z + n - 1, \cdots, z + 1, z$.

证明　由于点集 $\{z + i, i = n, n - 1, \cdots, 1, 0\}$ 包含在区域 D. 因此, 由推广的 Cauchy 积分公式, 我们有

$$f(z) = \frac{1}{2\pi i} \oint_{\Gamma} \frac{f(s) x_{\gamma}'(s) ds}{[x_{\gamma}(s) - x_{\gamma}(z)]}, \tag{6.6.2}$$

且有

$$f(z + 1) = \frac{1}{2\pi i} \oint_{\Gamma} \frac{f(s) x_{\gamma}'(s) ds}{[x_{\gamma}(s) - x_{\gamma}(z + 1)]}. \tag{6.6.3}$$

将 $f(z)$ 和 $f(z + 1)$ 的值代入 $\dfrac{\Delta f(z)}{\Delta x_{\gamma}(z)} = \dfrac{f(z) - f(z + 1)}{x_{\gamma}(z) - x_{\gamma}(z + 1)}$, 那么我们有

$$\begin{aligned} \frac{\Delta f(z)}{\Delta x_{\gamma}(z)} &= \frac{1}{2\pi i} \oint_{\Gamma} \frac{f(s) x_{\gamma}'(s) ds}{[x_{\gamma}(s) - x_{\gamma}(z)][x_{\gamma}(s) - x_{\gamma}(z + 1)]} \\ &= \frac{1}{2\pi i} \oint_{\Gamma} \frac{f(s) x_{\gamma}'(s) ds}{[x_{\gamma}(s) - x_{\gamma}(z)]_{(2)}}. \end{aligned}$$

将 $\dfrac{\Delta f(z)}{\Delta x_{\gamma}(z)}$ 和 $\dfrac{\Delta f(z + 1)}{\Delta x_{\gamma}(z + 1)}$ 的值代入 $\dfrac{\dfrac{\Delta f(z)}{\Delta x_{\gamma}(z)} - \dfrac{\Delta f(z + 1)}{\Delta x_{\gamma}(z + 1)}}{x_{\gamma}(z) - x_{\gamma}(z + 2)}$, 那么有

$$\frac{\dfrac{\Delta f(z)}{\Delta x_{\gamma}(z)} - \dfrac{\Delta f(z + 1)}{\Delta x_{\gamma}(z + 1)}}{x_{\gamma}(z) - x_{\gamma}(z + 2)} = \frac{1}{2\pi i} \oint_{\Gamma} \frac{f(s) x_{\gamma}'(s) ds}{[x_{\gamma}(s) - x_{\gamma}(z)]_{(3)}}.$$

应用

$$x_{\gamma}(z + 2) - x_{\gamma}(z) = [2]_q \Delta x_{\gamma+1}(z),$$

可得

$$\frac{\Delta}{\Delta x_{\gamma+1}(z)} \left(\frac{\Delta f(z)}{\Delta x_{\gamma}(z)} \right) = \frac{[2]_q}{2\pi i} \oint_{\Gamma} \frac{f(s) x_{\gamma}'(s) ds}{[x_{\gamma}(s) - x_{\gamma}(z)]_{(3)}}.$$

更一般地, 通过数学归纳法, 我们可得

$$\frac{\Delta}{\Delta x_{\gamma+n-1}(z)} \left(\frac{\Delta}{\Delta x_{\gamma+n-2}(z)} \cdots \left(\frac{\Delta f(z)}{\Delta x_{\gamma}(z)} \right) \right) = \frac{[n]_q!}{2\pi i} \oint_{\Gamma} \frac{f(s) x_{\gamma}'(s) ds}{[x_{\gamma}(s) - x_{\gamma}(z)]_{(n+1)}},$$

这里

$$[x_{\gamma}(s) - x_{\gamma}(z)]_{(n+1)} = \prod_{i=0}^{n} [x_{\gamma}(s) - x_{\gamma}(z + i)].$$

最后, 利用等式

$$x_{\gamma}'(s) = \frac{\log q}{q^{\frac{1}{2}} - q^{-\frac{1}{2}}} \nabla x_{\gamma+1}(s),$$

可得

$$\Delta_{\gamma+n-1}^n f(z) = \frac{[n]_q!}{2\pi i} \frac{\log q}{q^{\frac{1}{2}} - q^{-\frac{1}{2}}} \oint_\Gamma \frac{f(s)\nabla x_{\gamma+1}(s)ds}{[x_\gamma(s) - x_\gamma(z)]_{(n+1)}}. \tag{6.6.4}$$

受公式 (6.6.4) 的启示, 因此我们自然地给出非一致格子上 $\{a, a+1, \cdots, z+\alpha\}$ 中函数 $f(z)$ 的 $\alpha \in \mathbb{C}$ 阶分数阶差分的定义.

定义 6.6.2 (非一致格子上复分数阶差分) 让 Γ 是复平面上一条简单封闭正向围线. 如果 $f(s)$ 在以 Γ 为边界的单连通区域 D 内解析, 假设 z 是属于区域 D 内一个非零点, $a+1$ 是区域 D 内一点, 并且 $z+\alpha-a \in \mathbb{N}$, 那么对任意 $\alpha \in \mathbb{C}, \operatorname{Re} \alpha \in \mathbb{R}^+$, 数集 $\{a, a+1, \cdots, z+\alpha\}$ 上函数 $f(z)$ 在非一致格子上的 α 阶分数阶差分定义为

$$\Delta_{\gamma+\alpha-1}^\alpha f(z) = \frac{[\Gamma(\alpha+1)]_q}{2\pi i} \frac{\log q}{q^{\frac{1}{2}} - q^{-\frac{1}{2}}} \oint_\Gamma \frac{f(s)\nabla x_{\gamma+1}(s)ds}{[x_\gamma(s) - x_\gamma(z)]_{(\alpha+1)}}, \tag{6.6.5}$$

这里 Γ 包含复平面上的简单极点 $s = z+\alpha, z+\alpha-1, \cdots, a+1, a$. 我们可以用 Cauchy 留数定理计算复围线积分 (6.6.5). 具体地, 我们有

定理 6.6.3 (非一致格子上分数阶差分) 假定 $z, a \in \mathbb{C}, z-a \in \mathbb{N}, \alpha \in \mathbb{C}$, $\operatorname{Re} \alpha \in \mathbb{R}^+$.

(1) 让 $x(s)$ 是二次格子 $x(s) = \tilde{c}_1 s^2 + \tilde{c}_2 s + \tilde{c}_3$, 那么数集 $\{a, a+1, \cdots, z+\alpha\}$ 上函数 $f(z)$ 在非一致格子 $x_\gamma(z)$ 上的 α 阶分数阶差分定义可以改写为

$$\Delta_{\gamma-1+\alpha}^\alpha[f(z)] = \sum_{k=0}^{z+\alpha-a} f(z+\alpha-k) \frac{\Gamma(2z-k+\gamma+\alpha)\nabla x_{\gamma+1}(z+\alpha-k)}{\Gamma(2z+2\alpha+\gamma+1-k)} \frac{(-\alpha)_k}{k!}; \tag{6.6.6}$$

(2) 让 $x(s)$ 是二次格子 $x(s) = c_1 q^s + c_2 q^{-s} + c_3$, 那么数集 $\{a, a+1, \cdots, z+\alpha\}$ 上函数 $f(z)$ 在非一致格子 $x_\gamma(z)$ 上的 α 阶分数阶差分定义可以改写为

$$\Delta_{\gamma-1+\alpha}^\alpha[f(z)] = \sum_{k=0}^{z+\alpha-a} f(z+\alpha-k) \frac{\Gamma(2z-k+\gamma+\alpha)\nabla x_{\gamma+1}(z+\alpha-k)}{\Gamma(2z+2\alpha+\gamma+1-k)} \frac{(-\alpha)_k}{k!}. \tag{6.6.7}$$

证明 从 (6.6.5), 在二次格子 $x(s) = \tilde{c}_1 s^2 + \tilde{c}_2 s + \tilde{c}_3$ 情形, 则有

$$\Delta_{\gamma-1+\alpha}^\alpha[f(z)] = \frac{\Gamma(\alpha+1)}{2\pi i} \oint_\Gamma \frac{f(s)\nabla x_{\gamma+1}(s)ds}{[x_\gamma(s) - x_\gamma(z)]_{(\alpha+1)}}$$

$$= \frac{\Gamma(\alpha+1)}{2\pi i} \oint_\Gamma \frac{f(s)\nabla x_{\gamma+1}(s)\Gamma(s-z-\alpha)\Gamma(s+z+\gamma)ds}{\Gamma(s-z+1)\Gamma(s+z+\gamma+\alpha+1)}.$$

按照定义 6.6.2 的假设, $\Gamma(s-z-\alpha)$ 有单极点 $s=z+\alpha-k, k=0,1,2,\cdots,z+\alpha-a$. $\Gamma(s-z-\alpha)$ 在极点 $s-z-\alpha=-k$ 处的留数是

$$
\begin{aligned}
&\lim_{s\to z+\alpha-k}(s-z-\alpha+k)\Gamma(s-z-\alpha)\\
&=\lim_{s\to z+\alpha-k}\frac{(s-z-\alpha)(s-z-\alpha+1)\cdots(s-z-\alpha+k-1)(s-z-\alpha+k)\Gamma(s-z-\alpha)}{(s-z-\alpha)(s-z-\alpha+1)\cdots(s-z-\alpha+k-1)}\\
&=\lim_{s\to z+\alpha-k}\frac{\Gamma(s-z-\alpha+k+1)}{(s-z-\alpha)(s-z-\alpha+1)\cdots(s-z-\alpha+k-1)}\\
&=\frac{1}{(-k)(-k+1)\cdots(-1)}=\frac{(-1)^k}{k!}.
\end{aligned}
$$

那么应用 Cauchy 留数定理, 则有

$$
\begin{aligned}
\Delta_{\gamma-1+\alpha}^{\alpha}[f(z)]=\;&\Gamma(\alpha+1)\\
&\cdot\sum_{k=0}^{z+\alpha-a}f(z+\alpha-k)\frac{\Gamma(2z-k+\gamma+\alpha)\nabla x_{\gamma+1}(z+\alpha-k)}{\Gamma(\alpha+1-k)\Gamma(2z+2\alpha+\gamma+1-k)}\frac{(-1)^k}{k!}.
\end{aligned}
$$

因为

$$
\frac{\Gamma(\alpha+1)}{\Gamma(\alpha+1-k)}=\alpha(\alpha-1)\cdots(\alpha-k+1),
$$

且

$$
\alpha(\alpha-1)\cdots(\alpha-k+1)(-1)^k=(-\alpha)_k,
$$

所以, 我们得到

$$
\Delta_{\gamma-1+\alpha}^{\alpha}[f(z)]=\sum_{k=0}^{z+\alpha-a}f(z+\alpha-k)\frac{\Gamma(2z-k+\gamma+\alpha)\nabla x_{\gamma+1}(z+\alpha-k)}{\Gamma(2z+2\alpha+\gamma+1-k)}\frac{(-\alpha)_k}{k!}.
$$

从 (6.6.5), 在二次格子 $x(s)=c_1q^s+c_2q^{-s}+c_3$ 情形下, 我们有

$$
\begin{aligned}
\Delta_{\gamma-1+\alpha}^{\alpha}f(z)&=\frac{[\Gamma(\alpha+1)]_q}{2\pi i}\frac{\log q}{q^{\frac{1}{2}}-q^{-\frac{1}{2}}}\oint_{\Gamma}\frac{f(s)\nabla x_{\gamma+1}(s)ds}{[x_{\gamma}(s)-x_{\gamma}(z)]_{(\alpha+1)}}\\
&=\frac{[\Gamma(\alpha+1)]_q}{2\pi i}\frac{\log q}{q^{\frac{1}{2}}-q^{-\frac{1}{2}}}\oint_{\Gamma}\frac{f(s)\nabla x_{\gamma+1}(s)[\Gamma(s-z-\alpha)]_q[\Gamma(s+z+\gamma)]_qds}{[\Gamma(s-z+1)]_q[\Gamma(s+z+\gamma+\alpha+1)]_q}
\end{aligned}
$$

$$(6.6.8)$$

从定义 6.6.2 的假设, $[\Gamma(s-z-\alpha)]_q$ 有单极点 $s=z+\alpha-k, k=0,1,2,\cdots,z+\alpha-a$. $[\Gamma(s-z-\alpha)]_q$ 在单极点 $s-z-\alpha=-k$ 处的留数是

$$
\lim_{s\to z+\alpha-k}(s-z-\alpha+k)[\Gamma(s-z-\alpha)]_q
$$

$$
= \lim_{s \to z+\alpha-k} \frac{s-z-\alpha+k}{[s-z-\alpha+k]_q}[s-z-\alpha+k]_q[\Gamma(s-z-\alpha)]_q
$$

$$
= \frac{q^{\frac{1}{2}}-q^{-\frac{1}{2}}}{\log q} \lim_{s \to z+\alpha-k}[s-z-\alpha+k]_q[\Gamma(s-z-\alpha)]_q
$$

$$
= \frac{q^{\frac{1}{2}}-q^{-\frac{1}{2}}}{\log q}
$$

$$
\cdot \lim_{s \to z+\alpha-k} \frac{[s-z-\alpha]_q[s-z-\alpha+1]_q \cdots [s-z-\alpha+k]_q[\Gamma(s-z-\alpha)]_q}{(s-z-\alpha)(s-z-\alpha+1)\cdots(s-z-\alpha+k-1)}
$$

$$
= \frac{q^{\frac{1}{2}}-q^{-\frac{1}{2}}}{\log q} \lim_{s \to z+\alpha-k} \frac{[\Gamma(s-z-\alpha+k+1)]_q}{[s-z-\alpha]_q[s-z-\alpha+1]_q \cdots [s-z-\alpha+k-1]_q}
$$

$$
= \frac{q^{\frac{1}{2}}-q^{-\frac{1}{2}}}{\log q} \frac{1}{[-k]_q[-k+1]_q \cdots [-1]_q} = \frac{q^{\frac{1}{2}}-q^{-\frac{1}{2}}}{\log q} \frac{(-1)^k}{[k]_q!}.
$$

那么由 Cauchy 留数定理, 可得

$$
\Delta_{\gamma-1+\alpha}^{\alpha}[f(z)]
$$
$$
= [\Gamma(\alpha+1)]_q \sum_{k=0}^{z+\alpha-a} f(z+\alpha-k) \frac{[\Gamma(2z-k+\gamma+\alpha)]_q \nabla x_{\gamma+1}(z+\alpha-k)}{[\Gamma(\alpha+1-k)]_q[\Gamma(2z+2\alpha+\gamma+1-k)]_q} \frac{(-1)^k}{[k]_q!}.
$$

由于

$$
\frac{[\Gamma(\alpha+1)]_q}{[\Gamma(\alpha+1-k)]_q} = [\alpha]_q[\alpha-1]_q \cdots [\alpha-k+1]_q,
$$

并且

$$
[\alpha]_q[\alpha-1]_q \cdots [\alpha-k+1](-1)^k = ([-\alpha])_k,
$$

因此, 我们得到

$$
\Delta_{\gamma-1+\alpha}^{\alpha}[f(z)] = \sum_{k=0}^{z+\alpha-a} f(z+\alpha-k) \frac{[\Gamma(2z-k+\gamma+\alpha)]_q \nabla x_{\gamma+1}(z+\alpha-k)}{[\Gamma(2z+2\alpha+\gamma+1-k)]_q} \frac{([-\alpha]_q)_k}{k!}.
$$

到目前为止, 关于非一致格子上 Riemann-Liouville 分数阶差分的定义, 我们已经给出两种定义形式, 比如我们分别通过两种不同思想和方法得到了定义 6.3.2 或定义 6.3.3 以及定义 6.6.2 或定义 6.6.3 两种定义. 现在让我们比较一下定义 6.3.3 及定义 6.6.3.

下面的定理将 R-L 型分数阶差分 (6.3.6) 与复分数阶差分 (6.6.5) 建立了重要联系:

定理 6.6.4 对任意 $\alpha \in \mathbb{C}, \mathrm{Re}\,\alpha \in \mathbb{R}^+$, 让 Γ 是简单封闭正向围线. 如果函数 $f(s)$ 在以 Γ 为边界的单连通区域 D 内解析, 假设 z 是区域 D 内的非零点,

$a+1$ 在 D 内, 使得 $z+\alpha-a \in \mathbb{N}$, 那么复分数阶积分 (6.6.5) 等于 R-L 型分数阶差分 (6.3.5) 或 (6.3.6):

$$\Delta_{\gamma-1+\alpha}^{\alpha}[f(z)] = \sum_{k=a}^{z-\alpha} \frac{[x_{\gamma+\alpha}(z) - x_{\gamma+\alpha}(k+1)]^{(-\alpha-1)}}{[\Gamma(-\alpha)]_q} f(k)\Delta x_{\gamma-1}(k).$$

证明　由定理 6.6.3, 我们可得

$$\begin{aligned}
\Delta_{\gamma-1+\alpha}^{\alpha}[f(z)] &= \sum_{k=0}^{z+\alpha-a} \frac{([-\alpha]_q)_k}{[k]_q!} \frac{[\Gamma(2z-k+\gamma+\alpha)]_q}{[\Gamma(2z+2\alpha-k+\gamma+1)]_q} \\
&\quad \cdot f(z+\alpha-k)\nabla x_{\gamma+1}(z+\alpha-k). \\
&= \sum_{k=0}^{z+\alpha-a} \frac{[\Gamma(k-\alpha)]_q}{[\Gamma(-\alpha)]_q[\Gamma(k+1)]_q} \\
&\quad \cdot \frac{[\Gamma(2z-k+\gamma+\alpha)]_q}{[\Gamma(2z+2\alpha-k+\gamma+1)]_q} f(z+\alpha-k)\nabla x_{\gamma+1}(z+\alpha-k) \\
&= \sum_{k=0}^{z+\alpha-a} \frac{[x_{\gamma+\alpha}(z) - x_{\gamma+\alpha}(z+\alpha-k+1)]^{(-\alpha-1)}}{[\Gamma(-\alpha)]_q} \\
&\quad \cdot f(z+\alpha-k)\nabla x_{\gamma+1}(z+\alpha-k) \\
&= \sum_{k=a}^{z+\alpha} \frac{[x_{\gamma+\alpha}(z) - x_{\gamma+\alpha}(k+1)]^{(-\alpha-1)}}{[\Gamma(-\alpha)]_q} f(k)\nabla x_{\gamma+1}(k) \\
&= \sum_{k=a}^{z+\alpha} \frac{[x_{\gamma+\alpha}(z) - x_{\gamma+\alpha}(k+1)]^{(-\alpha-1)}}{[\Gamma(-\alpha)]_q} f(k)\Delta x_{\gamma-1}(k).
\end{aligned}$$

因此定义 6.3.3 和定理 6.6.3 是完全一致的.

在定理 6.6.3 中, 令 $\gamma = -\alpha$, 可得

推论 6.6.5　假定定义 6.6.2 条件成立, 那么

$$\begin{aligned}
\Delta_{-1}^{\alpha}[f(z)] &= \frac{[\Gamma(\gamma+1)]_q}{2\pi i} \frac{\log q}{q^{\frac{1}{2}} - q^{-\frac{1}{2}}} \oint_{\Gamma} \frac{f(s)\Delta x_{-\alpha-1}(s)ds}{[x_{-\alpha}(s) - x_{-\alpha}(z)]^{(\alpha+1)}} \\
&= \sum_{k=0}^{z+\alpha-a} \frac{[\Gamma(k-\alpha)]_q}{[\Gamma(-\alpha)]_q[\Gamma(k+1)]_q} \frac{[\Gamma(2z-k+\gamma+\alpha)]_q}{[\Gamma(2z+2\alpha-k+\gamma+1)]_q} \\
&\quad \cdot f(z+\alpha-k)\nabla x_{-\alpha+1}(z+\alpha-k).
\end{aligned}$$

这里复平面上围线 Γ 包含单极点 $s = z+\alpha, z+\alpha-1, \cdots, a+1, a$.

注 6.6.6　当 $\alpha = n \in \mathbb{N}^+$ 时, 我们有

$$\Delta_{-1}^{n}[f(z)] = \frac{[\Gamma(n+1)]_q}{2\pi i} \frac{\log q}{q^{\frac{1}{2}} - q^{-\frac{1}{2}}} \oint_{\Gamma} \frac{f(s)\Delta x_{-n-1}(s)ds}{[x_{-n}(s) - x_{-n}(z)]^{(n+1)}}$$

$$= \sum_{k=0}^{n} \frac{[\Gamma(k-n)]_q}{[\Gamma(-n)]_q[\Gamma(k+1)]_q} \frac{[\Gamma(2z-k+\gamma+n)]_q}{[\Gamma(2z+2n-k+\gamma+1)]_q}$$
$$\cdot f(z+n-k)\nabla x_{-n+1}(z+n-k), \tag{6.6.9}$$

这里复平面上围线 Γ 包含单极点 $s = z+n, z+n-1, \cdots, z$.

公式 (6.6.9), 与 5.7 节中向后非一致格子上整数阶差分公式 (5.7.9) 一样, 在利用广义 Rodrigues 公式求解正交多项式时, 起着同样的重要作用.

对于非一致格子上的分数阶差分, 我们能够建立一个有趣的 Cauchy Beta 公式.

定理 6.6.7(Cauchy Beta 公式)　设 $\alpha, \beta \in \mathbb{C}$, 且假定

$$\oint_{\Gamma} \nabla_t \left\{ \frac{1}{[x_{-\beta}(z) - x_{-\beta}(t)]_{(\beta)}} \frac{1}{[x_1(t) - x_1(a)]_{(\alpha-1)}} \right\} dt = 0,$$

那么

$$\frac{1}{2\pi i} \frac{\log q}{q^{\frac{1}{2}} - q^{-\frac{1}{2}}} \oint_{\Gamma} \frac{[\Gamma(\beta+1)]_q}{[x_{-\beta}(z) - x_{-\beta}(t)]_{(\beta+1)}} \frac{[\Gamma(\alpha)]_q \nabla y_1(t) dt}{[x(t) - x(a)]_{(\alpha)}} = \frac{[\Gamma(\alpha+\beta)]_q}{[x_{-\beta}(z) - x_{-\beta}(a)]_{(\alpha+\beta)}},$$

这里 Γ 是简单正向闭围线, a 位于围线 Γ 所包围的区域 D 内.

为了证明定理 6.6.7, 我们首先证明一个引理.

引理 6.6.8　对任意 α, β, 成立

$$[1-\alpha]_q[x_{-\beta}(z) - x_{-\beta}(t+\beta)] + [\beta]_q[x_{\alpha-1}(t-\alpha+1) - x_{\alpha-1}(a)]$$
$$= [1-\alpha]_q[x_{-\beta}(z) - x_{-\beta}(a-1+\alpha+\beta)] + [\alpha+\beta-1]_q[x(t) - x(a-1+\alpha)]. \tag{6.6.10}$$

证明　(6.6.10) 等价于

$$[\alpha+\beta-1]_q x(t) + [1-\alpha]_q x_{-\beta}(t+\beta) - [\beta]_q x_{\alpha-1}(t-\alpha+1)$$
$$= [\alpha+\beta-1]_q x(a-1+\alpha) + [1-\alpha]_q x_{-\beta}(a-1+\alpha+\beta) - [\beta]_q x_{\alpha-1}(a). \tag{6.6.11}$$

令 $\alpha - 1 = \tilde{\alpha}$, 那么 (6.6.11) 可改写成

$$[\tilde{\alpha}+\beta]_q x(t) - [\tilde{\alpha}]_q x_{\beta}(t) - [\beta]_q x_{-\tilde{\alpha}}(t)$$
$$= [\tilde{\alpha}+\beta]_q x(a-\tilde{\alpha}) - [\tilde{\alpha}]_q x_{\beta}(a-\tilde{\alpha}) - [\beta]_q x_{-\tilde{\alpha}}(a-\tilde{\alpha}). \tag{6.6.12}$$

运用引理 6.2.3, 可得方程 (6.6.12) 成立, 且方程 (6.6.10) 成立.

定理 6.6.7 的证明　令

$$\rho(t) = \frac{1}{[x_\beta(z) - x_\beta(t)]_{(\beta+1)}} \frac{1}{[x(t) - x(a)]_{(\alpha)}},$$

且

$$\sigma(t) = [x_{\alpha-1}(t - \alpha + 1) - x_{\alpha-1}(a)][x_{-\beta}(z) - x_{-\beta}(t)].$$

由于

$$[x_{-\beta}(z) - x_{-\beta}(t)]_{(\beta+1)} = [x_{-\beta}(z) - x_{-\beta}(t+1)]_{(\beta)}[x_{-\beta}(z) - x_{-\beta}(t)],$$

且

$$[x(t) - x(a)]_{(\alpha)} = [x_1(t) - x_1(a)]_{(\alpha-1)}[x_{\alpha-1}(t - \alpha + 1) - x_{\alpha-1}(a)],$$

这些可导出

$$\sigma(t)\rho(t) = \frac{1}{[x_{-\beta}(z) - x_{-\beta}(t+1)]_{(\beta)}} \frac{1}{[x_1(t) - x_1(a)]_{(\alpha-1)}}.$$

利用

$$\nabla_t[f(t)g(t)] = g(t-1)\nabla_t[f(t)] + f(t)\nabla_t[g(t)],$$

这里

$$f(t) = \frac{1}{[x_1(t) - x_1(a)]_{(\alpha-1)}}, \quad g(t) = \frac{1}{[x_{-\beta}(z) - x_{-\beta}(t+1)]_{(\beta)}},$$

并且

$$\frac{\nabla_t}{\nabla x_1(t)} \left\{ \frac{1}{[x_1(t) - x_1(a)]_{(\alpha-1)}} \right\} = \frac{[1-\alpha]_q}{[x(t) - x(a)]_{(\alpha)}},$$

$$\frac{\nabla_t}{\nabla x_1(t)} \left\{ \frac{1}{[x_{-\beta}(z) - x_{-\beta}(t+1)]_{(\beta)}} \right\}$$

$$= \frac{\Delta_t}{\Delta x_{-1}(t)} \left\{ \frac{1}{[x_{-\beta}(z) - x_{-\beta}(t)]_{(\beta)}} \right\}$$

$$= \frac{[\beta]_q}{[x_{-\beta}(z) - x_{-\beta}(t)]_{(\beta+1)}}.$$

那么, 我们有

$$\frac{\nabla_t}{\nabla x_1(t)} \{\sigma(t)\rho(t)\}$$

$$= \frac{1}{[x_{-\beta}(z) - x_{-\beta}(t)]_{(\beta)}} \frac{[1-\alpha]_q}{[x(t) - x(a)]_{(\alpha)}}$$

$$+ \frac{1}{[x_1(t) - x_1(a)]_{(\alpha-1)}} \frac{[\beta]_q}{[x_{-\beta}(z) - x_{-\beta}(t)]_{(\beta+1)}}$$

$$= \{[1-\alpha]_q[x_{-\beta}(z) - x_{-\beta}(t+\beta)] + [\beta]_q[x_{\alpha-1}(t-\alpha+1) - x_{\alpha-1}(a)]\}$$

$$\times \frac{1}{[x(t) - x(a)]_{(\alpha)}} \frac{1}{[x_{-\beta}(z) - x_{-\beta}(t)]_{(\beta+1)}}$$

$$= \tau(t)\rho(t),$$

这里

$$\tau(t) = [1-\alpha]_q[x_{-\beta}(z) - x_{-\beta}(t+\beta)] + [\beta]_q[x_{\alpha-1}(t-\alpha+1) - x_{\alpha-1}(a)],$$

这是由于

$$[x_{-\beta}(z) - x_{-\beta}(t)]_{(\beta+1)} = [x_{-\beta}(z) - x_{-\beta}(t)]_{(\beta)}[x_{-\beta}(z) - x_{-\beta}(t+\beta)].$$

从命题 6.1.3, 我们看出

$$\frac{\nabla_t}{\nabla x_1(t)}\{\sigma(t)\rho(t)\}$$

$$= \{[1-\alpha]_q[x_{-\beta}(z) - x_{-\beta}(a-1+\alpha+\beta)] + [\alpha+\beta-1]_q[x(t) - x(a-1+\alpha)]\}$$

$$\cdot \frac{1}{[x_{-\beta}(z) - x_{-\beta}(t)]_{(\beta+1)}} \frac{1}{[x(t) - x(a)]_{(\alpha)}},$$

或者

$$\nabla_t\{\sigma(t)\rho(t)\}$$

$$= \{[1-\alpha]_q[x_{-\beta}(z) - x_{-\beta}(a-1+\alpha+\beta)] + [\alpha+\beta-1]_q[x(t) - x(a-1+\alpha)]\}$$

$$\cdot \frac{1}{[x_{-\beta}(z) - x_{-\beta}(t)]_{(\beta+1)}} \frac{1}{[x(t) - x(a)]_{(\alpha)}} \nabla x_1(t). \tag{6.6.13}$$

令

$$I(\alpha) = \frac{1}{2\pi i} \frac{\log q}{q^{\frac{1}{2}} - q^{-\frac{1}{2}}} \oint_\Gamma \frac{1}{[x_{-\beta}(z) - x_{-\beta}(t)]_{(\beta+1)}} \frac{\nabla x_1(t)\,dt}{[x(t) - x(a)]_{(\alpha)}}, \tag{6.6.14}$$

且

$$I(\alpha-1) = \frac{1}{2\pi i} \frac{\log q}{q^{\frac{1}{2}} - q^{-\frac{1}{2}}} \oint_\Gamma \frac{1}{[x_{-\beta}(z) - x_{-\beta}(t)]_{(\beta+1)}} \frac{\nabla x_1(t)\,dt}{[x(t) - x(a)]_{(\alpha-1)}}.$$

因为

$$[x(t) - x(a)]_{(\alpha-1)}[x(t) - x(a-1+\alpha)] = [x(t) - x(a)]_{(\alpha)},$$

所以可得

$$I(\alpha-1) = \frac{1}{2\pi i}\frac{\log q}{q^{\frac{1}{2}}-q^{-\frac{1}{2}}}\oint_\Gamma \frac{1}{[x_{-\beta}(z)-x_{-\beta}(t)]_{(\beta+1)}}\frac{[x(t)-x(a-1+\alpha)]\nabla x_1(t)\,dt}{[x(t)-x(a)]_{(\alpha)}}.$$

对方程 (6.6.13) 两边积分, 我们有

$$\oint_\Gamma \nabla_t\{\sigma(t)\rho(t)\}dt = [1-\alpha]_q[x_{-\beta}(z)-x_{-\beta}(a-1+\alpha+\beta)]I(\alpha)$$

$$- [\alpha+\beta-1]_q I(\alpha-1).$$

如果

$$\oint_\Gamma \nabla_t\{\sigma(t)\rho(t)\}dt = 0,$$

那么得到

$$\frac{I(\alpha-1)}{I(\alpha)} = \frac{[\alpha-1]_q}{[\alpha+\beta-1]_q}[y_{-\beta}(z)-y_{-\beta}(a-1+\alpha+\beta)].$$

此即

$$\frac{I(\alpha-1)}{I(\alpha)} = \frac{\dfrac{[\Gamma(\alpha+\beta-1)]_q}{[\Gamma(\alpha-1)]_q}}{\dfrac{[\Gamma(\alpha+\beta)]_q}{[\Gamma(\alpha)]_q}}\frac{\dfrac{1}{[x_{-\beta}(z)-x_{-\beta}(a)]_{(\alpha+\beta-1)}}}{\dfrac{1}{[x_{-\beta}(z)-x_{-\beta}(a)]_{(\alpha+\beta)}}}. \tag{6.6.15}$$

从 (6.6.15), 我们令

$$I(\alpha) = k\frac{[\Gamma(\alpha+\beta)]_q}{[\Gamma(\alpha)]_q}\frac{1}{[x_{-\beta}(z)-x_{-\beta}(a)]_{(\alpha+\beta)}}, \tag{6.6.16}$$

这里 k 待定.

令 $\alpha=1$, 则有

$$I(1) = k[\Gamma(1+\beta)]_q\frac{1}{[x_{-\beta}(z)-x_{-\beta}(a)]_{(1+\beta)}}, \tag{6.6.17}$$

并且从 (6.6.14) 以及广义 Cauchy 留数定理, 我们有

$$\begin{aligned}I(1) &= \frac{1}{2\pi i}\frac{\log q}{q^{\frac{1}{2}}-q^{-\frac{1}{2}}}\oint_\Gamma \frac{1}{[x_{-\beta}(z)-x_{-\beta}(t)]_{(\beta+1)}}\frac{\nabla x_1(t)\,dt}{[x(t)-x(a)]_{(1)}}\\ &= \frac{1}{2\pi i}\oint_\Gamma \frac{1}{[x_{-\beta}(z)-x_{-\beta}(t)]_{(\beta+1)}}\frac{x'(t)\,dt}{[x(t)-x(a)]}\\ &= \frac{1}{[x_{-\beta}(z)-x_{-\beta}(a)]_{(\beta+1)}},\end{aligned} \tag{6.6.18}$$

从 (6.6.17) 和 (6.6.18), 可得

$$k = \frac{1}{[\Gamma(1+\beta)]_q}.$$

因此, 我们得到

$$I(\alpha) = \frac{[\Gamma(\alpha+\beta)]_q}{[\Gamma(\beta+1)]_q[\Gamma(\alpha)]_q} \frac{1}{[x_{-\beta}(z) - x_{-\beta}(a)]_{(\alpha+\beta)}},$$

且定理 6.6.7 证毕.

本节最后, 作为第 5 章和本章非一致格子上分数阶复积分定义的应用, 我们可以得到非一致格子上向前和向后两种形式的 Leibniz 公式:

定理 6.6.9(Leibniz 公式 1) 假设 $\alpha > 0$, 那么成立

$$\Delta_{\nu+\alpha-1}^{\alpha}[f(w)g(w)] = \sum_{j=0}^{\infty} \binom{\alpha}{j}_q \nabla_{\nu+1-j}^{j} g(w+\alpha) \Delta_{\nu+\alpha+j-3}^{\alpha-j}[f(w)],$$

这里 $\binom{\alpha}{j}_q = \dfrac{[\Gamma(\alpha+1)]_q}{[\Gamma(\alpha+j-1)]_q[\Gamma(j+1)]_q}.$

证明 利用 Taylor 公式 (5.6.12):

$$g(z) = \sum_{j=0}^{\infty} \frac{1}{[j]_q!} \nabla_{\nu+1-j}^{j} g(a)[x_{\nu}(z) - x_{\nu}(a)]^{(j)},$$

方程两边同乘以 $\dfrac{f(z)\nabla x_{\nu+1}(z)}{[x_{\nu}(z) - x_{\nu}(w)]_{(\alpha+1)}}$, 然后沿着围线 C 积分, 这里围线 C 是简单正向闭围线, 且满足定义 6.6.2 的条件. 那么可得

$$\oint_C \frac{f(z)g(z)\nabla x_{\nu+1}(z)dz}{[x_{\nu}(z) - x_{\nu}(w)]_{(\alpha+1)}}$$
$$= \sum_{j=0}^{\infty} \frac{1}{[j]_q!} \nabla_{\nu+1-j}^{j} g(a) \oint_C \frac{f(z)[x_{\nu}(z) - x_{\nu}(a)]^{(j)}\nabla x_{\nu+1}(z)dz}{[x_{\nu}(z) - x_{\nu}(w)]_{(\alpha+1)}},$$

利用等式

$$[x_{\nu}(z) - x_{\nu}(w)]_{(\alpha+1)}$$
$$= [x_{\nu}(z) - x_{\nu}(w)]_{(\alpha+1-j)}[x_{\nu}(z) - x_{\nu}(w+\alpha+1-j)]_{(j)}$$
$$= [x_{\nu}(z) - x_{\nu}(w)]_{(\alpha-1+j)}[x_{\nu}(z) - x_{\nu}(w+\alpha)]^{(j)},$$

如果令 $a = w + \alpha$, 则上式可改为

$$\oint_C \frac{f(z)g(z)\nabla x_{\nu+1}(z)dz}{[x_\nu(z) - x_\nu(w)]^{(\alpha+1)}}$$

$$= \sum_{j=0}^{\infty} \frac{1}{[j]_q!} \nabla_{\nu+1-j}^j g(a) \oint_C \frac{f(z)\nabla x_{\nu+1}(z)dz}{[x_\nu(z) - x_\nu(w)]^{(\alpha-1+j)}}.$$

那么由定义 6.6.2, 就得到 Leibniz 公式:

$$\Delta_{\nu+\alpha-1}^\alpha [f(w)g(w)] = \sum_{j=0}^{\infty} \binom{\alpha}{j}_q \nabla_{\nu+1-j}^j g(a) \Delta_{\nu+\alpha+j-3}^{\alpha-j}[f(w)],$$

又 $a = w + \alpha$, 则有

$$\Delta_{\nu+\alpha-1}^\alpha [f(w)g(w)] = \sum_{j=0}^{\infty} \binom{\alpha}{j}_q \nabla_{\nu+1-j}^j g(w+\alpha) \Delta_{\nu+\alpha+j-3}^{\alpha-j}[f(w)].$$

定理 6.6.10(Leibniz 公式 2)　假设 $\alpha > 0$, 那么成立

$$\nabla_{\nu-\alpha+1}^\alpha [f(w)g(w)] = \sum_{j=0}^{\infty} \binom{\alpha}{j}_q \Delta_{\nu-1+j}^j g(w+\alpha) \nabla_{\nu-\alpha-j+3}^{\alpha-j}[f(w)],$$

这里 $\binom{\alpha}{j}_q = \dfrac{[\Gamma(\alpha+1)]_q}{[\Gamma(\alpha+j-1)]_q [\Gamma(j+1)]_q}.$

证明　利用 Taylor 公式 (6.5.11):

$$g(z) = \sum_{j=0}^{\infty} \frac{1}{[j]_q!} \Delta_{\nu-1+j}^j g(a) [x_\nu(z) - x_\nu(a)]^{(j)},$$

方程两边同乘以 $\dfrac{f(z)\nabla x_{\nu+1}(z)}{[x_\nu(z) - x_\nu(w)]^{(\alpha+1)}}$, 然后沿着围线 C 积分, 这里围线 C 是简单正向闭围线, 且满足定义 5.7.2 的条件. 那么可得

$$\oint_C \frac{f(z)g(z)\nabla x_{\nu+1}(z)dz}{[x_\nu(z) - x_\nu(w)]^{(\alpha+1)}}$$

$$= \sum_{j=0}^{\infty} \frac{1}{[j]_q!} \Delta_{\nu-1+j}^j g(a) \oint_C \frac{f(z)[x_\nu(z) - x_\nu(a)]^{(j)}\nabla x_{\nu+1}(z)dz}{[x_\nu(z) - x_\nu(w)]^{(\alpha+1)}},$$

利用等式

$$[x_\nu(z) - x_\nu(w)]^{(\alpha+1)}$$

$$= [x_\nu(z) - x_\nu(w)]^{(\alpha+1-j)}[x_\nu(z) - x_\nu(w-\alpha-1+j)]^{(j)}$$
$$= [x_\nu(z) - x_\nu(w)]^{(\alpha-1+j)}[x_\nu(z) - x_\nu(w-\alpha)]_{(j)},$$

如果令 $a = w - \alpha$, 则上式可改为

$$\oint_C \frac{f(z)g(z)dz}{[x_\nu(z) - x_\nu(w)]^{(\alpha+1)}}$$
$$= \sum_{j=0}^\infty \frac{1}{[j]_q!} \Delta_{\nu-1+j}^j g(a) \oint_C \frac{f(z)\nabla x_{\nu+1}(z)dz}{[x_\nu(z) - x_\nu(w)]^{(\alpha-1+j)}}.$$

那么由定义 5.7.2, 就得到 Leibniz 公式:

$$\nabla_{\nu-\alpha+1}^\alpha [f(w)g(w)] = \sum_{j=0}^\infty \binom{\alpha}{j}_q \Delta_{\nu-1+j}^j g(a) \nabla_{\nu-\alpha-j+3}^{\alpha-j}[f(w)],$$

又 $a = w - \alpha$, 则有

$$\nabla_{\nu-\alpha+1}^\alpha [f(w)g(w)] = \sum_{j=0}^\infty \binom{\alpha}{j}_q \Delta_{\nu-1+j}^j g(w-\alpha) \nabla_{\nu-\alpha-j+3}^{\alpha-j}[f(w)].$$

6.7 非一致格子上中心分数阶和分与分数阶差分

本节内容与 5.8 节类似, 但要注意的是, 稍有不同之处在于许多公式的表示式中, 我们将向上广义幂函数换成了向下广义幂函数. 本节我们将要给出非一致格子 $x(s)$ 上中心分数阶和分与分数阶差分的定义和一些基本性质.

设 $x(s)$ 是非一致格子, 这里 $s \in \mathbb{C}$. 让

$$\frac{\delta F(s)}{\delta x(s)} = f(s),$$

这里 $\delta F(s) = F\left(s + \frac{1}{2}\right) - F\left(s + \frac{1}{2}\right), \delta x(s) = x\left(s + \frac{1}{2}\right) - x\left(s + \frac{1}{2}\right)$. 那么

$$F\left(s + \frac{1}{2}\right) - F\left(s + \frac{1}{2}\right) = f(s)\left[x\left(s + \frac{1}{2}\right) - x\left(s + \frac{1}{2}\right)\right]$$
$$= f(s)\delta x(s).$$

选取 $z, a \in \mathbb{C}$ 和 $z - a \in \mathbb{N}$. 从 $s = a + \frac{1}{2}$ 到 $z - 1$ 相加, 则有

$$\sum_{s=a+\frac{1}{2}}^{z-1} f(s)\delta x(s)$$

$$= \sum_{s=a+\frac{1}{2}}^{z-1} \left[F\left(s+\frac{1}{2}\right) - F\left(s-\frac{1}{2}\right) \right]$$

$$= F(z) - F(a).$$

因此, 我们定义

$$\int_{a+\frac{1}{2}}^{z-1} f(s)d_\delta x(s) = \sum_{s=a+\frac{1}{2}}^{z-1} f(s)\delta x(s).$$

容易直接验证下列式子成立.

命题 6.7.1　给定两个复变量函数 $F(z), f(z)$, 这里复变量 $z, a \in \mathbb{C}$, 以及 $z - a \in \mathbb{N}$, 那么成立

(1) $\dfrac{\delta}{\delta x(s)} \left[\displaystyle\int_{a+\frac{1}{2}}^{z-1} f(s)d_\delta x(s) \right] = f(z),$

(2) $\displaystyle\int_{a+\frac{1}{2}}^{z-1} \dfrac{\delta F(s)}{\delta x(s)} d_\delta x(s) = F(z) - F(a).$

命题 6.7.2　幂函数具有性质

$$\frac{\delta}{\delta x(s)}[x(s) - x(z)]_{(n)} = [n]_q [x(s) - x_1(z)]_{(n)}$$
$$= [\Gamma(n+1)]_q [x(s) - x_1(z)]_{(n)}.$$

证明　利用关系

$$\frac{\delta F(s)}{\delta x(s)} = \frac{\Delta F\left(s-\dfrac{1}{2}\right)}{\Delta x\left(s-\dfrac{1}{2}\right)},$$

可得

$$\frac{\delta}{\delta x(s)}[x(s) - x(z)]_{(n)}$$

$$= \frac{\Delta}{\Delta x_{-1}(s)} \left[x\left(s-\frac{1}{2}\right) - x(z) \right]_{(n)}$$

$$= \frac{\Delta}{\Delta x_{-1}(s)} \left[x_{-1}(s) - x_{-1}\left(z+\frac{1}{2}\right) \right]_{(n)}$$

$$= [n]_q \left[x(s) - x\left(z+\frac{1}{2}\right) \right]_{(n)}$$

$$= [n]_q [x(s) - x_1(z)]_{(n)}.$$

首先让我们给出非一致格子上整数阶和分的定义.

1 阶非一致格子 $x(s)$ 上函数 $f(z)$ 的中心和分定义为

$$\delta_0^{-1} f(z) = y_1(z) = \sum_{s=a+\frac{1}{2}}^{z-\frac{1}{2}} f(s)\delta x(s) = \int_{a+\frac{1}{2}}^{z-\frac{1}{2}} f(s)d_\delta x(s),$$

这里 $f(s)$ 定义在 $\left\{ a + \dfrac{1}{2}, \mathrm{mod}(1) \right\}$ 上, 且 $y_1(z)$ 定义在 $\{a+1, \mathrm{mod}(1)\}$ 上. 那么我们有 2 阶非一致格子 $x(s)$ 上函数 $f(z)$ 的中心和分:

$$
\begin{aligned}
\delta_0^{-2} f(z) = y_2(z) &= \int_{a+1}^{z-\frac{1}{2}} y_1(s)d_\delta x(s) \\
&= \int_{a+1}^{z-\frac{1}{2}} d_\delta x(s) \int_{a+\frac{1}{2}}^{s-\frac{1}{2}} f(t)d_\delta x(t) \\
&= \int_{a+\frac{1}{2}}^{z-1} f(t)d_\delta x(t) \int_{t+\frac{1}{2}}^{z-\frac{1}{2}} d_\delta x(s) \\
&= \int_{a+\frac{1}{2}}^{z-1} \frac{[x(z) - x(t)]}{[\Gamma(2)]_q} f(t)d_\delta x(t),
\end{aligned}
$$

这里 $y_1(s)$ 定义在 $\{a+1, \mathrm{mod}(1)\}$ 上, 且 $y_2(z)$ 定义在 $\left\{ a + \dfrac{3}{2}, \mathrm{mod}(1) \right\}$ 上.

接下来 3 阶非一致格子 $x(s)$ 上函数 $f(z)$ 的中心和分是

$$
\begin{aligned}
\delta_0^{-3} f(z) = y_3(z) &= \int_{a+\frac{3}{2}}^{z-\frac{1}{2}} y_2(s)d_\delta x(s) \\
&= \int_{a+\frac{3}{2}}^{z-\frac{1}{2}} d_\delta x(s) \int_{a+\frac{1}{2}}^{s-1} \frac{[x(s) - x(t)]}{[\Gamma(2)]_q} f(t)d_\delta x(t) \\
&= \int_{a+\frac{1}{2}}^{z-\frac{3}{2}} f(t)d_\delta x(t) \int_{t+1}^{z-\frac{1}{2}} \frac{[x(s) - x(t)]}{[\Gamma(2)]_q} d_\delta x(s) \\
&= \int_{a+\frac{1}{2}}^{z-\frac{3}{2}} \frac{[x(z) - x_{-1}(t)]_{(2)}}{[\Gamma(3)]_q} f(t)d_\delta x(t),
\end{aligned}
$$

这里 $y_2(s)$ 定义在 $\left\{ a + \dfrac{3}{2}, \mathrm{mod}(1) \right\}$ 上, 且 $y_3(z)$ 定义在 $\{a+2, \mathrm{mod}(1)\}$ 上. 上面的等式成立用到命题 6.7.2:

$$\frac{\delta}{\delta x(s)} \left\{ \frac{[x(s) - x_{-1}(t)]_{(2)}}{[\Gamma(3)]_q} \right\} = \frac{[x(s) - x(t)]}{[\Gamma(2)]_q},$$

以及

$$\int_{t+1}^{z-1} \frac{[x(s)-x(t)]}{[\Gamma(2)]_q} d_\delta x(s) = \int_{t+1}^{z-1} \frac{\delta}{\delta x(s)} \left\{ \frac{[x(s)-x_{-1}(t)]_{(2)}}{[\Gamma(3)]_q} \right\} d_\delta x(s)$$

$$= \frac{[x(s)-x_{-1}(t)]_{(2)}}{[\Gamma(3)]_q} \Big|_{s=t+\frac{1}{2}}^z$$

$$= \frac{[x(z)-x_{-1}(t)]_{(2)}}{[\Gamma(3)]_q} - \frac{\left[x\left(t+\frac{1}{2}\right)-x_{-1}(t)\right]_{(2)}}{[\Gamma(3)]_q}$$

$$= \frac{[x(z)-x_{-1}(t)]_{(2)}}{[\Gamma(3)]_q}.$$

更一般地, 由数学归纳法, 我们不难得到 k 阶非一致格子 $x(s)$ 上函数 $f(z)$ 的中心和分有如下形式

$$\delta^{-k} f(z) = y_k(z) = \int_{a+\frac{k}{2}}^{z-\frac{1}{2}} y_{k-1}(s) d_\delta x(s)$$

$$= \int_{a+\frac{1}{2}}^{z-\frac{k}{2}} \frac{[x(z)-x_{-k+2}(t)]_{(k-1)}}{[\Gamma(k)]_q} f(t) d_\delta x(t), \tag{6.7.1}$$

这里 $y_{k-1}(s)$ 定义在 $\left\{a+\dfrac{k}{2}, \bmod(1)\right\}$ 中, $y_k(z)$ 定义在 $\left\{a+\dfrac{k+1}{2}, \bmod(1)\right\}$ 中.

定义 6.7.3　对于任何 $\mathrm{Re}\,\alpha \in \mathbb{R}^+$, 非一致格子 $x(s)$ 上函数 $f(z)$ 的 α 阶中心和分定义为

$$\delta_0^{-\alpha} f(z) = \int_{a+\frac{1}{2}}^{z-\frac{\alpha}{2}} \frac{[x(z)-x_{-\alpha+2}(t)]_{(\alpha-1)}}{[\Gamma(\alpha)]_q} f(t) d_\delta x(t). \tag{6.7.2}$$

这里 $\delta^{-\alpha} f(z)$ 定义在 $\left\{a+\dfrac{\alpha+1}{2}, \bmod(1)\right\}$ 中, $f(t)$ 定义在 $\left\{a+\dfrac{1}{2}, \bmod(1)\right\}$ 中.

定义 6.7.4　让 $\delta f(z) = f\left(z+\dfrac{1}{2}\right) - f\left(z-\dfrac{1}{2}\right)$, $\delta x(z) = x\left(z+\dfrac{1}{2}\right) - x\left(z-\dfrac{1}{2}\right)$, 关于 $x(z)$ 函数 $f(z)$ 的中心差分定义为

$$\delta_0 f(z) = \frac{\delta f(z)}{\delta x(z)} = \frac{f\left(z+\frac{1}{2}\right)-f\left(z-\frac{1}{2}\right)}{x\left(z+\frac{1}{2}\right)-x\left(z-\frac{1}{2}\right)}, \tag{6.7.3}$$

且

$$\delta_0^m f(z) = \delta_0[\delta_0^{m-1} f(z)], \quad m=1,2,\cdots. \tag{6.7.4}$$

定义 6.7.5 让 m 是超过 $\operatorname{Re}\alpha$ 的最小正整数, 关于非一致格子 $x(z)$ 函数 $f(z)$ 的 Riemann-Liouville 中心分数阶差分定义为

$$\delta_0^\alpha f(z) = \delta_0^m(\delta_0^{\alpha-m} f(z)), \tag{6.7.5}$$

这里 $f(z)$ 定义在 $\left\{a+\dfrac{1}{2}, \bmod(1)\right\}$ 中, $(\delta_0^{\alpha-m} f(z))$ 定义在 $\left\{a+\dfrac{m-\alpha+1}{2}, \bmod(1)\right\}$ 中, $\delta_0^\alpha f(z)$ 定义在 $\left\{a+\dfrac{-\alpha+1}{2}, \bmod(1)\right\}$ 中.

让我们计算方程 (6.7.5) 的右边. 首先由定义 6.7.3 和定义 6.7.4, 可得

$$\delta_0(\delta_0^{\alpha-m} f(z)) = \frac{\delta}{\delta x(z)} \int_{a+\frac{1}{2}}^{z-\frac{m-\alpha}{2}} \frac{[x(z) - x_{-m+\alpha+2}(t)]^{(m-\alpha-1)}}{[\Gamma(m-\alpha)]_q} f(t) d_\delta x(t)$$

$$= \frac{1}{\delta x(z)} \left\{ \int_{a+\frac{1}{2}}^{z+\frac{1}{2}-\frac{m-\alpha}{2}} \frac{\left[x\left(z+\frac{1}{2}\right) - x_{-m+\alpha+2}(t)\right]^{(m-\alpha-1)}}{[\Gamma(m-\alpha)]_q} f(t) d_\delta x(t) \right.$$

$$\left. - \int_{a+\frac{1}{2}}^{z-\frac{1}{2}-\frac{m-\alpha}{2}} \frac{\left[x\left(z-\frac{1}{2}\right) - x_{-m+\alpha+2}(t)\right]^{(m-\alpha-1)}}{[\Gamma(m-\alpha)]_q} f(t) d_\delta x(t) \right\}$$

$$= \frac{1}{\delta x(z)} \left\{ \int_{a+\frac{1}{2}}^{z+\frac{1}{2}-\frac{m-\alpha}{2}} \frac{\delta[x(z) - x_{-m+\alpha+2}(t)]^{(m-\alpha-1)}}{[\Gamma(m-\alpha)]_q} f(t) d_\delta x(t) \right.$$

$$\left. + \frac{\left[x\left(z-\frac{1}{2}\right) - x_{-m+\alpha+2}(t)\right]^{(m-\alpha-1)}}{[\Gamma(m-\alpha)]_q} f(t) \delta x(t)\Big|_{t=z+\frac{1}{2}-\frac{m-\alpha}{2}} \right\}$$

$$= \frac{1}{\delta x(z)} \int_{a+\frac{1}{2}}^{z+\frac{1}{2}-\frac{m-\alpha}{2}} \frac{\delta[x(z) - x_{-m+\alpha+2}(t)]^{(m-\alpha-1)}}{[\Gamma(m-\alpha)]_q} f(t) d_\delta x(t)$$

$$= \int_{a+\frac{1}{2}}^{z-\frac{m-(\alpha+1)}{2}} \frac{[x(z) - x_{-m+(\alpha+1)+2}(t)]^{[m-(\alpha+1)-1]}}{[\Gamma[m-(\alpha+1)]]_q} f(t) d_\delta x(t).$$

那么, 进一步得到

$$\delta_0^2(\delta_0^{\alpha-m} f(z)) = \delta_0[\delta_0(\delta_0^{\alpha-m} f(z))]$$

$$= \frac{\delta}{\delta x(z)} \int_{a+\frac{1}{2}}^{z-\frac{m-(\alpha+1)}{2}} \frac{[x(z) - x_{m-(\alpha+1)-2}(t)]^{[m-(\alpha+1)-1]}}{[\Gamma[m-(\alpha+1)]]_q} f(t) d_\delta x(t),$$

同理我们可以得到

$$\frac{\delta}{\delta x(z)} \int_{a+\frac{1}{2}}^{z-\frac{m-(\alpha+1)}{2}} \frac{[x(z) - x_{-m+(\alpha+1)+2}(t)]^{[m-(\alpha+1)-1]}}{[\Gamma[m-(\alpha+1)]]_q} f(t) d_\delta x(t)$$

$$= \int_{a+\frac{1}{2}}^{z-\frac{m-(\alpha+2)}{2}} \frac{[x(z) - x_{-m+(\alpha+2)+2}(t)]_{[m-(\alpha+2)-1]}}{[\Gamma[m-(\alpha+2)]]_q} f(t) d_\delta x(t).$$

此即

$$\delta_0^2(\delta_0^{\alpha-m} f(z)) = \int_{a+\frac{1}{2}}^{z-\frac{m-(\alpha+2)}{2}} \frac{[x(z) - x_{-m+(\alpha+2)+2}(t)]_{[m-(\alpha+2)-1]}}{[\Gamma[m-(\alpha+2)]]_q} f(t) d_\delta x(t).$$

并且, 由数学归纳法, 我们可得到下面的结论

$$\delta_0^m(\delta_0^{\alpha-m} f(z)) = \int_{a+\frac{1}{2}}^{z-\frac{m-(\alpha+m)}{2}} \frac{[x(z) - x_{-m+(\alpha+2)+2}(t)]_{[m-(\alpha+m)-1]}}{[\Gamma[m-(\alpha+m)]]_q} f(t) d_\delta x(t)$$

$$= \int_{a+\frac{1}{2}}^{z+\frac{\alpha}{2}} \frac{[x(z) - x_{\alpha+2}(t)]_{(-\alpha-1)}}{[\Gamma(-\alpha)]_q} f(t) d_\delta x(t). \tag{6.7.6}$$

因此, 从方程 (6.7.6), 我们能够给出关于 α 阶 Riemann-Liouville 型分数阶中心差分的等价定义:

定义 6.7.6   假设 $\alpha \notin \mathbb{N}$, 让 m 是超过 Re $\alpha > 0$ 的最小正整数, α 阶 Riemann-Liouville 型分数阶中心差分可定义为

$$\delta_0^\alpha f(z) = \int_{a+\frac{1}{2}}^{z+\frac{\alpha}{2}} \frac{[x(z) - x_{\alpha+2}(t)]_{(-\alpha-1)}}{[\Gamma(-\alpha)]_q} f(t) d_\delta x(t), \tag{6.7.7}$$

这里 $f(z)$ 定义在 $\left\{ a+\frac{1}{2}, \mathrm{mod}(1) \right\}$ 中, $\delta_0^\alpha f(z)$ 定义在 $\left\{ a+\frac{-\alpha+1}{2}, \mathrm{mod}(1) \right\}$ 中.

我们也能够给出 Caputo 型分数阶中心差分定义如下:

定义 6.7.7   假设 $\alpha \notin \mathbb{N}$, 让 m 是超过 Re $\alpha > 0$ 的最小正整数, α 阶 Caputo 型分数阶中心差分可定义为

$$^C\delta_0^\alpha f(z) = \delta_0^{\alpha-m} \delta_0^m f(z). \tag{6.7.8}$$

需要指出的是, 关于非一致格子上分数阶中心差分与和分, 我们也同样可以建立一个重要的 Euler Beta 公式在非一致格子上的模拟公式.

定理 6.7.8   对任意 α, β, 我们有

$$\int_{a+\frac{1}{2}+\frac{\alpha}{2}}^{z-\frac{\beta}{2}} \frac{[x(z) - x_{-\beta+2}(t)]_{(\beta-1)}}{[\Gamma(\beta)]_q} \cdot \frac{[x(t) - x_{-\alpha+1}(a)]_{(\alpha)}}{[\Gamma(\alpha+1)]_q} d_\delta x(t)$$

$$= \frac{[x(z) - x_{-\alpha-\beta+1}(a)]_{(\alpha+\beta)}}{[\Gamma(\alpha+\beta+1)]_q}. \tag{6.7.9}$$

证明 由于

$$a + \frac{1}{2} + \frac{\alpha}{2} \leqslant t \leqslant z - \frac{\beta}{2},$$

因此可得

$$a + 1 \leqslant t + \frac{1}{2} - \frac{\alpha}{2} \leqslant z + \frac{1}{2} - \frac{\alpha + \beta}{2}.$$

令

$$\begin{cases} t + \dfrac{1}{2} - \dfrac{\alpha}{2} = \bar{t}, \\ z + \dfrac{1}{2} - \dfrac{\alpha + \beta}{2} = \bar{z}, \end{cases}$$

那么

$$\begin{cases} t = \bar{t} - \dfrac{1}{2} + \dfrac{\alpha}{2}, \\ z = z - \dfrac{1}{2} + \dfrac{\alpha + \beta}{2}. \end{cases}$$

方程 (6.7.9) 的左边等价于

$$\int_{a+1}^{\bar{z}} \frac{[y_\beta(\bar{z}) - y_\beta(\bar{t}-1)]^{(\beta-1)}}{[\Gamma(\beta)]_q} \frac{[y(\bar{t}) - y(a)]^{(\alpha)}}{[\Gamma(\alpha+1)]_q} d_\nabla x_1(\bar{t}),$$

并且方程的右边等价于

$$\frac{[y_\beta(\bar{z}) - y_\beta(a)]^{(\alpha+\beta)}}{[\Gamma(\alpha+\beta+1)]_q}.$$

此时应用非一致格子上 Euler Beta 定理 5.3.1, 可得定理 6.7.8 证毕.

命题 6.7.9 对于任意 $\operatorname{Re}\alpha, \operatorname{Re}\beta > 0$, 我们有

$$\delta_0^{-\beta} \delta_0^{-\alpha} f(z) = \delta_0^{-(\alpha+\beta)} f(z). \tag{6.7.10}$$

这里 $f(z)$ 定义在 $\left\{ a + \dfrac{1}{2}, \bmod(1) \right\}$ 中, $\delta^{-\alpha} f(z)$ 定义在 $\left\{ a + \dfrac{\alpha+1}{2}, \bmod(1) \right\}$ 中, 且 $(\delta^{-\beta} \delta^{-\alpha} f)(z)$ 定义在 $\left\{ a + \dfrac{\alpha+\beta+1}{2}, \bmod(1) \right\}$ 中.

证明 由定义 6.7.3, 可得

$$\int_{a+\frac{1}{2}+\frac{\alpha}{2}}^{z-\frac{\beta}{2}} \frac{[x(z) - x_{-\beta+2}(t)]^{(\beta-1)}}{[\Gamma(\beta)]_q} \nabla_\gamma^{-\alpha} f(t) d_\delta(t)$$

$$= \int_{a+\frac{1}{2}+\frac{\alpha}{2}}^{z-\frac{\beta}{2}} \frac{[x(z) - x_{-\beta+2}(t)]^{(\beta-1)}}{[\Gamma(\beta)]_q} d_\delta(t)$$

$$\int_{a+\frac{1}{2}}^{t-\frac{\alpha}{2}} \frac{[x(t) - x_{-\alpha+2}(s)]^{(\alpha-1)}}{[\Gamma(\alpha)]_q} f(s) d_\delta(s)$$

$$= \int_{a+\frac{1}{2}}^{z-\frac{\alpha+\beta}{2}} f(s)d_\delta(s) \int_{s+\frac{\alpha}{2}}^{z-\frac{\beta}{2}} \frac{[x(z) - x_{-\beta+2}(t)]_{(\beta-1)}}{[\Gamma(\beta)]_q}$$

$$\cdot \frac{[x(t) - x_{-\alpha+2}(s-1)]_{(\alpha-1)}}{[\Gamma(\alpha)]_q} d_\delta(t).$$

利用定理 6.7.8, 有

$$\int_{s+\frac{\alpha}{2}}^{z-\frac{\beta}{2}} \frac{[x(z) - x_{-\beta+2}(t)]_{(\beta-1)}}{[\Gamma(\beta)]_q} \frac{[x(t) - x_{-\alpha+2}(s)]_{(\alpha-1)}}{[\Gamma(\alpha)]_q} d_\delta(t)$$

$$= \frac{[x(z) - x_{-\alpha-\beta+2}(s)]_{(\alpha+\beta-1)}}{[\Gamma(\alpha+\beta)]_q},$$

这导出

$$\delta_0^{-\beta}\delta_0^{-\alpha}f(z) = \int_{a+\frac{1}{2}}^{z-\frac{\alpha+\beta}{2}} \frac{[x(z) - x_{-\alpha-\beta+2}(s)]_{(\alpha+\beta-1)}}{[\Gamma(\alpha+\beta)]_q} f(s)\nabla x_\gamma(s)$$

$$= \delta_0^{-(\alpha+\beta)}f(z).$$

命题 6.7.10　对于任意 $\operatorname{Re}\alpha > 0$, 成立

$$\delta_0^\alpha \delta_0^{-\alpha}f(z) = f(z).$$

证明　由定义 6.7.5, 可得

$$\delta_0^\alpha \delta_0^{-\alpha}f(z) = \delta_0^m(\delta_0^{\alpha-m})\delta_0^{-\alpha}f(z).$$

应用定理 6.7.8, 可以得到

$$\delta_0^{\alpha-m}\delta_0^{-\alpha}f(z) = \delta_0^{-m}f(z),$$

这样就有

$$\delta_0^\alpha \delta_0^{-\alpha}f(z) = \delta_0^m \delta_0^{-m}f(z) = f(z).$$

命题 6.7.11　设 $k \in \mathbb{N}$, 那么

$$\delta_0^{-k}\delta_0^k f(z) = f(z) - \sum_{j=0}^{k-1} \frac{\delta_0^j f(a)}{[j]_q!}[x(z) - x_{-j+1}(a)]_{(j)}. \tag{6.7.11}$$

证明　当 $k = 1$ 时, 我们有

$$\delta_0^{-1}\delta_0^1 f(z) = \sum_{a+\frac{1}{2}}^{z+\frac{1}{2}} \delta_0^1 f(s)\delta x(s)$$

$$= \sum_{a+\frac{1}{2}}^{z+\frac{1}{2}} \delta^1 f(s) = f(z) - f(a).$$

假定当 $n = k$ 时, (6.7.11) 成立, 那么当 $n = k+1$, 时, 我们有

$$\delta_0^{-(k+1)} \delta_0^{k+1} f(z) = \delta_0^{-1} [\delta_0^{-k} \delta_0^k] \delta_0^1 f(z)$$

$$= \delta_0^{-1} \left\{ \delta_0^1 f(a) - \sum_{j=0}^{k-1} \frac{\delta_0^j [\delta_0^1 f](a)}{[j]_q!} [x(z) - x_{-j+1}(a)]_{(j)} \right\}$$

$$= f(z) - f(a) - \sum_{j=0}^{k-1} \frac{\delta_0^{j+1} f(a)}{[j+1]_q!} [x(z) - x_{-j}(a)]_{(j+1)}$$

$$= f(z) - \sum_{j=0}^{k} \frac{\delta_0^j f(a)}{[j]_q!} [x(z) - x_{-j+1}(a)]_{(j)}.$$

因此, 由数学归纳法, (6.7.11) 证毕.

命题 6.7.12 设 $0 < k-1 < \alpha \leqslant k$, 那么

$$\delta_0^{-\alpha} \delta_0^{\alpha} f(z) = f(z) - \sum_{j=0}^{k-1} \delta_0^{j-k+\alpha} f(a) \frac{[x(z) - x_{-\alpha-j+k+1}(a)]_{(j+\alpha-k)}}{[\Gamma(j+\alpha-k+1)]_q}. \quad (6.7.12)$$

证明 因为

$$\delta_0^{-\alpha} \delta_0^{\alpha} f(z) = \delta_0^{-\alpha+k} \delta_0^{-k} \delta_0^k \delta_0^{-k+\alpha} f(z),$$

那么利用 (6.7.11), 可得

$$\delta_0^{-\alpha} \delta_0^{\alpha} f(z) = \delta_0^{-\alpha+k} \left\{ \delta_0^{-k+\alpha} f(z) - \sum_{j=0}^{k-1} \frac{\delta_0^j \delta_0^{-k+\alpha} f(a)}{[j]_q!} [x(z) - x_{j-1}(a)]^{(j)} \right\}$$

$$= f(z) - \sum_{j=0}^{k-1} \delta_0^{j-k+\alpha} f(a) \frac{[x(z) - x_{\alpha+j-k-1}(a)]^{(j+\alpha-k)}}{[\Gamma(j+\alpha-k+1)]_q}.$$

命题 6.7.13 设 $0 < k-1 < q \leqslant k$, 那么

$$\delta_0^{-p} \delta_0^q f(z) = \delta_0^{q-p} f(z) - \sum_{j=1}^{k} \delta_0^{q-j} f(a) \frac{[x(z) - x_{-p+j+1}(a)]_{(p-j)}}{[\Gamma(p-j+1)]_q}. \quad (6.7.13)$$

证明 由于

$$\delta_0^{-p} \delta_0^q f(z) = \delta_0^{-p+q} \delta_0^{-q} \delta_0^q f(z),$$

那么应用 (6.7.12), 则有

$$\delta_0^{-p+q}\delta_0^{-q}\delta_0^q f(z)$$

$$= \delta_0^{-p+q}\left\{f(z) - \sum_{j=1}^{k}\delta_0^{q-j}f(a)\frac{[x(z) - x_{-p+j+1}(a)]_{(q-j)}}{[\Gamma(q-j+1)]_q}\right\}$$

$$= \delta_0^{-p+q}f(z) - \sum_{j=1}^{k}\delta_0^{q-j}f(a)\frac{[x(z) - x_{-p+j+1}(a)]_{(p-j)}}{[\Gamma(p-j+1)]_q},$$

等式 (6.7.13) 证毕.

命题 6.7.14　让 $0 < k-1 < q \leqslant k$, $p > 0$, 那么

$$\delta_0^p\delta_0^q f(z) = \delta_0^{p+q}f(z) - \sum_{j=1}^{k}\delta_0^{q-j}f(a)\frac{[x(z) - x_{-p-j-1}(a)]^{(-p-j)}}{[\Gamma(-p-j+1)]_q}. \tag{6.7.14}$$

证明　让 $m-1 < p \leqslant m$, 由于

$$\delta_0^p\delta_0^q f(z) = \delta_0^m\delta_0^{-m+p}\delta_0^q f(z),$$

那么应用 (6.7.13), 我们有

$$\delta_0^m\delta_0^{-m+p}\delta_0^q f(z)$$

$$= \delta_0^m\left\{\delta_0^{-m+p+q}f(z) - \sum_{j=1}^{k}\delta_0^{q-j}f(a)\frac{[x(z) - x_{-m+p+j+1}(a)]_{(m-p-j)}}{[\Gamma(m-p-j+1)]_q}\right\}$$

$$= \delta_0^{p+q}f(z) - \sum_{j=1}^{k}\delta_0^{q-j}f(a)\frac{[x(z) - x_{p+j+1}(a)]_{(-p-j)}}{[\Gamma(-p-j+1)]_q},$$

等式 (6.7.14) 证毕.

Riemann-Liouville 型分数阶差分与 Caputo 分数阶差分之间的关系是

命题 6.7.15　成立

$$^C\delta_0^\alpha f(z) = \delta_0^\alpha\left\{f(z) - \sum_{j=1}^{m-1}\frac{\delta_0^j f(a)}{[j]_q!}[x(z) - x_{-j+1}(a)]_{(j)}\right\}.$$

证明　按照定义 6.7.7 和命题 6.7.11, 我们有

$$^C\delta_0^\alpha f(z) = \delta_0^{\alpha-m}\delta_0^m f(z) = \delta_0^\alpha\delta_0^{-m}\delta_0^m f(z)$$

$$= \delta_0^\alpha\left\{f(z) - \sum_{j=1}^{m-1}\frac{\delta^j f(a)}{[j]_q!}[x(z) - x_{-j+1}(a)]_{(j)}\right\}.$$

命题 6.7.16 设 $0 < m-1 < \alpha \leqslant m$, 那么

$$^C\delta_0^\alpha \delta_0^{-\alpha} f(z) = f(z). \tag{6.7.15}$$

证明 令

$$g(z) = \delta_0^{-\alpha} f(z),$$

那么我们知道

$$g(a) = \delta_0 g(a) = \cdots = \delta_0^{m-1} g(a) = 0,$$

因此从命题 6.7.15, 可得

$$^C\delta_0^\alpha g(z) = \delta_0^\alpha g(z) = f(z).$$

因此, 有

$$^C\delta_0^\alpha \delta_0^{-\alpha} f(z) = \delta_0^\alpha \delta_0^{-\alpha} f(z) = f(z). \tag{6.7.16}$$

命题 6.7.17 设 $0 < m-1 < \alpha \leqslant m$, 那么

$$\delta_0^{-\alpha}[^C\delta_0^\alpha]f(z) = f(z) - \sum_{j=1}^{m-1} \frac{\delta^j f(a)}{[j]_q!}[x(z) - x_{-j+1}(a)]_{(j)}. \tag{6.7.17}$$

证明 由定义 6.7.7, 可得

$$\delta_0^{-\alpha}[^C\delta_0^\alpha]f(z) = \delta_0^{-\alpha}\delta_0^{-(m-\alpha)}\delta_0^m f(z) = \delta_0^{-m}\delta_0^m f(z) \tag{6.7.18}$$

$$= f(z) - \sum_{j=1}^{m-1} \frac{\delta^j f(a)}{[j]_q!}[x(z) - x_{-j+1}(a)]_{(j)}. \tag{6.7.19}$$

定义 6.7.18 当 $0 < \alpha \leqslant 1$ 时, 我们可以给出一种非一致格子上序列中心分数阶差分的定义, 其形式如下

$$^S\delta_0^{k\alpha} f(z) = \underbrace{\delta_0^\alpha \delta_0^\alpha \cdots \delta_0^\alpha}_{} f(z). \quad (k\text{重}) \tag{6.7.20}$$

对于非一致格子上序列中心分数阶差分, 我们可以建立 Taylor 公式.

定理 6.7.19 设 $0 < \alpha \leqslant 1, k \in \mathbb{N}$, 那么

$$\delta_0^{-k\alpha}[^S\delta_0^{k\alpha}f](z) = f(z) - \sum_{j=0}^{k-1} \frac{^S\delta_0^{j\alpha}f(a)}{[\Gamma(j\alpha+1)]_q}[x(z) - x_{-j\alpha+1}(a)]_{(j\alpha)}. \tag{6.7.21}$$

证明 当 $k=1$ 时, 从命题 6.7.17, 可得

$$\delta_0^{-\alpha}\delta_0^\alpha f(z) = f(z) - f(a).$$

假定当 $n = k$ 时 (6.7.21) 成立, 那么对 $n = k + 1$ 时, 我们有

$$
\begin{aligned}
r_{k+1}(z) &= \delta_0^{-(k+1)\alpha} [^S\delta_0^{(k+1)\alpha} f](z) = \delta_0^{-\alpha} \delta_0^{-k\alpha} [^S\delta_0^{k\alpha}] \delta_0^{\alpha} f(z) \\
&= \delta_0^{-\alpha} \left\{ \delta_0^{\alpha} f(a) - \sum_{j=0}^{k-1} \frac{^S\delta_0^{j\alpha} [\delta_0^{\alpha} f](a)}{[\Gamma(j\alpha + 1)]_q!} [x(z) - x_{-j\alpha+1}(a)]_{(j\alpha)} \right\} \\
&= f(z) - f(a) - \sum_{j=0}^{k-1} \frac{^S\delta_0^{j+1} f(a)}{[\Gamma((j+1)\alpha + 1)]_q} [x(z) - x_{-(j+1)\alpha+1}(a)]_{(j+1)\alpha} \\
&= f(z) - \sum_{j=0}^{k} \frac{\delta_0^{j\alpha} f(a)}{[\Gamma(j\alpha + 1)]_q} [x(z) - x_{-j\alpha+1}(a)]_{(j\alpha)}.
\end{aligned}
$$

因此, 由数学归纳法, (6.7.21) 的证明就完成了.

定理 6.7.20   下面的 Taylor 级数

$$
f(z) = \sum_{k=0}^{\infty} [^S\delta_0^{k\alpha} f](a) \frac{[x(z) - x_{-k\alpha+1}(a)]_{(k\alpha)}}{[\Gamma(k\alpha + 1)]_q}
$$

成立当且仅当

$$
\lim_{k \to \infty} r_k(z) = \lim_{k \to \infty} \delta_0^{-k\alpha} [^S\delta_0^{k\alpha}] f(z) = 0.
$$

证明   这是定理 6.7.19 的直接推论.

6.8   应用: 分数阶差分方程的级数解

接下来我们求解如下非一致格子上分数阶差分方程:

$$
{}^C\delta_0^{\alpha} f(z) = \lambda f(z), \quad 0 < \alpha \leqslant 1. \tag{6.8.1}
$$

定理 6.8.1   方程 (6.8.1) 的解是

$$
f(z) = \sum_{k=0}^{\infty} \lambda^k \frac{[x(z) - x_{-k\alpha+1}(a)]_{(k\alpha)}}{[\Gamma(k\alpha + 1)]_q}. \tag{6.8.2}
$$

证明   利用广义序列 Taylor 级数, 假定方程的解可写成

$$
f(z) = \sum_{k=0}^{\infty} c_k \frac{[x(z) - x_{-k\alpha+1}(a)]_{(k\alpha)}}{[\Gamma(k\alpha + 1)]_q}. \tag{6.8.3}
$$

从等式

$$
{}^C\delta_0^{\alpha} \frac{[x(z) - x_{-k\alpha+1}(a)]_{(k\alpha)}}{[\Gamma(k\alpha + 1)]_q} = [^C\delta_0^{\alpha}] \delta_0^{-k\alpha}(1) = \delta_0^{\alpha-1} \delta_0^1 \delta_0^{-k\alpha}(1)
$$

$$= \delta_0^{\alpha-1} \delta_0^{1-k\alpha}(1) = \delta_0^{-(k-1)\alpha}(1)$$

$$= \frac{[x(z) - x_{-(k-1)\alpha+1}(a)]_{((k-1)\alpha)}}{[\Gamma((k-1)\alpha+1)]_q},$$

我们可得

$$^C\delta_0^\alpha f(z) = \sum_{k=1}^\infty c_k \frac{[x(z) - x_{-k\alpha+1}(a)]_{((k-1)\alpha)}}{[\Gamma((k-1)\alpha+1)]_q}. \tag{6.8.4}$$

将 (6.8.3) 和 (6.8.4) 代入 (6.8.1) 得到

$$\sum_{k=1}^\infty c_{k+1} \frac{[x(z) - x_{-k\alpha+1}(a)]_{(k\alpha)}}{[\Gamma(k\alpha+1)]_q} - \lambda \sum_{k=0}^\infty c_k \frac{[x(z) - x_{-k\alpha+1}(a)]_{(k\alpha)}}{[\Gamma(k\alpha+1)]_q} = 0. \tag{6.8.5}$$

比较方程 (6.8.5) 中广义幂函数 $[x(z) - x_{k\alpha-1}(a)]^{(k\alpha)}$ 的系数, 可得

$$c_{k+1} = \lambda c_k, \tag{6.8.6}$$

此即

$$c_k = \lambda^k c_0.$$

因此, 我们得到 (6.8.1) 的解是

$$f(z) = c_0 \sum_{k=0}^\infty \lambda^k \frac{[x(z) - x_{-k\alpha+1}(a)]_{(k\alpha)}}{[\Gamma(k\alpha+1)]_q}.$$

定义 6.8.2 基本 α 阶分数指数函数定义为

$$e(\alpha, z) = \sum_{k=0}^\infty \frac{[x(z) - x_{-k\alpha+1}(a)]_{(k\alpha)}}{[\Gamma(k\alpha+1)]_q}, \tag{6.8.7}$$

并且

$$e(\alpha, \lambda, z) = \sum_{k=0}^\infty \lambda^k \frac{[x(z) - x_{-k\alpha+1}(a)]_{(k\alpha)}}{[\Gamma(k\alpha+1)]_q}. \tag{6.8.8}$$

注 6.8.3 在 (6.8.8) 中, 当 $\alpha = 1$ 时, 此时得到 q-二次格子上的一个基本 1 阶分数阶指数函数, 容易验证这个基本 1 阶分数阶指数函数与 Ismail, Zhang[74] 和 Suslov[100] 的基本指数函数是等价的. 这里的定义 6.8.2 是它的一个自然推广, 它在求解非一致格子上分数阶差分方程的作用十分重要. 以下仅举两个例子.

例 6.8.4 我们考虑如下形式一般的非一致格子上带有常系数的 $n\alpha$ 阶序列分数阶差分方程:

$$[a_n(^S\delta^{n\alpha}) + a_{n-1}(^S\delta^{(n-1)\alpha}) + \cdots + a_1(^S\delta^\alpha) + a_0(^S\delta^0)]f(z) = 0. \tag{6.8.9}$$

证明　与经典情形类似, 将

$$f(z) = e(\alpha, \lambda, z),$$

代入方程 (6.8.9), 可得

$$a_n \lambda^n + a_{n-1} \lambda^{n-1} + \cdots + a_1 \lambda + a_0 = 0. \tag{6.8.10}$$

假定方程 (6.8.10) 具有不同实根 $\lambda_i, i = 1, 2, \cdots, n$, 那么我们可以得到 n 个线性独立的解

$$f_i(z) = e(\alpha, \lambda_i, z), \quad i = 1, 2, \cdots, n.$$

例 6.8.5　设 $\omega > 0$, 考虑如下简谐运动形式的 2α 阶序列分数阶差分方程

$$^S\delta_0^\alpha{}^S\delta_0^\alpha f(z) + \omega^2 f(z) = 0, \quad 0 < \alpha \leqslant 1, \tag{6.8.11}$$

并且它的解与广义基本三角函数有密切关系.

证明　令

$$f(z) = e(\alpha, \lambda, z), \tag{6.8.12}$$

将 (6.8.12) 代入方程 (6.8.11), 那么有

$$\lambda^2 + \omega^2 = 0,$$

它有两个解

$$\lambda_1 = i\omega, \quad \lambda_2 = -i\omega.$$

因此方程 (6.8.9) 的解是

$$\begin{aligned}
f_1(z) = e(\alpha, i\omega, z) &= \sum_{k=0}^{\infty} (i\omega)^k \frac{[x(z) - x_{-k\alpha+1}(a)]_{(k\alpha)}}{[\Gamma(k\alpha + 1)]_q} \\
&= \sum_{n=0}^{\infty} (-1)^n \omega^{2n} \frac{[x(z) - x_{-2n\alpha+1}(a)]_{(2n\alpha)}}{[\Gamma(2n\alpha + 1)]_q} \\
&\quad + i \sum_{n=0}^{\infty} (-1)^n \omega^{2n+1} \frac{[x(z) - x_{-(2n+1)\alpha+1}(a)]_{((2n+1)\alpha)}}{[\Gamma((2n+1)\alpha + 1)]_q},
\end{aligned}$$

并且

$$f_2(z) = e(\alpha, -i\omega, z) = \sum_{k=0}^{\infty} (-i\omega)^k \frac{[x(z) - x_{-k\alpha+1}(a)]_{(k\alpha)}}{[\Gamma(k\alpha + 1)]_q}$$

$$= \sum_{n=0}^{\infty} (-1)^n \omega^{2n} \frac{[x(z) - x_{-2n\alpha+1}(a)]_{(2n\alpha)}}{[\Gamma(2n\alpha+1)]_q}$$
$$- i \sum_{n=0}^{\infty} (-1)^n \omega^{2n+1} \frac{[x(z) - x_{-(2n+1)\alpha+1}(a)]_{((2n+1)\alpha)}}{[\Gamma((2n+1)\alpha+1)]_q}.$$

运用 Euler 的记号, 我们记

$$\cos(\alpha, \omega, z) = \sum_{n=0}^{\infty} (-1)^n \omega^{2n} \frac{[x(z) - x_{-2n\alpha+1}(a)]_{(2n\alpha)}}{[\Gamma(2n\alpha+1)]_q},$$

且

$$\sin(\alpha, \omega, z) = \sum_{n=0}^{\infty} (-1)^n \omega^{2n+1} \frac{[x(z) - x_{-(2n+1)\alpha+1}(a)]_{((2n+1)\alpha)}}{[\Gamma((2n+1)\alpha+1)]_q},$$

那么成立下式

$$\cos(\alpha, \omega, z) = \frac{e(\alpha, i\omega, z) + e(\alpha, -i\omega, z)}{2},$$
$$\sin(\alpha, \omega, z) = \frac{e(\alpha, i\omega, z) - e(\alpha, -i\omega, z)}{2i},$$

以及

$$\cos^2(\alpha, \omega, z) + \sin^2(\alpha, \omega, z) = e(\alpha, i\omega, z)e(\alpha, -i\omega, z).$$

第 7 章　离散分数阶函数与一些特殊函数

本章介绍离散分数阶函数, 它是一些经典正交函数多项式的推广. 我们注意到, 在非一致格子上, 我们得到的一个分数阶特殊函数, 推广了著名的 Askey-Wilson 多项式函数. 从本章内容可以看出, 超几何微分方程 (或超几何差分方程)、特殊函数、分数阶微积分 (或离散分数阶微积分) 理论三者是有机地联系在一起的, 它们之间密不可分.

7.1　经典正交多项式回顾

在第 1 章, 我们已经介绍过一些经典正交多项式, 这里我们再简单回顾一下.

正交函数概念: 一个函数列 $\{p_n(x)\}$, 这里 $p_n(x)$ 是关于 x 的 n 次多项式, 如果它们满足

$$\int_{-\infty}^{\infty} p_m(x)p_n(x)d\alpha(x) = 0, \quad m \neq n, \tag{7.1.1}$$

那么将称它们关于 Lebesgue-Stieltjes 测度 $d\alpha(x)$ 是正交的多项式.

在该定义中, 假设矩

$$\mu_n = \int_{-\infty}^{\infty} x^n d\alpha(x) = 0, \quad n = 0, 1, \cdots \tag{7.1.2}$$

是有限的.

如果非减实值有界函数 $\alpha(x)$ 是离散跳跃函数, 它在 $x = x_j, j = 0, 1, \cdots$ 处的值为 ρ_j, 那么 (7.1.1) 和 (7.1.2) 将有形式:

$$\sum_{j=0}^{\infty} p_m(x_j)p_n(x_j)\rho_j = 0, \quad m \neq n \tag{7.1.3}$$

和

$$\mu_n = \sum_{j=0}^{\infty} x_j^n \rho_j = 0, \quad n = 0, 1, \cdots. \tag{7.1.4}$$

一个多项式集合

$$y(x) = p_n(x) = k_n x^n + \cdots \quad (n \in \mathbb{N}_0 = \{0, 1, 2, \cdots\}, k_n \neq 0)$$

称为经典连续正交函数族, 如果它是以下超几何型微分方程

$$\sigma(x)y''(x) + \tau(x)y'(x) + \lambda_n y(x) = 0$$

的解, 这里 $\sigma(x) = ax^2 + bx + c$ 是至多二次多项式, 且 $\tau(x) = dx + e$ 是至多一次多项式, λ_n 满足

$$\lambda_n = -n\tau' - \frac{1}{2}n(n-1)\sigma''$$

$$= -n\kappa_n, \quad n \in \mathbb{N}_0,$$

这里 $\kappa_n = \tau' + \frac{1}{2}(n-1)\sigma''$. 并且分布函数 $d\alpha(x)$ 具有形式

$$d\alpha(x) = \rho(x)dx,$$

这里 $\rho(x)$ 是区间 (a, b) 上的非负函数, 它满足 Pearson 方程

$$\frac{d}{dx}(\sigma(x)\rho(x)) = \tau(x)\rho(x).$$

一个十分重要的结果是, 这些多项式都能用 Rodrigues 型公式

$$p_n(x) = \frac{1}{\rho(x)} \frac{d^n}{dx^n}[\sigma^n(x)\rho(x)]$$

来表示.

除了一个线性变量之外, 这些多项式可以被分类成

(a) Jacobi 多项式

$$P_n^{(\alpha,\beta)}(x) = \frac{(-1)^n}{2^n n!} \frac{1}{(1-x)^\alpha(1+x)^\beta} \frac{d^n}{dx^n}[(1-x)^{n+\alpha}(1+x)^{n+\beta}]$$

$$=\, _2F_1\left[\begin{matrix} -n, n+\alpha+\beta+1 \\ \alpha+1 \end{matrix}; \frac{1-x}{x}\right]. \tag{7.1.5}$$

它满足的方程是

$$(1-x)^2 y''(x) + (\beta-\alpha-(\alpha+\beta+2)x)y'(x) + n(n+\alpha+\beta+1)y(x) = 0. \tag{7.1.6}$$

(b) Laguerre 多项式

$$L_n^{(\alpha)}(x) = \frac{1}{n!} \frac{e^x}{x^\alpha} D^n(e^{-x}x^{n+\alpha})$$

$$= \frac{(\alpha+1)_n}{n!} \cdot\, _2F_1\left[\begin{matrix} -n \\ \alpha+1 \end{matrix}; x\right]. \tag{7.1.7}$$

它满足的方程是

$$xy''(x) + (\alpha + 1 - x)y'(x) + ny(x) = 0. \tag{7.1.8}$$

(c) Hermite 多项式

$$H_n(x) = (-1)^n e^{x^2} D^n (e^{-x^2})$$

$$= (2x)^n \cdot {}_2F_0 \left[\begin{array}{c} -\dfrac{n}{2}, -\dfrac{n-1}{2} \\ - \end{array} ; -\dfrac{1}{x^2} \right]. \tag{7.1.9}$$

Hermite 函数满足超几何型微分方程

$$y''(x) - 2xy'(x) + 2ny(x) = 0. \tag{7.1.10}$$

(d)Gegenbauer/超球多项式, 它是 Jacobi 多项式的特殊情况, 此时 $\alpha = \beta = \lambda - \dfrac{1}{2}$.

$$C_n^{(\lambda)}(x) = \frac{(-1)^n (2\lambda)}{\left(\lambda + \dfrac{1}{2}\right)_n 2^n n!} \frac{1}{(1-x^2)^{\lambda - \frac{1}{2}}} D^n [(1-x^2)^{\lambda + n - \frac{1}{2}}]$$

$$= \frac{(2\lambda)_n}{\left(\lambda + \dfrac{1}{2}\right)_n} P_n^{(\lambda - \frac{1}{2}, \lambda - \frac{1}{2})}(x)$$

$$= \frac{(2\lambda)_n}{n!} \cdot {}_2F_1 \left[\begin{array}{c} -n, n + 2\lambda \\ \lambda + \dfrac{1}{2} \end{array} ; \dfrac{1-x}{x} \right], \quad \lambda \neq 0. \tag{7.1.11}$$

它满足的方程是

$$(1-x)^2 y''(x) - (2\lambda + 1)xy'(x) + n(n + 2\lambda)y(x) = 0. \tag{7.1.12}$$

(e) 第一类 Chebyshev 多项式, 它与 Jacobi 多项式的密切相关, 此时 $\alpha = \beta = -\dfrac{1}{2}$.

$$T_n(x) = \frac{(-1)^n}{\left(\dfrac{1}{2}\right)_n 2^n} \frac{1}{(1-x^2)^{-\frac{1}{2}}} D^n \left[(1-x^2)^{n-\frac{1}{2}} \right]$$

$$= \frac{P_n^{(-\frac{1}{2}, -\frac{1}{2})}(x)}{P_n^{(-\frac{1}{2}, -\frac{1}{2})}(1)} = {}_2F_1 \left[\begin{array}{c} -n, n \\ \dfrac{1}{2} \end{array} ; \dfrac{1-x}{x} \right]; \tag{7.1.13}$$

第二类 Chebyshev 多项式, 它可从 Jacobi 多项式得到, 此时 $\alpha = \beta = \dfrac{1}{2}$.

$$U_n(x) = \frac{(n+1)(-1)^n}{\left(\dfrac{3}{2}\right)_n 2^n} \frac{1}{(1-x^2)^{\frac{1}{2}}} D^n[(1-x^2)^{n+\frac{1}{2}}]$$

$$= (n+1)\frac{P_n^{(-\frac{1}{2},-\frac{1}{2})}(x)}{P_n^{(-\frac{1}{2},-\frac{1}{2})}(1)} = (n+1) \cdot {}_2F_1\left[\begin{matrix} -n, n+2 \\ \dfrac{3}{2} \end{matrix}; \frac{1-x}{x}\right]. \qquad (7.1.14)$$

(f) Legendre 多项式, 它可由 Jacobi 多项式得到, 此时 $\alpha = \beta = 0$.

$$P_n(x) = \frac{(-1)^n}{2^n n!} D^n[(1-x^2)^n]$$

$$= P_n^{(-0,-0)}(x) = {}_2F_1\left[\begin{matrix} -n, n+1 \\ 1 \end{matrix}; \frac{1-x}{x}\right], \qquad (7.1.15)$$

它满足的方程是

$$(1-x)^2 y''(x) - 2xy'(x) + n(n+1)y(x) = 0. \qquad (7.1.16)$$

同样地, 一个多项式集合

$$y(x) = p_n(x) = k_n x^n + \cdots \quad (n \in \mathbb{N}_0 = \{0, 1, 2, \cdots\}, k_n \neq 0)$$

称为经典离散正交函数族, 如果它满足以下超几何型差分方程

$$\sigma(x)\Delta\nabla y(x) + \tau(x)\Delta y(x) + \lambda_n y(x) = 0, \qquad (7.1.17)$$

这里 $\sigma(x) = ax^2 + bx + c$ 是至多二次多项式, 且 $\tau(x) = dx + e$ 是至多一次多项式, λ_n 满足

$$\lambda_n = -n\tau' - \frac{1}{2}n(n-1)\sigma'', \quad n \in \mathbb{N}_0,$$

并且满足 Pearson 方程

$$\Delta(\sigma(x)\rho(x)) = \tau(x)\rho(x),$$

这里 $\rho(x)$ 被称为离散权重函数.

一个经典的结果是, 这些多项式都能用离散 Rodrigues 型公式 (参见式 (1.2.19))

$$p_n(x) = \frac{1}{\rho(x)}\nabla^n[\rho_n(x)]$$

来表示. 这里

$$\rho_n(x) = \rho(x+n)\prod_{k=1}^{n}\sigma(x+k)$$

这些经典多项式可以分类为:

(g) Hahn 多项式

$$Q_n(x; \alpha, \beta, N) =_3 F_2 \left[\begin{matrix} -n, n + \alpha + \beta + 1, -x \\ \alpha + 1, -N \end{matrix}; 1 \right]. \tag{7.1.18}$$

(h) Krawtchouk 多项式

$$K_n(x; p, N) =_2 F_1 \left[\begin{matrix} -n, -x \\ -N \end{matrix}; \frac{1}{p} \right]. \tag{7.1.19}$$

(i) Meixner 多项式

$$M_n(x; \beta, c) =_2 F_1 \left[\begin{matrix} -n, -x \\ \beta \end{matrix}; 1 - \frac{1}{c} \right]. \tag{7.1.20}$$

(j) Charlier 多项式

$$C_n(x; \alpha) =_2 F_0 \left[\begin{matrix} -n, -x \\ - \end{matrix}; -\frac{1}{\alpha} \right]. \tag{7.1.21}$$

7.2　分数阶函数

由上一节我们知道, 对于超几何微分方程

$$\sigma(x)y''(x) + \tau(x)y'(x) + \lambda y(x) = 0,$$

这里 $\sigma(x) = ax^2 + bx + c$ 是至多二次多项式, $\tau(x) = dx + e$ 是至多一次多项式, 并且 λ 满足方程

$$\lambda + n\tau' + \frac{1}{2}n(n-1)\sigma'' = 0, \quad n \in \mathbb{N}_0$$

时, 超几何方程必有一个 n 次多项式解. 这个多项式的解可以用 Rodrigues 公式表示:

$$y(x) = \frac{1}{\rho(x)} \frac{d^n}{dx^n} [\sigma^n(x)\rho(x)],$$

其中 $\rho(x)$ 满足 Pearson 方程

$$\frac{d}{dx}(\sigma(x)\rho(x)) = \tau(x)\rho(x).$$

现在的问题是：对于任意给定的实数 λ, 当方程

$$\lambda + n\tau' + \frac{1}{2}n(n-1)\sigma'' = 0$$

没有自然数根时, 这个超几何型微分方程的解, 很显然不再是经典多项式. 它的特解是什么? 对于这种更一般的情况, 必须借助于分数阶微积分理论, 提出相应推广的分数阶函数, 才能给出完美的答案.

7.2.1 分数阶 Hermite 函数

经典 Hermite 多项式通常由以下 Rodrigues 公式表示:

$$H_n(x) = (-1)^n e^{x^2} D^n(e^{-x^2}),$$

这里 $n \in \mathbb{N}$.

我们用 Caputo 分数阶导数定义分数阶 Hermite 函数为

$$H_\nu(x) = (-1)^\nu e^{x^2} [{}_0D_x^\nu(e^{-x^2})], \tag{7.2.1}$$

这里 $x, \nu \in \mathbb{R}, n-1 < \nu < n$.

定理 7.2.1 设 $\nu > 0$, 那么分数阶 Hermite 函数有形如下面的超几何函数表示

$$H_\nu(x) = \frac{(-1)^\nu}{\Gamma(1-\nu)} x^{-\nu} \cdot {}_2F_2 \left[\begin{array}{c} \frac{1}{2}, 1 \\ \frac{1-\nu}{2}, \frac{2-\nu}{2} \end{array}; -x^2 \right]. \tag{7.2.2}$$

证明 由分数阶导数定义和性质, 可得

$$\begin{aligned}
H_\nu(x) &= (-1)^\nu e^{x^2} [{}_0D_x^\nu(e^{-x^2})] \\
&= (-1)^\nu e^{x^2} \sum_{n=0}^\infty \frac{(-1)^n}{n!} [{}_0D_x^\nu(x^{2n})] \\
&= (-1)^\nu e^{x^2} \sum_{n=0}^\infty \frac{(-1)^n}{n!} \frac{\Gamma(2n+1)}{\Gamma(2n+1-\nu)} x^{2n-\nu} \\
&= (-1)^\nu \frac{x^{-\nu} e^{x^2}}{\Gamma(1-\nu)} \sum_{n=0}^\infty \frac{(1)_{2n}}{n!(1-\nu)_{2n}} (-x^2)^n \\
&= (-1)^\nu \frac{x^{-\nu} e^{x^2}}{\Gamma(1-\nu)} \sum_{k=0}^\infty \frac{(1)_n \left(\frac{1}{2}\right)_n}{n! \left(\frac{1-\nu}{2}\right)_n \left(\frac{2-\nu}{2}\right)_n} (-x^2)^n \\
&= (-1)^\nu \frac{x^{-\nu} e^{x^2}}{\Gamma(1-\nu)} \cdot {}_2F_2 \left[\begin{array}{c} \frac{1}{2}, 1 \\ \frac{1-\nu}{2}, \frac{2-\nu}{2} \end{array}; -x^2 \right].
\end{aligned}$$

定理 7.2.2 分数阶 Hermite 函数满足超几何型微分方程

$$y''(x) - 2xy'(x) + 2\nu y(x) = 0. \tag{7.2.3}$$

证明　对于 Hermite 方程

$$y''(x) - 2xy'(x) + 2\nu y(x) = 0,$$

这里有 $\sigma(x) = 1, \tau(x) = -2x, \rho(x) = e^{-x^2}$.

由 2.5 节知道该方程的伴随方程为

$$w''(x) + 2xw'(x) + 2(\nu + 1)w(x) = 0.$$

不难直接验证级数

$$w(x) = \rho(x)H_\nu(x)$$
$$= (-1)^\nu \frac{x^{-\nu}}{\Gamma(1-\nu)} \sum_{n=0}^{\infty} \frac{(1)_{2n}}{n!(1-\nu)_{2n}}(-x^2)^n$$

是伴随方程的解. 从而由原方程与伴随方程两者解之间的关系, 可知 $H_\nu(x)$ 是原 Hermite 方程的解, 证毕.

7.2.2　分数阶 Laguerre 函数

经典 Laguerre 多项式可由以下 Rodrigues 公式表示:

$$L_n^{(\alpha)}(x) = \frac{1}{n!} \frac{e^x}{x^\alpha} D^n(e^{-x} x^{n+\alpha}), \quad n \in \mathbb{N}_0.$$

我们用 Caputo 分数阶导数定义分数阶 Laguerre 函数为

$$L_\nu^{(\alpha)}(x) = \frac{1}{\Gamma(\nu+1)} \frac{e^x}{x^\alpha} [{}_0D_x^\nu(e^{-x} x^{\nu+\alpha})], \tag{7.2.4}$$

这里 $n \in \mathbb{N}, \operatorname{Re}\alpha > 0, x, \nu \in \mathbb{R}, n-1 < \nu < n$.

定理 7.2.3　让 $n \in \mathbb{N}, \operatorname{Re}\alpha > 0, x, \nu \in \mathbb{R}, n-1 < \nu < n$, 那么分数阶 Laguerre 函数有形如下面合流超几何函数表示:

$$L_\nu^{(\alpha)}(x) = \frac{\Gamma(\nu+\alpha+1)}{\Gamma(\nu+1)\Gamma(\alpha+1)} \cdot {}_1F_1 \begin{bmatrix} -\nu \\ \alpha+1 \end{bmatrix}; x \end{bmatrix}. \tag{7.2.5}$$

证明　由 Caputo 分数阶导数的 Leibniz 公式 (参见 [97, 92, 79])

$${}_aD_x^\nu(f(x)g(x)) = \sum_{k=0}^{\infty} \binom{\nu}{k} [{}_aD_x^{\nu-k}f(x)]g^{(k)}(x)$$
$$- \sum_{k=0}^{n-1} \frac{(x-a)^{k-\nu}}{\Gamma(k-\nu+1)}(f(x)g(x)^{(k)})(a),$$

这里 $n-1 < \nu < n \in \mathbb{N}$. 我们有

$$
\begin{aligned}
L_\nu^{(\alpha)}(x) &= \frac{1}{\Gamma(\nu+1)} \frac{e^x}{x^\alpha} [_0D_x^\nu(e^{-x}x^{\nu+\alpha})] \\
&= \frac{1}{\Gamma(\nu+1)} e^x x^{-\alpha} \left\{ \sum_{k=0}^\infty \binom{\nu}{k} D^{\nu-k}(x^{\nu+\alpha})(e^{-x})^{(k)} \right. \\
&\quad \left. - \sum_{k=0}^{n-1} \frac{x^{k-\nu}}{\Gamma(k-\nu+1)} (e^{-x}x^{\nu+\alpha})^{(k)}(0) \right\} \\
&= \frac{1}{\Gamma(\nu+1)} e^x x^{-\alpha} \sum_{k=0}^\infty \binom{\nu}{k} \frac{\Gamma(\nu+\alpha+1)}{\Gamma(\alpha+k+1)} x^{\alpha+k}(e^{-x})(-1)^k \\
&= \frac{1}{\Gamma(\nu+1)} \sum_{k=0}^\infty \binom{\nu}{k} \frac{\Gamma(\nu+\alpha+1)}{\Gamma(\alpha+k+1)} x^k(-1)^k \\
&= \frac{\Gamma(\nu+\alpha+1)}{\Gamma(\nu+1)\Gamma(\alpha+1)} \sum_{k=0}^\infty \frac{(-\nu)_k}{k!(\alpha+1)_k} x^k \\
&= \frac{\Gamma(\nu+\alpha+1)}{\Gamma(\nu+1)\Gamma(\alpha+1)} \cdot {}_1F_1 \begin{bmatrix} -\nu \\ \alpha+1 \end{bmatrix}; x \end{bmatrix}.
\end{aligned}
$$

不难直接验证, 上述幂级数满足 Laguerre 方程:

定理 7.2.4 分数阶 Laguerre 函数满足超几何微分方程

$$
xy''(x) + (\alpha+1-x)y'(x) + \nu y(x) = 0. \tag{7.2.6}
$$

7.2.3 分数阶 Jacobi 函数

经典 Jacobi 多项式可由以下 Rodrigues 公式表示:

$$
P_n^{(\alpha,\beta)}(x) = \frac{(-1)^n}{2^n n!} \frac{1}{(1-x)^\alpha(1+x)^\beta} \frac{d^n}{dx^n}[(1-x)^{n+\alpha}(1+x)^{n+\beta}].
$$

我们用 Caputo 分数阶导数定义分数阶 Jacobi 函数

$$
P_\nu^{(\alpha,\beta)}(x) = \frac{(-1)^\nu}{2^\nu \Gamma(\nu+1)} \frac{1}{(1-x)^\alpha(1+x)^\beta} \{_{-1}D_x^\nu[(1-x)^{\nu+\alpha}(1+x)^{\nu+\beta}]\}, \tag{7.2.7}
$$

这里 $n \in \mathbb{N}, \alpha, \beta \in \mathbb{R}, \alpha, \beta > -1, x, \nu \in \mathbb{R}, n-1 < \nu < n$.

定理 7.2.5 让 $n \in \mathbb{N}, \alpha, \beta \in \mathbb{R}, \alpha > -1, \beta > -1, x, \nu \in \mathbb{R}, n-1 < \nu < n$. 那么分数阶 Jacobi 函数有形如下面的合流超几何函数表示:

$$
P_n^{(\alpha,\beta)}(x) = \frac{(-1)^\nu \Gamma(\nu+\beta+1)}{\Gamma(\nu+1)\Gamma(\beta+1)} \cdot \left(\frac{1-x}{2}\right)^\nu \cdot {}_2F_1 \begin{bmatrix} -\nu, -\nu-\alpha \\ \beta+1 \end{bmatrix}; \frac{1+x}{1-x} \end{bmatrix}
$$

$$= \frac{(-1)^\nu \Gamma(\nu+\beta+1)}{\Gamma(\nu+1)\Gamma(\beta+1)} \cdot {}_2F_1\begin{bmatrix} -\nu, -\nu+\alpha+\beta+1 \\ \beta+1 \end{bmatrix}; \frac{1+x}{2} \end{bmatrix}. \quad (7.2.8)$$

证明 由 Caputo 分数阶导数的 Leibniz 公式, 成立

$$\begin{aligned}
{}_{-1}D_x^\nu[(1-x)^{\nu+\alpha}(1+x)^{\nu+\beta}] &= \sum_{k=0}^{\infty}\binom{\nu}{k}[{}_{-1}D^{\nu-k}(1+x)^{\nu+\beta}]((1-x)^{\nu+\alpha})^{(k)} \\
&\quad - \sum_{k=0}^{n-1}\frac{(1+x)^{k-\nu}}{\Gamma(k-\nu+1)}((1-x)^{\nu+\alpha}(1+x)^{\nu+\beta}(-1)) \\
&= \sum_{k=0}^{\infty}\binom{\nu}{k}[{}_{-1}D^{\nu-k}(1+x)^{\nu+\beta}]((1-x)^{\nu+\alpha})^{(k)}.
\end{aligned}$$

由关系式

$$[{}_{-1}D^{\nu-k}(1+x)^{\nu+\beta}] = \frac{\Gamma(\nu+\beta+1)}{\Gamma(\beta+k+1)}(1+x)^{k+\beta},$$

$$((1-x)^{\nu+\alpha})^{(k)} = (-\nu-\alpha)_k(1-x)^{\nu+\alpha-k},$$

可得到

$$\begin{aligned}
&{}_{-1}D_x^\nu[(1-x)^{\nu+\alpha}(1+x)^{\nu+\beta}] \\
&= \frac{\Gamma(\nu+\beta+1)}{\Gamma(\beta+1)}(1-x)^{\nu+\alpha}(1+x)^{\nu+\beta}\sum_{k=0}^{\infty}\frac{(-\nu)_k(-\nu-\alpha)_k}{k!(\beta+1)_k}\left(\frac{1+x}{1-x}\right)^k \\
&= \frac{\Gamma(\nu+\beta+1)}{\Gamma(\beta+1)}(1-x)^{\nu+\alpha}(1+x)^{\nu+\beta}\cdot {}_2F_1\begin{bmatrix} -\nu, -\nu-\alpha \\ \beta+1 \end{bmatrix}; \frac{1+x}{1-x}\end{bmatrix}.
\end{aligned}$$

因此我们有

$$P_n^{(\alpha,\beta)}(x) = \frac{(-1)^\nu\Gamma(\nu+\beta+1)}{\Gamma(\nu+1)\Gamma(\beta+1)}\cdot\left(\frac{1-x}{2}\right)^\nu\cdot {}_2F_1\begin{bmatrix} -\nu, -\nu-\alpha \\ \beta+1 \end{bmatrix}; \frac{1+x}{1-x}\end{bmatrix}.$$

下面做变量变换 $x = 2z-1$, 我们有 $z = \dfrac{x+1}{2}$, 那么

$$P_n^{(\alpha,\beta)}(x) = \frac{(-1)^\nu\Gamma(\nu+\beta+1)}{\Gamma(\nu+1)\Gamma(\beta+1)}(1-z)^\nu\cdot {}_2F_1\begin{bmatrix} -\nu, -\nu-\alpha \\ \beta+1 \end{bmatrix}; \frac{z}{z-1}\end{bmatrix}.$$

利用超几何函数 ${}_2F_1$ 的性质 (参见 [20]):

$$_2F_1\begin{bmatrix} a, b \\ c \end{bmatrix}; z\end{bmatrix} = (1-z)^{-a}\cdot {}_2F_1\begin{bmatrix} a, c-b \\ c \end{bmatrix}; \frac{z}{z-1}\end{bmatrix},$$

则有

$$
\begin{aligned}
P_n^{(\alpha,\beta)}(x) &= \frac{(-1)^\nu \Gamma(\nu+\beta+1)}{\Gamma(\nu+1)\Gamma(\beta+1)} \cdot {}_2F_1 \begin{bmatrix} -\nu, \nu+\alpha+\beta+1 \\ \beta+1 \end{bmatrix}; z \end{bmatrix} \\
&= \frac{(-1)^\nu \Gamma(\nu+\beta+1)}{\Gamma(\nu+1)\Gamma(\beta+1)} \cdot {}_2F_1 \begin{bmatrix} -\nu, \nu+\alpha+\beta+1 \\ \beta+1 \end{bmatrix}; \frac{x+1}{2} \end{bmatrix}.
\end{aligned}
$$

定理证毕.

定理 7.2.6 分数阶 Jacobi 函数满足超几何型微分方程:

$$(1-x)^2 y''(x) + (\beta-\alpha-(\alpha+\beta+2)x)y'(x) + \nu(\nu+\alpha+\beta+1)y(x) = 0. \quad (7.2.9)$$

证明 由于 Gauss 超几何函数 ${}_2F_1\begin{bmatrix} a,b \\ c \end{bmatrix}; z\end{bmatrix}$ 满足 Euler Gauss 超几何微分方程 (参见 [20]):

$$z(1-z)\frac{d^2}{dz^2}y(z) + [c-(a+b+1)z]\frac{d}{dz}y(z) - aby(z) = 0.$$

因此做变量变换 $z = \dfrac{x+1}{2}$, 可得超几何函数 ${}_2F_1\begin{bmatrix} -\nu, \nu+\alpha+\beta+1 \\ \beta+1 \end{bmatrix}; z\end{bmatrix}$ 满足以下方程

$$(1+x)(1-x)\frac{d^2}{dx^2}y(x) + [\beta-\alpha-(\alpha+\beta+2)x]\frac{d}{dx}y(x) + \nu(\nu+\alpha+\beta+1)y(x) = 0.$$

定理证毕.

7.2.4 分数阶 Gegenbauer 函数

经典 Gegenbauer 多项式可由以下 Rodrigues 公式表示:

$$
\begin{aligned}
C_n^{(\lambda)}(x) &= \frac{(-1)^n(2\lambda)}{\left(\lambda+\dfrac{1}{2}\right)_n 2^n n!} \frac{1}{(1-x^2)^{\lambda-\frac{1}{2}}} D^n[(1-x^2)^{\lambda+n-\frac{1}{2}}] \\
&= \frac{(2\lambda)_n}{n!} \cdot {}_2F_1 \begin{bmatrix} -n, n+2\lambda \\ \lambda+\dfrac{1}{2} \end{bmatrix}; \frac{1-x}{x} \end{bmatrix}, \quad \lambda \neq 0.
\end{aligned}
$$

我们用 Caputo 分数阶导数定义分数阶 Gegenbauer 函数为

$$C_\nu^{(\lambda)}(x) = \frac{(-1)^\nu(2\lambda)}{2^\nu \Gamma(\nu+1)} \frac{1}{(1-x^2)^{\lambda-\frac{1}{2}}} \{_{-1}D_x^\nu[(1-x^2)^{\lambda+\nu-\frac{1}{2}}]\}. \quad (7.2.10)$$

这里 $n \in \mathbb{N}, \lambda, x, \nu \in \mathbb{R}, \lambda \geqslant \dfrac{1}{2}, n-1 < \nu < n$.

定理 7.2.7 让 $n \in \mathbb{N}, \lambda, x, \nu \in \mathbb{R}, \lambda \geqslant \dfrac{1}{2}, n-1 < \nu < n$. 那么分数阶

Gegenbauer 函数有形如下面的合流超几何函数表示:

$$C_n^{(\lambda)}(x) = \frac{(-1)^\nu \Gamma\left(\nu + \lambda + \frac{1}{2}\right)}{\Gamma(\nu + 1)\Gamma\left(\lambda + \frac{1}{2}\right)} \cdot {}_2 F_1 \left[\begin{array}{c} -\nu, \nu + 2\lambda \\ \lambda + \frac{1}{2} \end{array} ; \frac{x+1}{2} \right]. \tag{7.2.11}$$

证明　定理的证明直接来自于定理 7.2.5, 即只需在定理 7.2.5 中选取 $\alpha = \beta = \lambda - \frac{1}{2}$.

定理 7.2.8　分数阶 Gegenbauer 函数满足超几何型微分方程:

$$(1-x)^2 y''(x) - (2\lambda + 1)x y'(x) + \nu(\nu + 2\lambda)y(x) = 0. \tag{7.2.12}$$

证明　我们只需在定理 7.2.6 中选取 $\alpha = \beta = \lambda - \frac{1}{2}$, 就可得到定理 7.2.8 的证明.

7.2.5　分数阶 Chebyshev 函数

经典 Chebyshev 多项式可由以下 Rodrigues 公式表示:

$$T_n(x) = \frac{(-1)^n}{\left(\frac{1}{2}\right)_n 2^n} \frac{1}{(1-x^2)^{-\frac{1}{2}}} D^n[(1-x^2)^{n-\frac{1}{2}}],$$

$$U_n(x) = \frac{(n+1)(-1)^n}{\left(\frac{3}{2}\right)_n 2^n} \frac{1}{(1-x^2)^{\frac{1}{2}}} D^n[(1-x^2)^{n+\frac{1}{2}}].$$

我们用 Caputo 分数阶导数定义分数阶 Chebyshev 函数为

$$T_\nu(x) = \frac{(-1)^\nu}{\Gamma(\nu+1)2^\nu} \frac{1}{(1-x^2)^{-\frac{1}{2}}} \{{}_1 D_x^\nu[(1-x^2)^{\nu-\frac{1}{2}}]\}, \tag{7.2.13}$$

$$U_\nu(x) = \frac{(-1)^\nu}{\Gamma(\nu+1)2^\nu} \frac{1}{(1-x^2)^{\frac{1}{2}}} \{{}_1 D_x^\nu[(1-x^2)^{\nu+\frac{1}{2}}]\}, \tag{7.2.14}$$

这里 $n \in \mathbb{N}, x, \nu \in \mathbb{R}, n-1 < \nu < n$.

定理 7.2.9　让 $n \in \mathbb{N}, x, \nu \in \mathbb{R}, n-1 < \nu < n$. 那么分数阶 Chebyshev 函数有形如下面的合流超几何函数表示:

$$T_\nu(x) = \frac{(-1)^\nu \Gamma\left(\nu + \frac{1}{2}\right)}{\Gamma(\nu + 1)\Gamma\left(\frac{1}{2}\right)} \cdot {}_2 F_1 \left[\begin{array}{c} -\nu, \nu \\ \frac{1}{2} \end{array} ; \frac{x+1}{2} \right], \tag{7.2.15}$$

$$U_\nu(x) = \frac{(-1)^\nu \Gamma\left(\nu + \dfrac{3}{2}\right)}{\Gamma(\nu+1)\Gamma\left(\dfrac{3}{2}\right)} \cdot {}_2F_1\left[\begin{matrix} -\nu, \nu+2 \\ \dfrac{3}{2} \end{matrix}; \frac{x+1}{2}\right]. \tag{7.2.16}$$

证明　定理的证明类似于定理 7.2.5. 事实上, 只需在定理 7.2.5 中分别选取 $\alpha = \beta = -\dfrac{1}{2}$, 或者 $\alpha = \beta = \dfrac{1}{2}$.

7.2.6　分数阶 Legendre 函数

经典 Legendre 多项式可由以下 Rodrigues 公式表示:

$$P_n(x) = \frac{(-1)^n}{2^n n!} \frac{d^n}{dx^n}[(1-x^2)^n].$$

我们用 Caputo 分数阶导数定义分数阶 Legendre 函数为

$$P_\nu(x) = \frac{(-1)^\nu}{2^\nu \Gamma(\nu+1)} \{{}_1D_x^\nu[(1-x^2)^\nu]\}. \tag{7.2.17}$$

这里 $n \in \mathbb{N}, x, \nu \in \mathbb{R}, n-1 < \nu < n$.

定理 7.2.10　让 $n \in \mathbb{N}, x, \nu \in \mathbb{R}, n-1 < \nu < n$. 那么分数阶 Legendre 函数有形如下面的超几何函数表示:

$$\begin{aligned} P_\nu(x) &= (-1)^\nu \cdot {}_2F_1\left[\begin{matrix} -\nu, \nu+1 \\ 1 \end{matrix}; \frac{1+x}{2}\right] \\ &= {}_2F_1\left[\begin{matrix} -\nu, -\nu+1 \\ 1 \end{matrix}; \frac{1-x}{2}\right]. \end{aligned} \tag{7.2.18}$$

证明　只需在定理 7.2.5 中, 选取 $\alpha = \beta = 0$ 就可得到证明.

定理 7.2.11　分数阶 Legendre 函数满足超几何型微分方程:

$$(1-x)^2 y''(x) - 2xy'(x) + \nu(\nu+1)y(x) = 0. \tag{7.2.19}$$

证明　只需在定理 7.2.6 中, 选取 $\alpha = \beta = 0$ 就可得到证明.

7.3　Pearson 方程求解

在 7.2 节, 我们在连续型情况下, 定义了几种经典分数阶函数, 并给出了它们的超几何函数表示. 对于离散型情况, 我们也要定义几种经典分数阶函数.

让我们从离散 Pearson 方程

$$\Delta[\sigma(z)\rho_\nu(z)] = \tau_\nu(z)\rho_\nu(z)\nabla x_{\nu+1}(z) \tag{7.3.1}$$

的求解开始. 由方程 (7.3.1) 可得

$$
\begin{aligned}
\frac{\rho_\nu(z+1)}{\rho_\nu(z)} &= \frac{\sigma(z) + \tau_\nu(z)\nabla x_{\nu+1}(z)}{\sigma(z+1)} \\
&= \frac{\sigma(z+\nu) + \tau(z+\nu)\nabla x_1(z)}{\sigma(z+1)}.
\end{aligned}
$$

又

$$
\frac{\rho(z+1)}{\rho(z)} = \frac{\sigma(z) + \tau(z)\nabla x_1(z)}{\sigma(z+1)},
$$

因此可得

$$
\frac{\rho_\nu(z+1)}{\rho_\nu(z)} = \frac{\rho(z+\nu+1)}{\rho(z+\nu)} \cdot \frac{\sigma(z+\nu+1)}{\sigma(z+1)}, \tag{7.3.2}
$$

由此可以根据不同的 $x(z), \sigma(z)$ 和 $\tau(z)$ 解出 $\rho_\nu(z)$ 来.

需要说明的是, 对于二次格子, 此时可以不必具体写出 $\tau(z)$, 仅用二次格子的对称性, 我们就可以根据不同的 $\sigma(z)$ 求出 $\rho_\nu(z)$ 和 $\rho(z)$ 来.

例如在二次格子 $x(z) = c_1 z^2 + c_2 z + c_3$ 情形, 由引理 3.3.4, 我们知道

$$
\sigma(z) + \tau(z)\nabla x_1(z) = \sigma(-z-\mu), \quad \mu = \frac{c_2}{c_1},
$$

因此就得到

$$
\frac{\rho_\nu(z+1)}{\rho_\nu(z)} = \frac{\sigma(-z-\mu-\nu)}{\sigma(z+1)},
$$

以及

$$
\frac{\rho(z+1)}{\rho(z)} = \frac{\sigma(-z-\mu)}{\sigma(z+1)}.
$$

如果 $x(z) = z^2, \sigma(z) = (z-a)(z-b)(z-c)(z-d)$, 那么从

$$
\frac{\rho(z+1)}{\rho(z)} = \frac{(z+a)(z+b)(z+c)(z+d)}{(z+1-a)(z+1-b)(z+1-c)(z+1-d)}
$$

解得

$$
\rho(z) = \frac{\Gamma(z+a)\Gamma(z+b)\Gamma(z+c)\Gamma(z+d)}{\Gamma(z+1-a)\Gamma(z+1-b)\Gamma(z+1-c)\Gamma(z+1-d)}.
$$

从

$$
\frac{\rho_\nu(z+1)}{\rho_\nu(z)} = \frac{(z+a+\nu)(z+b+\nu)(z+c+\nu)(z+d+\nu)}{(z+1-a)(z+1-b)(z+1-c)(z+1-d)}
$$

我们解出

$$
\rho_\nu(z) = \frac{\Gamma(z+a+\nu)\Gamma(z+b+\nu)\Gamma(z+c+\nu)\Gamma(z+d+\nu)}{\Gamma(z+1-a)\Gamma(z+1-b)\Gamma(z+1-c)\Gamma(z+1-d)}.
$$

对于非一致格子 $x(s) = s$ 的情形, 此时 $\nabla x_1(s) = 1$. 下面给出 $\rho_\nu(z)$ 的具体形式.

(1) 对于 Charlier 函数, 此时方程为

$$x\nabla\Delta y(x) + (a - x)\Delta y(x) + \nu y(x) = 0,$$

这里 $\sigma(x) = x, \tau(x) = a - x$. 由于

$$\frac{\rho(z + 1)}{\rho(z)} = \frac{\sigma(z) + \tau(z)}{\sigma(z + 1)} = \frac{a}{x + 1},$$

得到

$$\rho(z) = \frac{a^x}{\Gamma(x + 1)}.$$

又由 (7.3.2), 可得

$$\frac{\rho_\nu(x + 1)}{\rho_\nu(x)} = \frac{\dfrac{a^{x+\nu+1}}{\Gamma(x + \nu + 2)}}{\dfrac{a^{x+\nu}}{\Gamma(x + \nu + 1)}} \frac{x + \nu + 1}{x + 1}$$

$$= \frac{a}{x + 1},$$

因此可以解得

$$\rho_\nu(x) = \frac{a^x}{\Gamma(x + 1)}. \tag{7.3.3}$$

(2) 对于 Meixner 函数, 此时方程为

$$x\nabla\Delta y(x) + [(c - 1)x + \beta c]\Delta y(x) + \nu(1 - c)y(x) = 0,$$

这里 $\sigma(x) = x, \tau(x) = (c - 1)x + \beta c$. 由于

$$\frac{\rho(z + 1)}{\rho(z)} = \frac{\sigma(z) + \tau(z)}{\sigma(z + 1)} = \frac{c(x + \beta)}{x + 1},$$

得到

$$\rho(z) = \frac{c^x(\beta)_x}{\Gamma(x + 1)}.$$

又由 (7.3.2), 可得

$$\frac{\rho_\nu(x + 1)}{\rho_\nu(x)} = \frac{\dfrac{c^{x+\nu+1}(\beta)_{x+\nu+1}}{\Gamma(x + \nu + 2)}}{\dfrac{c^{x+\nu}(\beta)_{x+\nu}}{\Gamma(x + \nu + 1)}} \frac{x + \nu + 1}{x + 1}$$

$$= \frac{c(x+\beta+\nu)}{x+1},$$

因此可以解得

$$\rho_\nu(x) = \frac{c^x(\beta+\nu)_x}{\Gamma(x+1)}. \tag{7.3.4}$$

(3) 对于 Krawtchouk 函数, 此时方程为

$$(1-p)x\nabla\Delta y(x) + (pN-x)\Delta y(x) + \nu y(x) = 0,$$

这里 $\sigma(x) = (1-p)x, \tau(x) = pN - x$. 由于

$$\frac{\rho(x+1)}{\rho(x)} = \frac{\sigma(z)+\tau(z)}{\sigma(z+1)} = \frac{p}{1-p}\frac{N-x}{x+1}$$

$$= \frac{\binom{N}{x+1}\left(\frac{p}{1-p}\right)^{x+1}}{\binom{N}{x}\left(\frac{p}{1-p}\right)^x},$$

得到

$$\rho(x) = \binom{N}{x}\left(\frac{p}{1-p}\right)^x.$$

又由 (7.3.2), 可得

$$\frac{\rho_\nu(x+1)}{\rho_\nu(x)} = \frac{\binom{N}{x+\nu+1}\left(\frac{p}{1-p}\right)^{x+\nu+1}}{\binom{N}{x+\nu}\left(\frac{p}{1-p}\right)^{x+\nu}}\frac{x+\nu+1}{x+1}$$

$$= \frac{p}{1-p}\frac{\Gamma(N-x-\nu+1)\Gamma(x+\nu+1)}{\Gamma(N-x-\nu)\Gamma(x+\nu+2)}\frac{x+\nu+1}{x+1}$$

$$= \frac{p}{1-p}\cdot\frac{N-x-\nu}{x+1},$$

因此可以解得

$$\rho_\nu(x) = \binom{N-\nu}{x}\left(\frac{p}{1-p}\right)^x. \tag{7.3.5}$$

(4) 对于 Hahn 函数, 此时方程为

$$x(x-\beta-N-1)\nabla\Delta y(x) + [(\alpha+\beta+2)x-(\alpha+1)N]\Delta y(x) + \nu(\nu+\alpha+\beta+1)y(x) = 0,$$

这里 $\sigma(x) = x(x-\beta-N-1), \tau(x) = (\alpha+\beta+2)x-(\alpha+1)N$. 由于

$$\frac{\rho(x+1)}{\rho(x)} = \frac{\sigma(x)+\tau(x)}{\sigma(x+1)} = \frac{(x-N)(x+\alpha+1)}{(x+1)(x-\beta-N)}$$

$$= \frac{(-1)^{x+1}\binom{\alpha+x+1}{x+1}\binom{\beta+N-x-1}{N-x-1}}{(-1)^x\binom{\alpha+x}{x}\binom{\beta+N-x}{N-x}},$$

得到

$$\rho(x) = (-1)^x \binom{\alpha+x}{x}\binom{\beta+N-x}{N-x}.$$

又由 (7.3.2), 可得

$$\frac{\rho_\nu(x+1)}{\rho_\nu(x)} = \frac{(-1)^{x+\nu+1}\binom{\alpha+x+\nu+1}{x+\nu+1}\binom{\beta+N-x-\nu-1}{N-x-\nu-1}}{(-1)^{x+\nu}\binom{\alpha+x+\nu}{x+\nu}\binom{\beta+N-x-\nu}{N-x-\nu}}\frac{x+\nu+1}{x+1}$$

$$= (-1)\frac{\alpha+x+\nu+1}{x+\nu+1}\frac{N-x-\nu}{x-\beta-N},$$

因此可以解得

$$\rho_\nu(x) = (-1)^x\binom{\alpha+\nu+x}{x}\binom{\beta+N-x}{N-\nu-x}. \tag{7.3.6}$$

7.4 离散分数阶函数

本节我们要结合各种不同的 $\rho_\nu(x)$, 利用离散分数阶和差分理论, 分别给出分数阶 Charlier 函数、分数阶 Meixner 函数、分数阶 Krawtchouk 函数以及分数阶 Hahn 函数的定义.

7.4.1 分数阶 Charlier 函数

经典 Charlier 多项式可以由以下 Rodrigues 公式表示:

$$C_n(x,a) = \frac{x!}{a^x}\nabla^n\left(\frac{a^x}{x!}\right), \quad n \in \mathbb{N}^+.$$

我们用分数阶差分定义 Charlier 函数为

定义 7.4.1 让 $a \in \mathbb{C}, \mu \in \mathbb{C}, x \in \{0, 1, \cdots\}$. 我们定义分数阶 Charlier 函数为

$$C_\mu(x,a) = \frac{x!}{a^x}\left[{}_0\nabla_x^\mu\left(\frac{a^x}{x!}\right)\right]. \tag{7.4.1}$$

定理 7.4.2 分数阶 Charlier 函数具有如下超几何函数表示:

$$C_\mu(x,a) = {}_2F_0\left[\begin{matrix}-\mu, -x \\ -\end{matrix}; -\frac{1}{a}\right]. \tag{7.4.2}$$

证明　由分数阶差分的定义, 可得

$$C_\mu(x, a) = \frac{x!}{a^x} \frac{1}{\Gamma(-\mu)} \sum_{k=0}^{x} (x - k + 1)_{-\mu-1} \frac{a^k}{k!},$$

如果令 $j = x - k$, 那么以上关系变成

$$
\begin{aligned}
C_\mu(x, a) &= \frac{x!}{a^x} \frac{1}{\Gamma(-\mu)} \sum_{j=x}^{0} (j + 1)_{-\mu-1} \frac{a^{x-j}}{(x-j)!} \\
&= \frac{1}{\Gamma(-\mu)} \sum_{j=0}^{x} (j + 1)_{-\mu-1} x(x-1) \cdots (x - j + 1) a^{-j} \\
&= \sum_{j=0}^{x} \frac{\Gamma(j - \mu)}{\Gamma(-\mu)\Gamma(j+1)} (-x)_j (-\frac{1}{a})^j \\
&= \sum_{j=0}^{x} \frac{(-\mu)_j (-x)_j}{j!} \left(-\frac{1}{a}\right)^j.
\end{aligned}
$$

7.4.2　分数阶 Meixner 函数

经典 Meixner 多项式可以由以下 Rodrigues 公式表示:

$$M_n(x, \beta, c) = \frac{x!}{c^x (\beta)_x} \left[\nabla^n \left(\frac{(\beta + n)_x c^x}{x!} \right) \right], \quad n \in \mathbb{N}^+.$$

我们用分数阶差分定义 Meixner 函数为

定义 7.4.3　让 $\mu \in \mathbb{C}, \beta \in \mathbb{C}, x \in \{0, 1, \cdots\}$. 我们定义分数阶 Meixner 函数为

$$M_\mu(x, \beta, c) = \frac{x!}{c^x (\beta)_x} \left[{}_0\nabla_x^\mu \left(\frac{(\beta + \mu)_x c^x}{x!} \right) \right]. \tag{7.4.3}$$

定理 7.4.4　分数阶 Meixner 函数 $M_\mu(x, \beta, c)$ 具有如下超几何函数表示:

$$M_\mu(x, \beta, c) = \frac{\Gamma(\beta)\Gamma(\beta + \mu + x)}{\Gamma(\beta + x)\Gamma(\beta + \mu)} \cdot {}_2F_1 \left[\begin{matrix} -\mu, -x \\ -\beta - \mu - x + 1 \end{matrix} ; \frac{1}{c} \right]. \tag{7.4.4}$$

证明　由分数阶差分的定义, 我们得

$$
\begin{aligned}
M_\mu(x, \beta, c) &= \frac{x!}{(\beta)_x c^x} \frac{1}{\Gamma(-\mu)} \sum_{k=0}^{x} (x - k + 1)_{-\mu-1} \frac{(\beta + \mu)_k c^k}{k!} \\
&= \frac{x! \Gamma(\beta)}{\Gamma(\beta + x) c^x} \frac{1}{\Gamma(-\mu)} \sum_{k=0}^{x} \frac{\Gamma(x - k - \mu)\Gamma(\beta + \mu + k)}{\Gamma(x - k + 1)\Gamma(\beta + \mu)} \frac{c^k}{k!},
\end{aligned}
$$

如果令 $j = x - k$, 那么以上关系变成

$$
\begin{aligned}
M_\mu(x, \beta, c) &= \frac{x!\Gamma(\beta)}{\Gamma(\beta + x)c^x} \frac{1}{\Gamma(-\mu)} \sum_{j=x}^{0} \frac{\Gamma(j - \mu)\Gamma(\beta + \mu + x - j)}{\Gamma(j + 1)\Gamma(\beta + \mu)} \frac{c^{x-j}}{(x - j)!} \\
&= \frac{x!\Gamma(\beta)}{\Gamma(\beta + x)c^x} \frac{1}{\Gamma(-\mu)} \sum_{j=0}^{x} \frac{\Gamma(j - \mu)\Gamma(\beta + \mu + x - j)}{\Gamma(j + 1)\Gamma(\beta + \mu)} \frac{c^{x-j}}{(x - j)!} \\
&= \frac{\Gamma(\beta)}{\Gamma(\beta + x)} \sum_{j=0}^{x} \frac{(-\mu)_j(-x)_j}{j!} \frac{\Gamma(\beta + \mu + x - j)}{\Gamma(\beta + \mu)} \left(-\frac{1}{c}\right)^j \\
&= \frac{\Gamma(\beta)\Gamma(\beta + \mu + x)}{\Gamma(\beta + x)\Gamma(\beta + \mu)} \sum_{j=0}^{x} \frac{(-\mu)_j(-x)_j}{j!} \frac{\Gamma(\beta + \mu + x - j)}{\Gamma(\beta + \mu + x)} \left(-\frac{1}{c}\right)^j \\
&= \frac{\Gamma(\beta)\Gamma(\beta + \mu + x)}{\Gamma(\beta + x)\Gamma(\beta + \mu)} \sum_{j=0}^{x} \frac{(-\mu)_j(-x)_j}{j!(-\beta - \mu - x + 1)_j} \left(\frac{1}{c}\right)^j.
\end{aligned}
$$

7.4.3 分数阶 Krawtchouk 函数

经典 Krawtchouk 多项式可以由以下 Rodrigues 公式表示:

$$
K_n(x, p, N) = \frac{1}{\binom{N}{x} \left(\frac{p}{1-p}\right)^x} \left\{ \nabla^n \left[\binom{N - n}{x} \left(\frac{p}{1-p}\right)^x \right] \right\}, \quad n \in \mathbb{N}^+.
$$

我们用分数阶差分定义 Krawtchouk 函数为

定义 7.4.5 让 $p \in \mathbb{C}, N \in \mathbb{N}_0, \mu \in \mathbb{C}, x \in \{0, 1, \cdots\}$. 利用 Rodrigues 型公式, 我们定义分数阶 Krawtchouk 函数为

$$
K_\mu(x, p, N) = \frac{1}{\binom{N}{x} \left(\frac{p}{1-p}\right)^x} \left\{ {}_0\nabla_x^\mu \left[\binom{N - \mu}{x} \left(\frac{p}{1-p}\right)^x \right] \right\}. \tag{7.4.5}
$$

定理 7.4.6 分数阶 Krawtchouk 函数 $M_\mu(x, \beta, c)$ 具有如下超几何函数表示:

$$
K_\mu(x, p, N) = \frac{\Gamma(N - x + 1)\Gamma(N - \mu + 1)}{\Gamma(N + 1)\Gamma(N - \mu - x + 1)} \cdot {}_2F_1 \left[\begin{matrix} -\mu, -x \\ N - \mu - x + 1 \end{matrix}; 1 - \frac{1}{p} \right]. \tag{7.4.6}
$$

证明 由分数阶差分的定义, 我们得

$$
K_\mu(x, p, N) = \frac{1}{\binom{N}{x} \left(\frac{p}{1-p}\right)^x} \frac{1}{\Gamma(-\mu)} \sum_{k=0}^{x} (x - k + 1)_{-\mu-1} \binom{N - \mu}{k} \left(\frac{p}{1-p}\right)^k
$$

$$= \frac{\Gamma(x+1)\Gamma(N-x+1)}{\Gamma(N+1)\left(\frac{p}{1-p}\right)^x} \frac{1}{\Gamma(-\mu)}$$

$$\cdot \sum_{k=0}^{x} \frac{\Gamma(x-k-\mu)\Gamma(N-\mu+1)}{\Gamma(x-k+1)\Gamma(N-\mu-k+1)} \left(\frac{p}{1-p}\right)^k.$$

如果令 $j = x - k$, 那么以上关系变成

$$K_\mu(x,p,N) = \frac{\Gamma(x+1)\Gamma(N-x+1)}{\Gamma(N+1)\left(\frac{p}{1-p}\right)^x} \frac{1}{\Gamma(-\mu)}$$

$$\cdot \sum_{j=x}^{0} \frac{\Gamma(j-\mu)\Gamma(N-\mu+1)}{\Gamma(j+1)\Gamma(x-j+1)\Gamma(N-\mu-x+j+1)} \left(\frac{p}{1-p}\right)^{x-j}$$

$$= \frac{\Gamma(N-x+1)}{\Gamma(N+1)} \sum_{j=0}^{x} \frac{(-\mu)_j(-x)_j}{j!}$$

$$\cdot \frac{\Gamma(N-\mu+1)}{\Gamma(N-\mu-x+j+1)}(-1)^j \left(\frac{p}{1-p}\right)^{-j}$$

$$= \frac{\Gamma(N-x+1)\Gamma(N-\mu+1)}{\Gamma(N+1)\Gamma(N-\mu-x+1)}$$

$$\cdot \sum_{j=0}^{x} \frac{(-\mu)_j(-x)_j}{j!} \frac{\Gamma(N-\mu-x+1)}{\Gamma(N-\mu-x+j+1)}(-1)^j \left(\frac{p}{1-p}\right)^{-j}$$

$$= \frac{\Gamma(N-x+1)\Gamma(N-\mu+1)}{\Gamma(N+1)\Gamma(N-\mu-x+1)} \sum_{j=0}^{x} \frac{(-\mu)_j(-x)_j}{j!(N-\mu-x+1)_j} \left(1-\frac{1}{p}\right)^j.$$

7.4.4　分数阶 Hahn 函数

经典 Hahn 多项式可以由以下 Rodrigues 公式表示:

$$Q_n(x,\alpha,\beta,N)$$
$$= \frac{(-1)^n(\beta+1)_n}{(-N)_n \binom{\alpha+x}{x}\binom{\beta+N-x}{N-x}} \left\{ \nabla^n \left[\binom{\alpha+n+x}{x}\binom{\beta+N-x}{N-n-x} \right] \right\}. \quad n \in \mathbb{N}^+.$$

我们用分数阶差分定义 Hahn 函数为

定义 7.4.7　让 $\alpha,\beta \in \mathbb{C}, N \in \mathbb{N}_0, \mu \in \mathbb{C}, x \in \{0,1,\cdots\}$. 我们定义分数阶 Hahn 函数为

$$Q_\mu(x,\alpha,\beta,N)$$

$$= \frac{(-1)^\mu (\beta+1)_\mu}{(-N)_\mu \binom{\alpha+x}{x}\binom{\beta+N-x}{N-x}} \left\{ {}_0\nabla_x^\mu \left[\binom{\alpha+\mu+x}{x}\binom{\beta+N-x}{N-\mu-x} \right] \right\}.$$

$$\tag{7.4.7}$$

定理 7.4.8 分数阶 Hahn 函数 $Q_\mu(x,\alpha,\beta,N)$ 具有如下超几何函数表示:

$$Q_\mu(x,\alpha,\beta,N) = \frac{(-1)^\mu \Gamma(\beta+\mu+1)\Gamma(-N)\Gamma(\alpha+1)\Gamma(N-x)\Gamma(\alpha+\mu+x+1)}{\Gamma(-N+\mu)\Gamma(\alpha+x+1)\Gamma(\alpha+\mu+1)\Gamma(N-\mu-x)\Gamma(\beta-\mu+1)}$$

$$\cdot {}_3F_2 \left[\begin{matrix} -\mu, -x, \beta+N-x+1 \\ N-\mu-x, -\alpha-\mu-x \end{matrix} ; 1 \right].$$

$$\tag{7.4.8}$$

证明 由分数阶差分的定义, 我们得

$$Q_\mu(x,\alpha,\beta,N) = \frac{(-1)^\mu (\beta+1)_\mu}{(-N)_\mu \binom{\alpha+x}{x}\binom{\beta+N-x}{N-x}} \frac{1}{\Gamma(-\mu)}$$

$$\cdot \sum_{k=0}^{x} (x-k+1)_{-\mu-1} \binom{\alpha+\mu+k}{k}\binom{\beta+N-k}{N-\mu-k}$$

$$= \frac{(-1)^\mu \Gamma(\beta+\mu+1)\Gamma(-N)\Gamma(x+1)\Gamma(\alpha+1)\Gamma(N-x)}{\Gamma(-N+\mu)\Gamma(\alpha+x+1)\Gamma(\beta+N-x+1)\Gamma(-\mu)}$$

$$\cdot \sum_{k=0}^{x} \frac{\Gamma(x-k-\mu)\Gamma(\alpha+\mu+k+1)\Gamma(\beta+N-k+1)}{\Gamma(x-k+1)\Gamma(k+1)\Gamma(\alpha+\mu+1)\Gamma(N-\mu-k+1)\Gamma(\beta-\mu+1)}.$$

如果令 $j = x - k$, 那么以上关系变成

$$Q_\mu(x,\alpha,\beta,N) = \frac{(-1)^\mu \Gamma(\beta+\mu+1)\Gamma(-N)\Gamma(x+1)\Gamma(\alpha+1)\Gamma(N-x)}{\Gamma(-N+\mu)\Gamma(\alpha+x+1)\Gamma(\beta+N-x+1)\Gamma(-\mu)}$$

$$\cdot \sum_{j=x}^{0} \frac{\Gamma(j-\mu)\Gamma(\alpha+\mu+x-j+1)\Gamma(\beta+N-x+j+1)}{\Gamma(j+1)\Gamma(k+1)\Gamma(\alpha+\mu+1)\Gamma(N-\mu-k+1)\Gamma(\beta-\mu+1)}$$

$$= \frac{(-1)^\mu \Gamma(\beta+\mu+1)\Gamma(-N)\Gamma(x+1)\Gamma(\alpha+1)\Gamma(N-x)}{\Gamma(-N+\mu)\Gamma(\alpha+x+1)\Gamma(\beta+N-x+1)\Gamma(-\mu)}$$

$$\cdot \sum_{j=0}^{x} \frac{\Gamma(j-\mu)\Gamma(\alpha+\mu+x-j+1)\Gamma(\beta+N-x+j+1)}{\Gamma(j+1)\Gamma(k+1)\Gamma(\alpha+\mu+1)\Gamma(N-\mu-k+1)\Gamma(\beta-\mu+1)}$$

$$= \frac{(-1)^\mu \Gamma(\beta+\mu+1)\Gamma(-N)\Gamma(\alpha+1)\Gamma(N-x)\Gamma(\alpha+\mu+x+1)}{\Gamma(-N+\mu)\Gamma(\alpha+x+1)\Gamma(\alpha+\mu+1)\Gamma(N-\mu-x)\Gamma(\beta-\mu+1)}$$

$$\cdot \sum_{j=0}^{x} \frac{(-\mu)_j(-x)_j(\beta+N-x+1)_j}{j!(N-\mu-x)_j(-\alpha-\mu-x)_j}.$$

7.5　离散分数阶差分与超几何方程之间的关系

我们之所以要探索研究非一致格子上离散分数阶差分与和分理论, 一个重要的原因是, 它们与非一致格子上超几何方程之间存在着重要的关系.

7.5.1　向后分数阶差分形式的解

下面的定理就深刻揭示了向后分数阶差分与非一致格子上超几何方程两者之间的内在联系.

定理 7.5.1　假设 α 非正整数, 那么 $y(z)$ 的分数阶差分

$$y(z) = \nabla^{\alpha}_{\gamma+1-\alpha}[\rho_{\gamma}(z)] = \sum_{k=a+1}^{z} \frac{[x_{\gamma-\alpha}(z) - x_{\gamma-\alpha}(k-1)]^{(-\alpha-1)}}{\Gamma(-\alpha)} \rho_{\gamma}(k) \nabla x_{\gamma+1}(k)$$

$$(7.5.1)$$

满足非一致格子上的超几何差分方程

$$\sigma(z+1) \frac{\Delta}{\Delta x_{\gamma-\alpha-1}(z)} \left(\frac{\nabla y(z)}{\nabla x_{\gamma-\alpha}(z)} \right) - \tau_{\gamma-\alpha-2}(z+1) \frac{\nabla y(z)}{\nabla x_{\gamma-\alpha}(z)} + \lambda y(z) = 0, \quad (7.5.2)$$

其中

$$\frac{\Delta[\sigma(z)\rho_{\gamma}(z)]}{\nabla x_{\gamma+1}(z)} = \tau_{\gamma}(z)\rho_{\gamma}(z), \quad (7.5.3)$$

且

$$\lambda + (\alpha+1)\kappa_{2\gamma-\alpha-1} = 0. \quad (7.5.4)$$

证明　为计算方便, 在 (7.5.1) 中我们忽略一个常数因子 $\dfrac{1}{\Gamma(-\alpha)}$, 仍记

$$y(z) = \sum_{k=a+1}^{z} [x_{\gamma-\alpha}(z) - x_{\gamma-\alpha}(k-1)]^{(-\alpha-1)} \rho_{\gamma}(k) \nabla x_{\gamma+1}(k). \quad (7.5.5)$$

我们要证明, 在条件 (7.5.3) 及 (7.5.4) 下, 式 (7.5.5) 是方程 (7.5.2) 的解.

对 $y(z)$ 进行差商, 我们可得

$$y_1(z) = \frac{\nabla y(z)}{\nabla x_{\gamma-\alpha}(z)} = -(\alpha+1) \sum_{k=a+1}^{z} [x_{\gamma-\alpha-1}(z) - x_{\gamma-\alpha-1}(k-1)]^{(-\alpha-2)} \rho_{\gamma}(k) \nabla x_{\gamma+1}(k),$$

$$(7.5.6)$$

且

$$\frac{\nabla y_1(z)}{\nabla x_{\gamma-\alpha-1}(z)} = \frac{\nabla}{\nabla x_{\gamma-\alpha-1}(z)} \left(\frac{\nabla y(z)}{\nabla x_{\gamma-\alpha}(z)} \right) = (\alpha+1)(\alpha+2)$$

$$\cdot \sum_{k=a+1}^{z} [x_{\gamma-\alpha-2}(z) - x_{\gamma-\alpha-2}(k-1)]^{(-\alpha-3)} \rho_\gamma(k) \nabla x_{\gamma+1}(k).$$

$$(7.5.7)$$

从而

$$
\begin{aligned}
\frac{\Delta}{\Delta x_{\gamma-\alpha-1}(z)} \left(\frac{\nabla y(z)}{\nabla x_{\gamma-\alpha}(z)} \right) &= \frac{\Delta}{\Delta x_{\gamma-\alpha-1}(z)} (y_1(z)) \\
&= \frac{\nabla y_1(z+1)}{\nabla x_{\gamma-\alpha-1}(z+1)} = (\alpha+1)(\alpha+2) \\
&\quad \cdot \sum_{k=a+1}^{z+1} [x_{\gamma-\alpha-2}(z+1) - x_{\gamma-\alpha-2}(k-1)]^{(-\alpha-3)} \\
&\quad \cdot \rho_\gamma(k) \nabla x_{\gamma+1}(k).
\end{aligned}
$$

$$(7.5.8)$$

由于

$$[x_{\gamma-\alpha}(z) - x_{\gamma-\alpha}(k-1)]^{(-\alpha-1)}|_{k=z+1} = 0,$$
$$[x_{\gamma-\alpha-1}(z) - x_{\gamma-\alpha-1}(k-1)]^{(-\alpha-2)}|_{k=z+1} = 0.$$

故可以将 $y(z), \dfrac{\nabla y(z)}{\nabla x_{\gamma-\alpha}(z)}$ 改写为

$$y(z) = \sum_{k=a+1}^{z+1} [x_{\gamma-\alpha}(z) - x_{\gamma-\alpha}(k-1)]^{(-\alpha-1)} \rho_\gamma(k) \nabla x_{\gamma+1}(k), \qquad (7.5.9)$$

以及

$$\frac{\nabla y(z)}{\nabla x_{\gamma-\alpha}(z)} = -(\alpha+1) \sum_{k=a+1}^{z+1} [x_{\gamma-\alpha-1}(z) - x_{\gamma-\alpha-1}(k-1)]^{(-\alpha-2)} \rho_\gamma(k) \nabla x_{\gamma+1}(k),$$

$$(7.5.10)$$

将 (7.5.8), (7.5.9), (7.5.10) 代入原方程 (7.5.2), 并利用等式

$$[x_{\gamma-\alpha-2}(z+1) - x_{\gamma-\alpha-2}(k-1)]^{(-\alpha-3)}[x_{\gamma+2}(z) - x_{\gamma+2}(k-1)]$$
$$= [x_{\gamma-\alpha-1}(z) - x_{\gamma-\alpha-1}(k-1)]^{(-\alpha-2)},$$

则化简可得

$$(\alpha+1) \sum_{k=a+1}^{z+1} [x_{\gamma-\alpha-2}(z+1) - x_{\gamma-\alpha-2}(k-1)]^{(-\alpha-3)} \rho_\gamma(k) \nabla x_{\gamma+1}(k)$$

$$\cdot \{(\alpha+2)\sigma(z+1) + \tau_{\gamma-\alpha-2}(z+1)[x_{\gamma+2}(z) - x_{\gamma+2}(k-1)]\}$$

$$+ \lambda \sum_{k=a+1}^{z+1} [x_{\gamma-\alpha}(z) - x_{\gamma-\alpha}(k-1)]^{(-\alpha-1)}\rho_\gamma(k)\nabla x_{\gamma+1}(k)$$

$$= 0,$$

即

$$(\alpha+1)\sum_{k=a+1}^{z+1} [x_{\gamma-\alpha-2}(z+1) - x_{\gamma-\alpha-2}(k-1)]^{(-\alpha-3)}\rho_\gamma(k)\nabla x_{\gamma+1}(k)$$

$$\cdot \{(\alpha+2)\sigma(z+1) + \tau_{\gamma-\alpha-2}(z+1)[x_\gamma(z+1) - x_\gamma(k)]\}$$

$$+ \lambda \sum_{k=a+1}^{z+1} [x_{\gamma-\alpha}(z) - x_{\gamma-\alpha}(k-1)]^{(-\alpha-1)}\rho_\gamma(k)\nabla x_{\gamma+1}(k)$$

$$= 0.$$

利用引理 3.2.5, 我们有

$$(\alpha+2)\sigma(z+1) - \tau_{\gamma-\alpha-2}(z+1)[x_\gamma(k) - x_\gamma(z+1)]$$
$$= (\alpha+2)\sigma(k) - \tau_\gamma(k)[x_{\gamma-\alpha-2}(k) - x_{\gamma-\alpha-2}(z+1)]$$
$$+ \kappa_{2\gamma-\alpha-1}[x_\gamma(k) - x_\gamma(z+1)][x_\gamma(k) - x_\gamma(z-\alpha-1)],$$

代入可得

$$(\alpha+1)\sum_{k=a+1}^{z+1} [x_{\gamma-\alpha-2}(z+1) - x_{\gamma-\alpha-2}(k-1)]^{(-\alpha-3)}\rho_\gamma(k)\nabla x_{\gamma+1}(k)$$

$$\cdot \{(\alpha+2)\sigma(k) + \tau_\gamma(k)[x_{\gamma-\alpha-2}(z+1) - x_{\gamma-\alpha-2}(k)]$$
$$+ \kappa_{2\gamma-\alpha-1}[x_\gamma(z+1) - x_\gamma(k)][x_\gamma(z-\alpha-1) - x_\gamma(k)]\}$$

$$+ \lambda \sum_{k=a+1}^{z+1} [x_{\gamma-\alpha}(z) - x_{\gamma-\alpha}(k-1)]^{(-\alpha-1)}\rho_\gamma(k)\nabla x_{\gamma+1}(k)$$

$$= 0.$$

利用命题 3.2.8 的公式 (3.2.26), 可得

$$[x_{\gamma-\alpha-2}(z+1) - x_{\gamma-\alpha-2}(k-1)]^{(-\alpha-3)}[x_{\gamma-\alpha-2}(z+1) - x_{\gamma-\alpha-2}(k)]$$
$$= [x_{\gamma-\alpha-2}(z+1) - x_{\gamma-\alpha-2}(k-1)]^{(-\alpha-2)},$$

由公式 (3.2.27), 可得

$$[x_{\gamma-\alpha-2}(z+1) - x_{\gamma-\alpha-2}(k-1)]^{(-\alpha-3)}[x_{\gamma+2}(z) - x_{\gamma+2}(k-1)]$$
$$= [x_{\gamma-\alpha-1}(z) - x_{\gamma-\alpha-1}(k-1)]^{(-\alpha-2)},$$

$$[x_{\gamma-\alpha-1}(z) - x_{\gamma-\alpha-1}(k-1)]^{(-\alpha-2)}[x_{\gamma+2}(z-\alpha-2) - x_{\gamma+2}(k-1)]$$
$$= [x_{\gamma-\alpha}(z) - x_{\gamma-\alpha}(k-1)]^{(-\alpha-1)},$$

因此

$$[x_{\gamma-\alpha-2}(z+1) - x_{\gamma-\alpha-2}(k-1)]^{(-\alpha-3)}[x_\gamma(z+1) - x_\gamma(k)][x_\gamma(z-\alpha-1) - x_\gamma(k)]$$
$$= [x_{\gamma-\alpha}(z) - x_{\gamma-\alpha}(k-1)]^{(-\alpha-1)},$$

由此可得

$$(\alpha+1)(\alpha+2) \sum_{k=a+1}^{z+1} [x_{\gamma-\alpha-2}(z+1) - x_{\gamma-\alpha-2}(k-1)]^{(-\alpha-3)} \sigma(k)\rho_\gamma(k)\nabla x_{\gamma+1}(k)$$

$$+ (\alpha+1) \sum_{k=a+1}^{z+1} [x_{\gamma-\alpha-2}(z+1) - x_{\gamma-\alpha-2}(k)]^{(-\alpha-2)} \tau_\gamma(k)\rho_\gamma(k)\nabla x_{\gamma+1}(k)$$

$$+ [\lambda + (\alpha+1)\kappa_{2\gamma-\alpha-1}] \sum_{k=a+1}^{z+1} [x_{\gamma-\alpha}(z) - x_{\gamma-\alpha}(k-1)]^{(-\alpha-1)} \rho_\gamma(k)\nabla x_{\gamma+1}(k)$$

$$= 0.$$

由于

$$\Delta_k[u(k)v(k)] = u(k)\Delta_k[v(k)] + v(k+1)\Delta_k[u(k)],$$

这里

$$u(k) = \sigma(k)\rho_\gamma(k),$$
$$v(k) = [x_{\gamma-\alpha-2}(z+1) - x_{\gamma-\alpha-2}(k)]^{(-\alpha-2)},$$

再利用等式

$$\frac{\Delta_k\{[x_{\gamma-\alpha-2}(z+1) - x_{\gamma-\alpha-2}(k-1)]^{(-\alpha-2)}\}}{\nabla x_{\gamma+1}(k)}$$

$$= \frac{\Delta_k\{[x_{\gamma-\alpha-2}(z+1) - x_{\gamma-\alpha-2}(k-1)]^{(-\alpha-2)}\}}{\Delta x_{\gamma+1}(k-1)}$$

$$= (\alpha+2)[x_{\gamma-\alpha-2}(z+1) - x_{\gamma-\alpha-2}(k-1)]^{(-\alpha-3)},$$

可得

$$(\alpha+1)\sum_{k=a+1}^{z+1}\sigma(k)\rho_\gamma(k)\Delta_k\{[x_{\gamma-\alpha-2}(z+1)-x_{\gamma-\alpha-2}(k-1)]^{(-\alpha-2)}\}$$

$$+(\alpha+1)\sum_{k=a+1}^{z+1}[x_{\gamma-\alpha-2}(z+1)-x_{\gamma-\alpha-2}(k)]^{(-\alpha-2)}\tau_\gamma(k)\rho_\gamma(k)\nabla x_{\gamma+1}(k)$$

$$+[\lambda+(\alpha+1)\kappa_{2\gamma-\alpha-1}]\sum_{k=a+1}^{z+1}[x_{\gamma-\alpha}(z)-x_{\gamma-\alpha}(k-1)]^{(-\alpha-1)}\rho_\gamma(k)\nabla x_{\gamma+1}(k)$$

$$=0.$$

即

$$(\alpha+1)\sum_{k=a+1}^{z+1}\Delta_k\{\sigma(k)\rho_\gamma(k)[x_{\gamma-\alpha-2}(z+1)-x_{\gamma-\alpha-2}(k-1)]^{(-\alpha-2)}\}$$

$$-(\alpha+1)\sum_{k=a+1}^{z+1}\Delta_k[\sigma(k)\rho_\gamma(k)][x_{\gamma-\alpha-2}(z+1)-x_{\gamma-\alpha-2}(k)]^{(-\alpha-2)}$$

$$+(\alpha+1)\sum_{k=a+1}^{z+1}[x_{\gamma-\alpha-2}(z+1)-x_{\gamma-\alpha-2}(k)]^{(-\alpha-2)}\tau_\gamma(k)\rho_\gamma(k)\nabla x_{\gamma+1}(k)$$

$$+[\lambda+(\alpha+1)\kappa_{2\gamma-\alpha-1}]\sum_{k=a+1}^{z+1}[x_{\gamma-\alpha}(z)-x_{\gamma-\alpha}(k-1)]^{(-\alpha-1)}\rho_\gamma(k)\nabla x_{\gamma+1}(k)$$

$$=0.$$

由于

$$\sum_{k=a+1}^{z+1}\Delta_k\{\sigma(k)\rho_\gamma(k)[x_{\gamma-\alpha-2}(z+1)-x_{\gamma-\alpha-2}(k-1)]^{(-\alpha-2)}\}=0$$

可见, 只要

$$\Delta_k[\sigma(k)\rho_\gamma(k)]=\tau_\gamma(k)\rho_\gamma(k)\nabla x_{\gamma+1}(k),$$

以及

$$\lambda+(\alpha+1)\kappa_{2\gamma-\alpha-1}=0,$$

那么形如 (7.5.1) 的 $y(z)$ 就是满足方程 (7.5.2) 的, 定理由此证明完毕.

7.5.2 非一致格子上的分数阶函数

上面我们采取非一致格子上分数阶差分与和分定义, 已经证明了下面一个重要的结论: $y(z)$ 的分数阶差分

$$y(z) = \nabla^\alpha_{\gamma+1-\alpha}[\rho_\gamma(z)] = \sum_{k=a+1}^{z} \frac{[x_{\gamma-\alpha}(z) - x_{\gamma-\alpha}(k-1)]^{(-\alpha-1)}}{\Gamma(-\alpha)} \rho_\gamma(k) \nabla x_{\gamma+1}(k)$$

满足超几何差分方程

$$\sigma(z+1)\frac{\Delta}{\Delta x_{\gamma-\alpha-1}(z)}\left(\frac{\nabla y(z)}{\nabla x_{\gamma-\alpha}(z)}\right) - \tau_{\gamma-\alpha-2}(z+1)\frac{\nabla y(z)}{\nabla x_{\gamma-\alpha}(z)} + \lambda y(z) = 0,$$
$$(7.5.11)$$

其中 $\rho_\gamma(z)$ 满足 Pearson 方程

$$\frac{\Delta[\sigma(z)\rho_\gamma(z)]}{\nabla x_{\gamma+1}(z)} = \tau_\gamma(z)\rho_\gamma(z),$$

且 α 满足方程

$$\lambda + \kappa_{2\gamma-\alpha-1}(\alpha+1) = 0.$$

由 3.4 节伴随方程的相关定理知道, 由于方程 (7.5.11) 的伴随方程是

$$\sigma(z)\frac{\Delta}{\Delta x_{\nu-\alpha-1}(z)}\left(\frac{\nabla y(z)}{\nabla x_{\nu-\alpha}(z)}\right) + \tau_{\nu-\alpha}(z)\frac{\Delta y(z)}{\Delta x_{\nu-\alpha}(z)} + \lambda^* y(z) = 0, \quad (7.5.12)$$

这里 $\lambda^* + \alpha\kappa_{2\nu-\alpha} = 0$.

利用原方程与伴随方程解之间的关系, 我们可得

定理 7.5.2 超几何方程 (7.5.12) 有以下以分数阶差分形式表达的一个特解:

$$y(z) = \frac{1}{\rho(z)}\nabla^\alpha_{\gamma+1-\alpha}[\rho_\gamma(z)]$$
$$= \frac{1}{\rho(z)}\sum_{k=a+1}^{z}\frac{[x_{\gamma-\alpha}(z) - x_{\gamma-\alpha}(k-1)]^{(-\alpha-1)}}{\Gamma(-\alpha)}\rho_\gamma(k)\nabla x_{\gamma+1}(k),$$

这里 $z \in \{a+1, a+2, \cdots\}$.

下面我们在非一致格子下具体计算一下这个函数. 为方便计, 假设 $z \in \mathbb{N} = \{0,1,2,\cdots\}$, 为计算方便, 这里只考虑非一致格子

$$x(z) = z^2, \quad \sigma(z) = (z-a)(z-b)(z-c)(z-d)$$

的情形, 这时我们有

$$y(z) = \frac{1}{\rho(z)}\sum_{k=0}^{z}\frac{[x_{\nu-\alpha}(z) - x_{\nu-\alpha}(k-1)]^{(-\alpha-1)}}{\Gamma(-\alpha)}\rho_\nu(k)\nabla x_{\nu+1}(k)$$

$$= \sum_{k=0}^{z} \frac{[x_{\nu-\alpha}(z) - x_{\nu-\alpha}(z-k-1)]^{(-\alpha-1)}}{\Gamma(-\alpha)} \frac{\rho_\nu(z-k)}{\rho(z)} \nabla x_{\nu+1}(z-k)$$

$$= \sum_{k=0}^{z} \frac{\Gamma(k-\alpha)\Gamma(2z-k+\nu-\alpha)}{\Gamma(k+1)\Gamma(2z-k+\nu+1)\Gamma(-\alpha)} \frac{\rho_\nu(z-k)}{\rho(z)} \nabla x_{\nu+1}(z-k).$$

容易知道

$$\frac{(-\alpha)_k}{k!} = \frac{\Gamma(k-\alpha)}{\Gamma(k+1)\Gamma(-\alpha)},$$

$$\frac{\Gamma(2z-k+\nu-\alpha)}{\Gamma(2z-k+\nu+1)} = \frac{(2z-\alpha)_{\alpha-k}\Gamma(2z-\alpha)}{(2z+\nu+1-\alpha)_{\alpha-k}\Gamma(2z+\nu+1-\alpha)}.$$

由 7.4 节的 Pearson 方程求解, 我们可以得到

$$\frac{\rho_\nu(z-k)}{\rho(z)} = \frac{\Gamma(z-k+a+\nu)\Gamma(z-k+b+\nu)\Gamma(z-k+c+\nu)\Gamma(z-k+d+\nu)}{\Gamma(z-k-a+1)\Gamma(z-k-b+1)\Gamma(z-k-c+1)\Gamma(z-k-d+1)}$$
$$\cdot \frac{\Gamma(z-a+1)\Gamma(z-b+1)\Gamma(z-c+1)\Gamma(z-d+1)}{\Gamma(z+a)\Gamma(z+b)\Gamma(z+c)\Gamma(z+d)}.$$

而

$$\frac{\Gamma(z-a+1)}{\Gamma(z-k-a+1)} = (z-k-a+1)_k,$$

$$\frac{\Gamma(z-k+a+\nu)}{\Gamma(z+a)} = (z+a)_{\nu-k}.$$

又

$$\nabla x_{\nu+1}(z-k) = 2(z-k) + \nu = 2\left(z-k+\frac{\nu}{2}\right)$$
$$= 2\frac{\left(z+\frac{\nu}{2}-\alpha+1\right)_{\alpha-k}}{\left(z+\frac{\nu}{2}-\alpha\right)_{\alpha-k}} \cdot (2z+\nu-2\alpha).$$

由此可得

$$y(z) = \sum_{k=0}^{z} \frac{(-\alpha)_k}{k!} \frac{(2z-\alpha)_{\nu-k}\Gamma(2z-a)}{(2z+\nu+1-n)_{n-k}\Gamma(2z+\nu+1-n)}$$
$$\cdot \frac{\prod_{i=1}^{4}(z-z_i+1-\alpha)_\alpha(z+z_i)_{\nu-k}}{\prod_{i=1}^{4}(z-z_i+1-\alpha)_{\alpha-k}} \frac{\left(z+\frac{\nu}{2}-\alpha+1\right)_{\alpha-k}}{\left(z+\frac{\nu}{2}-\alpha\right)_{\alpha-k}} \cdot (2z+\nu-2\alpha).$$

如果 $\alpha = \nu = n \in \mathbb{N}^+$, 则得到一个重要的结论:

定理 7.5.3 多项式

$$y(z) = \sum_{k=0}^{z} \frac{(-n)_k}{k!} \frac{(2z-n)_{n-k} \Gamma(2z-n)}{(2z+1)_{n-k} \Gamma(2z+1)}$$

$$\cdot \frac{\prod_{i=1}^{4}(z-z_i+1-n)_n(z+z_i)_{n-k} \left(z-\dfrac{n}{2}+1\right)_{n-k}}{\prod_{i=1}^{4}(z-z_i+1-n)_{n-k}} \cdot (2z-n)$$

$$= \frac{\Gamma(2z-n+1)\prod_{i=1}^{4}(z-z_i+1-n)_n}{\Gamma(2z+1)} \cdot \sum_{k=0}^{z} \frac{(-n)_k}{k!} \frac{(2z-n)_{n-k}}{(2z+1)_{n-k}}$$

$$\cdot \frac{\left(z-\dfrac{n}{2}+1\right)_{n-k}}{\left(z-\dfrac{n}{2}\right)_{n-k}} \prod_{i=1}^{4} \frac{(z+z_i)_{n-k}}{(z-z_i+1-n)_{n-k}}$$

$$= \frac{\prod_{i=1}^{4}(z-z_i+1-n)_n}{(2z+1-n)_n} \cdot {}_7F_6\left[\begin{array}{c} -n, 2z-n, z-\dfrac{n}{2}+1, \\ z-\dfrac{n}{2}, 1+2z, \end{array}\right.$$

$$\left.\begin{array}{c} z+z_1, z+z_2, z+z_3, z+z_4 \\ 1+z-z_1-n, 1+z-z_2-n, 1+z-z_3-n, 1+z-z_4-n \end{array}; 1\right]. \quad (7.5.13)$$

满足超几何差分方程

$$\sigma(z)\frac{\Delta}{\Delta x_{-1}(z)}\left(\frac{\nabla y(z)}{\nabla x_0(z)}\right) + \tau_{\nu-\alpha}(z)\frac{\Delta y(z)}{\Delta x_0(z)} + \lambda^* y(z) = 0, \quad (7.5.14)$$

这里 $\lambda^* + n\kappa_n = 0$.

这与 Nikiforov 等经典专著 ([90]) 中多项式表达式是完全一致的. 因此, 我们所得的非一致格子上相应的分数阶函数可以看成是经典对应多项式的推广, 它包含了著名的 Askey-Wilson 多项式.

7.5.3 一致格子上分数阶函数与超几何方程内在联系

当退化到一致格子 $x(z) = z$ 的情形, 我们利用定理 7.5.2, 并结合 7.4 节的结论, 则得到一致格子上分数阶差分与超几何差分方程之间的联系.

定理 7.5.4 让 $a \in \mathbb{C}, \mu \in \mathbb{C}, x \in \{0, 1, \cdots\}$, 分数阶 Charlier 函数

$$C_\mu(x, a) = \frac{x!}{a^x}\left[{}_0\nabla_x^\mu\left(\frac{a^x}{x!}\right)\right]$$

$$=_2 F_0 \begin{bmatrix} -\mu, -x \\ - \end{bmatrix}; -\frac{1}{a} \end{bmatrix}$$

满足方程

$$x\nabla\Delta y(x) + (a-x)\Delta y(x) + \nu y(x) = 0.$$

定理 7.5.5　让 $c \in \mathbb{C}, \beta \in \mathbb{C}, \mu \in \mathbb{C}, x \in \{0, 1, \cdots\}$，分数阶 Meixner 函数

$$M_\mu(x, \beta, c) = \frac{x!}{c^x(\beta)_x} \left[_0\nabla_x^\mu \left(\frac{(\beta+\mu)_x c^x}{x!} \right) \right]$$

$$= \frac{\Gamma(\beta)\Gamma(\beta+\mu+x)}{\Gamma(\beta+x)\Gamma(\beta+\mu)} \cdot _2 F_1 \begin{bmatrix} -\mu, -x \\ -\beta-\mu-x+1 \end{bmatrix}; \frac{1}{c} \end{bmatrix}$$

满足方程

$$x\nabla\Delta y(x) + [(c-1)x + \beta c]\Delta y(x) + \nu(1-c)y(x) = 0.$$

定理 7.5.6　让 $p \in \mathbb{C}, N \in \mathbb{N}_0, \mu \in \mathbb{C}, x \in \{0, 1, \cdots\}$. 分数阶 Krawtchouk 函数

$$K_\mu(x, p, N) = \frac{1}{\binom{N}{x}\left(\frac{p}{1-p}\right)^x} \left\{ _0\nabla_x^\mu \left[\binom{N-\mu}{x} \left(\frac{p}{1-p} \right)^x \right] \right\}$$

$$= \frac{\Gamma(N-x+1)\Gamma(N-\mu+1)}{\Gamma(N+1)\Gamma(N-\mu-x+1)} \cdot _2 F_1 \begin{bmatrix} -\mu, -x \\ N-\mu-x+1 \end{bmatrix}; 1 - \frac{1}{p} \end{bmatrix}$$

满足方程

$$(1-p)x\nabla\Delta y(x) + (pN-x)\Delta y(x) + \nu y(x) = 0.$$

定理 7.5.7　让 $\alpha, \beta \in \mathbb{C}, N \in \mathbb{N}_0, \mu \in \mathbb{C}, x \in \{0, 1, \cdots\}$. 分数阶 Hahn 函数

$$Q_\mu(x, \alpha, \beta, N) = \frac{(-1)^\mu(\beta+1)_\mu}{(-N)_\mu \binom{\alpha+x}{x}\binom{\beta+N-x}{N-x}} \left\{ _0\nabla_x^\mu \left[\binom{\alpha+\mu+x}{x}\binom{\beta+N-x}{N-\mu-x} \right] \right\}$$

$$= \frac{(-1)^\mu \Gamma(\beta+\mu+1)\Gamma(-N)\Gamma(\alpha+1)\Gamma(N-x)\Gamma(\alpha+\mu+x+1)}{\Gamma(-N+\mu)\Gamma(\alpha+x+1)\Gamma(\alpha+\mu+1)\Gamma(N-\mu-x)\Gamma(\beta-\mu+1)}$$

$$\cdot _3 F_2 \begin{bmatrix} -\mu, -x, \beta+N-x+1 \\ N-\mu-x, -\alpha-\mu-x \end{bmatrix}; 1 \end{bmatrix}$$

满足方程

$$x(x-\beta-N-1)\nabla\Delta y(x) + [(\alpha+\beta+2)x - (\alpha+1)N]\Delta y(x) + \nu(\nu+\alpha+\beta+1)y(x) = 0.$$

7.5.4 非一致格子超几何方程向前分数阶差分形式的解

以下我们简略讨论向前分数阶差分情形. 对于向前分数阶差分, 我们可以得到一个类似的重要关系.

定理 7.5.8 假设 α 非正整数, 那么 $y(z)$ 的分数阶差分

$$y(z) = \Delta_{\gamma-1+\alpha}^{\alpha}[\rho_\gamma(z)] = \sum_{k=a}^{z+\alpha} \frac{[x_{\gamma+\alpha}(z) - x_{\gamma+\alpha}(k+1)]^{(-\alpha-1)}}{\Gamma(-\alpha)} \rho_\gamma(k)\Delta x_{\gamma-1}(k)$$

$$(7.5.15)$$

满足非一致格子上的超几何差分方程

$$\Sigma(z-1)\frac{\nabla}{\nabla x_{\gamma+\alpha+1}(z)}\left(\frac{\Delta y(z)}{\Delta x_{\gamma+\alpha}(z)}\right) - \tau_{\gamma+\alpha+2}(z-1)\frac{\Delta y(z)}{\Delta x_{\gamma+\alpha}(z)} + \lambda y(z) = 0,$$

$$(7.5.16)$$

其中

$$\frac{\nabla[\Sigma(z)\rho_\gamma(z)]}{\nabla x_{\gamma+1}(z)} = \tau_\gamma(z)\rho_\gamma(z),$$

$$(7.5.17)$$

且

$$\lambda + (\alpha+1)\kappa_{2\gamma+\alpha+1} = 0.$$

$$(7.5.18)$$

证明 为计算方便, 在 (7.5.15) 中我们忽略一个常数因子 $\dfrac{1}{\Gamma(-\alpha)}$, 仍记

$$y(z) = \sum_{k=a}^{z+\alpha} \frac{[x_{\gamma+\alpha}(z) - x_{\gamma+\alpha}(k+1)]^{(-\alpha-1)}}{\Gamma(-\alpha)} \rho_\gamma(k)\Delta x_{\gamma-1}(k).$$

$$(7.5.19)$$

我们要证明, 在条件 (7.5.17) 及 (7.5.18) 下, 式 (7.5.19) 是方程 (7.5.16) 的解.

对 $y(z)$ 进行差商, 我们可得

$$y_1(z) = \frac{\Delta y(z)}{\Delta x_{\gamma+\alpha}(z)}$$

$$= \frac{1}{\Delta x_{\gamma+\alpha}(z)} \sum_{k=a}^{z+1+\alpha} \{[x_{\gamma+\alpha}(z+1) - x_{\gamma+\alpha}(k+1)]^{(-\alpha-1)}\rho_\gamma(k)\Delta x_{\gamma-1}(k)$$

$$- \sum_{k=a}^{z+\alpha}[x_{\gamma+\alpha}(z) - x_{\gamma+\alpha}(k+1)]\rho_\gamma(k)\Delta x_{\gamma-1}(k)\}$$

由于

$$[x_{\gamma+\alpha}(z) - x_{\gamma+\alpha}(k+1)]^{(-\alpha-1)}|_{k=z+1+\alpha} = 0,$$

因此上式可改写为

$$y_1(z) = \frac{1}{\Delta x_{\gamma+\alpha}(z)}\left\{\sum_{k=a}^{z+1+\alpha} [x_{\gamma+\alpha}(z+1) - x_{\gamma+\alpha}(k+1)]^{(-\alpha-1)}\rho_\gamma(k)\Delta x_{\gamma-1}(k)\right.$$

$$-\sum_{k=a}^{z+1+\alpha}[x_{\gamma+\alpha}(z)-x_{\gamma+\alpha}(k+1)]_{(-\alpha-1)}\rho_\gamma(k)\Delta x_{\gamma-1}(k)\Bigg\}$$

$$=\sum_{k=a}^{z+1+\alpha}\frac{\Delta[x_{\gamma+\alpha}(z)-x_{\gamma+\alpha}(k+1)]_{(-\alpha-1)}}{\Delta x_{\gamma+\alpha}(z)}\rho_\gamma(k)\Delta x_{\gamma-1}(k)$$

$$=-(\alpha+1)\sum_{k=a}^{z+1+\alpha}[x_{\gamma+\alpha+1}(z)-x_{\gamma+\alpha+1}(k+1)]_{(-\alpha-2)}\rho_\gamma(k)\Delta x_{\gamma-1}(k).$$

$$(7.5.20)$$

又

$$\frac{\nabla}{\nabla x_{\gamma+\alpha+1}(z)}\left(\frac{\Delta y(z)}{\Delta x_{\gamma+\alpha}(z)}\right)$$

$$=-(\alpha+1)\frac{1}{\nabla x_{\gamma+\alpha+1}(z)}\Bigg\{\sum_{k=a}^{z+1+\alpha}[x_{\gamma+\alpha+1}(z)-x_{\gamma+\alpha+11}(k+1)]_{(-\alpha-2)}\rho_\gamma(k)\Delta x_{\gamma-1}(k)$$

$$-\sum_{k=a}^{z+\alpha}[x_{\gamma+\alpha+1}(z-1)-x_{\gamma+\alpha}(k+1)]_{(-\alpha-2)}\rho_\gamma(k)\Delta x_{\gamma-1}(k)\Bigg\}.$$

由于

$$[x_{\gamma+\alpha+1}(z-1)-x_{\gamma+\alpha}(k+1)]_{(-\alpha-2)}|_{k=z+1+\alpha}=0,$$

如此上式则改写成

$$\frac{\nabla}{\nabla x_{\gamma+\alpha+1}(z)}\left(\frac{\Delta y(z)}{\Delta x_{\gamma+\alpha}(z)}\right)$$

$$=-(\alpha+1)\sum_{k=a}^{z+1+\alpha}\frac{\nabla[x_{\gamma+\alpha+1}(z)-x_{\gamma+\alpha+1}(k+1)]_{(-\alpha-2)}}{\nabla x_{\gamma+\alpha+1}(z)}\rho_\gamma(k)\nabla x_{\gamma+1}(k)$$

$$=-(\alpha+1)\sum_{k=a}^{z+1+\alpha}\frac{\Delta[x_{\gamma+\alpha+1}(z-1)-x_{\gamma+\alpha+1}(k+1)]_{(-\alpha-2)}}{\Delta x_{\gamma+\alpha+1}(z-1)}\rho_\gamma(k)\nabla x_{\gamma+1}(k)$$

$$=(\alpha+1)(\alpha+2)\sum_{k=a}^{z+1+\alpha}[x_{\gamma+\alpha+2}(z-1)-x_{\gamma+\alpha+2}(k+1)]_{(-\alpha-3)}\rho_\gamma(k)\nabla x_{\gamma+1}(k).$$

$$(7.5.21)$$

将 (7.5.19), (7.5.20), (7.5.21) 代入原方程 (7.5.16), 并利用等式

$$[x_{\gamma+\alpha+2}(z-1)-x_{\gamma+\alpha+2}(k+1)]_{(-\alpha-3)}[x_{\gamma-2}(z)-x_{\gamma-2}(k+1)]$$

$$=[x_{\gamma+\alpha+1}(z)-x_{\gamma+\alpha+1}(k+1)]_{(-\alpha-2)},$$

则化简可得

$$(\alpha+1)\sum_{k=a}^{z+1+\alpha}[x_{\gamma+\alpha+2}(z-1)-x_{\gamma+\alpha+2}(k+1)]_{(-\alpha-3)}\rho_{\gamma}(k)\nabla x_{\gamma+1}(k)$$

$$\cdot\{(\alpha+2)\Sigma(z-1)+\tau_{\gamma+\alpha+2}(z-1)[x_{\gamma-2}(z)-x_{\gamma-2}(k+1)]\}$$

$$+\lambda\sum_{k=a+1}^{z+1}[x_{\gamma+\alpha}(z)-x_{\gamma+\alpha}(k+1)]_{(-\alpha-1)}\rho_{\gamma}(k)\nabla x_{\gamma+1}(k)$$

$$=0.$$

即

$$(\alpha+1)\sum_{k=a}^{z+1+\alpha}[x_{\gamma+\alpha+2}(z-1)-x_{\gamma+\alpha+2}(k+1)]_{(-\alpha-3)}\rho_{\gamma}(k)\nabla x_{\gamma+1}(k)$$

$$\cdot\{(\alpha+2)\Sigma(z-1)+\tau_{\gamma+\alpha+2}(z-1)[x_{\gamma}(z-1)-x_{\gamma}(k)]\}$$

$$+\lambda\sum_{k=a}^{z+1+\alpha}[x_{\gamma+\alpha}(z)-x_{\gamma+\alpha}(k+1)]_{(-\alpha-1)}\rho_{\gamma}(k)\nabla x_{\gamma+1}(k)$$

$$=0.$$

利用引理 4.2.4, 我们有

$$(\alpha+2)\Sigma(z+1)-\tau_{\gamma+\alpha+2}(z-1)[x_{\gamma}(k)-x_{\gamma}(z-1)]$$

$$=(\alpha+2)\Sigma(k)-\tau_{\gamma}(k)[x_{\gamma+\alpha+2}(k)-x_{\gamma+\alpha+2}(z-1)]$$

$$+\kappa_{2\gamma+\alpha+1}[x_{\gamma}(k)-x_{\gamma}(z-1)][x_{\gamma}(k)-x_{\gamma}(z+\alpha+1)],$$

代入可得

$$(\alpha+1)\sum_{k=a}^{z+1+\alpha}[x_{\gamma+\alpha+2}(z-1)-x_{\gamma+\alpha+2}(k+1)]_{(-\alpha-3)}\rho_{\gamma}(k)\nabla x_{\gamma+1}(k)$$

$$\cdot\{(\alpha+2)\Sigma(k)+\tau_{\gamma}(k)[x_{\gamma+\alpha+2}(z-1)-x_{\gamma+\alpha+2}(k)]$$

$$+\kappa_{2\gamma+\alpha+1}[x_{\gamma}(z-1)-x_{\gamma}(k)][x_{\gamma}(z+\alpha+1)-x_{\gamma}(k)]\}$$

$$+\lambda\sum_{k=a}^{z+1+\alpha}[x_{\gamma+\alpha}(z)-x_{\gamma+\alpha}(k+1)]_{(-\alpha-1)}\rho_{\gamma}(k)\nabla x_{\gamma+1}(k)$$

$$=0.$$

利用命题 4.4.2 的公式 (4.4.4), 可得

$$[x_{\gamma+\alpha+2}(z-1)-x_{\gamma+\alpha+2}(k+1)]_{(-\alpha-3)}[x_{\gamma+\alpha+2}(z-1)-x_{\gamma+\alpha+2}(k)]$$

$$= [x_{\gamma+\alpha+2}(z-1) - x_{\gamma+\alpha+2}(k+1)]_{(-\alpha-2)},$$

以及由命题 4.4.2 的公式 (4.4.5), 可得

$$[x_{\gamma+\alpha+2}(z-1) - x_{\gamma+\alpha+2}(k+1)]_{(-\alpha-3)}[x_{\gamma-2}(z) - x_{\gamma-2}(k+1)]$$
$$= [x_{\gamma+\alpha+1}(z) - x_{\gamma+\alpha+1}(k+1)]_{(-\alpha-2)},$$

以及由命题 4.4.2 的公式 (4.4.5), 可得

$$[x_{\gamma+\alpha+1}(z) - x_{\gamma+\alpha+1}(k+1)]_{(-\alpha-2)}[x_{\gamma-2}(z+\alpha+2) - x_{\gamma-2}(k+1)]$$
$$= [x_{\gamma+\alpha}(z) - x_{\gamma+\alpha}(k+1)]_{(-\alpha-1)},$$

因此

$$[x_{\gamma+\alpha+2}(z-1) - x_{\gamma+\alpha+2}(k+1)]_{(-\alpha-3)}[x_\gamma(z-1) - x_\gamma(k)][x_\gamma(z+\alpha+1) - x_\gamma(k)]$$
$$= [x_{\gamma+\alpha}(z) - x_{\gamma+\alpha}(k+1)]_{(-\alpha-1)},$$

由此可得

$$(\alpha+1)(\alpha+2) \sum_{k=a}^{z+1+\alpha} [x_{\gamma+\alpha+2}(z-1) - x_{\gamma+\alpha+2}(k+1)]_{(-\alpha-3)}\sigma(k)\rho_\gamma(k)\nabla x_{\gamma+1}(k)$$

$$+ (\alpha+1) \sum_{k=a}^{z+1+\alpha} [x_{\gamma+\alpha+2}(z-1) - x_{\gamma+\alpha+2}(k)]_{(-\alpha-2)}\tau_\gamma(k)\rho_\gamma(k)\nabla x_{\gamma+1}(k)$$

$$+ [\lambda + (\alpha+1)\kappa_{2\gamma+\alpha+1}] \sum_{k=a}^{z+1+\alpha} [x_{\gamma+\alpha}(z) - x_{\gamma+\alpha}(k+1)]_{(-\alpha-1)}\rho_\gamma(k)\nabla x_{\gamma+1}(k)$$

$$= 0.$$

由于

$$\nabla_k[u(k)v(k)] = u(k)\nabla_k[v(k)] + v(k-1)\nabla_k[u(k)],$$

这里

$$u(k) = \Sigma(k)\rho_\gamma(k),$$
$$v(k) = [x_{\gamma+\alpha+2}(z-1) - x_{\gamma+\alpha+2}(k)]_{(-\alpha-2)},$$

再利用等式

$$\frac{\nabla_k\{[x_{\gamma+\alpha+2}(z-1) - x_{\gamma+\alpha+2}(k+1)]_{(-\alpha-2)}\}}{\nabla x_{\gamma+1}(k)}$$

$$= \frac{\nabla_k\{[x_{\gamma+\alpha+2}(z-1) - x_{\gamma+\alpha+2}(k+1)]_{(-\alpha-2)}\}}{\nabla x_{\gamma-1}(k+1)}$$
$$= (\alpha+2)[x_{\gamma+\alpha+2}(z-1) - x_{\gamma+\alpha+2}(k+1)]_{(-\alpha-3)},$$

可得：

$$(\alpha+1)\sum_{k=a}^{z+1+\alpha} \Sigma(k)\rho_\gamma(k)\nabla_k\{[x_{\gamma+\alpha+2}(z-1) - x_{\gamma+\alpha+2}(k+1)]_{(-\alpha-2)}\}$$
$$+ (\alpha+1)\sum_{k=a}^{z+1+\alpha} [x_{\gamma+\alpha+2}(z-1) - x_{\gamma+\alpha+2}(k)]_{(-\alpha-2)}\tau_\gamma(k)\rho_\gamma(k)\nabla x_{\gamma+1}(k)$$
$$+ [\lambda + (\alpha+1)\kappa_{2\gamma+\alpha+1}]\sum_{k=a}^{z+1+\alpha} [x_{\gamma+\alpha}(z) - x_{\gamma+\alpha}(k+1)]_{(-\alpha-1)}\rho_\gamma(k)\nabla x_{\gamma+1}(k)$$
$$= 0.$$

即

$$(\alpha+1)\sum_{k=a}^{z+1+\alpha} \nabla_k\{\Sigma(k)\rho_\gamma(k)[x_{\gamma+\alpha+2}(z-1) - x_{\gamma+\alpha+2}(k+1)]_{(-\alpha-2)}\}$$
$$- (\alpha+1)\sum_{k=a+1}^{z+1} \nabla_k\{\Sigma(k)\rho_\gamma(k)[x_{\gamma+\alpha+2}(z-1) - x_{\gamma+\alpha+2}(k+1)]_{(-\alpha-2)}\}$$
$$+ (\alpha+1)\sum_{k=a}^{z+1+\alpha} [x_{\gamma+\alpha+2}(z-1) - x_{\gamma+\alpha+2}(k)]_{(-\alpha-2)}\tau_\gamma(k)\rho_\gamma(k)\nabla x_{\gamma+1}(k)$$
$$+ [\lambda + (\alpha+1)\kappa_{2\gamma+\alpha+1}]\sum_{k=a}^{z+1+\alpha} [x_{\gamma+\alpha}(z) - x_{\gamma+\alpha}(k+1)]_{(-\alpha-1)}\rho_\gamma(k)\nabla x_{\gamma+1}(k)$$
$$= 0.$$

由于

$$\sum_{k=a}^{z+1+\alpha} \nabla_k\{\Sigma(k)\rho_\gamma(k)[x_{\gamma+\alpha+2}(z-1) - x_{\gamma+\alpha+2}(k+1)]_{(-\alpha-2)}\} = 0,$$

可见，只要

$$\nabla_k[\Sigma(k)\rho_\gamma(k)] = \tau_\gamma(k)\rho_\gamma(k)\nabla x_{\gamma+1}(k),$$

以及

$$\lambda + (\alpha+1)\kappa_{2\gamma+\alpha+1} = 0,$$

那么形如 (7.5.15) 的 $y(z)$ 就是满足方程 (7.5.16) 的，定理由此证明完毕.

7.5.5　非一致格子上的分数阶函数

上面我们采取非一致格子上分数阶差分与和分定义, 已经证明下面一个重要的结论: $y(z)$ 的分数阶差分

$$y(z) = \Delta_{\gamma-1+\alpha}^{\alpha}[\rho_{\gamma}(z)] = \sum_{k=a}^{z+\alpha} \frac{[x_{\gamma+\alpha}(z) - x_{\gamma+\alpha}(k+1)]^{(-\alpha-1)}}{\Gamma(-\alpha)} \rho_{\gamma}(k) \nabla x_{\gamma+1}(k)$$

满足超几何差分方程

$$\sigma(z-1) \frac{\nabla}{\nabla x_{\gamma+\alpha+1}(z)} \left(\frac{\Delta y(z)}{\Delta x_{\gamma+\alpha}(z)} \right) - \tau_{\gamma+\alpha+2}(z-1) \frac{\Delta y(z)}{\Delta x_{\gamma+\alpha}(z)} + \lambda y(z) = 0,$$

$$(7.5.22)$$

其中 $\rho_{\gamma}(z)$ 满足 Pearson 方程

$$\frac{\nabla[\Sigma(z)\rho_{\gamma}(z)]}{\nabla x_{\gamma+1}(z)} = \tau_{\gamma}(z)\rho_{\gamma}(z),$$

且 α 满足方程

$$\lambda + (\alpha+1)\kappa_{2\gamma+\alpha+1} = 0.$$

由第 4 章伴随方程的相关知识和定理, 方程 (7.5.22) 的伴随方程是

$$\Sigma(z) \frac{\nabla}{\nabla x_{\nu+\alpha+1}(z)} \left(\frac{\Delta y(z)}{\Delta x_{\nu+\alpha}(z)} \right) + \tau_{\nu+\alpha}(z) \frac{\nabla y(z)}{\nabla x_{\nu+\alpha}(z)} + \lambda^* y(z) = 0, \quad (7.5.23)$$

这里 $\lambda^* + \alpha\kappa_{2\nu+\alpha} = 0$. 利用原方程与伴随方程解之间的关系, 我们可得非一致格子上超几何方程 (7.5.23) 的解可用非一致格子上的分数阶函数表示.

定理 7.5.9　方程 (7.5.23) 有以下以分数阶差分形式表达的一个特解:

$$y(z) = \frac{1}{\rho(z)} \Delta_{\gamma-1+\alpha}^{\alpha}[\rho_{\gamma}(z)]$$

$$= \frac{1}{\rho(z)} \sum_{k=a}^{z+\alpha} \frac{[x_{\gamma+\alpha}(z) - x_{\gamma+\alpha}(k+1)]^{(-\alpha-1)}}{\Gamma(-\alpha)} \rho_{\gamma}(k) \nabla x_{\gamma+1}(k),$$

这里 $z \in \{a-\alpha+1, a-\alpha+2, \cdots\}$.

7.6　函数的正交性

考虑非一致格子上的超几何型差分方程

$$\sigma(z) \frac{\Delta}{\Delta x_{\nu-\mu-1}(z)} \left(\frac{\nabla y(z)}{\nabla x_{\nu-\mu}(z)} \right) + \tau_{\nu-\mu}(z) \frac{\Delta y(z)}{\Delta x_{\nu-\mu}(z)} + \lambda y(z) = 0. \quad (7.6.1)$$

将该方程化成自相伴方程, 则有

$$\frac{\Delta}{\Delta x_{\nu-\mu-1}(z)}\left[\sigma(z)\rho_{\nu-\mu}(z)\frac{\nabla y(z)}{\nabla x_{\nu-\mu}(z)}\right]+\lambda\rho_{\nu-\mu}(z)y(z)=0,$$

这里 $\rho_{\nu-\mu}(z)$ 是积分因子, 满足 Pearson 方程

$$\frac{\Delta}{\nabla x_{\nu-\mu+1}(z)}[\sigma(z)\rho_{\nu-\mu}(z)]=\tau_{\nu-\mu}(z)\rho_{\nu-\mu}(z).$$

对于不同的实数 λ_1,λ_2, 设函数 $y_1(z),y_2(z)$ 分别满足方程

$$\frac{\Delta}{\Delta x_{\nu-\mu-1}(z)}\left[\sigma(z)\rho_{\nu-\mu}(z)\frac{\nabla y_1(z)}{\nabla x_{\nu-\mu}(z)}\right]+\lambda_1\rho_{\nu-\mu}(z)y_1(z)=0 \qquad (7.6.2)$$

和

$$\frac{\Delta}{\Delta x_{\nu-\mu-1}(z)}\left[\sigma(z)\rho_{\nu-\mu}(z)\frac{\nabla y_2(z)}{\nabla x_{\nu-\mu}(z)}\right]+\lambda_2\rho_{\nu-\mu}(z)y_2(z)=0. \qquad (7.6.3)$$

让 $y_2(z)$ 乘以 (7.6.2) 减去 $y_1(z)$ 乘以 (7.6.3), 可得

$$\sum_{z=a}^{b}(\lambda_1-\lambda_2)\rho_{\nu-\mu}(z)y_1(z)y_2(z)\Delta x_{\nu-\mu-1}(z)$$
$$=\sum_{z=a}^{b}\left\{y_2(z)\Delta\left[\sigma(z)\rho_{\nu-\mu}(z)\frac{\nabla y_1(z)}{\nabla x_{\nu-\mu}(z)}\right]-y_1(z)\Delta\left[\sigma(z)\rho_{\nu-\mu}(z)\frac{\nabla y_2(z)}{\nabla x_{\nu-\mu}(z)}\right]\right\}.$$
$$(7.6.4)$$

利用恒等式

$$\Delta\left[\sigma(z)\rho_{\nu-\mu}(z)\frac{\nabla y_1(z)}{\nabla x_{\nu-\mu}(z)}y_2(z)\right]-y_1(z)\Delta\left[\sigma(z)\rho_{\nu-\mu}(z)\frac{\nabla y_2(z)}{\nabla x_{\nu-\mu}(z)}y_1(z)\right]$$
$$=y_2(z)\Delta\left[\sigma(z)\rho_{\nu-\mu}(z)\frac{\nabla y_1(z)}{\nabla x_{\nu-\mu}(z)}\right]+\sigma(z+1)\rho_{\nu-\mu}(z+1)\frac{\Delta y_1(z)}{\Delta x_{\nu-\mu}(z)}\Delta y_2(z)$$
$$-\left\{y_1(z)\Delta\left[\sigma(z)\rho_{\nu-\mu}(z)\frac{\nabla y_2(z)}{\nabla x_{\nu-\mu}(z)}\right]+\sigma(z+1)\rho_{\nu-\mu}(z+1)\frac{\Delta y_2(z)}{\Delta x_{\nu-\mu}(z)}\Delta y_1(z)\right\},$$

可得 (7.6.4) 式右边为

$$\sum_{z=a}^{b}\Delta\left\{\sigma(z)\rho_{\nu-\mu}(z)\left|\begin{array}{cc}\Delta y_1(z) & \Delta y_2(z) \\ \dfrac{\Delta y_1(z)}{\Delta x_{\nu-\mu}(z)} & \dfrac{\Delta y_2(z)}{\Delta x_{\nu-\mu}(z)}\end{array}\right|\right\}. \qquad (7.6.5)$$

我们称

$$w(y_1(z), y_2(z)) = \sum_{z=a}^{b} \Delta \left\{ \sigma(z)\rho_{\nu-\mu}(z) \left| \begin{array}{cc} \Delta y_1(z) & \Delta y_2(z) \\[2mm] \dfrac{\Delta y_1(z)}{\Delta x_{\nu-\mu}(z)} & \dfrac{\Delta y_2(z)}{\Delta x_{\nu-\mu}(z)} \end{array} \right| \right\} \tag{7.6.6}$$

为方程 (7.6.1) 解的朗斯基行列式.

若 $\sigma(z)\rho_{\nu-\mu}(z)W[y_1(z), y_2(z)]|_a^b = 0$, 那么

$$\sum_{z=a}^{b} \rho_{\nu-\mu}(z)y_1(z)y_2(z)\Delta x_{\nu-\mu-1}(z) = 0,$$

即得到函数 $y_1(z)$ 和 $y_2(z)$ 关于权函数 $\rho_{\nu-\mu}(z)$ 是正交的.

当 $\mu = \nu$ 时, 我们得到: 方程

$$\sigma(z)\frac{\Delta}{\Delta x_{-1}(z)}\left(\frac{\nabla y(z)}{\nabla x(z)}\right) + \tau(z)\frac{\Delta y(z)}{\Delta x(z)} + \lambda y(z) = 0 \tag{7.6.7}$$

的一个特解为

$$y_\nu(z) = \frac{\Gamma(1+2z-s_1-s_2-\nu)\Gamma(1+z-s_1)\Gamma(1+z-s_2)}{\Gamma(1+2z)\Gamma(z-s_1-\nu)\Gamma(z-s_2-\nu)}$$
$$\cdot \frac{\Gamma(1+z-s_3)\Gamma(1+z-s_4)}{\Gamma(1+z-s_1-s_2-s_3-\nu)\Gamma(1+z-s_1-s_2-s_4-\nu)}$$
$$\cdot {}_7F_6\left[\begin{array}{c} 2z-s_1-s_2-\nu, \dfrac{2z-s_1-s_2-\nu+2}{2}, -s_1-s_2-\nu, \\[2mm] \dfrac{2z-s_1-s_2-\nu}{2}, 1+2z, \\[4mm] 1+z-s_1, 1+z-s_2, z+s_4, z+s_3 \\ z-s_2-\nu, z-s_1-\nu, 1+z-s_1-s_2-s_4-\nu, 1+z-s_1-s_2-s_3-\nu \end{array}; 1\right]$$
$$= \frac{\prod\limits_{k=1}^{2}(z-s_k-\nu)_{\nu+1}\prod\limits_{k=3}^{4}(1+z-s_1-s_2-s_k-\nu)_{s_1+s_2+\nu}}{(1+2z-s_1-s_2-\nu)_{s_1+s_2+\nu}}$$
$$\cdot {}_7F_6\left[\begin{array}{c} 2z-s_1-s_2-\nu, \dfrac{2z-s_1-s_2-\nu+2}{2}, -s_1-s_2-\nu, \\[2mm] \dfrac{2z-s_1-s_2-\nu}{2}, 1+2z, \\[4mm] 1+z-s_1, 1+z-s_2, z+s_4, z+s_3 \\ z-s_2-\nu, z-s_1-\nu, 1+z-s_1-s_2-s_4-\nu, 1+z-s_1-s_2-s_3-\nu \end{array}; 1\right],$$

$$\tag{7.6.8}$$

这里 ν 是如下方程

$$\lambda + \kappa_\nu \gamma(\nu) = 0 \qquad (7.6.9)$$

的解, 其中

$$\kappa_\nu = \alpha(\nu-1)\widetilde{\tau}' + \gamma(\nu-1)\widetilde{\frac{\sigma''}{2}}. \qquad (7.6.10)$$

对于不同的 λ_1 和 λ_2, 得到两个不同的特解 $y_{\nu_1}(z)$ 和 $y_{\nu_2}(z)$, 如果满足

$$\sigma(z)\rho(z)W[y_{\nu_1}(z), y_{\nu_2}(z)]\big|_a^b = 0,$$

那么 $y_{\nu_1}(z)$ 和 $y_{\nu_2}(z)$ 就是正交的.

参 考 文 献

[1] 程金发. 分数阶差分方程理论. 厦门: 厦门大学出版社, 2011.

[2] 丁同仁, 李承治. 常微分方程. 2 版. 北京: 高等教育出版社, 2004.

[3] 窦志 G. 拉普拉斯变换的理论和应用导论. 张义良, 译. 北京: 科学出版社, 1966.

[4] 黄启昌, 王克, 潘家齐. 常微分方程. 2 版. 北京: 高等教育出版社, 2005.

[5] 汤国熙. Z 变换的理论与应用. 北京: 宇航出版社, 1991.

[6] 王高雄, 周之铭, 朱思铭, 王寿松. 常微分方程. 3 版. 北京: 高等教育出版社, 2006.

[7] 王联, 王慕秋. 常差分方程. 乌鲁木齐: 新疆大学出版社, 1991.

[8] 徐明瑜, 谭文长. 中间过程、临界现象: 分数阶算子理论、方法、进展及其在现代力学中的应用. 中国科学, 2006, 36(3): 225-238.

[9] 郑祖庥. 分数微分方程的发展和应用. 徐州师范大学学报 (自然科学版), 2008, 26(2): 1-10.

[10] Agarwal R P. Certain fractional q-integrals and q-derivatives. Proc. Camb. Phil. Soc., 1969, 66: 365-370.

[11] Agarwal R P. Difference and Inequalities. New York: Marcel Dekker Inc., 1992.

[12] Agarwal R P, Wong J Y. Advanced Topics in Difference Equations. Dordrecht: Kluwer Academic Publishers, 1997.

[13] Al-Salam W A. Some fractional q-integrals and q-derivatives. Proc. Edinb. Math. Soc., 1966/1967, 15(2): 135-140.

[14] Alvarez-Nodarse R, Arvessu J. On the q-polynomials in the exponential lattice $x(s) = c_1 q^s + c_3$. Integral Transform Spec. Funct. 1999, 8(3/4): 299-324.

[15] Alvarez-Nodarse R, Cardoso J. Recurrence relations for discrete hypergeometric functions. J. Difference Equ. Appl., 2005, 11(9): 829-850.

[16] Alvarez-Nodarse R, Cardoso K L. On the properties of special functions on the linear-type lattices. Journal of Mathematical Analysis and Applications, 2011, 405: 271-285.

[17] Anastassiou G A. Discrete fractional calculus and inequalities. arXiv: 0911. 3370v1 [math.CA], 2009(17).

[18] Anastassiou G A. Nabla discrete fractional calculus and nabla inequalities. Mathematical and Computer Modelling, 2010, 51: 562-571.

[19] Andrews G E, Askey R. Classical orthogonal polynomials//Polynomes Orthogonaux et Applications. Berlin-Heidelberg-New York: Springer-Verlag, 1985: 36-62.

[20] Andrews G E, Askey R, Roy R. Special Functions. Cambridge: Cambridge University Press, 1999.

[21] Annaby M H, Mansour Z S. q-Fractional Calculus and Equations. New York: Springer, 2012.

[22] Area I, Godoy E, Ronveaux A, Zarzo A. Hypergeometric-type differential equations: second kind solutions and related integrals. J. Comput. Appl. Math., 2003, 157: 93-106.

[23] Area I, Godoy E, Ronveaux A, Zarzo A. Hypergeometric type q-difference equations: Rodrigues type representation for the second kind solution. J. Comput. Appl. Math., 2005, 173: 81-92.

[24] Askey R, Wilson J A. A set of orthogonal polynomials that generalize the Racah coefficients or $6j$-symbols. SIAM J. Math. Anal., 1979, 10: 1008-1016.

[25] Askey R, Ismail M E H. Recurrence relations, continued fractions and orthogonal polynomials. Mem. Amer. Math. Soc., 1984(300).

[26] Askey R, Wilson J A. Some basic hypergeometric orthogonal polynomials that generalize Jacobi polynomials. Mem. Amer. Math. Soc., 1985(319).

[27] Atakishiyev N M, Suslov S K. On the moments of classical and related polynomials. Revista Mexicana de Fisica, 1988, 34(2): 147-151.

[28] Atakishiyev N M, Suslov S K. Difference hypergeometric functions//Progress in Approximation Theory. New York: Springer, 1992: 1-35.

[29] Atakishiyev N M, Suslov S K. About one class of special function. Revista Mexicana de Fisica, 1988, 34(2): 152-167.

[30] Atakishiyev N M, Rahman M, Suslov S K. On classical orthogonal polynomials. Constr. Approx., 1995, 11(2): 181-226.

[31] Atici F M, Eloe P W. A transform method in discrete fractional calculus. International Journal of Differences, 2007, 2: 165-176.

[32] Atici F M, Eloe P W. Discrete fractional calculus with the nabla operator. Electronic Journal of Qualitative Theory of Differential Equations, Spec. Ed. I, 2009(3): 1-12.

[33] Atici F M, Eloe P W. Initial value problems in discrete fractional calculus. Pro. Amer. Math. Soc., 2009, 137: 981-989.

[34] Atici F M, Sengul S. Modeling with fractional difference equations. J. math. Anal. Appl., 2010, 369: 1-9.

[35] Bailey W N. Generalized Hypergeometric Series. London: Cambridge University Press, 1935.

[36] Bangerezako G. Variational calculus on q-nonuniform lattices. J. Math. Anal. Appl., 2005, 306: 161-179.

[37] Baoguo J, Erbe L, Peterson A. Two monotonicity results for nabla and delta fractional differences. Arch. Math. (Basel), 2015, 1049: 589-597.

[38] Bastos N R O, Ferreira R A C, Torres D F M. Discrete-time fractional variational problems. Signal Procsssing, (2010), doi:10.1016/j.sigpro.2010.05.001.

[39] Cheng J F. On the Fractional Difference Equations of order $(2,q)$//Proceedings of the 7th Conference on Biological Dynamic System and Stability of Differential Equation Chongqing, P. R. China, May, 2010: 580-587.

[40] Cheng J F, Chu Y M. Solution to the linear fractional differential equation using adomian decomposition method. Mathematical Problems in Engineering, 2011: 1-14.

[41] Cheng J F. Solutions of fractional difference equations of order (k, q). Acta Math. Appl. Sin., 2011, 34(2): 313-330.

[42] Cheng J F, Chu Y M. Fractional difference equations with real variable. Abstr. Appl. Anal. 2012, Art. ID 918529, 1-24.

[43] Cheng J F, Wu G C. Solutions of fractional difference equations of order $(2, q)$. Acta Math. Sinica (Chin. Ser.), 2012, 55(3): 469-480.

[44] Cheng J F, Dai W Z. Higer-order fractional. Green and Gauss formulas. J. Math. Anal. Appl., 2018, 462: 157-171.

[45] Cheng J F, Jia L K. Hypergeometric type difference equations on nonuniform lattices: rodrigues type representation for the second kind solution, Acta Mathematics Scientia, 2019, 39A(4), 875-893.

[46] Cheng J F. On multivariate fractional Taylor's and Cauchy's mean value theorem. J. Math. Study,. 2019, 52(1): 38-52. doi: 10.4208/jms.v52n1.19.04.

[47] Cheng J F, Jia L K. Generalizations of Rodrigues type formulas for hypergeometric difference equations on nonuniform lattices. Journal of Difference Equations and Applications, 2020, 26(4): 435-457.

[48] Cheng J F, Dai W Z. Adjoint difference equation for a Nikiforov-Uvarov-Suslov difference equation of hypergeometric type on non-uniform lattices. The Ramanujan Journal, 2020, 53: 285-318.

[49] Cheng J F, Chu Y M. Note on fractional Green's function. Journal of Nonlinear Modeling and Analysis, 2020, 2: 333-343.

[50] Cheng J F, Dai W Z. Fractional vector Taylor and Cauchy mean value formulas. Journal of Fractional Calculus and Applications, 2020, 11(2): 130-147.

[51] Cheng J F. On the complex difference equation of hypergeometric type on non-uniform lattices. Acta Mathematical Sinica, English Series, English Series, 2020, 36(5): 487-511.

[52] Cheng J F. On the definitions of fractional sum and difference on non-uniform lattices. arXiv:1910.05130 [math.CA], in Appl. Math. J. Chinese Univ., 2021 36(3): 420-442.

[53] Daftardar-Gejji V, Babakhani A. Analysis of a system of fractional differential equations. J. Math. Anal. Appl., 2004, 293: 511-522.

[54] Diaz J B, Osler T J. Differences of fractional order. Math.Comp., 1974, 28, 125: 185-202.

[55] Diethelm K, Ford N J. Multi-order fractional differential equations and their numerical solution. Appl. Math. Comput., 2004, 154: 621-640.

[56] V. Kai Diethelm. The analysis of fractional differential equations, an application-oriented exposition using differential operators of caputo type. Berlin Heidelberg: Springer-Verlag, 2010.

[57] Dreyfus T. q-deformation of meromorphic solutions of linear differential equations. J. Differential Equations 2015, 259: 5734-5768.

[58] Du F F, Jia B G. Finite-time stability of a class of nonlinear fractional delay difference systems. Appl. Math. Lett., 2019, 98: 233-239.

[59] Erdelyi A. Higher Transcendental Functions: Volume 1. New York: MacGraw-Hill, 1953.

[60] Foupouagnigni M. On difference equations for orthogonal polynomials on nonuniform lattices. J. Difference Equ. Appl., 2008, 14: 127-174.

[61] Foupouagnigni M, Koepf W, Kenfack-Nangho K, Mboutngam S. On solutions of holonomic divided-difference equations on nonuniform lattices. Axioms, 2013, 2: 404-434.

[62] George G, Rahman M. Basic Hypergeometric Series. 2nd ed. London: Cambridge University Press, 2004.

[63] Goodrich C, Peterson A C. Discrete Fractional Calculus. Switzerland: Springer International Publishing, 2015.

[64] Granger C W J, Joyeux R. An introduction to long-memory time series models and fractional differencing, J. Time Ser. Anal., 1980, 1: 15-29.

[65] Gray H L, Zhang N F. On a new definition of the fractional difference. Mathematics of Computation, 1988, 50(182), 513-529.

[66] Hale J K. Ordinary Differential Equations. New York: Wiley, 1969.

[67] Hatman P. Ordinary Differential Equations. 2nd ed. Birkhauser: Boston-Basel-Stuttgart, 1982.

[68] Hille E. Ordinary differential equations in the complex domain. Reprint of the 1976. Original, Mineola. New York: Dover Publications, Inc., 1997.

[69] Horner J M. A Note on the derivation of Rodrigues' formulae. The American Mathematical Monthly, 1963, 70: 81-82.

[70] Horner J M. Generalizations of the formulas of Rodrigues and Schlafli. The American Mathematical Monthly, 1963, 71: 870-876.

[71] Hosking J R M. Fractional differencing. Biometrika, 1981, 68: 165-176.

[72] Ince E L. Ordinary Differential Equations. New York: Dover Publications, 1944.

[73] Ismail M E H, Libis C A. Contiguous relations, basic hypergeometric functions, and orthogonal polynomials I. Journal of Mathematical Analysis and Applications, 1989, 141: 349-372.

[74] Ismail M E H, Zhang R. Diagonalization of certain integral operators. Advance in Math. Soc., 1994, 109: 1-33.

[75] Ibrahim R W, Momani S. On the existence and uniqueness of solutions of a class of fractional differential equations. J. Math. Anal. Appl., 2007, 334 (1): 1-11.

[76] Jia L K, Cheng J F, Feng Z S. A q-analogue of Kummer's equation. Electron J. Differential Equations, 2017: 1-20.

[77] Kac V, Cheung P. Quantum Calculus. New York: Springer-Verlag, 2002.

[78] Kelley W G, Peterson A C. Difference Equations. New York: Academic Press, 1991.

[79] Kilbas A A, Srivastava H M, Trujillo J J. Theory and Applications of Fractional Differential Equations. North-Holland Mathatics Studies 204. New York: Elsevier, 2006.

[80] Kiryakova V S. Generalized Fractional Calculus and Applications, Pitman Res. Notes on in Mathematics 301. New York: Wiley and Sons, 1994.

[81] Koekoek R, Lesky P E, Swarttouw R F. Hypergeometric Orthogonal Polynomials and Their q-analogues. Berlin Heidelberg: Springer-Verlag, 2010.

[82] Koornwinder T H. q-special functions, a tutorial. arXiv: math/9403216.

[83] Lakshmikantham V. Theory of fractional functional differential equations. Nonl. Anal., 2008, 69 (8): 2677-2682.

[84] Miller S, Ross B. An Introduction to the Fractional Calculus and Fractional Differential Equations. New York: John Wiley and Sons, 1993.

[85] Miller K S. Derivatives of noninteger order. Math. Mag., 1995, 68 (3): 183-192.

[86] Mainardi F, Gorenflo R. On Mittag-Leffler-type functions in fractional evolution processes. J. Comput. Appl. Math. 2000, 118: 283-299.

[87] Magnus A P. Special nonuniform lattice (snul) orthogonal polynomials on discrete dense sets of points. Proceedings of the International Conference on Orthogonality, Moment Problems and Continued Fractions (Delft, 1994), 1995, 65: 253-265.

[88] Nikiforov A F, Urarov V B. Classical orthogonal polynomials of a discrete variable on non-uniform lattices. Akad. Nauk SSSR Inst. Prikl. Mat. Preprint 1983(17).

[89] Nikiforov A F, Uvarov V B. Special functions of mathematical physics: a unified introduction with applications. Translated from the Russian by Ralph P. Boas, Basel: Birkhauser Verlag, 1988.

[90] Nikiforov A F, Suslov S K, Uvarov V B. Classical Orthogonal Polynomials of a Discrete Variable. Translated from the Russian, Springer Series in Computational Physics. Berlin: Springer-Verlag, 1991.

[91] Oldham K B, Spanier J. The Fractional Calculus. New York: Academic Press, 1974.

[92] Podlubny I. Fractional Differential Equations. San Diego: Academic Press, 1999.

[93] Rahman M. An integral representation of a $_{10}\Phi_9$ and continuous bi-orthogonal $_{10}\Phi_9$ rational functions. Canad. J. Math. 1986, 38: 605-618.

[94] Robin W. On the Rodrigues formula solution of the hypergeometric-type differential equation. International Mathematical Forum, 2013, 8: 1455-1466.

[95] Rui A C, Delfim F, Torres F M. Fractional h-differences arising from the calculus of variations. Appl. Anal. Discrete Math., 2011, 5: 110-121.

[96] Saber N E. An Introduction to Differences Equations. New York: Springer, 1995.

[97] Samko S G, Kilbas A A, Marichev O I. Fractional Integrals and Derivatives: Theory and Applications. London: Gordon and Breach, 1993.

[98] Shen S J, Dai W Z, Cheng J F. Fractional parabolic two-step model and its accurate numerical scheme for nanoscale heat conduction. Journal of Computational and Applied Mathematics, 2020, 375: 112812.

[99] Suslov S K. On the theory of difference analogues of special functions of hypergeometric type. Russian Math. Surveys, 1989, 44: 227-278.

[100] Suslov S K. An Introdution to Basic Fourier Series. Dordrecht: Kluwer Academic Published, 2003.

[101] Swarttouw R F, Meijer H G. A q-analogue of the Wronskian and a second solution of the Hahn-Exton q-Bessel difference equation. Proc. Am. Math. Soc., 1994, 120: 855-864.

[102] Vicente J. Goncalves. Sur la formule de rodrigues. Portugaliae Math., 1943, 4: 52-64.

[103] Wang Z X, Guo D R. Special Functions. Singapore: World Scientific Publishing, 1989.

[104] Wei Y H, Kang Y, Yin W D, Wang Y. Generalization of the gradient method with fractional order gradient direction. J. Franklin Inst., 2020, 357(4): 2514-2532.

[105] Wei Y H, Liu D Y, Tse P W, Wang Y. Discussion on the Leibniz rule and Laplace transform of fractional derivatives using series representation. Integral Transforms Spec. Funct., 2020, 31(4): 304-322.

[106] Witte N S. Semi-classical orthogonal polynomial systems on non-uniform lattices, deformations of the Askey table and analogs of isomonodromy. Nagoya Math. J., 2015, 219: 127-234.